优化开发区域率先实现碳排放峰值目标路径研究

孙振清　温丹辉　著

科学出版社

北京

内 容 简 介

本书以煤炭的大规模使用推动第一次工业革命为起点，论述能源发展对经济社会发展的影响。在对美国、英国、德国等西方发达国家碳排放达峰前后经济、社会、能源消费和多个与碳排放相关指标分析的基础上，提出了达峰规律，并上升为达峰理论，结合我国优化开发区域提出碳达峰和碳中和的率先实现路径。对优化开发区域及其他区域的碳达峰和碳中和目标的实现，具有较好的参考价值。

本书适合进行碳达峰和碳中和研究的学者和研究生参考使用，也适合作为应对气候变化能力建设培训的教材和参考书。

图书在版编目（CIP）数据

优化开发区域率先实现碳排放峰值目标路径研究/孙振清，温丹辉著. —北京：科学出版社，2023.2
ISBN 978-7-03-074326-8

Ⅰ．①优…　Ⅱ．①孙…　②温…　Ⅲ．①区域开发-二氧化碳-排气-研究-中国　Ⅳ．①X511

中国版本图书馆 CIP 数据核字（2022）第 241042 号

责任编辑：周艳萍　李　莎 / 责任校对：赵丽杰
责任印制：吕春珉 / 封面设计：东方人华平面设计部

科学出版社出版
北京东黄城根北街 16 号
邮政编码：100717
http://www.sciencep.com

北京九州迅驰传媒文化有限公司 印刷
科学出版社发行　　各地新华书店经销
*
2023 年 2 月第 一 版　　开本：787×1092　1/16
2023 年 2 月第一次印刷　　印张：21 1/4
字数：500 000

定价：220.00 元

（如有印装质量问题，我社负责调换〈九州迅驰〉）
销售部电话 010-62136230　编辑部电话 010-62138978-2046

序

全球气候变化是深层次的长期地球生态危机，是当前人类生存和发展的最大威胁。应对全球气候危机是为了全人类的共同利益，也是大国必争的国际道义制高点。坚持绿色发展、低碳转型，把应对气候变化置于经济发展举措的核心地位，推进高质量可持续经济发展，已成为国际社会的普遍共识。目前，全球应对气候变化合作进程面临巨大的不确定性，势必成为国际社会普遍关注和大国之间博弈与角逐的重要领域。

在复杂和充满不确定性的国际形势中，我国需要统筹自身经济安全和高质量发展与全球应对气候变化低碳转型的国内、国外两个大局，顺应全球能源变革和低碳经济发展趋势，对内加强应对气候变化战略部署和行动，明确不同阶段积极的节能和减排目标、政策和措施，促进产业转型升级和高质量发展，打造经济发展、能源安全、环境保护与应对气候变化协同治理和多方共赢的局面；对外深度参与并积极引领全球气候治理和合作进程，巩固和扩展气候领域外交优势，回应国际社会普遍期待，化解减排等诸多压力，展现对建设全球生态文明、构建人类命运共同体的责任担当和负责任的大国形象。

我国实施应对气候变化战略，减缓二氧化碳排放取得了举世瞩目的成效，对《巴黎协定》的达成和生效做出了历史性贡献，成为全球应对气候变化的积极参与者、贡献者、引领者。我国履行《巴黎协定》，提出积极的、有力度的国家自主贡献（national determined contributions，NDC）目标，包括：到 2030 年，中国单位国内生产总值（gross domestic product，GDP）的二氧化碳排放比 2005 年下降 60%～65%，非化石能源占一次能源消费比例达 20%左右，二氧化碳排放总量到 2030 年左右达到峰值并努力早日达峰。上述国家自主贡献目标是以我国在 2009 年哥本哈根世界气候大会对国际社会承诺的 2020 年自主减排目标为基础测算提出的，经过"十二五"和"十三五"期间的努力，到 2018 年年底，我国单位 GDP 的二氧化碳排放已比 2005 年下降 45.8%，提前实现对国际社会承诺的 2020 年下降 40%～45%的目标；非化石能源占一次能源消费比例于 2019 年年底达到 15%，已提前实现承诺 2020 年的目标。我国当前已取得的进展和成效，为落实 2030 年国家自主贡献目标奠定了基础，并提供了强化和更新 2030 年国家自主贡献目标的空间与可能性。

实现二氧化碳排放早日达峰是我国经济发展方式转变的重要拐点。二氧化碳排放达峰，意味着新增能源需求将由发展新能源和可再生能源满足，实现经济社会持续发展与化石能源消费增长脱钩，这也从源头上控制了常规污染物排放，成为生态环境根本性好转的重要标志。二氧化碳减排也将由"强度"下降的相对减排转变为总量下降的绝对减排。因此，努力实现二氧化碳排放早日达峰，是落实和强化国家自主贡献目标的最重要内容。

在新冠疫情对全球产业链的冲击和供需形势的影响下，未来经济发展和能源转型会有较大不确定性。当前我国在"六稳"和"六保"的基础上,坚持新的发展理念,加快产业转型升级和经济高质量发展,着力发展数字经济和高新科技产业,经济增长将由规模和速度型向质量和效益型转变。未来 GDP 增速总体将呈逐渐放缓趋势,到 2035 年实现现代化建设第一阶段目标,基本实现现代化,人均 GDP 比 2020 年翻一番,未来 15 年内 GDP 年均增速约为 4.8%,2020~2030 年将大体保持年均 5%左右增长。"十四五"和"十五五"期间,GDP 能源强度仍有望保持与"十三五"相当的下降幅度,约达 14%。到 2030 年,能源消费总量可控制在 60 亿吨标准煤,实现我国《能源生产和消费革命战略(2016—2030)》提出的能源消费总量控制目标。

在当前风能、太阳能等可再生能源发电成本已可以与燃煤发电成本相竞争的情况下,"十四五"和"十五五"期间非化石能源仍可保持"十三五"期间年均 7%左右的增长速度,相应储能和智能电网迅速发展,确保电网安全、稳定和调峰需要,到 2025 年非化石能源占一次能源比例可达 20%,到 2030 年争取达 25%。届时一次能源用于发电比例将由目前的 45%提升到 50%以上,这将与《能源生产和消费革命战略(2016—2030)》提出的 2030 年非化石能源发电量占全部发电量的比例达 50%目标相契合。节能和能源结构改善的双重效果,使 2030 年单位 GDP 的二氧化碳强度将比 2005 年下降 65%~70%,二氧化碳排放总量有望在 2030 年前实现稳定达峰。因此,我国经努力可争取提前和超额完成对国际社会的减排承诺。

"十四五"期间,钢铁、水泥、炼铝等高耗能原材料产品需求将趋于饱和并开始下降,产业结构调整加速,工业部门特别是高耗能产业部门的二氧化碳排放将达到峰值,并呈下降趋势。"十四五"期间将推进新型城市化建设,加强老旧城区改造,强化建筑节能和分布式可再生能源利用,建筑部门的二氧化碳排放有望在"十五五"期间达到峰值。交通部门加强出行方式和交通结构的优化,发展公共交通和电动汽车,将有效控制二氧化碳排放增长,可争取到 2030 年后尽快达峰。通过终端部门的节能措施和电气化替代,可保证全国二氧化碳排放在 2030 年之前总体达峰。

我国地域辽阔,经济发展不平衡,东部沿海优化开发区经济比较发达,产业转型升级处于领先水平,具有科技人才等多方面优势,应该有条件在全国率先实现二氧化碳排放达峰。优化开发区域 GDP 占全国 GDP 的 40%,二氧化碳排放量占全国二氧化碳排放量的 33%。优化开发区率先达峰,其减排路径、政策、措施及实践行动都将在全国做出表率,发挥引领性作用。"十四五"期间,要开展省区市层面的二氧化碳排放达峰行动,鼓励东部沿海较发达省市和高耗能高碳排放行业制定率先达峰目标和规划。全国和各地区都需要制定和实施《二氧化碳排放达峰行动计划》,与《中华人民共和国国民经济和社会发展第十四个五年规划和 2035 年远景目标纲要》密切结合,为全国范围实现二氧化碳排放早日达峰奠定基础。

我国努力实现二氧化碳排放早日达峰,是应对气候变化低碳发展转型长期战略的一个重要阶段性目标,也为实现与《巴黎协定》控制温升不超过 2℃并努力低于 1.5℃目标相契合的深度脱碳路径打下基础。实现应对气候变化长期减排目标,全球到 21 世纪下半叶甚至 21 世纪中叶要实现净零碳排放,即碳中和,全球减排进程十分紧迫艰巨。我国要远近统筹,在积极部署和实现 2030 年国家自主贡献目标的同时,要超前制定并部署 21 世纪中叶长期低碳排放发展战略,顺应并引领全球能源经济低碳化变革的趋势和方向,打造经济、贸易、科技的综合竞争优势。

我国 21 世纪中叶长期低碳排放发展战略,要以习近平新时代中国特色社会主义思想为指导,在确保 21 世纪中叶实现建成社会主义现代化强国第二个百年奋斗目标的同时,需要以全球控制温升 2℃目标为导向,实现深度脱碳的发展路径。在实现中华民族伟大复兴的中国梦的同时,为地球生态安全和人类共同利益做出新的贡献。习近平总书记在第七十五届联合国大会一般性辩论上发表重要讲话,指出中国将提高国家自主贡献力度,采取更加有力的政策和措施,二氧化碳排放力争于 2030 年前达到峰值,努力争取 2060 年前实现碳中和。为此,我国要坚持创新、协调、绿色、开放、共享的新发展理念,抓住新一轮科技革命和产业变革的历史性机遇,推动世界经济绿色发展,汇聚可持续发展的强大合力。这一系列目标的确立,对国内加速绿色低碳转型和长期低碳发展战略的实施,以及推进全球气候治理进程将发挥重要指引作用。其中主要包含两个阶段的奋斗目标:第一阶段,2020~2035 年基本实现现代化,同时实现国内生态环境根本好转和落实国际减排承诺的"双达标",促进经济社会高质量发展,并为 2050 年实现深度脱碳奠定技术和产业基础,以及政策保障和市场环境;第二阶段,2035~2050 年建成富强民主文明和谐美丽的社会主义现代化强国,同时也要主动承担国际责任,实现与全球控制温升 2℃目标相契合的深度脱碳发展路径,建立以新能源和可再生能源为主体的近零排放能源体系和绿色低碳循环发展的经济体系,既体现我国的综合国力和国际影响力,也展现我国对人类共同事业的贡献和责任担当,提升我国在全球公共事务领域的影响力和领导力。

孙振清教授的团队在国家社会科学基金重大项目研究的基础上完成了本书,系统分析和论证了发达国家碳排放达峰的规律、我国实现碳排放达峰面临的形势、优化开发区实现碳排放达峰的路径选择,并特别分析了环渤海、长三角、珠三角地区实现碳排放达峰的目标路径与政策措施。同时,还着重对我国以实现二氧化碳排放达峰为着力点,推进能源经济的绿色低碳循环发展转型,从而跨越"中等收入陷阱",实现可持续发展进行了理论分析和实证研究。该书对各地区开展二氧化碳排放达峰研究和行动规划将有重要参考价值,并可为各地区开展 21 世纪中叶长期低碳发展战略和路径的研究与论证工作提供分析框架和方法学参考。

何建坤

清华大学原常务副校长

国际欧亚科学院院士

国务院参事室特约研究员

中国国家气候变化专家委员会主任

前　言

2016 年本书作者团队承担了国家社会科学基金重点项目"优化开发区域率先实现碳排放峰值目标路径研究"。为了更深入地进行研究，团队进行了严格分工，各成员按照区域进行文献梳理、资料整合和模型构建，并撰写了相关报告。

团队在经过三年的专家走访和企业深度调研，并多次召开专家座谈会、发放问卷调查，获得宝贵建议和第一手资料后，构建了可计算一般均衡模型、计量经济学模型，以及动态博弈模型。经过查阅大量文献，分析碳排放达峰国家的能源结构、产业结构、经济发展阶段、人口增长率、高耗能产品等，从中总结和梳理出西方发达国家的达峰规律。

为了更好地研究达峰规律和路径，孙振清教授前往美国劳伦斯伯克利国家实验室做了半年多的高级访问学者，向能源与气候变化研究国际知名科学家、学者学习、探讨和交流，获益良多，也亲眼见证了能源结构调整带来的价格变化。这些为本书提出针对我国的碳达峰和碳中和实现建议，发挥了较好的基础性作用。

本书的撰写分工如下：绪论、第 12 章和后记由孙振清完成，第 1 章、第 3 章由孙振清和李春花完成，第 2 章由孙振清和安康景完成，第 4 章由温丹辉、李春花和安康景完成，第 5 章由寇春晓、孙振清和温丹辉完成，第 6 章由蔡琳琳、孙振清和温丹辉完成，第 7 章由陈文倩、孙振清和温丹辉完成，第 8 章由刘建雅、孙振清和温丹辉完成，第 9 章由刘建雅和孙振清完成，第 10 章由边敏杰和孙振清完成，第 11 章由孙振清和蔡琳琳完成。本书整体框架构建和修改由孙振清负责，本书的情景设置、模型构建和运算由温丹辉负责。

团队成员何延昆、林建衡、李妍、侯小波、兰梓睿、唐娜为本书提供了资料整理和实地调研等支持，鲁思思、谷文姗、成晓斐、张昊、戴陈彦、聂文钰等同学对本书的文字和图片进行了校对，在此表示由衷感谢。

由于时间有限，加之笔者的水平有限，书中不免有疏漏之处，敬请各位专家、学者和读者批评指正。

著　者

目　　录

绪　　论

当今世界正经历百年未有之大变局，包括气候变化及其带来的各种深远影响，变局中危险和机遇并存。如果说过去我国发展的重要战略机遇来自比较有利的国际环境，那么在深刻复杂变化的国内外形势下，重要战略机遇具有了新的内涵——加快经济结构优化升级，提升科技创新能力，深化改革开放，加快绿色发展，参与全球经济治理体系变革[1]。

要抓住且用好这些新机遇，需要善于化危为机、转危为安，在战胜挑战、克服困难的过程中迎接机遇、创造机遇，变压力为动力，加快推动经济高质量发展[2]。这种高质量发展，一方面体现在资源利用效率的提升上，即用尽量少的资源消耗支持经济的持续稳定健康发展，这可以称为资源友好型；另一方面还要在生产、消费和循环方面尽量减少对环境造成的影响，也就是环境友好型。这种两型社会的建设就是习近平总书记所提倡的"绿水青山就是金山银山"，也就是新发展理念之一的绿色发展。实现绿色发展就要减少温室气体排放，实现低碳转型，同时也能够减少对环境（大气、水和土壤等）造成影响。因为绿色低碳转型是未来世界和中国发展的必由之路，也是建立人类命运共同体的不二之选。

2019 年 7 月 1 日在阿联酋布扎比市召开的联合国气候会议上，联合国秘书长安东尼奥·古特雷斯提醒各国领导人，气候变化的进展速度超过了世界顶级科学家的预测，国际社会必须利用 2019 年和 2020 年的关键机会做出充分反应。在 21 世纪末将全球变暖控制在 1.5℃以内，需要我们在管理土地、能源、工业、建筑、交通和城市等方面进行迅速而深远的转变。他要求各国政府和私营部门的所有领导人在峰会上或最迟在 2020 年 12 月之前提出计划：到 2030 年将温室气体排放量削减 45%，到 2050 年实现碳中和[3]。

全球二氧化碳的排放浓度依然在增加。据美国夏威夷莫纳罗亚观测站（Mauna Loa Observatory）的数据，2019 年 2 月的二氧化碳浓度为 411.75ppm（1ppm=10^{-6}），2018 年 2 月为 408.32ppm。2018 年全球二氧化碳排放达到了最高值 331 亿吨，比 2017 年增长 1.7%，成为 2013 年以来的最高值[4]。2019 年 3 月 28 日，世界气象组织（World Meteorological Organization，WMO）发布题为《WMO 2018 年全球气候状况声明》的报告，报告指出全球变暖仍在加速，创纪录的温室气体浓度将全球温度推向越来越危险的水平，气候变化的社会经济影响正在加剧[5]。根据中国气象局气候变化中心 2019 年 4 月发布的《中国气候变化蓝皮书（2019）》，中国是全球气候变化的敏感区。1951～2018

年，中国年平均气温每 10 年升高 0.24℃，升温率明显高于全球同期平均水平。

2017 年 11 月《联合国气候变化框架公约》（United Nations Framework Convention on Climate Change，UNFCCC）第 23 次缔约方大会（COP 23）期间，英国和加拿大倡议成立淘汰煤炭联盟（Powering Past Coal Alliance），截至 2021 年 4 月 12 日，联盟成员达到 123 个，包括 36 个国家和 36 个地区的 72 个企业和机构。联盟宣布 2030 年淘汰未采取碳捕获与埋存（carbon capture and storage，CCS）措施的煤电厂，并最晚于 2050 年淘汰所有煤电厂，以限制温升，减少对气候的影响[6]。英国宣布于 2025 年淘汰煤电，加拿大、荷兰宣布于 2030 年淘汰煤电。

脱碳率是确定全球累计碳排放的关键因素，因此已经实现碳排放峰值的国家需要在脱碳率上继续下功夫，才能保证全球碳排放以较早时间和较低水平达峰。然而，目前这些国家在碳排放达峰后，温室气体排放下降速度还不够[7]。

2019 年 6 月 12 日，英国政府制定了《2008 年气候变化法案（2050 年目标修正案）》2019 年法令草案，修订了《2008 年气候变化法案》，提出英国到 2050 年温室气体排放量至少减少 100%的目标（原法案目标是减排 80%）（与 1990 年水平相比），即净零排放目标[8]。该草案于 2019 年 6 月 27 日生效。英国成为全球首个通过净零排放法案的主要经济体。英国政府气候咨询机构"气候变化委员会"表示，要在 2050 年实现净零排放，预计每年的投入资金将占英国 GDP 的 1%～2%。该委员会还称，如果全球温室效应进一步加剧或失控，那么应对气候变化的成本将更高[9]。然而，把所有经济部门加起来，全球经济脱碳总成本不会超过全球 GDP 的 1%～2%。目前来看，实际成本可能会低得多。因为大多数举措都忽略了关键技术突破的可能性，并且之前预测的关键技术成本削减持续时间、下降速度等，现在看起来均是保守的。正如 2010 年国际能源署（International Energy Agency，IEA）预计，到 2030 年，太阳能光伏发电设备成本将下降 70%。然而，这一下降率目标在 2017 年就实现了[10]。

英国气候变化委员会发布的《净零排放——英国对缓解全球气候变化的贡献》认为，净零排放必要、可行且成本可控[11]。说其必要，是因为需要对温室气体在推动全球气候变化中所起作用的证据做出反应，并履行英国作为 2015 年《巴黎协定》签约国的承诺。说其可行，是因为实现净零排放的技术和方法现在已经得到认可，并且可以在政府强有力的领导下实施。说其成本可控，是因为关键技术成本的下降使净零排放的成本与 2008 年英国国会通过 2050 年减排目标时接受的成本基本相同。

英国的做法为全世界树立了榜样，确立了标准。一个多月后，2019 年 7 月 25 日，美国新泽西州最大的 PSEG 电力公司宣布，到 2050 年实现无碳排放以应对气候变化[12]。这家公司经营了 116 年，资产达 300 亿美元，未来要以风、电等可再生能源满足用户的电力需求。应对气候变化形势非常紧迫，需要尽早部署，我国政府和企业应提前安排研究，提出相应对策。

2015 年 6 月，在第 21 届联合国气候变化大会召开前，我国向联合国递交《强化应对气候变化行动——中国国家自主贡献》，承诺"二氧化碳排放 2030 年左右达到峰值并争取尽早达峰；单位国内生产总值二氧化碳排放比 2005 年下降 60%～65%，非化石能源占一次能源消费比重达到 20%左右，森林蓄积量比 2005 年增加 45 亿立方米左右"的自主行动目标。通过前面国际减排形势的介绍，可以感受到，这一目标很可能需要进一步加码。虽然人均累计碳排放量与西方国家相比还有一定差距，但中国已经是世界碳排放总量第一大国，人均碳排放量也超过了世界平均水平，现在中国年排放量影响着全球的年排放量。中国 2015～2016 年碳排放增速放缓，有人预计世界碳排放总量有达峰的趋势，可见中国对世界的影响之大。这也给中国政府，从国家领导人到气候变化谈判一线的人员，形成巨大的压力。

2016 年 3 月公布的《中华人民共和国国民经济和社会发展第十三个五年规划纲要》提出"推动优化开发区域产业结构向高端高效发展"，同时做出了"支持优化开发区域率先实现碳排放达到峰值"的要求。这里的优化开发区域是指 2010 年国务院发布的《全国主体功能区划》提出的，将珠三角、长三角和环渤海分别划定为优化开发区域，赋予"应率先加快转变经济增长方式，调整优化经济结构，提升参与全球分工与竞争的层次"的职能。

作为优化开发区域的省市，急需做出正确的选择，找到符合国情、体现共区责任且可持续的，率先实现碳排放峰值目标的路径。这样才能既有助于我国政府兑现国际承诺，又能够治理国内环境满足绿色发展要求，还能够在新的国际形势下跨越"中等收入陷阱"，实现可持续发展。

碳排放尽早达峰，实现温控目标，有助于促进可持续发展目标的实现。通过《IPCC 全球升温 1.5℃特别报告》和联合国的其他报告，我们可以明显感受到，应对气候变化、降低环境风险与实现 2030 年可持续发展目标已经紧密联系在一起。作为 17 个可持续发展目标之一，其影响最大，且与其他目标关联度最高。从世界经济论坛列出的气候变化相关因素网络图发现，气候变化与粮食、水、能源、海洋等人类赖以生存的资源，与经济和社会，与前沿性科学技术，与融资机制、全球治理体系、风险关联及未来社会的各种模式的改变，与人类的可持续发展等密切相关。这也被美国皮尤研究中心 2019 年的一次调查结果所证实，大多数被调查者认为这是美国将气候变化看作最大威胁的原因[13]。气候变化的影响既广泛又深远。

联合国环境规划署（United Nations Environment Programme，UNEP）发布的《全球环境展望 6》警示人类，当代政府的政策选择关系着自己和后代人是否能够生活在健康的星球，其中包括应对气候变化等驱动因素，减少排放是最佳的选择和通往健康星球、实现人类命运共同体的必由之路。因为它影响着人类依存的地球家园的整个系统：生物多样性、土地、清洁水源、空气和海洋（图 0.1）。

图 0.1　全球平均温度上升的影响实例

资料来源：IPCC. 气候变化 2007：综合报告[R/OL]. (2018-11-22) [2019-12-04]. http://www.cma.gov.cn/kppd/kppdmsgd/201811/t20181122_483875.html.

注：本表温度变化用 1980～1999 年平均差表示，相对于 1850～1899 年的变化加上 0.5℃。

　　一个国家是否达到一定的文明程度，并不仅体现在人均 GDP、平均寿命、交通、高楼林立等指标上，还体现在许多细小的方面。应对气候变化，实现峰值目标，就要从细微处，如可再生能源技术、碳捕获使用与埋存（carbon capture，utilization and storage，CCUS）技术、管理模式、经营方式创新等入手，进行减排、适应和创新，并对难以避免的威胁增加适应和恢复能力，尽量减少损害。

　　路径选择关系着未来。何时达到碳排放峰值，达峰后立即大幅度减排还是迟缓减排，关系着温升幅度是 1.5℃、2℃还是更高的温升，以及对应的减排成本。

　　《巴黎协定》确定的实现 2℃温升目标，即要求 2070 年全球碳排放达到净零。由图 0.2 可见，Shell 为此目标预测 2027 年左右化石能源消费总量达到排放峰值。综合评估模型（integrated assessment model，IAM）情景分析认为，2050 年要达到零排放才能以 25%～75%的概率实现 1.5℃温升。这也是《巴黎协定》所设定要实现的一个情景。由此可见，实现 1.5℃温升比 2℃温升需要做出更大的努力和付出更高的代价。《IPCC 全球升温 1.5℃特别报告》通过全方位评估 1.5℃温升的可能性，探讨了可能的减缓和适应措施，已成为今后气候行动的方向和举措的指南。

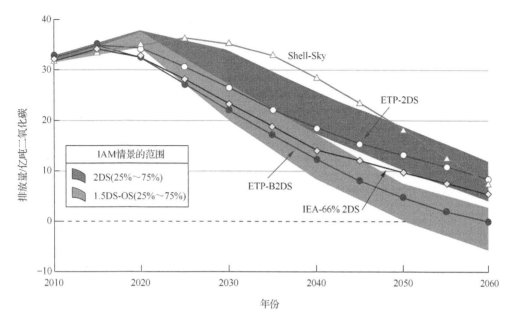

图 0.2　不同模型下的减排路径

资料来源：《IPCC 全球升温 1.5℃特别报告》。

在快速发展的中国，如何在环境约束尤其是越来越紧张的碳中和环境约束下，实现经济增长，使十几亿人过上现代化生活的问题，是一个世界级难题。为此，需要来自全球的人才为之拼搏，为之钻研，并设计各种应对措施。

由图 0.1 和图 0.2 可见，全球气候变化对未来地球生态系统、水资源、海洋、粮食生产及人类健康等产生的影响，会随着温升幅度的加大而加大，风险也会越来越高，且不可逆转。

因此，路径选择是对是否保护人类唯一的地球家园的抉择，是全球治理理念的体现，也是一个国家、地区和企业在治理能力、技术选择方面的机会和挑战。

参 考 文 献

[1] 田俊荣，陆娅楠，刘志强，等. 加快经济结构优化升级[N]. 人民日报，2019-02-17（1）.

[2] 常雪梅，程宏毅. 正确认识我国发展的重要战略机遇期[N]. 人民日报，2018-12-25（1）.

[3] UNFCCC. Guterres: climate action is a "battle for our lives" [R/OL]. (2019-07-01) [2019-07-04]. https://unfccc.int/news/guterres-climate-action-is-a-battle-for-our-lives.

[4] IEA. Global Energy & CO₂ Status Report 2018[R/OL]. (2019-03-26) [2019-06-10]. https://webstore.iea.org/global-energy-co2-status-report-2018.

[5] WMO. WMO Statement on the State of the Global Climate in 2018[R/OL]. (2018-11-29) [2019-05-29]. https://library.wmo.int/doc_num.php?explnum_id=5789.

[6] Powering Past Coal Alliance. Members[R/OL]. (2017-11-16) [2019-06-10]. https://www.poweringpastcoal.org/members.

[7] United Nations Environment Programme. Emissions Gap Report 2018[R/OL]. (2018-11-27) [2019-08-01]. http://www.unenvironment.org/emissionsgap.

[8] UK. The Climate Change Act 2008 (2050 Target Amendment) Order 2019[R/OL]. (2019-06-12) [2019-07-23]. http://www. legislation.gov.uk/uksi/2019/1056/contents/made.

[9] 杨瑛. 英国政府设定 2050 年实现"净零排放","零碳"生活会是什么样[N/OL]. （2019-06-17）[2019-07-12]. https://www.jfdaily.com/news/detail?id=157933.

[10] TURNER A. The Dangerous Delusion of Optimal Global Warming[R/OL]. (2019-08-05) [2019-08-02]. https://www. project-syndicate.org/commentary/misguided-nordhaus-model-optimal-climate-change-by-adair-turner-2019-08.

[11] Committee on Climate Change. Net Zero: the UK's contribution to stopping global warming[R/OL]. (2019-06-03) [2019-07-01]. https://www.theccc.org.uk/publication/net-zero-the-uks-contribution-to-stopping-global-warming/.

[12] EGAN M. One of America's oldest power companies is going carbon free[N/OL]. CNN Business, (2019-07-25) [2019-8-10]. https://edition.cnn.com/2019/07/25/business/pseg-fossil-fuels-renewable-energy/index.html.

[13] PEW Research Center. A look at how people around the world view climate change[R/OL]. (2019-04-18) [2019-06-10]. https://www.pewresearch.org/fact-tank/2019/04/18/a-look-at-how-people-around-the-world-view-climate-change/.

第1章 碳排放达峰规律的发现

1.1 峰值问题的由来

峰值是源于物理学的一个概念，是指在所考虑的时间间隔内，变化的电流、电压或功率的最大瞬间值[1]。峰值在能源领域的应用要追溯到 19 世纪的英国。1865 年，杰文斯（Jevons）[2]预测英国易于开采的煤炭储量，并预言指数增长的终结及英国对世界工业统治的终结。

20 世纪 50 年代，美国地球物理学家哈伯特（Hubbert）提出石油峰值理论[3]，即对于任何一个特定的地理区域，从一个单独的产油区到整个地球，石油产量往往遵循钟形曲线。这是关于石油峰值的主要理论之一。哈伯特运用该理论，成功预测了美国 20 世纪 70 年代石油开采量达到峰值（此预测在当时是正确的，但是此峰值现在已经被突破）。哈伯特假设，在化石燃料储量（石油、煤炭和天然气等）被发现后，随着大规模开采及采用更高效设施，产量最初呈指数型增长，在某一时间点达到峰值之后，开始呈指数型下降。

这两位专家研究的是单一品种能源在开采过程中出现的峰值现象，为碳排放达峰研究提供了很好的基础。由图 1.1 可见，英美两国煤炭产量达峰后，均呈指数型下降，与

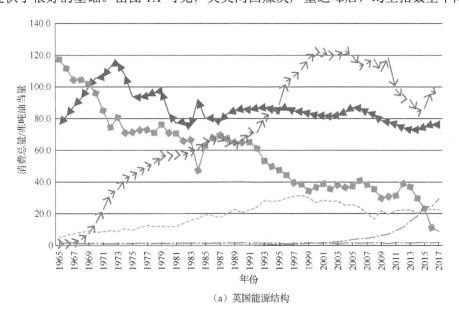

（a）英国能源结构

图 1.1 英美两国煤炭和石油达峰后情景

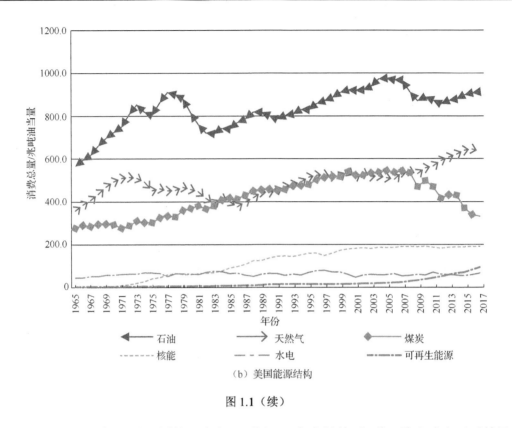

（b）美国能源结构

图 1.1（续）

哈伯特的假设一致。但是两国的石油在 20 世纪 70 年代达峰后，其下降方式出现了差异：英国迅速下降，而美国则缓慢下降，且在 2008 年之后迅速增加，超过之前的峰值（2018年是之前最高值的 1.25 倍）。由此可见，达峰之后就迅速下降，并不是普遍规律，其与资源禀赋和市场需求量等因素有关。

碳排放达峰与煤炭和石油的使用有关，但其是如何成为世人关注的焦点问题的，下面做进一步分析。

1.2　能源与环境的关系

人类所利用的化石能源均对环境造成不同程度的影响，此影响已经从局部蔓延到全球。从根本上解决能源开发利用中的污染和高碳问题成为全人类共同的任务。

人类发展史是一部能源开发利用的历史，也是一部直接和间接利用太阳能的历史。太阳是地球文明之源，因为太阳光照射在地球上，激活了一个孕育万物的生物圈，并且生产食物、动物饲料和木材，供人类和其他动物等享用。人类直接或间接利用太阳能追求舒适生活的脚步不曾停歇。工业文明前（18 世纪初），人们依靠太阳光照使房屋变暖以适合居住；光合作用使各种水果、坚果、油料及木材等生长，成为人类的食物和能源。

太阳光照射在地球上，地表热量的差异使大气压力出现梯度形成了风，而水的蒸发和蒸腾推动全球水循环。人们发明了风车、水车将风能和水的势能转化为机械能，间接利用了太阳能。太阳辐射转化为食物和饲料，延迟几天（动物粪便）和几个月（作物秸秆等通常为90～180天）转化为生物质燃料。树木被砍伐，作为燃料燃烧，也是推迟数年后使用的太阳能。

化石燃料的能量追根溯源也来自太阳能，煤炭来自埋存于地壳中亿万年前的植物和树木。在煤炭形成过程中，高达90%的植物碳保存在煤中，有的露天煤矿含碳率高达95%。原油和天然气产生于埋藏在海洋和湖泊沉积物中的有机物，但通常只有原始生物碳的0.01%转化为石油和天然气。

单位质量植物的含碳率为45%～55%；无烟煤的含碳率接近100%；好烟煤的含碳率超过85%；原油的含碳率一般为82%～84%；天然气的主要成分是甲烷（CH_4），其含碳率为75%[4]。因为这些化石燃料几乎都含灰分和硫，燃烧后会产生灰尘和二氧化硫。直到20世纪40年代以后，化石燃料燃烧仍然是工业污染和城市空气污染的来源，造成颗粒物和酸雨。原油炼化后形成汽油、煤油、柴油、燃料油、润滑剂和沥青等。天然气是最清洁的化石燃料，是最轻的碳氢化合物。煤炭也可以生产碳氢化合物，现在还有一些城市使用的煤气是由煤炭气化而成的，广泛用于照明、炊事和供暖。不同的煤炭，能量密度差异较大，但碳氢化合物含量相对均匀。单位质量的原油发热量几乎是普通烟煤的两倍①。

早在我国汉朝，煤炭就有小规模的使用。在英格兰、威尔士和苏格兰的很多地方，煤炭都是露天的，很容易挖出来使用。罗马统治时期已经有煤炭的应用，但大规模使用是在中世纪时期（公元500～1500年）。正如Nef[5]所说的那样，"直到16世纪，在距离煤炭裸露地一两英里范围内居住的家庭，几乎没烧过煤，即使有用的，也仅限于那些买不起木材的穷人"。因为那时的人们认为，煤炭是肮脏石头，不如薪柴和木炭清洁，所以才有了上面Nef所说的情况。直到13世纪薪柴出现短缺，人们才开始使用煤炭进行炊事和取暖。16世纪出现了薪柴危机，薪柴价格迅速攀升，17世纪英国政府开始禁止森林砍伐，大规模的煤炭开采和使用才拉开了序幕[6]。

1712年第一台纽科门蒸汽机在英格兰研制出来，并用于煤矿抽水，大大提高了煤炭开采效率，奠定了工业革命的开端，也促进了煤炭消费[7]。1876年，德国人奥托设计并制造出世界第一台以煤气为燃料的火花点火式四冲程内燃机。此后，越来越多的工厂都采用内燃机代替蒸汽机。1883年，德国工程师戴姆勒制成以汽油为燃料的内燃机。1885年，德国机械工程师卡尔·本茨制成第一台用内燃机驱动的汽车。1897年，德国工程师狄塞尔发明柴油机，并应用在船舶、火车机车和载重汽车上。1900～1910年，煤炭在能源消费中的比例超过了传统的生物燃料（如木材），出现了世界第一次能源转型。1903

---

① 国际能源统计常用的能量标准有三个：标准煤当量（含29.3 MJ/kg燃料）、油当量（价值42 MJ/kg），标准能量单位（焦耳），或两个传统热值：卡路里（cal）和英热单位（Btu）。

年，美国人莱特兄弟制造了"莱特飞行者"双翼飞机，并进行了世界上首次带动力的飞行，使内燃机在陆海空被广泛使用。1950年左右，石油和天然气成为主要能源，推动了油气消费占比超过了煤炭的第二次能源转型。目前，可再生能源占比依然远低于石油和天然气。可以说第三次能源转型虽然已经开始，但还没有达到替代油气的比例（图1.2）。1840年，煤炭（取代传统生物能源）消费量占全球能源消费量的5%，1855年达到10%，1865年达到15%，1870年达到20%，1875年达到25%，1885年达到33%，1895年达到40%，1900年达到50%。煤炭替代传统生物能源用了近70年，油气替代煤炭用了50年时间（美国用了40年）。2018年，风电和光伏发电占一次能源比例达到4.05%，施耐德电气有限公司预测，30年后其比例可达30%～40%[8]，可再生能源将替代油气成为第一能源来源。

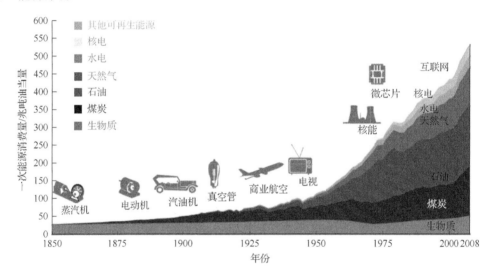

图1.2　世界能源发展历史示意图

资料来源：GEA, 2012. Global energy assessment: toward a sustainable future[M]. Cambridge: Cambridge University Press.

对一些国家的研究发现，能源转型是一种渐进过程，不可一蹴而就。史丹[9]认为，全球曾发生过两次能源转型，第一次是煤炭取代薪材成为主要能源，第二次是石油取代煤炭成为主要能源。当前正在进行第三次能源转型，尽管还处于初期阶段，但是与前两次能源转型相比，已具有明显的区别。前两次能源转型的代表国家及历时见表1.1。

表1.1　能源转型情况对比表

能源转型	代表国家	起始年份	完成年份	历时/年	标志
第一次	英国	1550	1619	69	煤炭取代薪柴
第二次	美国	1910	1950	40	石油取代煤炭

资料来源：吴磊，詹红兵，2018. 国际能源转型与中国能源革命[J]. 云南大学学报（社会科学版），17（3）：116-127.

人类利用与开发能源的过程中对环境造成一系列影响。各国利用能源先后经历了薪柴、煤炭、石油及可再生能源，部分国家使用核能。薪柴的大规模利用造成了大量树木被砍伐，由于树木更新速度受地理条件和森林面积的限制，当时也造成了能源危机（薪柴危机），而且过量砍伐森林严重破坏环境，人们不得不寻求其替代能源——煤炭。煤炭属于不可再生能源，煤炭的开采容易造成煤矿周围地表塌陷，破坏周围生态环境，煤炭的燃烧造成环境污染尤其是雾霾，产生了伦敦大雾（八大公害之一），影响人类身心健康。据世界卫生组织（World Health Organization，WHO）估计，每年与地面空气污染有关的死亡人数为 420 万人，主要是心脏病、卒中、肺癌和儿童急性呼吸道感染，这些污染物大多来自化石燃料燃烧。随着能源的消耗，各种气体不断排入大气层，严重破坏了能够屏蔽 99%紫外线辐射的臭氧层。随着经济的增长，全球化进程的加剧，能源需求增加，各类能源消费造成二氧化碳排放量的迅速攀升，对环境的危害也达到了难以承受的地步。寻求低碳、清洁的能源即可再生能源、核能、氢能等成为各国政府和科学家共同努力的目标。低碳经济也就伴随着应对气候变化进程而出现。

1.3　碳排放达峰成为国际气候变化谈判的焦点

限制碳排放过快增长并尽快降低排放总量，实现近零排放，正逐渐成为世界各国政府、企业和社会各界关注的内容和国际气候变化谈判的焦点。

早在 1990 年联合国政府间气候变化专门委员会（Intergovernmental Panel on Climate Change，IPCC）发布的第一次评估报告[10]就指出，"人类活动产生的各种排放正在使大气中的温室气体浓度显著增加。这些温室气体包括二氧化碳、甲烷、氯氟烃和氧化亚氮。这将增强温室效应，使地表升温。"经过数百名顶尖科学家和专家的评议，该报告确定了气候变化的科学依据，对政策制定者和广大公众都产生了深远的影响，也影响了后续的全球气候变化的谈判。此后，碳排放何时达到峰值和达峰时排放总量等问题逐渐受到重视。

《IPCC 全球升温 1.5℃特别报告》明确了实现 1.5℃和 2℃温升对应的剩余碳预算（表 1.2），并强调地球的平均气温相比工业化前已经上升了 1℃，与《巴黎协定》设定的限制 1.5℃温升目标日趋接近。要实现巴黎协定的温升目标，需要全社会各方面迅速、深远和前所未有的变化[11]。依照 UNEP 的《排放差距报告 2018》（*Emission Gap Report* 2018），"国家自主贡献"固然是一项积极举措，但即使它在 2030 年之前被充分贯彻实施，气温升幅仍将达到 3℃左右，造成严重的破坏和经济损失[11]。

表 1.2　碳预算及其不确定性

2006~2015年温升/℃①	1850~1900年近似温升/℃①	剩余碳预算［不包括额外地球系统反馈⑥］②				关键不确定性和变化④				
		TCRE的百分位③			额外的地球系统反馈⑥	非二氧化碳情景变化⑤	非二氧化碳强迫和响应不确定性	TCRE分布不确定性⑦	历史温度不确定性①	近期排放不确定性⑧
		33rd	50th	67th	吉吨二氧化碳	吉吨二氧化碳	吉吨二氧化碳	吉吨二氧化碳	吉吨二氧化碳	吉吨二氧化碳
0.3		290	160	80	如果估计到 2100 年，左边的预算将大约减少 100 吉吨二氧化碳，在百年时间尺度上可能会更多	-250	-400~+200	+100~+200	-250	-20
0.4		530	350	230						
0.5		770	530	380						
0.6		1010	710	530						
0.63	~1.5℃	1080	770	570						
0.7		1240	900	680						
0.8		1480	1080	830						
0.9		1720	1260	980						
1		1960	1450	1130						
1.1		2200	1630	1280						
1.13	~2℃	2270	1690	1320						
1.2		2440	1820	1430						

资料来源：《IPCC 全球升温 1.5℃特别报告》。

① 评估 1850~1900 年和 2006~2015 年的变暖幅度 0.87℃±0.12℃。

② 1850~1900 年二氧化碳历史排放量估计为 1930 吉吨二氧化碳。2011 年 1 月 1 日至 2017 年年底，又增加 290 吉吨二氧化碳的排放量。

③ TCRE 为累积碳排放的瞬变气候响应（transient climate response）。第五次评估报告考虑正态分布下，可能在 0.8~2.5℃/1000PgC，最接近 10 吉吨二氧化碳。

④ 关注地球系统反馈包括冻土层融化释放的二氧化碳或湿地释放的甲烷。

⑤ 地球系统反馈包括冻土融化释放的二氧化碳或湿地释放的甲烷。

⑥ 变化源于与未来非二氧化碳排放演化相关的不同情景假设。

⑦ TCRE 分布没有精确定义。这里显示了假设对数正态分布，而不是正态分布的影响。

⑧ 历史排放不确定性反映的是 2011 年 1 月 1 日以来排放的不确定性。

　　瑞士和英国两国研究人员用计算机模拟分析后认为，若目前的极端高温持续下去，全球受灾地区的数量将会继续上升，并且气温每升高 1℃，类似 2018 年的极端高温灾害发生的概率就会提高 16%。更为严重的是，若因人类活动导致全球平均温度继续上升，那么极端热浪灾害发生的概率将会以指数级上升。也就是说，如果我们坐视这种高温天气的自由发展，那么地球生态系统将会因此而遭到不可逆转的损害[12]。

　　《IPCC 全球升温 1.5℃特别报告》明确提出，要实现 1.5℃温升，比较稳定的路径是到 2055 年全球二氧化碳达到净零排放，非二氧化碳辐射强迫于 2030 年后下降（图 1.3）。快速减排二氧化碳能够使限制温升目标的实现概率更高。

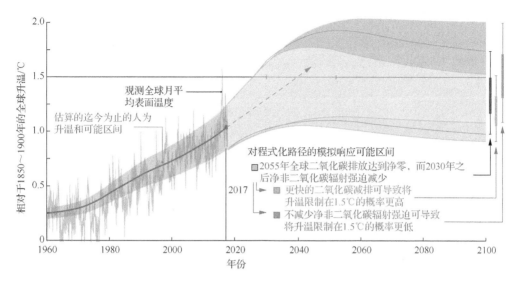

图 1.3　全球实现 1.5℃温升的适合路径

资料来源：《IPCC 全球升温 1.5℃特别报告》。

　　Pfleiderer 等[13]研究认为，限制全球平均温度提升 0.1℃，碳预算将变化 2000 亿吨二氧化碳。限制温升高低直接影响碳排放空间，2050 年实现碳排放零增长，其后要实现负碳排放，这样未来的排放空间才会充裕，可选择的路径才会更多，否则只能选择成本较高的 CCS 和生物质能加 CCS（bioenergy with carbon capture and storage，BECCS），而且以工程方式消除碳的量越来越大，其成本会越高，造成的各种不确定性会放大——技术与货币一样存在两面性，有两个结果，而不好的结果可能产生的不确定性程度会更高。

　　要满足温升目标，选择的路径与措施决定了实现目标的难易程度和对未来可持续发展的影响。

　　图 1.4 中主要条带表示的是实现 1.5℃温升的二氧化碳排放路径。阴影部分显示不同概率下的排放总量变化幅度。P1～P4 的路径将在后面进行介绍。

　　墨卡托全球公地和气候变化研究所（Mercator Research Institute on Global Commons and Climate Change）设计了一个全球碳预算消费倒计时表，有 1.5℃和 2℃两种预算阈值。其 2018 年 8 月发布的特别报告给出了新的数据：若实现 1.5℃温升目标，大气能够吸收的碳最多为 4200 亿吨二氧化碳，因为每年全球有近 420 亿吨二氧化碳排放，碳预算将在 9 年后用完。2℃温升目标的碳预算是 11700 亿吨二氧化碳，也会在 26 年后用尽。

　　Friedlingstein[14]解读《IPCC 全球升温 1.5℃特别报告》的温升碳预算剩余为 600 亿吨碳，即 2200 亿吨二氧化碳，并发表自己对此研究的结论是 2000 亿吨碳，即 7333 亿吨二氧化碳。

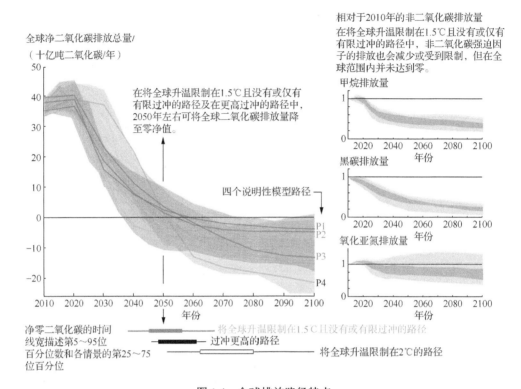

图 1.4　全球排放路径特点

资料来源：《IPCC 全球升温 1.5℃特别报告》。

从目前世界碳排放预算看，要实现温升 2℃，并尽量限制在 1.5℃以内目标，剩余的碳排放空间只有 6000 亿吨,根据 IEA 的统计数据[15],2018 年全球二氧化碳排放达到 331 亿吨，比 2017 年增加了 3.1%，原因是中国碳排放增长了 2.5%，印度增长了 4.0%，达到了全球 2013 年以来的最高值。全球碳排放增长率是 2010 年以来全球平均增速的 2 倍，其驱动力是全球经济的强劲增长，以及一些国家对供热和制冷的高需求。碳预算告诉我们，未来还有多大的碳排放空间，选择使用不同的路径，将直接影响减排的难易程度及支付成本。

这里我们特别关注实现温升目标下，未来究竟还有多少碳排放空间。《IPCC 第五次评估报告》估计，从 2018 年开始还有 1200 亿吨二氧化碳的排放空间，也就是目前排放 3 年的量，有 66% 的可能避免 1.5℃温升，若有 50% 的可能超过此温升，碳预算大约还有 2680 亿吨二氧化碳，也就是目前 7 年的排放量[16]。

《IPCC 全球升温 1.5℃特别报告》对此数据进行了大幅修正，将避免 1.5℃温升的碳预算在概率依然是 66% 的情况下提升到了 4200 亿吨二氧化碳，也就是目前 10 年的排放量，同样 50% 的可能超过 1.5℃的碳预算，增加到 5700 亿吨二氧化碳，按照目前排放量还能排放 14 年。

碳预算与温升关系之间存在一定的不确定性，但是，我们必须承认，距离限定温升的目标越来越近，人类面临的气候风险将会越远越大。按照《巴黎协定》的目标实现 1.5℃温升，相对是比较安全的，一旦突破 3℃温升，风险会很高。

1.4　全球碳排放达峰时间将影响未来转型成本

《巴黎协定》确定了温升目标，也就是将 2070 年的碳预算固定了，这是硬约束，是强制性目标。具体碳预算如何使用，每年消费多少，是先少用后多用，留给后代人更多的空间和措施选择的机会；还是当代人耗尽，后代人再用高成本的工程措施实现负排放。多种路径的选择，是对后代人发展空间的态度，也是当代人与后代人对减排成本分摊方式的选择，直接关系到向低碳经济转型的成本。为限制升温不超过 1.5℃，所有模型要求全球碳排放 2020 年达峰，而后迅速下降，2050 年以后，世界净二氧化碳排放必须减到零，而且 21 世纪后半叶进入负排放[17]。越早实现峰值，实现零排放的时间才能尽量延长，也才能有时间进行低碳技术转型和技术研发及储备，否则只能借助高成本的减排措施迅速降碳。

UNEP 发布的《排放差距报告 2018》明确提出，在 2030 年之前不大幅提高国家自主贡献的减排幅度，避免升温超过 1.5℃的目标将再也无法实现。现在比以往任何时候都更迫切需要所有国家采取前所未有的紧急行动，实现大幅度减排。对二十国集团（G20）减排行动的评估表明，上述变化尚未发生。

从 2015 年到变暖高峰期，要以 66%的概率将升温幅度维持在 2℃以下，与之相应的全球碳预算估计为 5900 亿～12400 亿吨二氧化碳——按目前化石燃料二氧化碳的排放速度，大概 15～30 年这一预算即将用尽。为保持不超过碳预算，决定性转型所创建的全球排放路径必须具备三个主要特征：尽快、及早达到全球排放量的峰值；随后温室气体排放量迅速下降；21 世纪下半叶温室气体净排放量接近零，或者实现负排放。要保持在碳预算范围内，全球排放量越晚达到峰值，就需要后续减排速度越快，甚至直线下降。如果排放高峰出现得太高或太晚，就可能失去实现这一缓解气候变化目标的机会，导致比上述成本更高的代价。此外，如果在 2030 年以前未能达到全球排放峰值，则可能无法将全球平均温升幅度限制在 2℃以下，更妄论实现 1.5℃的目标。因此，除非各国政府进一步采取行动，否则随着经济的增长，全球二氧化碳排放量很可能随之上升[18]。

与图 1.4 的排放路径对接的四种排放情景，如图 1.5 所示。

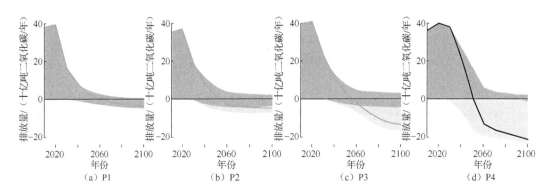

图 1.5　《IPCC 全球升温 1.5℃特别报告》规划的排放路径

图 1.5 中 P1 情景是社会、商业和技术创新在使人们的生活水平提高的同时，能源需求下降，尤其是在地球南部。能源系统规模缩小，使能源供应快速脱碳。植树造林是去除二氧化碳（carbon dioxide removal，CDR）的唯一选择，也就是说不使用化石燃料、CCS 及 BECCS 方法。

P2 是广泛关注可持续发展的情景，包括能源强度、人类发展、经济融合和国际合作，以及可持续健康的消费模式、低碳技术创新、管理良好的土地系统和有限采用 BECCS。

P3 是社会和技术发展都遵循历史模式的中间道路情景。主要是通过改变能源和产品的生产方式来实现减排，在一定程度上减少需求。

P4 是经济增长和全球化导致广泛采用温室气体密集型生活方式的资源和能源密集型情景，包括对运输燃料和牲畜产品的高需求。主要通过技术手段实现减排，通过部署 BECCS 大力去除二氧化碳。

从上面 IPCC 设定实现温升目标的情景中，采用的 CCS、BECCS 及农业、林业和土地使用消除方式（removals in the agriculture，forestry and other land use，AFOLU）所需的工程量，随着约束偏紧和峰值的推迟，会越来越大。

针对前面列出的 IPCC P1～P4 情景，考虑能源需求和消除增量碳的方式，到 2100 年需要埋存的二氧化碳更巨大，如由 2℃到 1.5℃的累积埋存量由 2℃的 5000 多亿吨到 1.5℃的 10000 多亿吨。而且现在排放得越多，未来需要用这种工程方式消除的也会更多。2℃情景下到 2050 年工业减排 CCS 贡献 37%。1.5～2℃情景下，CCS 对工业部门脱碳起着非常重要的作用，尤其是对于过程排放较高的产业，如水泥、钢铁，若没有 CCS，其工业排放将不能实现零排放[19]。

除了 IPCC 模型给出的情景外，One Earth 也进行了气候模型推演，图 1.6 显示 1.5℃温升目标能够通过 2050 年快速转型到 100%可再生能源实现（2030 年为 56%），同时增加对全球自然生态系统的恢复和确保食品更加安全，到 2030 年暂停土地转换，并通过森林和土壤恢复在木材或地下储存 4000 亿吨二氧化碳以实现负排放。

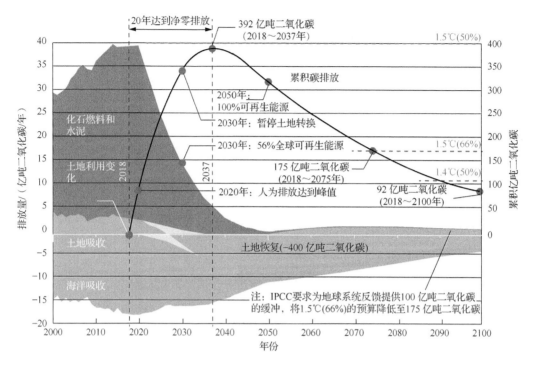

图 1.6　1.5℃温升情景下的地球气候模型

资料来源：https://www.oneearth.org/the-one-earth-climate-model/。

注：1.5℃温升情景下地球气候模型［The One Earth climate model（LDF 1.5 scenario）］显示的是实现《巴黎协定》目标的路径。《IPCC 全球升温 1.5℃特别报告》需要碳预算 4000 亿吨二氧化碳实现比工业化前升温不超过 1.5℃目标（约 1750年），要以大于 66%的概率实现温升，碳预算要降为 1750 亿吨二氧化碳，后半个世纪生物圈的缓冲区反馈占 100 亿吨二氧化碳，如永冻土融化，可能出现在 2075 年。这是首个无须地球工程就能在 21 世纪末将全球气温降低 1.5℃的气候模式。

世界资源研究所（World Resources Institute，WRI）等研究机构和学者介绍了 CCS和 BECCS 未来的应用前景、过程及价格情况[20]。预测到 2100 年，每年要去除 33 亿吨二氧化碳。因为碳的来源不同，各产业去除碳的成本存在一定差异，去除二氧化碳的成本每吨为 20~288 美元（表 1.3）。

表 1.3　不同部门采用 CCS 的成本

BECCS（加 CCS）的生物质部门	去除二氧化碳的成本/（美元/吨二氧化碳）
燃烧	88~288
乙醇	20~175
纸浆和造纸厂	20~70
生物质气化	30~76

资料来源：Global CCS Institute, Christopher Consoli. Bioenergy and carbon capture and storge, 2019. perspective[R]. Melbourne: Global CCS Institute.

限制 1.5℃温升是一个雄心勃勃的目标，可能超出了实现的范围，但它是一个必要的情景。可以发现，达峰时间越往后拖，达峰所需要采取的工程性措施发挥的作用会越大。也就是说，为实现温升目标而支付的成本会越来越大。

英国国家电网公司也进行过 2050 年 2℃ 情景下的能源结构分析[21]，如图 1.7 所示。英国政府将 2050 年的减排目标从在 1990 年基础上减排 80%，提高到减排 100%，也就是净零排放，为此出台了新的能源情景报告[22]，分为稳定进步、消费者演化、2℃ 目标和社区可持续等四个情景，其中后两个情景均能够实现 2050 年目标，只是对于采取的五个方面的举措有差异。这五个方面包括：政策支持力度、经济增速、消费者参与度、技术开发及能效提升等。由于英国的 2050 年目标提高了，所以 2019 年的报告对 73 个假设中的 18 个做了调整，包括政策、经济、社会、技术四个方面，如税收作为激励政策由原来的中等支持力度提升到高支持力度，在消费者演化即居民采用新的供暖技术、购置新的智能型家电等行为方面，也由原来的低要求变为中要求，以适应实现净零排放目标的要求。

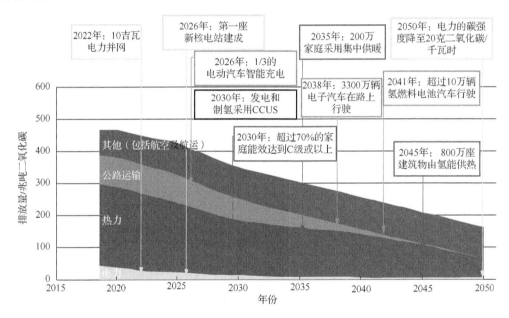

图 1.7　英国实现减排目标采取的措施示意图

从上面介绍的各种机构针对实现温升目标的路径研究可见，温升目标隐含着多层含义。

1）温升目标锁定后，碳排放预算就基本确定了，虽然有实现概率的差异引起的变化，增加或者减少十几亿或几十亿吨二氧化碳的排放空间，但按照目前全球 330 多亿吨的二氧化碳排放量计算，几年就会消耗殆尽。总体来说，碳预算多少只是消耗殆尽时间长短的问题，再加上碳循环本身也存在不确定性，所以追究具体数字的意义不是很大。关键是我们还有没有更多时间拖延。

2）采取行动越晚，措施选择的范围越窄，付出的代价可能越高。从英国国家电网公司的情景分析可见，2050 年实现净零排放，使其采取的政治、经济、技术和社会的措施都趋紧。在 IPCC 报告的 P1～P4 情景中，P4 情景的达峰时间最晚，而且达峰后二氧化碳排放量没有立即大幅度下降，而是持续了几年时间，致使其要实现温升控制目标，不得不采取大力度的工程措施减少排放，付出的代价将是较高的，一个项目要投入几亿至十几亿美元，每年的运行费用也要几千万美元。

3）尽早采取低碳技术研发和推广，就能够抢占先机，提高产业竞争力。应对气候变化要依靠低碳发展。低碳发展的主要动力是能源转型。发展可再生能源技术、能效提高技术，这些新技术是各国抢夺的焦点。英国明确提出的发展低碳经济和 2050 年净零排放目标，就是要在低碳技术领域抢占世界先机。正如英国前首相特雷莎·梅所说："我们在发展经济和就业市场方面取得了巨大进展，同时削减了排放"，尤其在 CCUS 行业更是如此。可见，英国是基于未来在道德、技术及国家竞争力的基础上，才做出将减排和进行净零排放法律化的努力的。

1.5　峰值影响因素分析

UNEP 在《排放差距报告 2018》中提出，若 2100 年有 66% 的可能性实现温升 1.5℃目标，2030 年全球碳排放量要降到 240 亿吨二氧化碳，与目前政策规定的排放差距还有 350 亿吨当量，与无条件的全球资源贡献目标有 290 亿吨当量的差距[23]。也就是说，未来各国必须采取强有力的措施，进行深度减排，在现有各国自主减排目标基础上，提出更雄心勃勃的目标。增加减排努力的呼声日益高涨，前文提到联合国秘书长的呼吁"最迟在 2020 年 12 月之前提出计划"。不仅要提前实现达峰目标，而且达峰后迅速下降，实现净零排放。英国将净零排放法律化，为全球树立了榜样，也使呼声变成行动的步伐加快了。为此，拨开峰值和碳排放迷雾，进一步分析内部的影响因素的规律，成为迫切的要求。

1.5.1　实证模型及达峰影响因素关系

1989 年日本教授茅阳一（Yoichi Kaya）在 IPCC 研讨会上提出用 Kaya 公式，将人类活动产生的二氧化碳排放与能源、人口、经济等因素联系起来。具体表达式为

$$CO_2 = P \times \frac{GDP}{P} \times \frac{PE}{GDP} \times \frac{CO_2}{PE} \qquad (1.1)$$

式中，CO_2 为二氧化碳排放量，P 为人口总数，GDP 为国内生产总值，PE 为一次能源消费总量，$\frac{GDP}{P}$ 为人均国内生产总值，$\frac{PE}{GDP}$ 为单位 GDP 能源消费量，$\frac{CO_2}{PE}$ 为单位能耗二氧化碳排放量。

基于上述等式分析表明，人均 GDP 的增长是全球碳排放增长的最主要驱动力。据估计，全球人均 GDP 的增加将导致全球排放每十年增加几十亿吨到上百亿吨二氧化碳的水平。

为了说明峰值的演进规律，我们对 Kaya 公式做进一步表述：

$$CO_2 = P \times \frac{GDP}{P} \times \frac{CO_2}{GDP} \qquad (1.2)$$

对式（1.2）两边求导数，可有

$$CO_2' = P' \cdot \frac{GDP}{P} \cdot \frac{CO_2}{GDP} + P \cdot \left(\frac{GDP}{P}\right)' \cdot \frac{CO_2}{GDP} + P \cdot \frac{GDP}{P} \cdot \left(\frac{CO_2}{GDP}\right)'$$

$$\Rightarrow CO_2' = P' \cdot \frac{CO_2}{P} + \left(\frac{GDP}{P}\right)' \cdot \frac{P \cdot CO_2}{GDP} + \left(\frac{CO_2}{GDP}\right)' \cdot GDP$$

若二氧化碳排放达峰，则有 $CO_2 \leqslant 0$，那么，由于 $\frac{CO_2}{P}$，$\frac{CO_2}{GDP}$，GDP 都为正值，因此，若想 $CO_2' = 0$，则有：

1）$P' = 0$，$\left(\frac{CO_2}{P}\right)' = 0$，$\left(\frac{CO_2}{GDP}\right)' = 0$，这种情况表示整个社会进入冻结状态，人口、经济与技术均停滞。

2）$\left(\frac{GDP}{P}\right)' > 0$，即人均 GDP 持续增长时，若欲使二氧化碳排放总量达峰，必须有：

① $P' < 0$，$\left(\frac{CO_2}{GDP}\right)' < 0$ 或者 $\left(\frac{CO_2}{GDP}\right)' > 0$，暂不考虑。

② $P' = 0$，$\left(\frac{CO_2}{GDP}\right)' < 0$。

③ $P' > 0$，$\left(\frac{CO_2}{GDP}\right)' < 0$。

由世界规律可知，随着经济的发展，通常人口会保持增长，到一定阶段后，人口开始下降（呈倒 U 形曲线）。

推论Ⅰ：为了实现二氧化碳排放总量达峰，那么 $\left(\frac{CO_2}{GDP}\right)'$ 必须首先达峰并开始下降，即 $\left(\frac{CO_2}{GDP}\right)' \leqslant 0$。碳强度达峰且下降的条件为 $|\beta_c| > |\beta_g|$，即二氧化碳排放总量下降率的绝对值大于 GDP 增长速度的绝对值。其中，β_c 为二氧化碳排放变化率；β_g 为 GDP 的变化率。

推导过程：根据环境库兹涅茨曲线（Environmental Kuznets Curve，EKC）理论，如图 1.8 所示。

$$\Delta y = y_2 - y_1$$
$$\Delta x = x_2 - x_1$$

如果存在峰值，那么：

$$\lim_{\Delta x \to 0} \frac{\Delta y}{\Delta x} = 0 \qquad (1.3)$$

$$E_2 = E_1(1 + \beta_c), \quad G_2 = G_1(1 + \beta_g), \quad P_2 = P_1(1 + \beta_p)$$

式中，β_p 为人口的变化率。

$$\Delta y = y_2 - y_1 = \frac{E_2}{G_2} - \frac{E_1}{G_1}$$

$$\Delta x = x_2 - x_1 = \frac{G_2}{P_2} - \frac{G_1}{P_1}$$

根据式（1.3）可知，如果碳强度峰值存在，那么导数为 0，则

$$\frac{\Delta y}{\Delta x} = \frac{\dfrac{E_2}{G_2} - \dfrac{E_1}{G_1}}{\dfrac{G_2}{P_2} - \dfrac{G_1}{P_1}} = \frac{\dfrac{E_1}{G_1} \cdot \left(\dfrac{\beta_c - \beta_g}{1 + \beta_g} \right)}{\dfrac{G_1}{P_1} \cdot \left(\dfrac{\beta_g - \beta_p}{1 + \beta_p} \right)}$$

若人口保持稳定，即 $\beta_p = 0$，$\Delta x \to 0 \Rightarrow \beta_g \to 0$，则

$$\lim_{\Delta x \to 0} \frac{\Delta y}{\Delta x} = 0 \Rightarrow \lim_{\beta_g \to 0} \frac{\dfrac{E_1}{G_1} \cdot \left(\dfrac{\beta_c - \beta_g}{1 + \beta_g} \right)}{\dfrac{G_1}{P_1} \cdot \beta_g} = \lim_{\beta_g \to 0} \frac{E_1 \cdot P_1 \left(\beta_c - \beta_g \right)}{G_1^{\ 2} \cdot \left(1 + \beta_g \right) \cdot \beta_g} \Rightarrow \beta_c = \beta_g$$

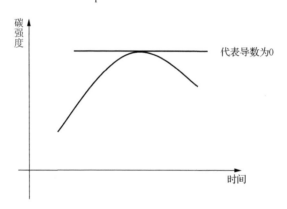

图 1.8　碳强度达峰示意图

推论Ⅱ：人均碳排放达峰的条件为 $|\beta_l| > |\beta_{g \cdot p}|$（其中，$\beta_l$ 为碳强度下降率；$\beta_{g \cdot p}$ 为人均 GDP 增长率），即二氧化碳强度的下降速度的绝对值大于人均 GDP 增速的绝对值。

推导过程：由式（1.2）知，$\dfrac{CO_2}{P} = \dfrac{GDP}{P} \times \dfrac{CO_2}{GDP}$，两边同时对时间求导，则有

$$\left(\frac{CO_2}{P} \right)' = \left(\frac{GDP}{P} \right)' \cdot \frac{CO_2}{GDP} + \frac{GDP}{P} \cdot \left(\frac{CO_2}{GDP} \right)'$$

要使 $\left(\dfrac{CO_2}{P} \right)' \leqslant 0$，则

$$\left(\frac{GDP}{P} \right)' \cdot \frac{CO_2}{GDP} \leqslant -\frac{GDP}{P} \cdot \left(\frac{CO_2}{GDP} \right)'$$

$$\frac{\left(\dfrac{\text{GDP}}{P}\right)'}{\dfrac{\text{GDP}}{P}} \leqslant -\frac{\left(\dfrac{CO_2}{\text{GDP}}\right)'}{\dfrac{CO_2}{\text{GDP}}}$$

推论Ⅲ：若二氧化碳总量达峰，条件为$|\beta_1| > |\beta_{g\cdot p}| + |\beta_p|$，即碳强度下降率的绝对值要大于人均 GDP 增长率的绝对值与人口变化率的绝对值之和。

推导过程：对式（1.2）两边取对数求导：

$$\frac{CO_2'}{CO_2} = \frac{P'}{P} + \frac{\left(\dfrac{\text{GDP}}{P}\right)'}{\dfrac{\text{GDP}}{P}} + \frac{\left(\dfrac{CO_2}{\text{GDP}}\right)'}{\dfrac{CO_2}{\text{GDP}}}$$

$$\frac{CO_2'}{CO_2} \leqslant 0 \Rightarrow \frac{P'}{P} + \frac{\left(\dfrac{\text{GDP}}{P}\right)'}{\left(\dfrac{\text{GDP}}{P}\right)} \leqslant -\frac{\left(\dfrac{CO_2}{\text{GDP}}\right)'}{\left(\dfrac{CO_2}{\text{GDP}}\right)}$$

推论Ⅳ：考虑减排路径情况下，碳排放强度达峰并开始下降的条件为单位 GDP 一次能源强度变化率小于单位一次能源碳排放变化率。

推导过程：

$$CO_2 = P \times \frac{\text{GDP}}{P} \times \frac{\text{PE}}{\text{GDP}} \times \frac{CO_2}{\text{PE}} \quad （其中，\text{PE} 为一次能源消费量）$$

$$\Rightarrow CO_2 = \text{GDP} \times \frac{\text{PE}}{\text{GDP}} \times \frac{C}{\text{PE}}$$

$$\Rightarrow \frac{CO_2}{\text{GDP}} = \frac{\text{PE}}{\text{GDP}} \times \frac{CO_2}{\text{PE}}$$

等式两边对时间求导，有

$$\left(\frac{CO_2}{\text{GDP}}\right)' = \left(\frac{\text{PE}}{\text{GDP}}\right)' \cdot \frac{CO_2}{\text{PE}} + \frac{\text{PE}}{\text{GDP}} \cdot \left(\frac{CO_2}{\text{PE}}\right)'$$

要使$\left(\dfrac{CO_2}{\text{GDP}}\right)' \leqslant 0$，则有

$$\left(\frac{\text{PE}}{\text{GDP}}\right)' \cdot \frac{CO_2}{\text{PE}} \leqslant -\frac{\text{PE}}{\text{GDP}} \cdot \left(\frac{CO_2}{\text{PE}}\right)'$$

$$\Rightarrow \frac{\left(\dfrac{\text{PE}}{\text{GDP}}\right)'}{\dfrac{\text{PE}}{\text{GDP}}} \leqslant -\frac{\left(\dfrac{CO_2}{\text{PE}}\right)'}{\dfrac{CO_2}{\text{PE}}}$$

由此可见，当单位 GDP 一次能源强度变化率小于单位一次能源碳排放变化率，就能实现碳排放强度达峰。这是充分条件。

推论Ⅴ：考虑产业结构，碳强度达峰并开始下降的条件为第二产业结构变化率小于

单位产值碳强度变化率。

推导过程：

$$CO_2 = P \times \frac{GDP}{P} \times \frac{GDP_2}{GDP} \times \frac{CO_2}{GDP_2}$$

$$\Rightarrow CO_2 = GDP \times \frac{GDP_2}{GDP} \times \frac{CO_2}{GDP_2}$$

$$\Rightarrow \frac{CO_2}{GDP} = \frac{GDP_2}{GDP} \times \frac{CO_2}{GDP_2}$$

等式两边对时间求导，有

$$\left(\frac{CO_2}{GDP}\right)' = \left(\frac{GDP_2}{GDP}\right)' \cdot \frac{CO_2}{GDP_2} + \frac{GDP_2}{GDP} \cdot \left(\frac{CO_2}{GDP_2}\right)'$$

要使 $\left(\dfrac{CO_2}{GDP}\right)' \leqslant 0$，则有

$$\left(\frac{GDP_2}{GDP}\right)' \cdot \frac{CO_2}{GDP_2} \leqslant -\frac{GDP_2}{GDP} \cdot \left(\frac{CO_2}{GDP_2}\right)'$$

$$\Rightarrow \frac{\left(\dfrac{GDP_2}{GDP}\right)'}{\dfrac{GDP_2}{GDP}} \leqslant -\frac{\left(\dfrac{CO_2}{GDP_2}\right)'}{\dfrac{CO_2}{GDP_2}}$$

推论Ⅵ：若人均二氧化碳排放量达峰，在二氧化碳总量持续上涨条件下，必有人均高耗能产品达峰并下降。

推导过程：EP 表示高耗能产品，$\dfrac{EP}{P}$ 表示人均高耗能产品，$\dfrac{CO_2}{EP}$ 表示单位高耗能产品碳排放，则有

$$CO_2 = P \times \frac{EP}{P} \times \frac{CO_2}{EP}$$

$$\Rightarrow \frac{CO_2}{P} = \frac{EP}{P} \times \frac{CO_2}{EP}$$

等式两边对时间求导，有

$$\left(\frac{CO_2}{P}\right)' = \left(\frac{EP}{P}\right)' \cdot \frac{CO_2}{EP} + \frac{EP}{P} \cdot \left(\frac{CO_2}{EP}\right)'$$

要使人均二氧化碳排放量达峰并下降，那么 $\left(\dfrac{CO_2}{P}\right)'$ 应先由正变为 0，再变为负值。

由于 $\dfrac{C}{EP}$ 与 $\dfrac{EP}{P}$ 都为正值，若想 $\left(\dfrac{CO_2}{P}\right)'$ 下降并为负值，那么就需要 $\left(\dfrac{EP}{P}\right)'$ 与 $\left(\dfrac{CO_2}{EP}\right)'$ 其中之一至少下降为 0 并逐渐变为负值，即 $\left(\dfrac{CO_2}{P}\right)' \leqslant 0$，则有

1）$\left(\dfrac{\text{EP}}{P}\right)' \leqslant 0$，$\left(\dfrac{CO_2}{\text{EP}}\right)' \leqslant 0$。

2）$\left(\dfrac{\text{EP}}{P}\right)' \leqslant 0$，$\left(\dfrac{CO_2}{\text{EP}}\right)' \geqslant 0$。

3）$\left(\dfrac{\text{EP}}{P}\right)' \geqslant 0$，$\left(\dfrac{CO_2}{\text{EP}}\right)' \leqslant 0$。

注意此处的 CO_2 为全社会总排放量，二氧化碳总量在人均二氧化碳下降过程中依然上升，因此，只有（2）符合。那么，若 $\left(\dfrac{CO_2}{P}\right)' \leqslant 0$，必然有 $\left(\dfrac{\text{EP}}{P}\right)' \leqslant 0$。

1.5.2 各因素介绍及变化趋势

全球经济和人口的增长及快速的城市化进程，与全球二氧化碳排放量的增长存在着密切的相关性。研究普遍认为，经济和人口的增长是能源消费量增加和碳排放量增加的主要驱动因素[24-28]；城市是能源消费和碳排放的重要来源，城市化进程带来的水泥生产和其他工业产品生产过程中也会产生大量的碳排放[29-33]。根据 IEA[34]估计，全球经济产出每增加 1%，全球二氧化碳排放量增加近 0.5%。同时，经济与碳排放水平的关系也遵循倒 U 形或环境库兹涅茨曲线[35-37]。能源强度（每单位 GDP 的能源消费量）和碳排放强度（每单位能源消费的碳排放量）会随着减排和脱碳技术的应用及能源使用效率的提高而相对下降，将带来全球碳排放水平的降低。然而，自 2000 年以来，由于能源强度和碳排放强度的早期下降趋势已终止或逆转，再加上全球人口和 GDP 的持续增长，驱动了全球碳排放的再次增长[38-39]。同时，全球贸易的快速发展，也加速了发达国家与发展中国家之间的碳排放转移。下面对主要因素的影响及趋势进行分析。

1. 人均国内生产总值

人均国内生产总值（人均 GDP）是人们了解和把握一个国家或地区宏观经济运行状况的有效工具，常作为发展经济学中衡量经济增长状况的指标，是重要的宏观经济指标。将一个国家核算期内（通常是一年）实现的国内生产总值与该国的常住人口（或户籍人口）相比，得到人均 GDP，它是衡量该国人民生活水平的一个标准。为了更加客观地衡量，经常与购买力平价结合使用。全球 GDP 将在 2020 年达到 73 万亿美元，2030 年突破 100 万亿美元，2050 年进一步达到 170 万亿美元；2020 年后全球 GDP 年均增长率约为 3.4%，2030 年后全球 GDP 年均增长率将基本稳定在 2.7%。由于人口的增加，人均 GDP 的年均增长率要比 GDP 年增长率低约 1%。2020 年全球人均 GDP 约为 9500 美元，2030 年达到 12000 美元，2050 年达到 18000 美元，年均增长率为 2%～2.4%。

根据现在的经济增长状况，各国的人均 GDP 逐年上升，并且美国的人均 GDP 增长最快且最高，2017 年达到 59774.26 美元。其次是瑞典、澳大利亚和德国的人均 GDP 已经趋于一致，英国和日本的人均 GDP 相当，表明各个国家达到水平相当的发展状况。中国于 1980 年才在经济合作与发展组织（Organization for Economic Cooperation and

Development，OECD）官网有统计记录，从 1980 年的 310.9 美元/人增加到 2017 年的 16633.15 美元/人。虽然我国经济发展速度很快，尤其是进入 21 世纪以后，但是与发达国家的人均 GDP 44263.61 美元[40]相比，我国还存在很大差距，还有较大的发展空间。由图 1.9 可见，世界碳排放总量的增速，显然高于人均 GDP 增速。

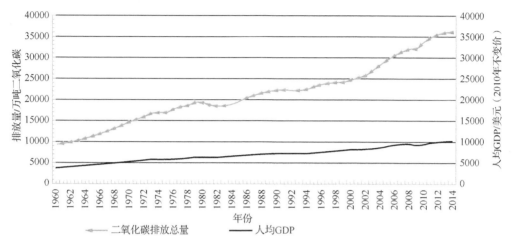

图 1.9　世界碳排放总量与人均 GDP 变化图

资料来源：世界银行。

2. 一次能源供应量

《中国能源统计年鉴》中对一次能源的计算法有两种，两种方法均包括原煤、原油、天然气、一次电力及其他能源（水电和核电等）。1965～2017 年世界部分国家能源消费量如图 1.10 所示。

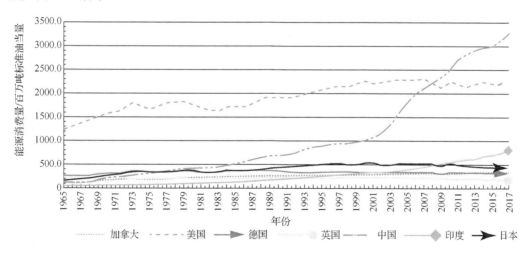

图 1.10　1965～2017 年世界部分国家能源消费量

资料来源：BP，2018. 2018 年 BP 世界能源统计年鉴[R/OL]．（2018-06-13）[2019-09-23].
https://www.bp.com/content/dam/bp/country-sites/zh_cn/china/home/reports/statistical-review-of-world-energy/2018/2018srbook.pdf.

如图 1.10 所示,美国能源消费量在 2007 年以前居世界首位,2007 年被中国超越。日本一次能源供应总量在 2005 年达到最大值,随后开始逐年缓慢下降。英国作为最早开始工业化的资本主义国家,在 20 世纪 80 年代能源消费量达到最高,随后逐年下降,尤其是近几年来英国宣布淘汰煤电,全国能在几个小时之内保持不需要煤发电的举动,更代表了英国减少使用一次能源的决心,英国的能源正在朝着更清洁、环保的方向发展。美国的一次能源供应总量在 2007 年已经达峰,达到 2337.37 百万吨标准油当量,随之下降后趋于平缓。

3. 人口数量

人口数量(population)是指一定时间点、一定地区范围内人口的总和[41]。人口数量增加是驱动碳排放上升的一个重要因素。《IPCC 第五次评估报告》情景数据库的各情景对人口的预计并没做明显区分。按照联合国的中位变差预测,21 世纪中叶之前全球人口数量持续增加,从 2015 年的 73 亿人,增加到 2020 年的 78.0 亿人、2030 年的 85.5 亿人和 2050 年的接近 97.7 亿人,2100 年将达到 111.8 亿人[42]。人类要生存和发展,还要享受舒适的生活环境、清洁的饮用水和安全的食品,这些都需要能量的支撑和驱动。所以每个人来到世界上就有生存权和发展权,就有消耗能源的权利。2018 年世界人均年能源消费量是 2.6 吨标准煤当量,我国人均年能源消费量是 3.29 吨标准煤当量。也就是说,按照现有水平,世界上每增加一个人,平均就要多消费 2.6 吨标准煤当量。若按照现在的能源消费水平,到 2050 年增加近 25 亿人就要增加 65 亿吨标准煤当量的能源消费,排放 100 多亿吨二氧化碳。对气候变化的影响将会随着人口的增加,而持续上升。

4. 能源强度

能源强度(energy intensity)是指创造单位国内生产总值所消耗的能源量,即国内生产总值与能源消费总量的比值,单位 GDP 能耗是表征全球 GDP 增长过程中所需能源的变化指标,体现了在创造经济价值中的能源效率。

国内生产总值是指一个国家所有常住单位在一定时期内生产活动的最终成果。国内生产总值有三种表现形式,即价值形态、收入形态和产品形态。从价值形态来看,它是所有常住单位在一定时期内生产的全部货物和服务价值与同期投入的全部非固定资产货物和服务价值的差额,即所有常住单位的增加值之和;从收入形态来看,它是所有常住单位在一定时期内创造的各项收入之和,包括劳动者报酬、生产税净额、固定资产折旧和营业盈余;从产品形态来看,它是所有常住单位在一定时期内最终使用的货物和服务价值与货物和服务净出口价值之和。在实际核算中,国内生产总值有三种计算方法,即生产法、收入法和支出法。三种方法分别从不同的方面反映国内生产总值及其构成。对于一个地区来说,称为地区生产总值或地区 GDP[43]。

能源消费总量是指一定区域内,国民经济各行业和居民家庭在一定时间消费的各种能源的总和。从能源强度的发展历史看,其经历了由低到高,再由高到低,并随着时间的推移不断降低的过程。

5. 城镇化水平

城镇化水平用城镇化率表示，是指居住在城镇范围内的全部常住人口与总人口数的比值。从实现峰值的国家来看，其城镇化水平一般在 70% 左右，城镇化水平也在一定程度上体现了一个国家或地区的经济增长水平。

从 1960 年开始，日本的城镇化率增长最快，从 1960 年的 63.3% 到可见的碳排放总量最大值的 2007 年（IEA 数据显示其 2013 年碳排放总量最大）的 88.01%，增长到 2013 年的 92.49%，再到 2017 年的 94.32%；德国城镇化率维持在 70%～80%，其他发达国家在 2017 年的城镇化率为 80%～90%。一般认为，城镇化率的提升，会提高对能源的需求，进而增加碳排放。城镇化率较高是达峰的必要条件，但并不是充分条件。因为很多国家如新西兰、新加坡等虽然城镇化率很高（86.37% 和 100%），但碳排放依然没有达到峰值。

1.6　不同国家达峰规律

本节将要探讨四种峰值类型：碳排放强度达峰、人均碳排放量达峰、高耗能产品产量达峰和碳排放总量达峰。这四个峰值的实现，有其自身内在规律，相互之间也存在一定关系。

峰值问题是能源消费问题的表现形式，其形成是能源消费总量与能源结构优化的结果，而能源是经济增长、人民生活改善的重要支撑。可以认为：

1）峰值的出现是高碳能源作为生产要素边际收入递减规律的表现，即能源对经济增长的作用逐渐降低的结果。

2）峰值是能源结构调整，也就是能量密度变大、碳排放强度降低的结果。

3）峰值的出现有一定的经济增长阶段、能源资源及环境治理等的历史背景。

4）峰值与人口发展、人们的生活方式和消费模式密切相关。

5）峰值后的持续发展，才是各国应该重视的方面，其与创新发展及经济转型有关。

6）峰值是政府和企业及社会各界共同影响碳排放的结果，是自然形成的过程，也是人为干预的结果。

柴麒敏等[44]认为，1990 年前欧洲国家往往是工业化过程结束后的自然达峰，也就是没有人为干预。在 1971 年以后都出现了二氧化碳排放峰值年，但峰值年之后二氧化碳排放趋势不尽一致。丛建辉等[45]将达峰经济体大致分为三类情形：第一类情形称为"稳定型峰值"，代表国家是德国、比利时等，达峰后无回弹现象，排放轨迹符合环境库兹涅茨曲线；第二类情形称为"亚稳定型峰值"，代表国家是美国、加拿大等，其二氧化碳排放总量在达峰后先下降后又有回升，但未超过原峰值；第三类情形称为"波动型峰值"，代表国家是日本、澳大利亚、意大利等，其排放出现阶段性极大值，但一段时间后又出现超越之前极值情况。出现"波动型峰值"主要与宏观经济不稳定有关。

发达国家当前能源消费和二氧化碳排放大多呈现持续下降的态势，分析其发展和变化历程，其二氧化碳排放达到峰值时的特点可归纳为如下几个方面[46]：

1）发达国家人均二氧化碳排放峰值出现在基本完成工业化阶段之后。

2）发达国家二氧化碳排放总量达峰时间一般滞后于人均二氧化碳排放量达峰时间。

3）二氧化碳排放总量达峰时间一般早于能源消费总量达峰时间。

4）发达国家工业部门的二氧化碳排放量达峰时间一般早于全国二氧化碳排放总量达峰时间。

5）不同发达国家人均二氧化碳排放量达峰值时的人均二氧化碳排放量有较大差异。

1.6.1　碳排放强度峰值

碳排放强度是碳排放总量和国内生产总值的比值。因为能源作为推动经济增长的重要因素，碳排放强度达峰时间较早，大多数国家是在 1960 年之前。我们深度挖掘各类数据得到部分国家碳排放强度数据，如图 1.11 所示。

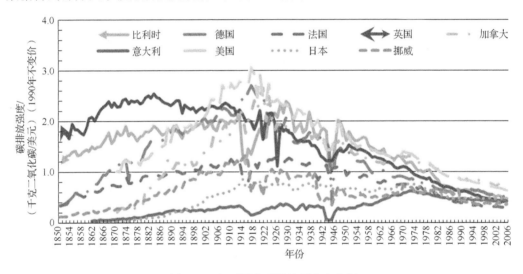

图 1.11　主要国家碳排放强度走势图

资料来源：碳排放数据来自 http://cdiac.ornl.gov/；GDP 数据来自 http://www.ggdc.net/maddison/oriindex.htm。

英国开启工业化时期最早，因此达峰时间很早，于 19 世纪 80 年代达到碳排放强度峰值，美国、日本、德国、挪威等在 20 世纪初也实现峰值。这些国家最早进入工业化，在大规模利用能源初期，由于技术水平受限，只要能够替代人力或畜力即可，不讲究效率，所以能源强度比较高。随着应用规模扩大，能源利用方式多元化，生产效率逐渐受到重视，开始研究增效的技术和设备，一些通用技术得到推广应用，能源强度逐渐随着利用技术和设备的成熟而开始下降。目前大部分国家都处于下降阶段。

1.6.2　人均碳排放峰值

表 1.4 列出了包括中国在内的八个国家六个指标的达峰时间情况。据 OECD 的统计数据显示，中国的人均二氧化碳排放量自 2013 年开始保持不变。世界银行的数据同样

显示中国在 2013 年人均碳排放量达峰，与 OECD 不同的是，在 2014 年有稍微下降。结果表明，西方发达国家相比美洲和亚洲国家达峰时间早很多，均在 20 世纪 70 年代前后实现碳排放峰值，且人均碳排放量均比碳排放总量达峰早或同时。人均钢产量则与人均碳排放量的达峰时间有前有后，如德国、日本、挪威人均钢产量达峰时间早于人均碳排放量达峰时间，美国是同时达峰，而法国则早 1 年。这也用事实证明了前面推导的高耗能产品达峰只是人均碳排放达峰的一个必要非充分条件。

表 1.4　八个国家碳排放及钢材消费达峰年份

指标	中国	德国	美国	日本	英国	意大利	挪威	法国
碳排放总量	—	1979 年	2000 年	2013 年	1973 年	2005 年	2010 年	1979 年
人均碳排放量	2013 年	1979 年	1973 年	2004 年	1973 年	2004 年	1999 年	1973 年
钢铁生产总量	2014 年	1974 年	1973 年	2007 年	1970 年	2006 年	1973 年	1974 年
人均钢产量	2013 年	1969 年	1973 年	1973 年	1970 年	2006 年	1973 年	1974 年
能源消费总量	—	1979 年	2007 年	2004 年	1996 年	2005 年	2012 年	2004 年
人均能源消费总量	—	1988 年	1978 年	2007 年	1973 年	2004 年	2000 年	2001 年

资料来源：根据世界银行、世界钢铁协会、OECD、IEA 数据进行计算统计。

1.6.3　高耗能产品总量达峰

发达国家大多经历了工业化过程，也就是大规模基础建设时期。最主要的特征是钢铁、水泥等高耗能高碳排放产业的迅速发展，支撑了经济增长所需要的铁路、公路、桥梁、机场、高楼、输电、输气、车辆等的建设与制造。在此期间，能源消费量和碳排放量伴随上升。但是由于地域限制，这些基础设施建设进入饱和阶段，高耗能产品必然减少，使能源消费和碳排放相应进入平台或下降阶段。下降速度是否与国家的产业结构和贸易结构有一定关系，在对各国详细分析时，将进一步论述。

1.　钢铁

钢铁是一种由铁和碳组成的合金，碳含量不足 2%，锰含量不足 1%，硅、磷、硫和氧含量较少。钢铁是世界上最重要的建筑及工程材料，在生活的各个方面都得到使用，如汽车、建筑、冰箱、洗衣机、货船、外科手术刀等。钢铁不是单一产品，有超过 3500 种不同等级的钢材，具有不同的物理、化学和环境性质。

在过去的 20 年里，大约有 75% 的现代钢材被开发出来。随着现代技术工艺的发展，钢材制品所需钢材越来越少，且更耐用。如果今天要重建埃菲尔铁塔，工程师们只需用原先钢量的三分之一即可。现代汽车都是用现代钢材制造的，这些钢材更坚固，但比过去的汽车重量减轻了 35%。

2017 年，全球粗钢产量达到 16894 万吨。各国对钢铁工业的环境要求标准更高，环境友好程度得到较大提升。一方面，钢铁是完全可回收的，具有很好的耐久性，并且与其他材料相比，其单位产出能源消费量逐渐降低；另一方面，轻质钢的使用（如汽车和铁路车辆）有助于节约能源和资源。在过去的几十年里，钢铁工业为限制环境污染做出了巨大的努力，今天生产一吨钢铁所需能源是 1960 年的 40%，粉尘的排放量也已经大大减少。

钢铁也可以再利用。钢铁独特的性能使它成为一种很容易回收再利用的材料，无论钢被回收多少次，钢的性能基本保持不变。电弧炉炼钢法可用于纯再生钢，使炼钢摆脱对焦炭的依赖。通过钢铁循环利用，增加了废钢使用量，全球钢铁耗能将大幅度下降，碳排放量也将大大降低。

我们分析了碳排放总量达峰的 18 个国家的高耗能产品——钢铁和水泥产量的达峰年份发现，钢产量达峰年份与碳排放总量达峰年份更接近，可见，在工业化过程中，钢铁更是不可或缺的产品（表 1.5）。但是，如果高耗能产品碳排放占比较小，对碳排放峰值的影响相对较低，碳排放峰值可以提前实现，而高耗能产品可以继续发展。

表 1.5 高耗能产品与碳排放达峰年份对比

国家	碳排放强度达峰年份（S1）	钢铁产量达峰年份（S2）	水泥产量达峰年份（S3）	人均碳排放量达峰年份	碳峰值年份（C）	钢铁达峰早于碳峰值年（C-S2）/年	水泥达峰早于碳达峰年（C-S3）/年
德国	1917	1974	1972	1979	1979	5	7
匈牙利	1964	1979	1979	1978	1978	-1	-1
挪威	1915	1973	1971	1999	2010	37	39
罗马尼亚	1989	1987	1980	1988	1989	1	8
法国	1925	1974	1974	1973	1979	5	5
英国	1883	1970	1973	1973	1973	3	0
波兰	1913	1980	1978	1987	1987	7	9
瑞典	1908		1973	1976	1976		3
芬兰	1976	2006	1974	2003	2003	-3	29
比利时	1929	1974	2007	1973	1973	-1	-34
丹麦	1943	1978	2006	1996	1996	18	-10
荷兰	1913	2007	1974	1996	1996	-11	22
爱尔兰	1967	2000	2005	2001	2006	6	1
奥地利	1908	2017	1974	2004	2005	-12	31
葡萄牙	1913	2017	2007	2002	2002	-15	-5
澳大利亚	1982	1998	2008	2007	2009	11	1
加拿大	1921	2000	2007	1979	2007	7	0
希腊	1998	2007	2007	2007	2007	0	0
意大利	1973	2006	2006	2004	2005	-1	-1
西班牙	1976	2007	2007	2005	2007	0	0
美国	1917	1973	2005	1973	2000	27	-5
日本	1914	2007	1996	2013	2013	6	17
新西兰	1910	2012	2015	2003	2006	-6	-9
墨西哥	1921	2017	2006	2006	2012	-5	6

资料来源：钢铁数据来源于世界钢铁协会，水泥数据来源于美国地质调查局，碳排放数据来源于 CDIAC、IEA。

2. 水泥

人类利用水泥的历史悠久。古罗马人将石膏与火山灰混合制成水性水泥（hydraulic cement），然而罗马制作水泥的工艺随着罗马帝国的衰弱而丢失，直到 1756 年英国人斯米顿（Smeaton）通过实验找到石灰石制作石灰的方法，水性水泥再次被使用，这种水泥的主要成分是氧化钙。斯米顿的水泥是天然水泥的先驱。1796 年英国人帕克（Parker）用不纯的石灰石烧成天然水泥，并获得专利。他发明的水泥被称为罗马水泥，其成分包含氧化钙、二氧化硅和铝等。1824 年英国泥水工阿斯普丁（Aspdin）将石灰石与黏土一起来煅烧，发明了波特兰水泥，即今天广泛使用的硅酸盐水泥。我国 1876 年在唐山开平煤矿附近设窑生产水泥，后来发展成唐山启新洋灰厂，为我国水泥工业之始[47]。

水泥在生产过程中，将石灰石烧制成石灰而释放出二氧化碳，所以有一半以上的碳由此化学过程排放，其他排放则是用于供热的燃料及电力的排放。

美国橡树岭国家实验室二氧化碳信息分析中心（Carbon Dioxide Information Analysis Center，CDIAC）的碳排放数据中包括水泥生产过程中的碳排放，每年水泥生产过程中的碳排放量相当于全球年碳排放量的 8%（28 亿吨二氧化碳，2015 年数据），可见其排放量影响之大。按照加利福尼亚大学伯克利分校的计算分析结果，每吨水泥平均碳排放量 814 千克二氧化碳，根据不同的工艺水平，其排放因子为 0.55～0.95 吨二氧化碳/吨水泥，主要取决于水泥生产过程中的能效、使用的燃料种类及所生产的水泥品种[48-49]。2014年全球水泥生产量达到历史最高峰 41.8 亿吨，其中中国占了绝大部分。

从表 1.5 可知，对于不同国家水泥产量的达峰时间与碳排放达峰时间，有的前者比后者提前 39 年（如挪威），而有的晚 34 年（如比利时），但大部分国家二者差异不大，与前面的公式推导结论吻合。

1.6.4　能源消费总量及人均能源消费量

由表 1.5 可知，除德国和日本外，其他国家仍符合人均能源消费量早于能源消费总量达峰的规律。英国作为最早开始工业化的国家，人均能源消费量达峰最早，并且自 2003年以来呈下降趋势，2015 年达到人均 2.8 吨标准油当量的能源消费量。美国人均能源消费量达峰也很早，但是其人均能源消费量一直比别的国家高很多，由 2000 年的人均 8.06吨标准油当量降低到 2015 年的人均 6.8 吨标准油当量，依然是中国人均能源消费量的三倍多。美国能源消费总量在进入 2000 年后增速放缓，目前已经达到峰值。日本和德国的人均能源消费量数值及走势也大致相同，德国在 20 世纪 70～80 年代达峰，而日本比较晚，在 2000 年之后达峰。

综合以上分析，在四种达峰类型中，各个国家大致符合碳排放强度先达峰，其次是人均指标达峰，最后是指标总量达峰，且在后两项中，符合高耗能产品先达峰，其次是碳排放量达峰，最后是能源消费量达峰的规律，下一节将针对这个规律做进一步介绍。

1.6.5 单位能源碳强度

一个国家的单位能源碳强度，也就是单位能源消耗所排放的二氧化碳量，直接反映的是当地所消耗能源的结构。不同的化石能源燃烧产生的相同热量，其所排放的二氧化碳量不同，造成各国（或一国在不同时期）的单位能源碳排放（图1.12），也就是二氧化碳排放系数存在较大差异（表1.6）。但是，从发展趋势上看，又有一定的收敛性。这种收敛性的驱动力，来源于人们对高效、清洁、便捷能源的追求。由能源历史可见，从薪柴、煤炭、石油到天然气，从人力、畜力到风机、水力、蒸汽、电力等能源品种和动力的发展来看，能源的能量密度越来越大，清洁、便捷、高效、环境友好等体现得越来越明显。

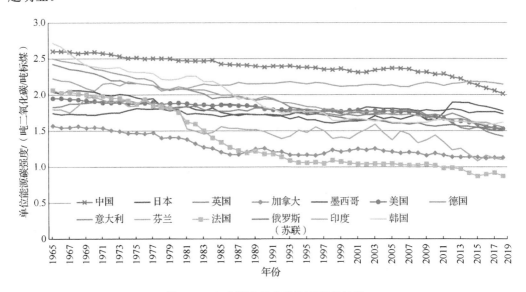

图 1.12　部分国家单位能源碳排放情况

表 1.6　中国和 IEA 采用的二氧化碳排放系数（2017 年）

能源	中国单位能源的二氧化碳排放	IEA 单位能源的二氧化碳排放
煤炭	2.71 吨二氧化碳/吨标准煤当量（3.87 吨二氧化碳/吨标准油当量）	3.96 吨二氧化碳/吨标准油当量
石油	2.13 吨二氧化碳/吨标准煤当量（3.04 吨二氧化碳/吨标准油当量）	3.07 吨二氧化碳/吨标准油当量
天然气	1.65 吨二氧化碳/吨标准煤当量（2.36 吨二氧化碳/吨标准油当量）	2.35 吨二氧化碳/吨标准油当量
一次能源消费	1.95 吨二氧化碳/吨标准煤当量	
化石能源	2.26 吨二氧化碳/吨标准煤当量	
电力总发电量	606 克二氧化碳/（千瓦·时）	

资料来源：王庆一，2018. 2018 能源数据[R]. 北京：绿色创新发展中心.

从图 1.12 可见，各国单位能源碳排放差异较大，有较低的法国，其化石能源消费量占总能源消费量的 51.1%，剩余为无碳和低碳能源：核能、水电和可再生能源，而且核能占比达到 38.54%。其次较低的是加拿大和芬兰，二者的化石能源消费结构占比分别是 65.0%和 57.3%,加拿大和芬兰的水电占比较高,致使两国的碳排放系数非常接近。中国和印度的碳排放系数均较高,源于两国的能源结构偏向煤炭。未来,随着各国能源品种趋于低碳,单位能源碳强度将逐渐收敛,收敛速度的高低决定了未来实现近零排放的速度和路径。对此,后面章节在实现路径中将进一步论述。

1.6.6 脱钩规律

脱钩的概念最早出现在物理学领域,用来刻画不同变量间的变化趋势,随后逐渐延伸至经济学等领域,旨在反映经济增长与能源消费不同步变化的实质,表征两者之间的压力关系[50]。脱钩理论最早由德国伍珀塔尔研究所系统提出,并提出了发达国家的"第四要素"革命概念,即在接下来的 50 年里财富将翻一番,资源消费也将减半,经济增长和资源利用实现脱钩[51]。国际上主流的脱钩指标为 OECD 脱钩指标和 Tapio 脱钩指标。

1. OECD 脱钩指标

2001 年,OECD 在其出版的《经济增长与环境压力脱钩的测度指标》(*Indicators to Measure Decoupling of Environmental Pressure from Economic Growth*)报告中,将脱钩定义为切断环境冲击与经济增长之间的关联,或者说使两者的变化速率不同。完整的指标体系构建包括驱动力(driving force)、压力(pressure)、状态(state)、冲击(impact)、反馈(response)五个部分,即所谓的 DPSIR 模式。然而,脱钩指标只用来反映前两项,分子为环境压力变量(如二氧化碳排放量),分母为经济驱动力变量(如 GDP),也就是说脱钩指标所代表的是环境压力与经济驱动力间的相对增长率。在此模式下,脱钩指标被区分为绝对脱钩和相对脱钩。

2. Tapio 脱钩指标

关于经济增长与环境领域的脱钩理论也适合经济增长与碳排放变化关系的研究,低碳研究专家将脱钩概念引入碳排放问题中,形成碳排放脱钩理论。经济增长与碳排放之间的脱钩问题引起了大量学者的关注,其中 Tapio 利用脱钩模型对经济增长与环境压力的脱钩关系做了更为详细的分类(表 1.7),分为绝对脱钩、相对脱钩、扩张性负脱钩、扩张性连接等状态。

表 1.7　脱钩关系分类及标准

类型	状态	标准		
		$C = \Delta CO_2/CO_2$	$y = \Delta GDP/GDP$	$E = C/y$
脱钩	绝对脱钩	$C \leqslant 0$	$y > 0$	$E \leqslant 0$
	相对脱钩	$C > 0$	$y > 0$	$0 < E < 0.8$
	衰退脱钩	$C < 0$	$y < 0$	$E \geqslant 1.2$

续表

类型	状态	标准		
		$C = \Delta CO_2/CO_2$	$y = \Delta GDP/GDP$	$E = C/y$
负脱钩	扩张性负脱钩	$C > 0$	$y > 0$	$E \geqslant 1.2$
	强负脱钩	$C \geqslant 0$	$y < 0$	$E \leqslant 0$
	弱负脱钩	$C < 0$	$y < 0$	$0 < E < 0.8$
连接	扩张性连接	$C > 0$	$y > 0$	$0.8 < E < 1.2$
	衰退连接	$C < 0$	$y < 0$	$0.8 < E < 1.2$

资料来源：TAPIO P. Towards a theory of decoupling: degrees of decoupling in the EU and the case of road traffic in Finland between 1970 and 2001[J]. Transport Policy, 2005, 12(2): 137-151.

在上述脱钩的状态中，绝对脱钩是低碳经济增长的理想目标，也就是为了实现经济增长与碳排放之间的绝对脱钩关系。回顾国外发达国家碳排放与经济增长的关系研究，可以发现部分国家已处于经济增长与碳排放的绝对脱钩阶段，其中碳排放达到峰值正是实现经济增长与碳排放绝对脱钩关系的必要条件。具体地说，处于绝对脱钩阶段的国家或地区经济增长与碳排放的关系都经历了碳排放强度、人均碳排放量和碳排放总量等指标达到峰值的过程，三条曲线的走势都表现为倒 U 形。这个过程也说明了碳排放强度、人均碳排放量及碳排放总量等指标先不断向上增长到一个稳定阶段，又向下降低。

根据碳排放脱钩理论中不同脱钩关系的评判过程，碳排放指标可以选择碳排放强度、人均碳排放量或碳排放总量。因此，经济增长与碳排放变化的脱钩关系分别对应碳排放强度绝对脱钩、人均碳排放量绝对脱钩及碳排放总量绝对脱钩。实现低碳发展背景下经济增长与碳排放绝对脱钩的前提，是要完成碳排放强度、人均碳排放量及碳排放总量等指标达到峰值。

在碳排放与经济增长的关系研究中，脱钩理论是比较常用的方法。脱钩理论应用比较广泛，涉及各个领域；国内外学者开展的实证研究涉及环境、土地、能源、废物排放等领域。OECD 提出的脱钩旨在打破经济增长和物质消耗的联系。OECD 对其 30 个成员国进行脱钩分析，指出环境与经济脱钩的现象普遍存在于 OECD 国家中，并且环境与经济的进一步脱钩是有可能的[52]。Vehmas 等[53-54]将能源强度指标的变化率（VOL/GDP）作为脱钩指数，并提出了衰退脱钩的概念。Tapio[55]将脱钩理论完善，提出细分的 8 种脱钩类型。

脱钩模型应用十分广泛，以交通运输业最为成熟。Lu 等[56]研究德国、日本和韩国等国家和地区的公路运输业发展与二氧化碳排放的脱钩效应，结果发现 GDP 与车辆数量的快速增长是二氧化碳排放量增加的最重要的因素，而人口密度对碳减排贡献最大。Kovanda 等[57]和 Tachibana 等[58]分别研究了欧洲联盟（简称欧盟）主要国家和日本爱知县的资源消费量与 GDP 脱钩情况，并做了实证分析。

在二氧化碳排放与经济增长的关系研究中，脱钩理论与环境库兹涅茨模型分析是比较常用的方法。郭士伊[59]研究工业经济增长同碳排放的脱钩和峰值问题，认为我国工业当前正处于从相对脱钩向绝对脱钩的过渡期，工业碳排放可能在 2025 年左右达到峰值。刘尧[60]利用 IPAT 模型和脱钩指数对 2004～2016 年我国国内经济增长和能源消费的关联性做了实证分析。郭承龙等[61]做了 2006～2014 年二氧化碳排放与经济增长的脱钩指数分析，得出其在此区间内呈现连续弱脱钩的状态。

1.7　达峰理论及规律总结

环境中的达峰理论，最早是以倒 U 形曲线——环境库兹涅茨曲线的方式展现出来的。该理论揭示了环境质量在经济增长不同阶段与经济增长的关系：在经济增长初期，环境质量随着人均收入水平的提高而恶化，但是当经济增长水平提高到一定阶段，人均收入水平上升到一定值后，环境质量随着人均收入水平提高而得到修复和改善，从而形成了倒 U 形曲线。

1.7.1　达峰理论

理论一：环境库兹涅茨曲线假设理论。

关于碳排放峰值问题，环境库兹涅茨曲线理论提供了很好的解释。碳排放与经济增长的关系可以大致分为三个阶段：第一阶段，经济快速增长阶段，即经济水平和碳排放量同时高速增长；第二阶段，转折阶段，经济继续增长而碳排放量达到峰值后开始下降；第三阶段，碳排放量逐步下降或稳定，经济处于增长阶段。目前，发达国家已经完成工业化，越过了经济快速发展阶段，处于碳排放量转折或下降阶段，但是大部分发展中国家正处于工业化阶段，经济和碳排放量都处于快速增长阶段。在碳排放环境库兹涅茨曲线中，发达国家已经成功越过了碳排放的峰值点，这不仅改善了环境质量，更留下了碳排放达峰经验。

研究发现，高耗能产品产量的达峰与碳排放达峰存在一定的相关性，尤其是钢铁产量达峰影响碳排放总量达峰。所以我们在陈劲锋等[62]提出的三个倒 U 形曲线基础上，提出四条曲线，分别是碳排放强度的倒 U 形曲线、人均高耗能产品的倒 U 形曲线、人均二氧化碳排放量的倒 U 形曲线、二氧化碳排放总量的倒 U 形曲线。二氧化碳排放强度达峰的时间为 T_1，人均高耗能产品产量达峰时间为 T_2，人均二氧化碳排放量达峰的时间为 T_3，二氧化碳排放总量达峰的时间为 T_4（图 1.13）。在正常的情况下，二氧化碳排放的趋势遵从此趋势，但是会受到经济、制度、技术等因素的影响。二氧化碳排放的趋势短期内会发生波动，但是从总体上符合上述假定。

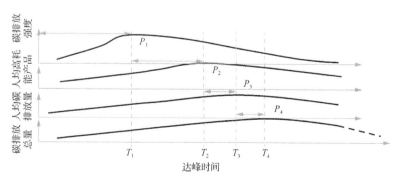

图 1.13　碳排放倒 U 形曲线的演化态势图

人口数量的增速对达峰时间和碳排放总量的影响比较大,这也是这些国家达峰时,人口增速较低的原因。当人口增速较高时,很难实现碳排放总量达峰。

理论二:三阶段脱钩理论。

王海林等[63]对交通部门的二氧化碳排放达峰进行了研究,认为交通部门二氧化碳排放达峰、能源消费量达峰、交通服务周转量达峰及经济持续增长之间存在着一定的数量关系和实现时间上的先后关系。第一阶段是交通部门二氧化碳排放量达峰,即实现了交通部门的发展与碳排放脱钩。第二阶段是交通部门能源消费量达峰,即实现了交通部门的发展与能源消费的脱钩。第三阶段是交通部门服务需求量达峰,即实现了经济增长与交通服务需求完全脱钩。这也标志着,交通部门完成了从结构优化到内涵提高的过程转变。这里可以用脱轨理论描述为能源和碳排放脱钩、经济活动与能源脱钩、经济活动产值与活动量脱钩等过程。目前我国将要实现的是第一阶段脱钩。此理论给人们很好的启示。

高碳的钢铁、水泥、交通等产业基于这样的脱碳规律,最终推动碳排放总量的达峰,使经济增长与碳排放的彻底脱钩。

每个产业都有这样的过程,当此过程逐一呈现后,全区域的这些阶段逐一呈现。由于呈现的时间存在差异,达峰量不同,就构成了各国达峰总量在时间和数值上的差异,以及达峰后的表现不同(对此特点的深层次原因,还有待进一步探讨)。

理论三:环境库兹涅茨曲线与脱钩结合理论。

达峰是在生产要素的边界效用递减规律基础上,经济增长与能源消费、碳排放等脱钩,形成的库兹涅茨曲线,也就是倒 U 形曲线的形式。一般情况下,在人均 GDP 为 2.0 万~2.5 万美元时,会出现碳排放总量达峰,但是由于地理条件、资源禀赋、生活方式及生产方式的差异,造成各国家达峰时的能源消费量、碳排放总量之间存在较大差异。随着可再生能源技术的普及及成本的大幅度降低,能源消费与碳排放脱钩的速度可能会加快。

1)峰值问题的本质是由人类经济活动高度依赖的含碳能源造成的,只要不使用高碳能源,碳排放达峰问题也就不存在了。

2)峰值的实现过程,就是经济增长摆脱对高碳能源依赖的过程,也就是经济增长与高碳能源的脱钩过程。

3)经济增长与碳排放脱钩,只是经济增长摆脱资源约束的第一步。第二步应该是经济增长与能源脱钩。也就是 GDP 增长完全不依赖能源的支撑,而是依靠节能技术和资源高效利用技术,在提供同样产品或服务的同时,能源消耗最少或几乎不使用能源,经济和可持续发展达到共赢、协调的一步。

4)能源消费与碳排放脱钩。能源低碳化,贯彻人类发展始终,由薪柴、煤炭、石油、天然气到无碳能源。消费能源的同时,不再排或少排碳,代表着人类追求能源的清洁、高效、便捷、绿色的要求,人类社会最终会进入无碳社会。按照《巴黎协定》的要求,这一目标,将在 2050 年或 2070 年实现。届时,能源消费与碳排放将彻底脱钩。

5)经济增长与能源脱钩。能源推导经济增长,经济增长依赖能源,这一规律随着人类社会进入低碳社会将被打破。经济增长不依赖于能源的消费,也就是二者脱钩。这是经济增长的最高境界,也是经济结构向绿色低碳转型的大方向。

1.7.2　达峰规律及条件

（1）碳排放相关峰值出现的顺序有一定规律

首先表现为碳排放强度达峰，然后是人均碳排放量达峰，最后是碳排放总量达峰。其中，高耗能产品达峰在碳排放强度达峰之后，这与工业化进程有关。一般情况下，进入后工业化阶段后，人均碳排放量达峰，碳排放总量随后达峰（也可能同时达峰）。

我们利用 Kaya 公式，通过对参数的分解，推导出不同指标达峰需要具备的充分条件。

（2）碳排放强度达峰的充分条件

二氧化碳排放量的下降速度大于 GDP 的增长速度。

（3）人均碳排放量达峰条件

碳排放强度的下降率大于人均 GDP 增长率。

（4）碳排放总量达峰条件

碳排放强度的下降率大于人均 GDP 增长率与人口变化率之和。

（5）目前的能源结构模式下，碳排放达峰的必要条件是：

① GDP 的二氧化碳排放强度年下降率大于 GDP 年增长率。

近似等于：

GDP 能源强度年下降率与单位能耗二氧化碳排放强度年下降率之和大于 GDP 年增长率。

② 单位能耗二氧化碳排放强度年下降率大于能源消费年增长率。

一般地，实现二氧化碳达峰，上述两个条件需要同时满足。

这些规律，为我国的达峰提供了借鉴。但我国目前所处的达峰条件，与西方国家达峰期间的条件已经发生了较大变化，为此需要进一步分析，才能将这些规律用好。

参 考 文 献

[1] 孙树峰，赵波. 指标峰值分析法在纳税评估中的应用[J]. 税务纵横，2002（6）：22-23.

[2] JEVONS W S. The coal question[M]. London: Macmillan and Company.

[3] CAVALLO A J. Hubbert's petroleum production model: an evaluation and implications for World Oil Production Forecasts[J]. Natural Resources Research, 2004, 13(4): 211-221.

[4] SMIL V. Energy and civilization: a history[M]. Cambridge: The MIT Press, 2017.

[5] NEF J U. The rise of the British coal industry[M]. London: Routledge Press, 1966.

[6] ProCon.org. Historical timeline: history of alternative energy and fossil[R/OL]. (2017-07-03) [2018-03-22]. https://alternativeenergy. procon.org/historical-timeline/.

[7] Planete Energies. The History of Energy in the United Kingdom[R/OL]. (2015-04-29) [2015-07-11]. https://www.planete-energies.com/en/medias/saga-energies/history-energy-united-kingdom.

[8] LACEY M. What is "energy transition" and why does it matter to investors? Schroders[R/OL]. (2019-07-10) [2019-07-11]. https://www.schroders.com/en/insights/economics/what-is-energy-transition-and-why-does-it-matter-to-investors/.

[9] 史丹. 全球能源转型特征与中国的选择[N]. 经济日报，2016-08-18（14）.

[10] IPCC. Summary for Policymakers of IPCC Special Report on Global Warming of 1.5℃ approved by governments[R/OL]. (2018-10-08) [2018-12-23]. https://www.ipcc.ch/2018/10/08/summary-for-policymakers-of-ipcc-special-report-on-global-warming-of-1-5c-approved-by-governments/.

[11] Programme U. The Emissions Gap Report 2017: A UN Environment Synthesis Report[R/OL]. (2017-11-21) [2018-03-11]. https://www.unepfi.org/wordpress/wp-content/uploads/2017/10/Emissions-Gap-Report-2017.pdf.

[12] LO Y E, MITCHELL D M, GASPARRINI A, et al. Increasing mitigation ambition to meet the Paris Agreement's temperature goal avoids substantial heat-related mortality in U.S. cities[J]. Science Advances, 2019, 5(6).

[13] PFLEIDERER P, SCHLEUSSNER C F, MENGEL M, et al. Global mean temperature indicators linked to warming levels avoiding climate risks[R/OL]. (2018-06-01) [2018-09-11]. https://iopscience.iop.org/article/10.1088/1748-9326/aac319.

[14] FRIEDLINGSTEIN P, MILLAR R. Quantifying the cumulative carbon emissions consistent with a 1.5 ℃ global warming[R/OL]. (2018-05-14) [2019-04-30]. https://www.ceh.ac.uk/sites/default/files/NERC_BEIS_Workshop_01_TCRE1.5_Public.pdf.

[15] IEA. Global Energy & CO_2 Status Report 2019[R/OL]. (2019-03-11) [2019-05-01]. https://www.iea.org/reports/global-energy-co2-status-report-2019.

[16] HAUSFATHER Z, 2018. Analysis: how much 'carbon budget' is left to limit global warming to 1.5℃?[R/OL]. (2018-04-09) [2019-05-01]. https://www.carbonbrief.org/analysis-how-much-carbon-budget-is-left-to-limit-global-warming-to-1-5c.

[17] HAUSFATHER Z. New scenarios show how the world could limit warming to 1.5℃ in 2100[R/OL]. (2018-03-05) [2019-02-01]. https://www.carbonbrief.org/new-scenarios-world-limit-warming-one-point-five-celsius-2100.

[18] OECD. Investing in climate, investing in growth [R/OL]. (2017-05-23) [2018-04-01]. http://oe.cd/g20climate.

[19] HARDY B. CCS Required in IPCC's scenarios to keep to 1.5 degrees celcius[R/OL]. (2018-10-11) [2019-01-10]. https://ccsknowledge.com/blog/ccs-required-in-ipccs-scenarios-to-keep-to-15-degrees-celcius.

[20] MULLIGAN J. Technological carbon removal in the United States[R/OL]. (2018-09-01) [2019-11-01].https://wriorg.s3.amazonaws.com/s3fs-public/technological-carbon-removal-united-states_0.pdf?_ga=2.176005985.2100963188.1559897349-324603893.1545051010.

[21] UK National Grid. Future Energy Scenarios (2018)[R/OL]. (2018-07-12) [2019-03-02]. https://www.nationalgrid.com/uk/gas-transmission/insight-and-innovation/future-energy-scenarios-fes.

[22] UK National Grid. Future Energy Scenarios (2019)[R/OL]. (2019-07-11) [2019-08-08]. https://www.nationalgrid.com/uk/gas-transmission/insight-and-innovation/future-energy-scenarios-fes.

[23] IIASA. UN Climate Change Conference 2018 (COP24) [R/OL]. (2018-12-14) [2019-05-11]. https://iiasa.ac.at/web/home/about/events/181203-COP24.html.

[24] LIU Z, LIANG S, GENG Y, et al. Features, trajectories and driving forces for energy-related GHG emissions from Chinese mega cites: the case of Beijing, Tianjin, Shanghai and Chongqing[J]. Energy, 2012, 37(1): 245-254.

[25] FENG W, CAI B M, ZHANG B. A bite of China: food consumption and carbon emission from 1992 to 2007[J]. China Economic Review, 2020(59): 1-14.

[26] JIANG J, YE B, XIE D, et al. Provincial-level carbon emission drivers and emission reduction strategies in China: Combining multi-layer LMDI decomposition with hierarchical clustering[J]. Journal of Cleaner Production, 2017, 169: 178-190.

[27] DEICHMANN U, REUTER A, VOLLMER S, et al. The relationship between energy intensity and economic growth: new evidence from a multi-country multi-sectorial dataset[J]. World Development, 2018, 124: 22-32.

[28] OU J P, LIU X P, WANG S J, et al. Investigating the differentiated impacts of socioeconomic factors and urban forms on CO_2 emissions: empirical evidence from Chinese cities of different developmental levels[J]. Journal of Cleaner Production, 2019, 226(20): 601-614.

[29] CAO Z, SHEN L, LIU L, et al. Analysis on major drivers of cement consumption during the urbanization process in China[J]. Journal of Cleaner Production, 2016, 133: 304-313.

[30] CAI J , YIN H, VARIS O. Impacts of urbanization on water use and energy-related CO_2 emissions of residential consumption in China: a spatio-temporal analysis during 2003-2012[J]. Journal of Cleaner Production, 2017, 194(1): 23-33.

[31] XU Q, DONG Y X, YANG R. Urbanization impact on carbon emissions in the Pearl River Delta region: Kuznets curve relationships[J]. Journal of Cleaner Production, 2018, 180: 514-523.

[32] LI L, SHAN Y, LEI Y, et al. Decoupling of economic growth and emissions in China's cities: a case study of the Central Plains urban agglomeration[J]. Applied Energy, 2019, 244: 36-45.

[33] WANG Q, SU M. The Effects of urbanization and industrialization on decoupling economic growth from carbon emission: a case study of China[J]. Sustainable Cities and Society, 2019, 51: 1-8.

[34] IEA. Global Energy & CO_2 Status Report 2018[R/OL] (2019-03-26) [2019-3-30]. https://webstore.iea.org/global-energy-co2-status-report-2018.

[35] STERN D, COMMON M S, BARBIER E, et al. Economic growth and environmental degradation: the environmental Kuznets curve and sustainable development[J]. World Development, 1996, 24(7): 1151-1160.

[36] XU S C, MIAO Y M, GAO C, et al. Regional differences in impacts of economic growth and urbanization on air pollutants in China based on provincial panel estimation[J]. Journal of Cleaner Production, 2019, 228: 455-466.

[37] LU I J, LEWIS C, LIN S J. The forecast of motor vehicle, energy demand and CO_2 emission from Taiwan's road transportation sector[J]. Energy Policy, 2009,37(8): 2952-2961.

[38] RAUPACH M J, MALYUTINA M, BRANDT A, et al. Molecular data reveal a highly diverse species flock within the munnopsoid deep-sea isopod Betamorpha fusiformis (Barnard, 1920) (Crustacea: Isopoda: Asellota) in the Southern Ocean[J]. Deep-Sea Research Part II, 2007, 54(16-17): 1820-1830.

[39] WANG X , ZHU Y , SUN H , et al. Production decisions of new and remanufactured products: implications for low carbon emission economy[J]. Journal of Cleaner Production, 2018, 171: 1225-1243.

[40] OECD. Gross domestic product (GDP) (indicator)[R/OL]. (2019-03-01) [2019-06-15]. https://data.oecd.org/gdp/gross-domestic-product-gdp.htm.

[41] 中华人民共和国国家统计局. 中国统计年鉴. 2017[M]. 北京：中国统计出版社，2017.

[42] AFFAIR S. United Nations. Department of economic and social affairs, population division. World population prospects: the 2017 revision[R/OL]. (2017-12-18) [2018-06-23]. https://www.ssc.wisc.edu/cdha/cinfo/?p=15871.

[43] 国家统计局. 中国统计年鉴. 2018[M]. 北京：中国统计出版社，2018.

[44] 柴麒敏，徐华清. 基于IAMC模型的中国碳排放峰值目标实现路径研究[J]. 中国人口·资源与环境，2015，25（6）：37-46.

[45] 丛建辉，王晓培，刘婷，等. CO_2排放峰值问题探究：国别比较、历史经验与研究进展[J]. 资源开发与市场，2018，34（6）：774-780.

[46] 何建坤. CO_2排放峰值分析：中国的减排目标与对策[J]. 中国人口·资源与环境，2013，23（12）：1-9.

[47] 卢汝生，吴秋飞. 混凝土：人类的伟大发明[J]. 中山大学学报论丛，2001（1）：296-299.

[48] BARKER D J, TURNER S A, NAPIER-MOORE P A, et al. CO_2 capture in the cement industry[J]. Energy Procedia, 2009, 1(1): 87-94.

[49] CSI/ECRA. Development of state of the art-techniques in cement manufacturing: trying to look ahead[J]. Technology Papers, 2009, 99(6).

[50] 马颖，张铁刚，黄新颖，等. 金砖国家碳排放与GDP脱钩因素异质性实证研究[J]. 统计与决策，2016（18）：141-144.

[51] CHEN B, YANG Q, LI J S, et al. Decoupling analysis on energy consumption, embodied GHG emissions and economic growth: the case study of Macao[J]. Renewable and Sustainable Energy Reviews, 2017, 67: 662-672.

[52] OECD. Sustainable development: indicators to measure decoupling of environmental pressure from economic growth[EB/OL]. (2002-01-22) [2018-08-01]. http://www.oecd.org/env/indicators-modelling-outlooks/1933638.pdf.

[53] VEHMAS J, KAIVO-OJA J, LUUKKANEN J. Global trends of linking environmental stress and economic growth[M]. Turku: Tutu Publications, 2003.

[54] VEHMAS J, KAIVO-OJA J, LUUKKANEN J. Linking analyses and environmental Kuznets curves for aggregated material flows in the EU[J]. Journal of Cleaner Production, 2007, 15(17): 1662-1673.

[55] TAPIO P. Towards a theory of decoupling: degrees of decoupling in the EU and the case of road traffic in Finland between 1970 and 2001[J]. Transport Policy, 2005, 12(2): 137-151.

[56] LU I J, LIN S J, LEWIS C. Decomposition and decoupling effects of carbon dioxide emission from highway transportation in Germany, Japan and South Korea[J]. Energy Policy, 2007, 35(6): 3226-3235.

[57] KOVANDA J, HAK T. What are the possibilities for graphical presentation of decoupling? An example of economy-wide material flow indicators in the Czech Republic[J]. Ecological Indicators, 2007, 7(1):123-132.

[58] TACHIBANA J, HIROTA K, GOTO N, et al. A method for regional-scale material flow and decoupling analysis: a demonstration case study of Aichi prefecture, Japan[J]. Resources Conservation & Recycling, 2008, 52(12): 1382-1390.

[59] 郭士伊. 工业低碳发展的脱钩与峰值研究[J]. 工业经济论坛，2017，4（1）：1-13.

[60] 刘尧. 经济增长和能源消耗关系的实证分析[J]. 统计与决策，2018，34（8）：141-144.

[61] 郭承龙，周德群. 二氧化碳排放与经济增长脱钩驱动因素及趋势分析[J]. 数学的实践与认识，2018（3）：69-78.

[62] 陈劭锋，刘扬，邹秀萍，等. 二氧化碳排放演变驱动力的理论与实证研究[J]. 科学管理研究，2010，28（1）：43-48.

[63] 王海林，何建坤. 交通部门CO_2排放、能源消费和交通服务量达峰规律研究[J]. 中国人口·资源与环境，2018，28（2）：59-65.

第2章 各国达峰历史分析

据统计，目前已经实现碳排放达峰的国家有 53 个。本章将进一步分析这些国家达峰过程中具有的特点，以及影响人均碳排放量、碳排放总量、能源消费总量、碳排放强度和高耗能产品产量等的峰值、出现时间和达峰前后发展轨迹等的不易察觉因素。

2.1 碳排放达峰国家数量及峰值特点

据世界资源研究所的资料统计，截至 2020 年有 53 个国家的碳排放已经达峰，到 2030 年达峰的国家预计有 57 个，其排放量占全球的 60%。具体见表 2.1。

表 2.1 达峰时间及承诺达峰国家列表

达峰时间	已达峰的国家或承诺达峰的国家	占全球碳排放总量的比例	国家数量（累计）
到 1990 年	阿塞拜疆 白俄罗斯 保加利亚 克罗地亚 捷克共和国 爱沙尼亚 格鲁吉亚 德国 匈牙利 哈萨克斯坦 立陶宛 摩尔多瓦 挪威 罗马尼亚 苏联 塞尔维亚 斯洛伐克 塔吉克斯坦 乌克兰	21%（占 1990 年的排放量）	19
到 2000 年	法国（1991 年） 立陶宛（1991 年） 卢森堡（1991 年） 黑山（1991 年）	18%（占 2000 年的排放量）	33

续表

达峰时间	已达峰的国家或承诺达峰的国家	占全球碳排放总量的比例	国家数量（累计）
到 2000 年	英国（1991 年） 波兰（1992 年） 瑞典（1993 年） 芬兰（1994 年） 比利时（1996 年） 丹麦（1996 年） 荷兰（1996 年） 哥斯达黎加（1999 年） 摩纳哥（2000 年） 挪威（2000 年）	18%（占 2000 年的排放量）	33
到 2010 年	爱尔兰（2001 年） 密克罗尼西亚（2001 年） 奥地利（2003 年） 巴西（2004 年） 葡萄牙（2005 年） 澳大利亚（2006 年） 加拿大（2007 年） 希腊（2007 年） 意大利（2007 年） 圣马力诺（2007 年） 西班牙（2007 年） 美国（2007 年） 塞浦路斯（2008 年） 冰岛（2008 年） 列支敦士登（2008 年） 斯洛文尼亚（2008 年）	36%（占 2010 年的排放量）	49
到 2020 年	日本 马耳他 新西兰 韩国	40%（占 2010 年的排放量）	53
到 2030 年	中国 马绍尔群岛 墨西哥 新加坡	60%（占 2010 年的排放量）	57

资料来源：LEVIN K, RICH D, 2017. Turning points: trends in countries' reaching peak greenhouse gas emissions over time[R/OL]. (2017-11-02) [2019-03-01]. http://www.wri.org/publication/turning-points.

依据 WRI 分析，全球有 19 个国家（占全球碳排放总量的 21%）在 1990 年或之前碳排放达到峰值。苏联解体后经济崩溃，导致几个苏联加盟共和国的碳排放量大幅下降。到 1990 年，德国和挪威也达到峰值，欧盟作为一个整体在 1990 年达到峰值。33 个国家的碳排放量（占全球碳排放总量的 18%）在 2000 年前达到峰值。许多欧洲国家在 1990~2000 年达到峰值，如英国、法国、荷兰、比利时、丹麦、瑞典、瑞士和芬兰。哥斯达黎加也在 1999 年达到峰值。到 2010 年，达峰国家的数量增加至 49 个，占全球碳排放总量的 36%。其中，包括欧洲的奥地利、冰岛、爱尔兰、西班牙、葡萄牙和澳大利亚（在 2006 年达到峰值）、美国及加拿大（两国均在 2007 年达到峰值）等国。基于各国承诺，2020 年全球将有 53 个国家（占全球碳排放总量的 40%）达到峰值。到 2030 年全球可能有 57 个国家（占全球碳排放总量的 60%）达到峰值。全球温室气体排放总量自 1970

年以来几乎翻了一番，其中化石燃料燃烧、水泥和其他生产过程贡献最多，约占总数的70%。全球温室气体排放在 2015 年和 2016 年间的增速是 20 世纪 90 年代初以来最慢的（全球经济衰退期除外），但是于 2017 年又缓慢上升。

　　图 2.1 中上半部分是 1990 年前碳排放总量达峰的国家，这些国家的二氧化碳排放量在达峰后虽然一直在上下波动，但没有超过峰值，且总体呈下降趋势，可以认为，未来超过峰值的可能性基本不存在，其峰值为稳定型。图 2.1 下半部分是 1990 年后二氧化碳排放量达峰的国家，这些国家受到各种因素影响，排放量一直呈现波动上升趋势，虽然历史上出现过峰值，如美国在 2005 年（BP、EIA 数据，IEA 数据为 2000 年）出现碳排放峰值，但是未来随着美国成为天然气第一大出口国，经济脱虚向实，碳排放量是否会超过此值，形成新峰值还存在不确定性。因此，将 1990 年后形成的二氧化碳排放量峰值称为亚稳定型。

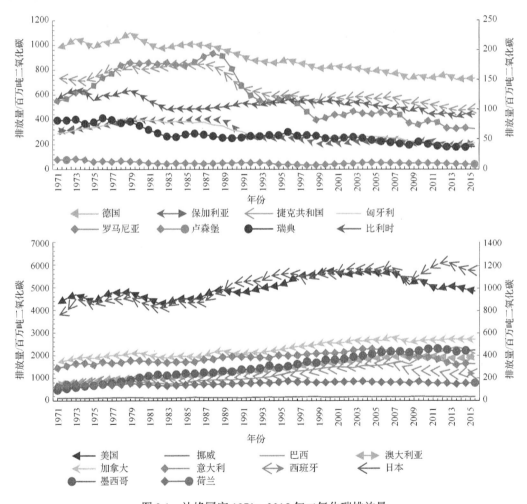

图 2.1　达峰国家 1971~2015 年二氧化碳排放量

资料来源：IEA 数据。
　　注：上图，德国数据在左坐标表示，其他国家数据在右坐标表示；下图，美国数据在左坐标表示，其他国家数据在右坐标表示。

对英国、德国、日本、美国、法国、意大利、挪威等国家碳排放达峰时的经济增长指标、人均 GDP、产业结构中三产比例等分析发现，这些国家均已经完成工业化，步入工业化后期阶段（表 2.2）。

表 2.2 工业化不同阶段标志值

基本指标	前工业化阶段	工业化实现阶段			后工业化阶段
		工业化初期	工业化中期	工业化后期	
人均 GDP 经济增长水平/美元（2010 年不变价）	827～1654	1654～3308	3308～6615	6615～12398	12398 以上
三次产业产值比（产业结构）	A>I	A>20% A<I	A<20% I>S	A<10% I>S	A<10% I<S
制造业增加值占总商品部门增加值比重（工业结构，%）	20 以下	20～40	40～50	50～60	60 以上
城镇人口占总人口的比重（空间结构，%）	30 以下	30～50	50～60	60～75	75 以上
第一产业就业占总就业的比重（就业结构，%）	60 以上	45～60	30～45	10～30	10 以下

注："A"表示第一产业，"I"表示第二产业，"S"表示第三产业[1]。

依照表 2.2 的指标，对英国等 7 个国家的数据进行衡量发现，这些国家在碳排放总量达峰时，均处于后工业化阶段，人均 GDP 超过中等收入水平（中等收入水平的人均 GDP 最高值为 12235 美元，具体参见第 8 章）（表 2.3）。因此，它们已经有获得清洁能源和环境治理的经济能力和追求美好生活的愿望，也有实现能源与碳排放脱钩的能力。

表 2.3 工业化进程指标

国家	碳排放峰值年	人均 GDP/美元（2010 年不变价）	一、二、三产业比例	空间结构/%	就业结构/%	工业结构/%
英国	1973	18482	2∶41∶57	77	2（1991 年）	54（1990 年）
德国	1979	25756	2∶42∶56	73	4（1991 年）	66（1991 年）
日本	2013	46246	0.3∶27.9∶71.8	85	5	65
美国	2005	48756	1∶21∶78	80	2	55
法国	1979	26599	2∶41∶57	73	5.33（1991 年）	59
意大利	2005	38237	2∶23∶75	68	67.738	72
挪威	2010	87770	2∶29∶69	79	2.54	25

资料来源：世界银行公开数据，https://data.worldbank.org.cn/。

注：英国工业结构的数据始于 1990 年，就业结构的数据始于 1991 年；德国工业结构和就业结构的数据始于 1991 年；法国就业结构的数据始于 1991 年。

产业结构是指三产占 GDP 的比重，空间结构是指城市人口数占总人口数的比例，就业结构是指第一产业就业人口占总就业人口的比重，工业结构是指制造业增加值在总商品生产部门增加值中所占的比重。

2.2　典型达峰国家特征总结

我们对碳排放已经达峰的典型发达国家的社会经济、政策及能源结构进行了分析，并总结了这些达峰国家在工业化后期阶段，人均 GDP 超过世界银行划定的中等收入线后，碳排放总量才开始达峰。下面对这些国家的达峰特征、能源、碳排放及高耗能产品达峰时的规律进行总结。

2.2.1　碳排放达峰指标特点

在分析典型国家达峰时，提到了碳排放强度达峰、人均碳排放达峰、高耗能产品总量达峰几个达峰指标。这些指标之间存在一定的关系，下面做进一步梳理。

1. 经济发展直接影响碳排放

从各国的分析可见，人均碳排放达到峰值是在人均 GDP 达到一定水平之后实现的。这些国家的达峰一般在 1 万～2.5 万国际元，低于此水平的达峰国家还没出现。目前我国按照国际元核算，人均 GDP 约 1.44 万国际元，所以具备了整体实现峰值的条件。

人均钢产量与人均 GDP 也存在一定的相关性，在人均 GDP 水平不高或者人们追求高质量生活的同时，需要钢材等基础材料支持经济建设，当经济增长到一定水平时，对钢材的需求不会随着其增长而增加，而是处于下降或维持一定水平的增长。这就表明，某些国家（如挪威）在人均 GDP 增加的同时，钢产量维持在一个较低的平稳水平。有些国家在某个时期，其经济下滑，人们对钢材的需求量也下降，如意大利在 2007 年次贷危机后，GDP 缩水，人均钢产量由 520 千克下降到 2009 年的 330 千克。可见，钢材等产品，确实体现了经济增长的水平。

2. 碳排放强度、人均碳排放与碳排放总量关系

前面推导的碳排放强度达峰条件——二氧化碳排放的下降速度大于 GDP 增长速度，可以得到进一步验证。意大利和挪威在石油危机前期碳排放高速增长，之后碳排放增速下降后，形成负增长，且超过 GDP 增速，即满足了碳排放强度达峰的充分条件。在碳排放强度达峰之后，由于技术进步和人们对能源利用效率的提高，碳排放强度持续下降，当其下降率超过人均 GDP 增长率时，人均碳排放达峰实现。例如，意大利在 2004～2005 年二氧化碳排放强度下降 1%，大于人均 GDP 增速（0.045%），满足了人均碳排放达峰的条件，实现了人均碳排放达峰。几乎同时（2005 年），碳排放强度下降率（1.06%）超过 GDP 增速（0.45%）和人口增速（0.49%），满足了碳排放总量达峰的条件，实现了碳排放总量达峰。此时，碳排放与能源实现了脱钩，到了经济发展的第二阶段。

从表 2.4 中可见，英国、美国、德国、日本和法国等进入工业化较早的国家，在大规模工业化刚刚开始，机械进入生产过程中，能源尤其是煤炭成为主要动力后，规模经

济逐渐体现，碳排放强度逐渐达峰，但是其达峰的数值相差较大，有 0.61 千克二氧化碳/美元（1990 年不变价）的意大利，也有 3.06 千克二氧化碳/美元（1990 年不变价）的美国，这与当时的能源结构和技术水平等有关。碳排放强度开始下降后，在满足工业化阶段要求，即人们的生活水平有较大提升后，人均碳排放开始达峰。与此同时或之后一段时间，碳排放总量达峰，实现第一阶段脱钩，即经济增长与碳排放脱钩。

表 2.4 二氧化碳排放峰值

国家	年份	碳排放强度峰值/（千克二氧化碳/美元）（1990 年不变价）	年份	人均碳排放峰值/（吨/人）	年份	碳排放总量峰值/百万吨	时间差	
							强度到人均年	人均到总量年
英国	1883	2.54	1973	11.29	1973	634.2	90	0
美国	1917	3.06	1973	22.14	2000	5729.9	56	27
德国	1917	2.7	1979	14.07	1979	1099	62	0
日本	1914	0.84	2013	9.62	2013	1226	99	0
法国	1925	1.26	1973	9.67	1979	474.56	42	6
意大利	1973	0.61	2004	7.89	2005	456.43	31	1
挪威	1915	1.33	1999	8.34	2010	38.39	84	1

资料来源：碳排放强度数据除意大利外，均是作者用二氧化碳信息分析中心碳排放数据和世界银行的 GDP 数据计算所得。

注：经认真核对，发现 BP、WB 发布的挪威的碳排放数据明显偏大，而 IEA 的数据更接近挪威提交给联合国的碳排放数据。

在技术进步的推动下，二氧化碳排放随着时间演变，依次遵循碳排放强度、人均碳排放、碳排放总量的倒 U 形曲线[2]，7 个国家的碳峰值分别按照碳排放强度峰值、人均碳排放峰值、碳排放总量峰值的先后顺序实现。因不同国家的人口、经济、技术等不同，其所形成的峰值大小也略有差别。不同碳峰值实现时间间隔分析结果是：从碳排放强度峰值到人均碳排放峰值所需要的时间，多于从人均碳排放峰值到碳排放总量峰值所需要的时间。

3. 高耗能产品达峰影响

主要高耗能、高碳排放产品如钢铁、水泥等生产和消费过程反映了一个国家和地区的工业化水平，也体现了其基础设施建设的周期。若这些产品的生产部门达峰，意味着经济增长由外延式规模化发展转为内涵式发展，经济有转型的基础。

由表 2.5 可见，各国在高耗能产品达峰时的人均产量差距较大，有人均水泥产量 341 千克的美国，也有人均 822 千克的意大利；有人均钢铁产量 226 千克的挪威，也有人均 786 千克的日本。可见，人均钢铁、水泥产量，与人均 GDP 的相关性并不密切。

表 2.5　钢铁和水泥产量达峰年及峰值

国家	钢铁产量			水泥产量			碳排放总量达峰时				
	达峰年	总量/百万吨	人均产量/(千克/人)	达峰年	总量/百万吨	人均产量/(千克/人)	年份	钢铁产量/百万吨	人均产量/(千克/人)	水泥产量/万吨	人均产量/(千克/人)
英国	1970	27.8	475	1973	1998.7	356	1971	24.2	433	1769.8	317
德国	1974	53.2	555	1972	5200.3	661	1979	46.0	589	4893.8	626
日本	2007	120.2	786	1996	9449.2	751	2004	112.7	882	6737.6	527
美国	1973	136.8	321	2005	10090.3	341	2005	94.9	321	10090.3	341
法国	1974	27021	501	1974	32340.0	600	1979	23360	424	28825.4	523
意大利	2006	31624	544	2006	47814.0	822	2005	29350	506	40284.0	695
挪威	1973	963	226	1971	2739.4	702	2010	520	106	1298.0	265

资料来源：https://www.worldsteel.org/zh/，https://www.usgs.gov/，https://data.worldbank.org.cn/。

英国、德国碳排放总量达峰时工业部门和建筑部门的碳排放均已经到达峰值，且工业部门、建筑部门碳排放之和占总量的比例分别为 48%和 46%，日本、美国工业部门、建筑部门及交通部门的碳排放在碳排放总量达峰前，均已经达峰值，且两个国家的此三个部门的碳排放峰值之和占碳排放总量的比例分别为 59%和 64%，说明碳排放总量达峰时已达峰部门的碳排放占有较大比例。这还说明碳排放总量达峰前已达峰部门的碳排放量占比很大，其不达峰，总量很难达峰。另外可以发现，交通部门达峰时间一般要晚于其他部门，说明其与经济社会活动消耗能源密切程度更高，减排的难度也更大，为其他国家和部门达峰路径的设定提供了借鉴。

2.2.2　能源消费与碳排放达峰时间趋同

英国于 1883 年能源强度实现峰值 1.08 千克标煤/美元（1990 年不变价），1973 年实现人均能源消费峰值 5.81 吨标煤/人，能源消费总量的峰值是 3.32 亿吨标煤，于 2005 年实现，能源消费峰值是按照能源强度峰值、人均能源消费峰值、能源消费总量峰值的先后顺序实现的，且从能源强度峰值到人均能源消费峰值历时 102 年，从人均能源消费峰值到能源消费总量峰值历时 32 年。同样，美国的能源强度峰值、人均能源消费峰值、能源消费总量峰值分别于 1934 年、1973 年、2007 年实现，其峰值分别是 0.69 千克标煤/美元（1990 年不变价）、11.89 吨标煤/人、33.15 亿吨标煤，其间隔的时间分别是 39 年和 34 年。德国的能源强度峰值、人均能源消费峰值、能源消费总量峰值分别于 1889 年、1979 年、1979 年实现，其峰值分别是 0.64 千克标煤/美元（1990 年不变价）、6.86 吨标煤/人、5.36 亿吨标煤，三个峰值之间的间隔是 90 年和 0 年。日本三个能源消费峰值分别出现在 1942 年、2005 年、2005 年，其峰值分别是 0.38 千克标煤/美元（1990 年不变价）、5.93 吨标煤/人、7.58 亿吨标煤，三个峰值之间的间隔分别是 63 年和 0 年（表 2.6）。

对比这 7 个国家能源消费达峰情况可知，能源消费峰值是按照能源强度峰值、人均能源消费峰值、能源消费总量峰值的先后顺序实现的，且从能源强度峰值到人均能源消费峰值所经历的时间大于从人均能源消费峰值到能源消费总量峰值所经历的时间。从峰值数值上来看，不同国家的峰值大小存在较大差异，这与国家的经济结构、能源结构、技术水平、消费模式等有关系。

表 2.6　能源消费峰值指标情况表

国家	人均能源消费达峰		能源消费总量达峰		能源强度达峰	
	年份	峰值/（吨标煤/人）	年份	峰值/亿吨标煤	年份	峰值/（千克/美元，2010 年不变价）
英国	1973	5.81	2005	3.32	1965	0.24
美国	1973	11.89	2007	33.15	1970	0.33
德国	1979	6.86	1979	5.36	1970	0.20
日本	2005	5.93	2005	7.58	1974	0.15
法国	2001	6.09	2004	3.80	1973	0.15
意大利	2004	4.64	2005	2.68	1972	0.13
挪威	2000	14.76	2012	0.68	1973	0.18

资料来源：http://www.bp.com/statisticalreview 和 https://data.worldbank.org.cn/indicator。

总之，针对德国、英国、美国、日本、法国、意大利和挪威这 7 个已经碳排放总量达峰的国家而言，碳排放和能源消费均是按照强度峰值、人均峰值、总量峰值的先后顺序实现的，从强度峰值到人均峰值所经历的时间大于从人均峰值到总量峰值所经历的时间，且国家经济总量、产业结构等的不同，使其峰值的差异性明显。经济增长与碳排放脱钩和能源消费脱钩对后发优势的国家存在这样的可能性，如罗马尼亚。说明在新技术不断推出的今天，碳排放强度达峰与碳排放总量达峰的时间差有缩至零的可能性。

2.2.3　达峰中的社会问题

1. 碳排放存在政府政策干预的影子

一般学者认为，西方发达国家最早的达峰是自然达峰。通过我们对各国达峰过程的研究发现，峰值的实现与各国政府采取的环境治理制度有关。例如，英国伦敦的大雾促使英国制定《清洁空气法案》，限制了煤炭消耗，促使煤炭于 1956 年达峰[3]，也使钢铁产量于 1970 年达峰，碳排放总量于 1973 年达峰。这是受政府环境政策协调效应的结果，虽然政府没有对碳排放做出任何直接的干预。

2. 能源转型中存在利益集团影响

既得利益者设法阻止能源转型，以减少沉淀成本损失。英国燃气替代煤炭时期，煤炭商采用各种措施，如以围坐壁炉享受温馨家庭生活等情怀，来挽留人们消费煤炭，延长煤炭消费周期。但是清洁、高效和便利的天然气，很快占了上风，替代了煤炭成为主流能源。

3. 达峰不等于经济增长完全摆脱了化石能源的依赖

达峰表明经济增长与碳排放脱钩，脱钩程度与能源结构、产业结构等的优化速度有关，实现完全脱钩还存在很多技术、经济和管理等问题，不会一蹴而就。但是，要实现完全脱钩不能坐等其成，需要不断创新，最终摆脱依赖调整经济结构的发展方式，走上以优化要素投入，实现持续发展之路。也就是说，只有实现第三次脱钩，才能最终走向零碳之路。英国从经济增长与碳排放脱钩用了 32 年，美国用了 7 年，而日本和挪威是在能源消费达峰之后碳排放才达峰，也就是经济增长与碳和能源脱钩是弱脱钩，因为二者在不同产业之间存在较长时间胶着状态。但是可以预见，随着气候变化问题的日益尖锐，以及经济发展和技术进步，经济发展摆脱对能源等要素的依赖，实现创新驱动经济发展，将成为主流和趋势。我国应顺应第二次技术革命的趋势，在创新驱动上发挥作为，这需要我国的优化开发区域率先垂范。

参 考 文 献

[1] 陈佳贵，黄群慧，钟宏武，等. 中国工业化进程报告：1995～2005 年中国省域工业化水平评价与研究[M]. 北京：社会科学文献出版社，2007.

[2] 陈劭锋，刘扬，邹秀萍，等. 二氧化碳排放演变驱动力的理论与实证研究[J]. 科学管理研究，2010，28（1）：43-48.

[3] EIA. Coal power generation declines in United Kingdom as natural gas, renewables grow [R/OL]. (2018-04-24) [2018-10-02]. https://www.eia.gov/todayinenergy/detail.php?id=35912.

第3章　我国达峰形势分析

从前面总结的典型国家达峰过程可以发现,这些国家在碳排放总量达峰前均实现了工业化,且人均 GDP 较高,属于中等收入以上国家。目前还没有一个国家在工业化发展阶段和经济高速发展、经济收入水平不高时就实现碳排放达峰。同时也说明,我国的碳达峰必须付出艰苦卓绝的努力。我国采取怎样的路径,才能够将压力变成动力,下面做进一步分析。

3.1　我国碳排放达峰的形势

中国正面临百年未有之大变局,需要应对逆全球化、新业态、新动能等的巨大变化,以及人工智能等新技术快速发展、环境问题日益紧迫和严重、外部政治(单边和多边主义交融)等复杂的新形势。新形势更是工业文明结束、生态文明提升;网络时代带来新的生产、服务和生活方式变化;能源互联网对统一、垄断电力供应方式的颠覆等技术性变革带来的新变化。

能源转型成为全球关注焦点。全球竞争力指数(The Global Innovation Index,GII)[1]关注的主题主要包括五项:创新对于满足不断增长的全球能源需求发挥关键作用;能源创新正在全球范围内展开,但各国的目标不尽相同;需要着眼于全链条的新能源创新系统,包括能源输配和存储;采用和推广能源创新仍存在诸多障碍;公共政策对于驱动能源转型发挥着核心作用。可见能源转型与革命将是人类重要主题,而创新是重要的手段和核心。

能源转型不仅需要技术创新,还需要建立健全创新性的组织、制度、社会和政治结构。党的十九大报告明确提出:"从二〇二〇年到二〇三五年,在全面建成小康社会的基础上,再奋斗十五年,基本实现社会主义现代化。""从二〇三五年到本世纪中叶,在基本实现现代化的基础上,再奋斗十五年,把我国建成富强民主文明和谐美丽的社会主义现代化强国。"中共十九届中央政治局委员、国务院副总理刘鹤同志认为,目前的世界和中国与 30 年前已经大不相同。其中更严重的问题是,全球气候变暖成为不争的现实,这个问题解决不好,将引发水源断流、难民剧增、粮食供应不足等涉及人类社会生存的基本问题,这使传统发展模式难以为继[2]。要求我国充分发挥知识和人力资本作用,创造条件在国际分工体系中扮演新的合适角色。

诺贝尔经济学奖获得者、经济学家罗默在其《内生技术进步》一文中认为:①增长率随着研究的人力资本的增加而增加,与劳动力规模及生产中间产品的工艺无关;大力投资教育和研究开发有利于经济增长,而直接支持投资的政策无效。②经济规模不是经济增长的主要因素,人力资本的规模才是至关重要的。一个国家必须尽力扩大人力资本存量才能实现更快的经济增长。经济落后国家的人力资本低，研究投入的人力资本少，经济增长缓慢，将长期处于"低收入的陷阱"。③由于知识的溢出效应和专利的垄断性，政府的干预是必要的。政府可通过向研究者、中间产品的购买者、最终产品的生产者提供补贴的政策以提高经济增长率和社会福利水平[3]。

为此，在全球环境发生巨大变化的今天，有必要找到一个抓手作为引领，这就是以碳排放达峰和碳中和，实现经济增长方式、能源生产和消费方式的转型，促进绿色低碳发展，实现可持续发展道路，将中国建设成为生态环境优美的创新型国家。

3.1.1　倒逼形势下的碳排放峰值

虽然美国在特朗普执政期间基本推翻了奥巴马时期的气候政策，其中就包括退出《巴黎协定》，但是上任后的拜登于 2021 年 1 月 27 日签署《关于应对国内外气候危机的行政命令》，将应对气候变化上升为"国策"，明确提出"将气候危机置于美国外交政策与国家安全的中心"。拜登政府不仅重返《巴黎协定》，而且将气候变化问题完全纳入美国的外交政策、国家安全战略和贸易方式，如在碳泄漏与化石能源补贴方面把贸易政策与气候目标相结合。拜登政府将对未能履行其气候和环境义务的国家征收碳调节费用或设定碳密集型产品配额，同时还将在未来的贸易协议中加入合作伙伴承诺实现《巴黎协定》气候目标的条件。拜登将重启奥巴马-拜登政府在 2015 年发起的"创新使命"计划，包括 23 个国家和欧盟共同参与的全球性计划，专注于研究、开发和部署潜在的突破性技术以加速清洁能源创新[4]。

欧盟由于债务危机、移民危机和英国脱欧等事件，对减排的积极性大大降低，至今欧盟内部在强化 2050 年的减排目标（实现净零碳排放）上尚未达成一致[5]。但是，英国政府将实现净零碳排放目标法律化，为各国的减排行动树立了典范，也给包括我国在内的世界各国政府的减排行动增大了压力，再加上为了落实目标，《巴黎协定》中特意提出构建透明度框架和全球盘点机制，对各国承诺的履行情况进行磋商与分析，即衡量各国是否在履行承诺、能否完成承诺的目标。2023 年要进行第一次全球盘点，而且之后每五年进行一次。各种媒体和信息机构会对盘点结果进行全方位公示，做得不好的话，会在世界人民面前丢脸。这种倒逼机制，比之前采取的措施更严厉，因为任何国家的政府都对自己国家的国际形象比较看重。所以说，倒逼机制在政治监督、行政监督、舆论监督等各种措施共同作用下发挥着越来越重要的作用。

在 2019 年 6 月 27 日结束的波恩气候会议上，UNFCCC 执行秘书埃斯皮诺萨（Espinosa）女士呼吁，在应对气候变化问题上我们不能再忍受循规蹈矩，需要社会深度的、转型的和系统的变化，这是实现低排放、高适应性和更可持续未来的关键。为实现《巴黎协定》确定的 1.5℃温升目标，需要到 2030 年减排 45%，并到 2050 年实现气候中性[6]。可见，减排形势之急迫。

近年来，我国在全球的角色发生了改变。从过去的开放、引进、接受，变为开放、走出去、参与治理。党的十九大报告中提出坚持推动构建人类命运共同体。统筹国内国际两个大局，树立可持续的新安全观，构筑尊崇自然、绿色发展的生态体系；继续发挥负责任大国作用，积极参与全球治理体系改革和建设，不断贡献中国智慧和力量。这些为我国应对气候变化的工作指明了方向。我国应对气候变化的行动与政策基于生态文明建设的总体要求，体现了国家意志[7]。一方面，生态文明倡导绿色发展、低碳发展、循环发展的生产方式和生活方式，这对我国应对气候变化、保护生态、实现可持续发展具有重要指导意义[8]；另一方面，建设生态文明要求我国持续实施积极应对气候变化国家战略，并深度参与全球环境治理，引导应对气候变化国际合作，推动建立公平合理、合作共赢的全球气候治理体系[9]。可以预见，在接下来很长一段时期，习近平生态文明思想是我国应对气候变化的指导思想，国家应对气候变化行动将被纳入生态文明建设的统一部署中[10]。

无论以英国、德国和欧盟为代表的碳排放已经达到稳定峰值的国家和地区，还是以日本、美国为代表的已达峰但是不稳定的国家，其峰值都是在以经济增长为主导，需求拉动的形势下自然形成的过程。政府在达峰过程中的直接影响非常弱，且多为环境政策等的间接影响。我国早在 2015 年就承诺 2030 年实现碳排放峰值目标，而且各级政府利用强有力的行政手段促进节能、减排、降碳，以实现碳排放达峰。我国的碳排放峰值以"倒逼"形式实现。全国已经有 87 个城市提出碳排放达峰的时间，这些目标的提出为我国 2030 年碳排放总量达峰提供了有力保障（表 3.1）。

表 3.1　我国提出碳排放峰值目标的市（区、县）

峰值年份（目标）	市（区、县）
2018 年（1 个）	宁波市
2019 年（2 个）	温州市、敦煌市
2020 年（14 个）	深圳市、厦门市、杭州市、北京市、苏州市、镇江市、青岛市、济源市、广州市、金华市、黄山市、烟台市、吴忠市、珠海市
2021 年（1 个）	伊宁市
2022 年（4 个）	武汉市、南京市、衢州市、黑河市逊克县
2023 年（7 个）	景德镇市、赣州市、常州市、嘉兴市、吉安市、长阳土家族自治县、长沙县
2024 年（4 个）	大兴安岭地区、逊克县、合肥市、拉萨市
2025 年（32 个）	天津市、南昌市、保定市、上海市、石家庄市、秦皇岛市、晋城市、吉林市、南平市、金昌市、乌海市、大连市、朝阳市、淮北市、宣城市、济南市、潍坊市、长沙市、株洲市、中山市、三亚市、琼中黎族苗族自治县、成都市、普洱市思茅区、兰州市、西宁市、银川市、昌吉市、和田市、第一师阿拉尔市、恩施市、遂宁市
2026 年（3 个）	淮安市、抚州市、柳州市
2027 年（4 个）	沈阳市、三明市、共青城市、郴州市
2028 年（5 个）	呼伦贝尔市、广元市、湘潭市、玉溪市、安康市
2029 年（1 个）	延安市
2030 年（9 个）	重庆市、贵阳市、池州市、桂林市、遵义市、昆明市、乌鲁木齐市、六安市、吐鲁番市

资料来源：根据公开资料整理。

3.1.2　我国的工业化进程

对比 2016 年与 2017 年的数据发现，我国的人均 GDP 在增长、产业结构更加完善、空间结构（城镇化率）在提高、就业结构（第一产业就业人数在减少）趋于合理，针对这四项指标而言，我国的工业化进程更加完善，但是我国的工业结构降低了（表 3.2）。

表 3.2　工业化的各项指标

年份	人均 GDP/元 (2010 年不变价)	人均 GDP/美元 (2010 年不变价)	产业结构	空间结构/%	就业结构/%	工业结构/%
2016	47991.4	7093.1	8.6 : 39.9 : 51.6	57.4	27.7	59.5
2017	51351.2	7589.7	7.9 : 40.5 : 51.6	58.5	27.0	56.3

　　资料来源：国家统计局，2019. 中国统计年鉴. 2018[M]. 北京：中国统计出版社.
　　注：《中国统计年鉴. 2018》没有 2017 年的制造业增加值，本书中的数值通过线性差值法推算而得。2010 年人民币对美元汇率为 0.1478.

　　德国、日本、英国、美国在碳排放总量达峰时，人均 GDP 及产业结构均已经步入后工业化阶段，而我国的 2017 年人均 GDP 处于工业化后期，产业结构已经步入后工业化阶段。针对空间结构、就业结构、工业结构而言，已经达峰的发达国家并没有形成一致的规律，而我国也是处于工业化过程中。

3.1.3　我国能源结构不断优化

　　当前我国消费的最主要能源仍是煤炭，这导致我国单位能源的碳排放强度较高，高出先进国家一倍以上，这与我国以煤为主的能源结构直接相关。为此我国政府多年来一直在努力实施能源多元化，降低煤炭比重，增加非化石能源比重。目前，我国水电、核电等其他能源发电占比很高，且已经超过 14%（图 3.1 和表 3.3），接近我国承诺的 2020 年达到 15% 的目标。但是，相对更清洁、高效的天然气占比还较低。2018 年我国石油、天然气供应量达 1745 亿立方米，占全国消费总量的近 65%；天然气销售业务现有批发用户近 2500 家，终端用户 970 余万户。2019 年我国天然气占比增加到 8.3%，煤炭占比首次降到 58% 以下，达到 57.7%。这和我国各地尤其是东北地区大力治理环境，压缩煤炭消费与消除大气污染直接相关，2014~2018 年与 2013 年煤炭最高值相比，累计减少煤炭消费 4.15 亿吨标煤。

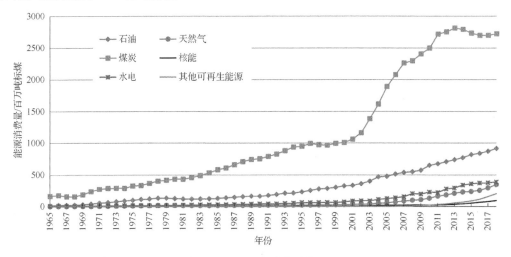

图 3.1　我国能源消费结构图

　　资料来源：BP，2019. 世界能源展望[R/OL]. (2019-08-12) [2019-09-23].https://www.bp.com/zh_cn/china/reports-and-publications/_bp_2019_.html.

表 3.3　我国能源消费总量及构成

年份	煤炭/%	石油/%	天然气/%	水电、核电等其他能源/%	能源消费总量/亿吨标煤
2016	62.0	18.5	6.2	13.3	43.6
2017	60.4	18.8	7.0	13.8	44.9
2019	57.7	19.6	8.3	15.3	48.6

资料来源：《中国统计年鉴. 2018》《2020 能源数据》。

近年来，尤其是 21 世纪以来，我国大力发展光电和风电，目前我国已经成为风电、光电装机量最多的国家，也是投资增长最快的国家[11]。

我国的能源结构正在向清洁化发展，煤炭使用量也在持续平稳，已经达峰的可能性较大，未来石油、天然气占比将持续增加，尤其是天然气。随着大气环境治理力度加大，煤改气、煤改电的范围将进一步增大。

2017～2019 年，将中国石油经济技术研究院发布的三个版本《2050 年世界与中国能源展望》报告[12-14]传递的信息综合起来看，在基准情景下，能源相关二氧化碳排放将于 2025～2030 年达峰，能源消费量将在 2035～2040 年进入 40 亿吨标油（57 亿吨标煤）左右峰值平台期，中国化石能源消费量将在 2030 年达到峰值。煤炭占比稳步下降，2030 年和 2050 年煤炭占一次能源消费的比重分别降至 40.5% 和 30.7%。非化石能源占比增幅较大，2030 年和 2050 年分别达到 20.4% 和 35%；天然气占比将稳步上升，2040 年前后超过石油，2050 年达到 17.6%。在美丽中国情景下，2050 年煤炭、石油、天然气和非化石能源的比重分别为 14%、10%、17% 和 60%。

依照清华大学研究成果，"十四五"期间，工业部门特别是高耗能重化工产业的二氧化碳排放争取达到峰值，东部沿海较发达地区和城市的二氧化碳排放应率先达峰。结合煤炭消费总量控制，控制二氧化碳排放总量，与推进二氧化碳排放早日达峰目标相衔接。到 2050 年，实现 2℃温升控制目标的深度减排路径，需要实现二氧化碳近零排放，二氧化碳净排放量需要并有可能降低到 20 亿吨左右，与届时世界人均排放量 1.0～1.5 吨的平均水平相当，将比 2030 年前二氧化碳峰值排放量减排约 80%[15]。

目前，我国也是电动汽车销量和拥有量最多的国家。2019 年电动汽车保有量 333 万辆，远超美国的 145 万辆，2020 年全球电动汽车销量为 324 万辆，中国销售量为 134 万辆，占总销量的 41%。中华人民共和国工业和信息化部将支持有条件的地方建立燃油汽车禁行区试点，在取得成功的基础上，统筹研究制定燃油汽车退出时间表[16]。

由此可见，我国调整能源结构的力度之大，建设美丽中国的决心之强烈，这将推动我国低碳能源发展进入快车道。这样的政策和技术条件，是欧盟、英国、美国等在碳排放达峰时所不具备的，为我国的提前达峰奠定了一定的有利基础。但要实现《巴黎协定》所要求的 21 世纪中叶的碳中和目标，还有很多经济、技术、制度、资源等方面制约和困难需要克服，这些需要我国各级政府和企业提前规划部署和实施。

3.2　我国低碳能源及技术发展迅速

我国实现碳排放达峰是在能源技术发展较为成熟，相关技术尤其是人工智能、互联

网、物联网等迅速发展的时期进行的。党的十九大报告及《能源生产和消费革命战略
（2016—2030）》要求，推进能源生产和消费革命，构建清洁低碳、安全高效的能源体系。
由前面介绍的研究可知，今后我国将持续发展可再生能源、天然气和核能，高碳化石能
源的消费量将大幅减少。

一方面，可再生能源发电技术的成本已经降到可以和化石能源竞争的程度；另一方
面，信息化技术使常规能源使用效率大大提升，而且将可再生能源间歇性影响降至最低，
德国在 2017 年 5 月宣布其电网能够接受 85%的可再生能源电力[17]。目前，世界上使用
风电比例最高的是苏格兰，达到 98%，为可再生能源发电开了先河。此外，电池技术的
发展也助力了电气化发展，尤其是电动汽车的发展，在减少区域污染的同时，扩大了分
布式能源的使用规模。

中国在此领域也发挥了自己的力量。2019 年 6 月 9 日 0:00 至 23 日 24:00，连续 15 天、
360 小时全部使用清洁能源供电的"绿电 15 日"行动在青海省启动实施。截至 2019 年
4 月底，青海电网电源总装机 2926 万千瓦，其中水电 1192 万千瓦、火电 393 万千瓦、
太阳能 1004 万千瓦（光热 6 万千瓦）、风电 337 万千瓦，占比分别为 41%、13%、34%、
12%。清洁能源装机占青海省电网装机总容量的 87%，太阳能发电、风电、水电已经具
备了多能互补优化运行的能力[18]。

3.2.1 可再生能源发展迅速

世界可再生能源价格中光伏发电的成本下降较快，2019 年巴西中标价达到 1.75 美
分/（千瓦·时），折合人民币约 0.12 元/（千瓦·时）[19]（图 3.2、图 3.3）。

我国可再生能源技术和产业发展举世瞩目，风电、光伏发电累计并网容量均居世界
首位，也带动了全球可再生能源持续增长和可再生能源发电成本的迅速下降。迅速发展
的背后，是巨大的技术支撑。据国际可再生能源署的统计，截至 2016 年中国可再生能
源专利占世界的 29%，超过美国，居世界第一位（图 3.4）。

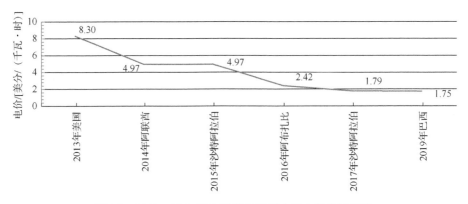

图 3.2　2013～2019 年全球光伏最低中标电价发展趋势

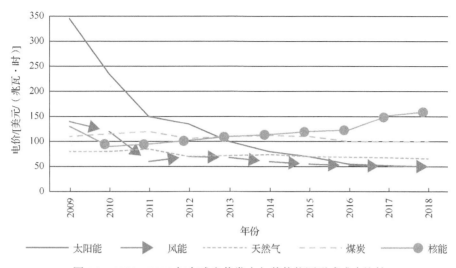

图 3.3　2009～2018 年全球光伏发电与其他能源形式成本比较

资料来源：欧洲光伏产业协会。

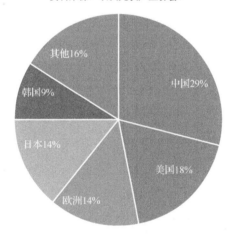

图 3.4　世界可再生能源累计专利数分布情况

资料来源：IRENA, 2019. A new world: the geopolitics of energy transition[R/OL]. Masdar City: IRENA. http://geopoliticsofrenewables.org/Report.

　　我国可再生能源资源丰富，开发潜力巨大，可以实现未来以可再生能源为主的能源供应格局要求。

　　1. 风电

　　自 2005 年以来，我国风电发展快速增长，全国累计装机容量连续 9 年排名世界第一。风电已成为我国继煤电、水电之后的第三大电源。2019 年第一季度，全国新增风电装机容量 478 万千瓦，其中海上风电装机容量 12 万千瓦，累计并网装机容量达到 1.89 亿千瓦[20]（图 3.5）。2018 年全国风电发电量 3660 亿千瓦·时，同比增长 20%。2018 年风电发电量占总发电量的比例为 5.2%，比 2017 年提高 0.4 个百分点。全国风电平均利用小时数为 2095 小时[21]。

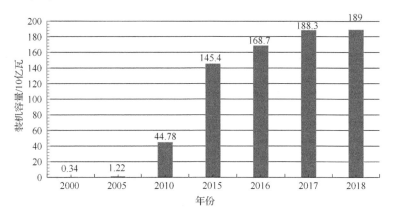

图 3.5　我国 2000～2018 年风电装机情况图

资料来源：王庆一，2018．2018 能源数据[R]．北京：绿色创新发展中心．

根据《风电发展"十三五"规划》，到 2020 年年底，风电累计并网装机容量确保达到 2.1 亿千瓦以上，其中海上风电并网装机容量达到 500 万千瓦以上；风电年发电量确保达到 4200 亿千瓦·时，约占全国总发电量的 6%。依照目前的发展速度，实现这些目标的问题不大。《中国风能发展路线图 2050》设定了两种中国风电发展情景[22]。在基本情景下，到 2020 年、2030 年和 2050 年，风电装机容量将分别达到 2 亿千瓦、4 亿千瓦和 10 亿千瓦；在积极情景下，风电装机容量将分别达到 3 亿千瓦、12 亿千瓦和 20 亿千瓦，成为中国的五大电源之一。

2. 太阳能

截至 2019 年 3 月底，全国光伏发电装机容量达到 17970 万千瓦，集中式电站装机容量达到 12625 万千瓦；分布式光伏装机容量达到 5341 万千瓦[23]（图 3.6）。2018 年，全国光伏发电量 1775 亿千瓦·时，同比增长 50%；平均利用小时数为 1115 小时[24]。

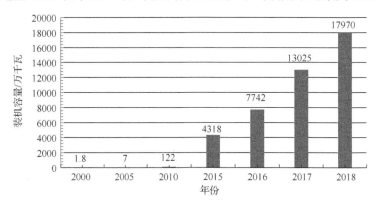

图 3.6　全国光伏装机容量变化趋势图

资料来源：王庆一，2018．2018 能源数据[R]．北京：绿色创新发展中心．

根据《太阳能发展"十三五"规划》，"十三五"期间我国将继续扩大太阳能利用规模，不断提高太阳能在能源结构中的比重，提升太阳能技术水平，降低太阳能利用成本[25]。到 2020 年年底，太阳能发电装机容量达到 1.1 亿千瓦以上，其中，光伏发电装机容量达到 1.05 亿千瓦以上；太阳能热发电装机容量达到 500 万千瓦。太阳能热利用集热面积达到 8 亿平方米。到 2020 年，太阳能年利用量达到 1.4 亿吨标煤以上。光伏发电电价水平在 2015 年基础上下降 50% 以上，在用电侧实现平价上网目标；太阳能热发电成本低于 0.8 元/（千瓦·时）；太阳能供暖、工业供热将具有市场竞争力。

《中国太阳能发展路线图 2050》分别针对光伏发电、太阳能热发电和太阳能中低温热利用制定了两种情景的发展路线图。在基本情景下，光伏发电 2020 年达到 1 亿千瓦，2030 年 4 亿千瓦，2050 年 10 亿千瓦；在积极情景下，光伏发电 2020 年达到 2 亿千瓦，2030 年 8 亿千瓦，2050 年 20 亿千瓦。在基本情景下，太阳能热发电 2020 年达到 500 万千瓦，2030 年 3000 万千瓦，2050 年 1.8 亿千瓦；在积极情景下，太阳能热发电 2020 年达到 1000 万千瓦，2030 年 5000 万千瓦，2050 年 5 亿千瓦。在基本情景下，太阳能中低温热利用 2020 年达到 512 吉瓦（热），2030 年 746 吉瓦（热），2050 年 1241 吉瓦（热）；在积极情景下，太阳能中低温热利用 2020 年达到 714 吉瓦（热），2030 年 1202 吉瓦（热），2050 年 2411 吉瓦（热）。

3. 水电

截至 2018 年年底，我国新增水电装机容量约 854 万千瓦，累计水电装机容量 3.52 亿千瓦。2018 年水电发电量 1.2 万亿千瓦·时，同比增长 3.2%；全国平均水能利用率达到 95%。

按照我国水电"三步走"发展战略，到 2020 年，我国常规水电装机容量将达 3.85 亿千瓦，年发电量达 13220 亿千瓦·时，其中东部地区（京津冀、山东、上海、江苏、浙江、广东等）开发总规模达到 3520 万千瓦，约占全国的 10%，水力资源基本开发完毕。中部地区（安徽、江西、湖南、湖北等）开发总规模达到 6150 万千瓦，约占全国的 17.5%，开发程度达到 90% 以上，水力资源转向深度开发。西部地区总规模为 2.54 亿千瓦，约占全国的 72.5%，其开发规模达到 54%，其中广西、重庆、贵州等地区开发基本完毕，四川、云南、青海、西藏还有较大开发潜力。到 2030 年，我国常规水电装机容量将达 4.3 亿千瓦，年发电量达 18530 亿千瓦·时。其中，东部地区总规模为 3550 万千瓦，约占全国的 8%；中部地区总规模为 6800 万千瓦，约占全国的 16%；西部地区总规模为 3.26 亿千瓦，约占全国的 76%，其开发程度达到 69%，四川、云南、青海的水电开发基本结束，西藏的水电还有较大开发潜力；到 2050 年，我国常规水电装机容量将达 5.1 亿千瓦，年发电量达 14050 亿千瓦·时。其中，东部地区总规模为 3550 万千瓦，约占全国的 7%；中部地区总规模为 7000 万千瓦，约占全国的 14%；西部地区总规模为 4.06 亿千瓦，约占全国的 86%，其开发程度达 86%，新增水电主要集中在西藏，西藏东部、南部地区河流干流水力资源开发基本完毕[26]。

4. 生物质发电

我国生物质资源的主要来源是社会生产活动过程中产生的剩余物和废弃物。2006～2018 年，我国生物质及垃圾发电装机容量逐年增加，由 2006 年的 4.8 吉瓦增加至 2019 年的 17.8 吉瓦，年均复合增长率达 11.55%。截至 2018 年年底，我国生物质发电累计装机容量 1781 万千瓦。2018 年我国生物质发电 906 亿千瓦·时，同比增长 14%。

中国未来生物质能产业的发展将坚持"不与人争粮、不与粮争地"的基本原则。根据《生物质发展"十三五"规划》，到 2020 年，生物质能基本实现商业化和规模化利用[27]。生物质能年利用量约 5800 万吨标煤。生物质发电总装机容量达到 1500 万千瓦，年发电量达 900 亿千瓦·时，其中农林生物质直燃发电 700 万千瓦·时，城镇生活垃圾焚烧发电 750 万千瓦·时，沼气发电 50 万千瓦·时；生物天然气年利用量 80 亿立方米；生物液体燃料年利用量 600 万吨；生物质成型燃料年利用量 3000 万吨。根据《中国可再生能源发展路线图 2050》，生物质能的利用总量在 2020 年、2030 年、2040 年和 2050 年分别达到 1.1 亿吨标煤、2.4 亿吨标煤、3.1 亿吨标煤和 3.4 亿吨标煤。

3.2.2　储能技术的发展助力可再生能源发展

2019 年 1～3 月，弃风仍较为严重的地区是新疆（弃风率 15.2%、弃风电量 13.7 亿千瓦·时）、甘肃（弃风率 9.5%、弃风电量 5.5 亿千瓦·时）、内蒙古（弃风率 7.4%、弃风电量 13.0 亿千瓦·时）。中东部地区作为负荷中心，可再生能源电力主要来源于西部集中式可再生能源基地的远距离输送，而本地的分布式可再生能源资源尚未得到充分的利用。据统计，中东部地区已开发利用的太阳能及风能资源不足资源总量的 10%。远距离输电与分布式能源相比，已经不存在成本优势，如宁东—浙江特高压直流输电线路供电成本为 0.42 元/（千瓦·时），宁夏地区集中式光伏电站的发电成本为 0.23 元/（千瓦·时），特高压直流线路与受端电网的输电成本为 0.26 元/（千瓦·时），在不考虑送端配套火电建设与调峰成本的情况下，供电成本已达到 0.49 元/（千瓦·时）[28]，高于消费端分布式光伏发电成本。可见，储能是可再生能源发展的关键环节。

目前，中国电力系统中应用最广泛的储能技术是抽水蓄能，其技术相对成熟，设备寿命可达 30～40 年，装机容量通常在 100～2000 兆瓦。其次以电化学储能居多，大多集中在与可再生能源的耦合中，促进可再生能源消纳方面[29-30]；电化学储能技术在光伏发电和微电网发电中也可实现良好的效果[31]。在当前对于储能的需求下，电化学储能技术将会有颠覆性发展，十年之内就会得到示范推广和商业应用[32]。尽管 2017 年以来中国储能技术应用逐步增多，但目前主要处于理论研究与示范阶段，这需要我们关注并加大力度支持其发展。

综上所述，成本过高依然是电力系统储能技术应用的主要障碍。随着减排二氧化碳成本的升高，储能技术在电力系统的应用充满新的机遇。中国能源研究会储能专委会、中关村储能产业技术联盟发布的《储能产业研究白皮书 2019》预测，到 2019 年年底，我国电化学储能的累计投运规模将达到 1.92 吉瓦，年增速 89%，2020 年，年增速超过

70%，到 2021 年，储能的应用在全领域铺开，规模化生产趋势明显，推动储能系统成本的理性下降[33]。随着电力体制改革的进一步推进，推动市场化机制和价格机制的储能政策将为储能应用带来新一轮的高速发展，市场需求也将趋于刚性。在此背景下，电化学储能的规模将实现两连跳，2022 年突破 10 吉瓦，2023 年接近 20 吉瓦。减少碳排放，实现巴黎协定目标，对我国储能技术的发展推动作用不容小觑[34]。

3.3 提前规划达峰后的减排目标及路径

2019 年 4 月 9 日，BP 集团发布了 2019 年的《世界能源展望》，探讨了低碳能源快速转型、能源贸易逆全球化、一次性塑料制品禁令导致碳排放上升等情景[35]。预测中国 2022 年碳排放达峰，相应地，2017~2040 年中国能源消费年均增长 1.1%，经济年均增长 4.6%，能源弹性系数低于 0.24，能源强度比 2017 年下降 54%，年均下降 3.3%。

Shell 公司发布的 Sky 情景预测我国 2025 年碳排放总量和人均碳排放均实现峰值，2050 年能源达峰。预测在 2023 年第一次全球盘点时，中国会承诺碳排放下降[36]。

我国学者姜克隽等研究认为，我国可以在 2020~2022 年实现能源活动引起的二氧化碳排放达峰，但需要强有力的气候变化和能源政策做支撑[37]。赵忠秀等[38]认为，中国碳排放拐点最早会在 2022 年出现，最有可能出现在 2036~2041 年。

何建坤[39]认为，大幅度降低 GDP 的二氧化碳强度是统筹"发展"与"降碳"的核心对策，其根本措施是大力节能和加速能源体系低碳化。控制能源消费总量，2020 和 2030 年分别低于 50 亿吨标煤和 60 亿吨标煤。要以推动二氧化碳排放早日达峰为着力点，促进产业转型升级和经济高质量发展。实现二氧化碳排放达峰，是经济增长方式转变的重要节点。因为二氧化碳排放达峰后，化石能源总体上不再增长，从源头控制了常规污染物来源，这是环境质量根本改善的重要标志。其次，当实现了经济增长与化石能源消费和二氧化碳排放脱钩之后，控制二氧化碳排放将从 GDP 的二氧化碳排放强度的相对下降转变为二氧化碳排放总量的绝对下降。要以节能减碳为着力点，以二氧化碳排放的达峰为导向，促进产业转型升级和经济高质量发展。其观点和我们总结的达峰规律是一致的，符合达峰问题的关键所在。脱钩是峰值过后的必选项，更是经济高质量发展的具体表现。

由此可见，我国优化开发区域的应对气候变化工作将受到极大挑战。

一方面，我国碳排放达峰前后的减排是在保持经济中高速增长的情况下实现的。国家发展和改革委员会能源研究所发布的《中国可再生能源展望 2018》设定我国 2017~2050 年 GDP 年均增速 4.25%，2050 年的 GDP 是 2017 年的 4 倍；2019 年，BP 发布的《世界能源展望》设定我国年均 GDP 增速为 4.6%；国务院发展研究中心设定的情景下，2020~2050 年 GDP 年均率增长保持在 4.8%的水平。可见，保持经济接近 5.0%的增速是各研究机构的共识。说明我国必须以中高速度发展经济，承担对国际社会负责的减排目标，同时实现中华民族伟大复兴的强国梦。这种挑战可以说是空前的。

另一方面，我国人均 GDP、人均能源及人均钢铁、水泥消费量等代表工业化基础的指标还有待进一步提升。也就是说,我国人民的生活水平和生活质量还有待进一步提升,这是我国政府分享改革成果的愿望,也是各族人民过上美好生活的要求。

在此情景下,不仅要大幅度节能,减少能源需求总量,还要调整产业结构,提高耗能低、排放少、附加值高的产业比重。这样才能增大能源强度年下降速度,能源强度年下降速度加上单位能源碳排放强度的下降率之和要超过 5.0%,才能使碳排放与经济增长保持在脱钩状态。

为此,需要现在就研究、开发、示范和部署低碳技术,满足未来深度低碳和净零碳排放的目标;发展低耗能、低碳产业,探索碳排放和大气污染物排放的协同治理,在推动经济可持续增长、产业转型升级和供给侧结构性改革达到目标的前提下,促进碳排放达峰和大气污染物排放达标。当前正处于技术革命的井喷期,未来的技术对能源结构、能源消费业态,都会带来巨大的冲击和改变,我们要有充分开阔的思路,对能源结构剧变、可能产生的管理方式和经营模式等各种影响,应该引起特别关注。

当前在粤港澳大湾区协同发展、雄安新区的千年布局、长三角一体化发展、环渤海大湾区的提出等大环境下,协同治理的研究和布局要放在一个更大的范围内进行系统综合考量。这不仅有助于当前达峰目标的实现,而且有助于后代人的可持续发展。

为此,我国优化开发区域发挥政府和市场共同作用,成果丰硕、经验丰富、人才聚集等的优势,进行绿色低碳创新,创新绿色投融资机制,引导更多的社会资本进入绿色低碳领域;让做低碳的产业有前途,让投资低碳研发的产业有回报,让绿色低碳产业更有吸引力,这样"绿水青山"就能变成实打实的"金山银山",给我国其他地区甚至其他国家树立一个标杆和学习的榜样。

参 考 文 献

[1] Cornell University, INSEAD, WIPO. Global innovation index 2018: energizing the world with innovation[R/OL]. (2018-07-10) [2019-06-11]. https://www.wipo.int/publications/en/details.jsp?id=4330.

[2] 刘鹤. 我感到了真正的危机,中国要建一道防火墙[R/OL]. (2019-07-15) [2019-09-17]. https://mp.weixin.qq.com/s/pmpJcEOl0HcuXZ3gzAwOgQ.

[3] 张建华,刘仁军. 保罗·罗默对新增长理论的贡献[J]. 经济学动态,2004(2):77-81.

[4] 钱立华,方琦,鲁政委. 拜登政府气候行动与计划:贸易政策与气候目标相结合[R/OL]. (2021-02-02) [2021-3-29]. https://user.guancha.cn/main/content?id=457957.

[5] REUTERS. EU at loggerheads over 2050 zero carbon emissions target[R/OL]. (2019-08-02) [2019-11-23]. https://www.france24.com/en/20190621-eu-european-union-brussels-summit-envionment-2050-zero-carbon-emissions-target.

[6] UNFCCC. Bonn Climate Conference ends with UN call to fully deliver on Paris agreement mandates[R/OL]. (2019-06-27) [2019-08-22]. https://unfccc.int/news/bonn-climate-conference-ends-with-un-call-to-fully-deliver-on-paris-agreement-mandates.

[7] 陈吉宁. 为建设美丽中国筑牢环境基石[J]. 求是,2015(14):54-56.

[8] 何建坤. 全球气候治理变革与我国气候治理制度建设[J]. 中国机构改革与管理,2019(2):37-39.

[9] 王文涛,滕飞,朱松丽,等. 中国应对全球气候治理的绿色发展战略新思考[J]. 中国人口·资源与环境,2018(7):1-6.

[10] 徐保风. 习近平生态文明思想与中国应对气候变化的新态势[J]. 长沙理工大学学报(社会科学版),2019,34(1):52-57.

[11] REN21. Renewables 2018 global status report[R/OL]. (2018-07-06) [2018-09-17]. https://ren21.net/gsr-2018/.

[12] 中国石油经济技术研究院. 2050 年世界与中国能源展望[R/OL]. (2017-01-11) [2018-08-25]. https://www.in-en.com/article/html/energy-2255134.shtml.

[13] 吴莉. 《2050 年世界与中国能源展望》2018 版报告发布:我国能源发展进入新旧动能转换期[R/OL]. (2018-09-19)

[2019-09-21]. http://ex.bjx.com.cn/html/20180919/28377.shtml.

[14] 中国石油集团经济技术研究院. 我国能源需求重心正逐步转向生活消费侧[N/OL]. (2019-08-29)[2019-11-23]. https://www.in-en.com/finance/html/energy-2240832.shtml.

[15] 项目综合报告编写组.《中国长期低碳发展战略与转型路径研究》综合报告[J]. 中国人口·资源与环境, 2020, 30（11）: 1-25.

[16] 吴佳潼. 工信部: 支持有条件地方试点燃油汽车禁行区 研究制定燃油汽车退出时间表[R/OL]. (2019-08-22) [2019-09-12]. http://news.china.com.cn/txt/2019-08/22/content_75126299.htm.

[17] CHARLOTTE E. Germany breaks renewables record with coal and nuclear power responsible for only 15% of country's total energy[R/OL]. (2019-04-05) [2019-06-23]. https://www.independent.co.uk/news/world/europe/germany-renewable-energy-record-coal-nuclear-power-energiewende-low-carbon-goals-a7719006.html.

[18] 张蕴. 中国再添一项世界纪录! 青海连续 15 天全部使用清洁能源供电[N/OL]. (2019-08-23)[2019-12-13]. https://news.bjx.com.cn/html/20190624/987954.shtml.

[19] MARTÍN R J. IRENA: global solar months away from sweeping grid parity[R/OL]. (2019-04-05) [2019-09-23]. https://www.pv-tech.org/news/irena-global-solar-months-away-from-sweeping-grid-parity.

[20] 国家能源局. 2019 年一季度风电并网运行情况[R/OL]. (2019-06-20) [2019-08-20]. http://www.nea.gov.cn/2019-04/29/c_138022113.htm.

[21] 国家能源局. 2018 年风电并网运行情况 [R/OL]. (2019-06-21) [2019-09-23]. http://www.nea.gov.cn/2019-01/28/c_137780779.htm.

[22] 国家发展和改革委员会能源研究所. 中国风电发展路线图 2050[R/OL]. (2019-08-01) [2019-11-23]. http://www.cnrec.org.cn/cbw/fn/2014-12-29-459.html.

[23] 国家能源局. 2019 年一季度光伏发电建设运行情况[R/OL]. (2019-06-20) [2019-09-20]. http://www.nea.gov.cn/2019-06/06/c_138121866.htm.

[24] 国家能源局. 2018 年光伏发电统计信息 [R/OL]. (2019-06-25) [2019-09-25]. http://www.nea.gov.cn/2019-03/19/c_137907428. htm.

[25] 国家发改委. 太阳能发展"十三五"规划[R/OL]. (2019-06-25) [2019-11-13]. http://www.ndrc.gov.cn/fzgggz/fzgh/ghwb/gjjgh/201708/t20170809_857322.html.

[26] 王波. 2020 年水电装机容量达 3.8 亿 kW[J]. 能源研究与信息, 2016（4）: 239.

[27] 国家能源局. 生物质能发展"十三五"规划[R/OL]. (2016-12-06) [2019-04-10]. http://www.gov.cn/xinwen/2016-12/06/content_5143612.htm.

[28] 杜祥琬, 曾鸣. 关于能源与电力"十四五"规划的八点建议[N/OL]. (2019-06-24)[2019-11-23]. http://paper.people.com.cn/zgnyb/html/2019-06/10/content_1930201.htm.

[29] 梅生伟, 公茂琼, 秦国良, 等. 基于盐穴储气的先进绝热压缩空气储能技术及应用前景[J]. 电网技术, 2017, 41（10）: 3392-3399.

[30] 李姚旺, 苗世洪, 尹斌鑫, 等. 考虑先进绝热压缩空气储能电站备用特性的电力系统优化调度策略[J]. 中国电机工程学报, 2018, 38（18）: 5392-5404.

[31] 于晓辉, 杨超, 栾敬钊, 等. 微电网中储能技术的应用[J]. 电子技术与软件工程, 2018, 145（23）: 208-209.

[32] 陈永翀. 储能未来的技术发展路径[J]. 能源, 2019, 121（1）: 84-85.

[33] 中国能源研究会储能专委会, 中关村储能产业技术联盟. 储能产业研究白皮书 2019[R/OL]. (2019-08-12) [2019-12-12]. http://esresearch.com.cn/#/resReport/resDetail.

[34] 中国能源研究会. 储能产业研究白皮书 2019[R/OL]. (2019-05-30) [2019-09-11]. http://www.sohu.com/a/315216296_418320.

[35] BP. 世界能源展望[R/OL]. (2019-08-12) [2019-09-23].https://www.bp.com/zh_cn/china/reports-and-publications/_bp_2019_.html.

[36] Shell International B.V. Shell scenarios sky meeting the goals of the paris agreement 2018[R/OL]. (2019-08-12) [2019-09-11]. www.shell.com/skyscenario.

[37] 中国尽早实现二氧化碳排放峰值的实施路径研究课题组. 中国碳排放尽早达峰[M]. 北京: 中国经济出版社, 2018.

[38] 赵忠秀, 王苓, HINRICH VOSS, 等. 基于经典环境库兹涅茨模型的中国碳排放拐点预测[J]. 财贸经济, 2013, 34（10）: 81-88.

[39] 何建坤. 2020 年我国单位 GDP 二氧化碳强度下降幅度或超过 45% 目标上限 [N/OL]. (2014-11-17)[2019-11-04]. http://www.gov.cn/xinwen/2014-11/17/content_2780030.htm.

第4章 优化开发区域达峰路径

4.1 优化开发区域总览

2010年12月21日，国务院发布《关于印发〈全国主体功能区规划〉的通知》（国发〔2010〕46号），基于不同区域的资源环境承载能力、现有开发强度和未来发展潜力，以是否适宜或如何进行大规模高强度工业化城镇化开发为基准，将全国划分为优化开发区域、重点开发区域、限制开发区域和禁止开发区域。优化开发区域是指经济比较发达、人口比较密集、开发强度较高、资源环境问题更加突出，从而应该优化进行工业化城镇化开发的城市化地区。

优化开发区域是具备以下条件的城市化地区：综合实力较强，能够体现国家竞争力；经济规模较大，能支撑并带动全国经济发展；城镇体系比较健全，有条件形成具有全球影响力的特大城市群；内在经济联系紧密，区域一体化基础较好；科学技术创新实力较强，能引领并带动全国自主创新和结构升级。

优化开发区域的功能定位是：提升国家竞争力的重要区域，带动全国经济社会发展的龙头，全国重要的创新区域，我国在更高层次上参与国际分工及有全球影响力的经济区，全国重要的人口和经济密集区。

优化开发区域应率先加快转变经济发展方式，调整优化经济结构，提升参与国际分工与竞争的层次。发展方向和开发原则是：优化空间结构、优化城镇布局、优化人口分布、优化产业结构、优化发展方式、优化基础设施布局及优化生态系统格局七个方面。其中，优化产业结构要推动产业结构向高端、高效、高附加值转变，增强高新技术产业、现代服务业、先进制造业对经济增长的带动作用。发展都市型农业、节水农业和绿色有机农业；积极发展节能、节地、环保的先进制造业，大力发展拥有自主知识产权的高新技术产业，加快发展现代服务业，尽快形成以服务经济为主的产业结构。积极发展科技含量和附加值高的海洋产业。

优化发展方式要求率先实现经济发展方式的根本性转变。研究与试验发展经费支出占地区生产总值比重明显高于全国平均水平。大力提高清洁能源比重，壮大循环经济规模，广泛应用低碳技术，大幅度降低二氧化碳排放强度、能源和水资源消耗，污染物排放等标准达到或接近国际先进水平，全部实现垃圾无害化处理和污水达标排放。加强区域环境监管，建立健全区域污染联防联治机制。

这一要求在2016年11月4日国务院发布的《"十三五"控制温室气体排放工作方案》的主要目标中进一步明确：支持优化开发区域碳排放率先达到峰值，力争部分重化工业2020年左右实现率先达峰，能源体系、产业体系和消费领域低碳转型取得积极成效。

本书也是基于此而进行的，集中讨论优化开发区域率先达峰的可行性及具体的达峰路径。

　　优化开发区域由环渤海优化开发区域（简称环渤海区域）、长三角优化开发区域（简称长三角区域）、珠三角优化开发区域（简称珠三角区域）这三大优化开发区域组成，其跨越了 6 个省、3 个直辖市，共涉及 45 个城市。我国优化开发区域非常具体，到达区县级（表 4.1），但是由于缺乏区县级统计年鉴，我们采用地市级数据进行逐级核算。

表 4.1　优化开发区域构成

区域	省/直辖市	市	国家级优化开发区	非国家级优化开发区
环渤海区域	北京	北京	整个区域	无
	天津	天津	和平区、河东区、河西区、南开区、河北区、红桥区、东丽区、西青区、津南区、北辰区、武清区、宝坻区、静海区	滨海新区、宁河区、蓟州区
	河北	唐山	丰南区、曹妃甸区、乐亭县、滦南县、路南区、路北区、开平区、古冶区、丰润区、滦州市、遵化市、迁安市	迁西县、玉田县
		沧州	新华区、运河区、沧县、青县、海兴县、盐山县、黄骅市、孟村回族自治县	泊头市、任丘市、河间市、东光县、肃宁县、南皮县、吴桥县、献县
		秦皇岛	海港区、山海关区、北戴河、昌黎县、抚宁区	卢龙县、青龙满族自治县
		保定	涿州市、高碑店市、涞水县	竞秀区、莲池区、满城区、清苑区、徐水区、阜平县、定兴县、唐县、高阳县、容城县、涞源县、望都县、安新县、易县、曲阳县、蠡县、顺平县、博野县、雄县、安国市、定州市
		廊坊	广阳区、安次区、香河县、固安县、三河市、永清县、霸州市、大厂回族自治县	廊坊经济技术开发区、大城县、文安县
	辽宁	沈阳	和平区、沈河区、大东区、皇姑区、铁西区、浑南区、苏家屯区、沈北新区、于洪区	辽中区、新民市、康平县、法库县
		大连	中山区、西岗区、沙河口区、甘井子区、旅顺口区、金州区	长海县、瓦房店市、普兰店区、庄河市
		鞍山	铁东区、铁西区、立山区、千山区	海城市、台安县、岫岩满族自治县
		抚顺	新抚区、东洲区、望花区、顺城区	抚顺县、新宾满族自治县、清原满族自治县
		本溪	平山区、溪湖区、明山区、南芬区	本溪满族自治县、桓仁满族自治县
		营口	站前区、西市区、老边区、鲅鱼圈区	沿海新区、大石桥市、盖州市
		辽阳	白塔区、太子河区、弓长岭区	文圣区、宏伟区、灯塔市、辽阳市
		盘锦	双子台区、兴隆台区	大洼区、盘山县
	山东	青岛	市南区、市北区、黄岛区、李沧区、城阳区、胶州市、即墨区	崂山区、平度市、莱西市
		烟台	芝罘区、福山区、牟平区、莱山区、龙口市、莱州市、招远市	莱阳市、蓬莱区、栖霞市、海阳市
		潍坊	潍城区、寒亭区、坊子区、奎文区、寿光市	青州市、诸城市、安丘市、高密市、昌邑市、昌乐县、临朐县
		威海	环翠区、文登区、荣成市	南海新区、乳山市
		东营	东营区、广饶县	河口区、垦利县、利津县
		滨州	滨城区	沾化区、惠民县、阳信县、无棣县、博兴县、邹平市

续表

区域	省/直辖市	市	国家级优化开发区	非国家级优化开发区
长三角区域	上海	上海	整个区域	无
	江苏	南京	玄武区、秦淮区、建邺区、鼓楼区、雨花台区、栖霞区、江宁区	浦口区、六合区、溧水区、高淳区
		无锡	梁溪区、滨湖区、惠山区、锡山区、江阴市、宜兴市	新吴区
		常州	钟楼区、天宁区、新北区、武进区	金坛区、溧阳市
		苏州	姑苏区、虎丘区、苏州工业园区、吴中区、相城区、吴江区、昆山市、太仓市、常熟市、张家港市	无
		南通	崇川区、港闸区	通州区、如东县、如皋市、海安市、海门区、启东市
		扬州	广陵区	邗江区、江都区、高邮市、仪征市、宝应县
		镇江	京口区、润州区、丹徒区、丹阳市、扬中市	句容市
		泰州	海陵区	高港区、姜堰区、兴化市、靖江市、泰兴市
	浙江	杭州	上城区、下城区、拱墅区、余杭区、西湖区、江干区、滨江区、萧山区、富阳区	临安区、桐庐县、淳安县、建德市
		湖州	南浔区、吴兴区、长兴县、德清县	安吉县
		绍兴	越城区、柯桥区、上虞区	新昌县、嵊州市、诸暨市
		宁波	海曙区、江北区、镇海区、北仑区、鄞州区、余姚市、慈溪市	奉化区、宁海县、象山县
		嘉兴	秀洲区、南湖区、嘉善县、桐乡市	海盐县、海宁市、平湖市
		舟山	定海区	普陀区、岱山县、嵊泗县
珠三角区域	广东	广州	整个区域	无
		深圳	整个区域	无
		珠海	整个区域	无
		佛山	整个区域	无
		东莞	整个区域	无
		中山	整个区域	无
		惠州	惠城区、惠阳区	惠东县、博罗县、龙门县
		江门	蓬江区、江海区、新会区	鹤山市、台山市、开平市、恩平市
		肇庆	端州区、鼎湖区	四会市、高要区、封开县、德庆县、广宁县、怀集县

资料来源:《北京市主体功能区规划》《天津市主体功能区规划》《河北省主体功能区规划》《辽宁省主体功能区规划》《山东省主体功能区规划》《江苏省主体功能区规划》《浙江省主体功能区规划》《广东省主体功能区规划》。

总体上看,我国优化开发区域占地面积为 3.52×10^5 平方千米,约占全国总面积的 3.65%,2017 年人口总数约占全国人口总数的 21.5%,总能源消费量占比 32.3%,二氧化碳排放量占比 33.7%,GDP 占比 39.5%(表 4.2)。

表 4.2　优化开发区域占全国比例 （单位：%）

指标	2005 年	2010 年	2015 年	2016 年	2017 年
GDP 占比	44.8	42.9	41.0	40.3	39.5
人口数量占比	19.2	21.2	21.5	21.6	21.5
总能源消费量占比	31.3	32.6	32.5	32.8	32.3
二氧化碳排放量占比	33.4	32.2	33.5	34.2	33.7

资料来源：各省区市各个年份的统计年鉴。

注：用各市的总产值代替优化开发区域中各市的部分；人口采用年末常住人口数量，其中廊坊市、沧州市、大连市、鞍山市、抚顺市、本溪市、辽阳市、营口市、盘锦市、滨州市、湖州市、绍兴市的年末常住人口用户籍人口代替；沈阳市 2006～2009 年、沧州市 2017 年、滨州市 2017 年、杭州市 2006～2009 年、宁波市 2005～2014 年、舟山市 2005～2010 年、嘉兴市 2005 年及佛山市 2005 年的年末常住人口是根据各市其他年份的年末常住人口运用插值法计算的。

4.2　优化开发区域经济社会现状分析

4.2.1　经济发展

2005～2017 年，随着中国工业化进程进入后期，三大优化开发区域产值占全国总产值的比值呈现逐年下降的趋势，其中环渤海区域下降的速度最快（表 4.3），但优化开发区各项经济指标仍显著高于全国平均水平。

表 4.3　优化开发区域的经济

年份	人均 GDP/万元（2005 年不变价）					GDP 占比/%			
	环渤海区域	长三角区域	珠三角区域	优化开发区域	全国	环渤海区域	长三角区域	珠三角区域	优化开发区域
2005	2.81	4.29	4.06	3.34	1.43	17.29	17.64	9.84	44.77
2010	4.32	6.68	5.29	4.83	2.39	17.07	16.50	9.29	42.87
2015	5.58	9.20	7.32	6.49	3.40	15.95	15.92	9.20	41.07
2016	5.53	9.85	7.72	6.74	3.61	14.86	16.19	9.29	40.34
2017	5.74	10.42	7.94	7.05	3.84	14.25	16.14	9.15	39.55

资料来源：各省区市各个年份的统计年鉴。

注：廊坊市、沧州市、大连市、鞍山市、抚顺市、本溪市、辽阳市、营口市、盘锦市、滨州市、湖州市、绍兴市的年末常住人口用户籍人口代替；沈阳市 2006～2009 年、沧州市 2017 年、滨州市 2017 年、杭州市 2006～2009 年、宁波市 2005～2014 年、舟山市 2005～2010 年、嘉兴市 2005 年及佛山市 2005 年的年末常住人口是根据各市其他年份的年末常住人口运用插值法计算的；产值及人口数据均以全市代替优化开发区的部分。

由表 4.4 可知，除了墨西哥、巴西外，其他国家碳排放总量达峰时的人均 GDP 均高于 12398 美元（2010 年不变价），即以人均 GDP 经济发展水平划分工业化进程，均已步入后工业化阶段。虽然三大优化开发区域的人均 GDP 与已经达峰国家相比还有一定的差距，但是也均已经步入后工业化阶段，故经济发展水平奠定了优化开发区域达峰的基础。

表 4.4　已经达峰国家的人均 GDP　　［单位：美元/人（2010 年不变价）］

国家	达峰时人均 GDP	国家	达峰时人均 GDP
瑞典	29722	澳大利亚	51690
比利时	23171	加拿大	48553
德国	25756	意大利	38237
法国	26599	西班牙	32460
英国	20422	墨西哥	9406
荷兰	39626	美国	45056
巴西	11870	日本	46249

资料来源：https://data.worldbank.org.cn/。

4.2.2　人口与生活

2005～2017 年，优化开发区域人口占全国的比重从 2005 年的 19.2%增加到 2017 年的 21.5%，而非优化开发区域从 80.8%下降到 78.5%，可见优化开发区域具有吸引人才的能力。2010 年是一个转折点，优化开发区域的人口增长率在 2010 年后迅速下降，到 2017 年优化开发区域的常住人口增长率已经低于全国人口自然增长率（表 4.5）。目前，优化开发区域的人口增速与已经达峰的发达国家相比类似，而由 IPAT 模型可知，人口是影响碳排放达峰的重要因素，说明优化开发区域的人口增速达到了碳排放达峰的基础。

表 4.5　三大区域的人口变化　　　　　　　　　　（单位：%）

年份	三大区域人口占优化开发区域人口比重			年份	人口年均增长率（自 2005 年起）			
	环渤海区域	长三角区域	珠三角区域		环渤海区域	长三角区域	珠三角区域	全国
2005	45.90	35.97	18.13	2006	2.06	2.17	4.16	0.53
2010	44.58	35.63	19.79	2010	1.91	2.32	4.32	0.50
2015	45.13	35.01	19.85	2015	1.50	1.40	2.60	0.50
2016	44.90	35.02	20.08	2016	1.40	1.36	2.55	0.51
2017	44.28	35.14	20.57	2017	1.17	1.28	2.55	0.51

资料来源：各省区市各年份的统计年鉴。

在优化开发区域内部，2005 年环渤海区域人口最多，占优化开发区域人口比重高达45.90%，珠三角区域的人口最少，仅为 18.13%，但环渤海区域的人口占比到 2017 年降为 44.28%，长三角区域的人口占比由 2005 年的 35.97%降低到 35.14%，而珠三角区域的人口占比增长至 20.57%。虽然 2005～2017 年三大优化开发区域的人口占比变化不大，变动的幅度不到 2%，但是可以看出人口向珠三角区域流动的趋势。

环渤海区域、长三角区域、珠三角区域的人口增长率分别从 2006 年的 2.06%、2.17%、4.16%降到 2017 年的 1.17%、1.28%、2.55%，虽然三大区域的人口增长率均呈现下降的趋势，但是在 2005～2017 年珠三角区域的人口增长率一直高于环渤海区域和长三角区域的增长率，可见珠三角区域更加吸引人才，见表 4.5。

英国、德国、美国、日本分别于 1971 年、1979 年、2000 年和 2013 年达到二氧化碳排放总量的峰值，这些国家达峰前十年的人口年均增长率分别是 0.57%、0.03%、1.23%、−0.02%[1]，而三大优化开发区域 2017 年的人口年均增长率分别是 1.17%、1.28%、2.55%，虽然与已经达峰国家的人口增长率有些差异，但是优化开发区域人口的高速增长已经停止了，故人口增速为优化开发区域尽早达峰奠定了基础。

4.2.3　产业发展

1. 三次产业结构

2005～2017 年，环渤海区域的第一、第二产业占比不断降低，第三产业占比不断增加，并在 2013 年第三产业占比超过第二产业，产业结构比是 5.0∶46.5∶48.5，长三角区域、珠三角区域的产业结构变化类似，分别于 2013 年、2009 年第三产业占比超过第二产业，产业占比分别是 3.0∶47.6∶49.4、2.2∶48.3∶49.5。三大优化开发区域产业结构的变化，促使优化开发区域整体于 2012 年第三产业占比超过第二产业，见表 4.6。根据工业化进程[2]，以产业结构为划分指标，三大优化开发区域在 2017 年均已步入后工业化阶段。

表 4.6　三大区域三产结构

年份	环渤海区域	长三角区域	珠三角区域	优化开发区域	全国
2005	7.1∶48.9∶43.6	3.9∶54.2∶41.8	3.0∶50.9∶46.1	5.0∶51.5∶43.6	11.6∶46.5∶41.1
2009	5.6∶47.7∶46.3	3.3∶50.7∶46.1	2.2∶48.3∶49.5	4.0∶49.1∶47.0	9.8∶45.2∶44.0
2010	5.4∶48.0∶46.1	3.1∶50.8∶46.1	2.1∶48.9∶49.0	3.8∶49.3∶46.8	9.5∶45.7∶43.8
2012	5.1∶47.6∶46.8	3.1∶49.2∶47.7	2.0∶46.9∶51.1	3.7∶48.1∶48.2	9.4∶44.5∶45.0
2013	5.0∶46.5∶48.7	3.0∶47.6∶49.4	1.8∶46.0∶52.2	3.5∶46.8∶49.7	9.3∶43.1∶46.3
2015	4.7∶42.3∶53.1	2.7∶42.5∶54.8	1.7∶44.4∶53.9	3.3∶42.8∶53.9	8.8∶40.7∶49.9
2016	4.7∶39.5∶55.9	2.5∶42.0∶55.5	1.7∶43.0∶55.3	3.1∶41.3∶55.6	8.5∶40.2∶50.2
2017	4.3∶39.0∶56.8	2.4∶42.1∶55.5	1.5∶41.7∶56.8	2.9∶40.9∶56.2	7.9∶40.5∶51.6

资料来源：各省区市各年份的统计年鉴。

全国的产业结构变化趋势与三大优化开发区域类似，第一产业、第二产业占比逐年下降，第三产业占比逐年上升，全国于 2012 年第三产业占比超过第二产业，按照产业结构划分全国也步入了后工业化阶段，到 2017 年全国的三产比值是 7.9∶40.5∶51.6。与三大优化开发区域相比，全国的第一产业占比相对更高，第三产业占比相对低一些，全国与三大优化开发区域第二产业占比相差不多，即三大区域的第三产业相对于全国而言是优势产业，优化开发区域的产业结构为优化开发区域率先达峰奠定了基础。

针对已经达峰国家的产业结构进行分析，除了保加利亚外，其余 11 个国家在碳排放总量达峰时，均是第三产业占比高于第二产业（表 4.7）。虽然三大优化开发区域的三产占比与已经达峰国家的三产占比还有一定的差距，但是三大优化开发区域也是第三产业占比高于第二产业占比，且第一产业占比与已经达峰国家的第一产业占比相差不大，故优化开发区域的产业结构为优化开发区域达峰奠定了基础。

表 4.7   已经达峰国家达峰时的产业结构

国家	三产占比	国家	三产占比
保加利亚	14∶54∶32	加拿大	1∶29∶70
德国	2∶42∶56	意大利	2∶23∶75
英国	2∶41∶57	西班牙	2∶26∶71
荷兰	3∶24∶73	墨西哥	3∶34∶63
巴西	4∶20∶75	美国	1∶22∶76
澳大利亚	2∶27∶71	日本	1∶27∶72

资料来源：世界银行公开数据，https://data.worldbank.org.cn/。

2. 工业

下面对我国优化开发区域的工业现状及工业的集聚和转移进行分析，将优化开发区域的工业结构划分为采矿业，制造业，其他、热力、燃气及水生产和供应业三大部分，对其中产值占比较大的 16 个行业进行具体分析，得出优化开发区域工业产业已经开始向非优化开发区域转移，而工业产业的转移为优化开发区域率先达峰奠定了产业基础。

2017 年，优化开发区域的工业产值约占全国的 40.13%，其中，环渤海区域的工业产值约占全国的 13.09%；长三角区域的工业产值占全国的 16.87%；珠三角区域的工业产值占全国的 10.16%。三大区域中，环渤海、长三角和珠三角的工业产值占优化开发区域整体工业产值的比例分别为 32.62%、42.05% 和 25.33%。2017 年环渤海、长三角、珠三角的采矿业在优化开发区域占比分别为 3.26%、0.11% 和 0.45%；三大区域 2017 年的制造业在优化开发区域占比均在 90% 左右，且长三角区域的制造业占比最大，达到 95.75%；其他、热力、燃气及水生产和供应业 2017 年在优化开发区域占比在 5% 左右，珠三角区域较高，达到 7.50%，长三角区域最低，仅为 4.14%。与全国的水平比较，2017 年优化开发区域的采矿业占比仅为 1.23%，相对全国的 4.13% 较低；优化开发区域的制造业占比高达 92.77%，比全国的 90.05% 还要高出 2.7% 左右；优化开发区域的其他、热力、燃气及水生产和供应业占比是 6.01%，与全国的 5.82% 差别不大，如表 4.8 所示。

表 4.8   2017 年工业产业结构现状   （单位：%）

地点	采矿业	制造业	其他、热力、燃气及水生产和供应业	工业产值在优化开发区域占比	工业产值在全国占比
环渤海区域	3.26	89.48	7.26	32.62	13.09
长三角区域	0.11	95.75	4.14	42.05	16.87
珠三角区域	0.45	92.05	7.50	25.33	10.16
优化开发区域	1.23	92.77	6.01	100.00	40.13
全国	4.13	90.05	5.82		100.00

资料来源：2018 年各省区市的统计年鉴。

在环渤海区域 2017 年工业结构中，交通运输设备制造业产值占工业总产值比例最大，高达 13.71%，其他产值占比高于 5% 的产业分别是石油加工、炼焦和核燃料加工业，黑色金属冶炼和压延加工业，计算机、通信和其他电子设备制造业，化学原料和化学制品制造业，其他、热力生产和供应业，农副食品加工业，分别为 8.84%、7.01%、6.47%、6.62%、6.20%、6.12%（表 4.9）。

表 4.9　优化开发区域主要产业占各区域工业总产值比重

环渤海区域		长三角区域		珠三角区域		优化开发区域	
产业名称	占比/%	产业名称	占比/%	产业名称	占比/%	产业名称	占比/%
交通运输设备制造业	13.71	计算机、通信和其他电子设备制造业	13.30	计算机、通信和其他电子设备制造业	31.11	计算机、通信和其他电子设备制造业	15.58
石油加工、炼焦和核燃料加工业	8.84	交通运输设备制造业	10.99	电气机械和器材制造业	10.40	交通运输设备制造业	11.05
黑色金属冶炼和压延加工业	7.01	电气机械和器材制造业	10.62	交通运输设备制造业	7.71	电气机械和器材制造业	8.48
计算机、通信和其他电子设备制造业	6.47	化学原料和化学制品制造业	9.67	其他、热力生产和供应业	6.58	化学原料和化学制品制造业	7.25
化学原料和化学制品制造业	6.62	通用设备制造业	6.63			其他、热力生产和供应业	5.02
其他、热力生产和供应业	6.20					通用设备制造业	4.94
农副食品加工业	6.12						
总计	54.97	总计	51.22	总计	55.80	总计	52.32

资料来源：2018 年各省区市的统计年鉴。

　　长三角区域工业产值占优化开发区域工业产值最高的产业是计算机、通信和其他电子设备制造业，占比 13.30%。交通运输设备制造业、电气机械和器材制造业的占比分别是 10.99%、10.62%，化学原料和化学制品制造业、通用设备制造业的占比分别是 9.67%、6.63%。占比超过 5% 的产业共有 5 个，总产值占长三角区域工业总产值的 51.22%。可见，长三角产业集中度相对环渤海产业更高。

　　珠三角区域产业集中度相对长三角区域更高，是三大区域产业最集中的区域。珠三角区域的计算机、通信和其他电子设备制造业占珠三角工业的绝对优势，占比高达 31.11%。电气机械和器材制造业，交通运输设备制造业，其他、热力生产和供应业占比分别是 10.40%、7.71% 和 6.58%。占比超过 5% 的行业共 4 个，占珠三角区域工业总产值的 55.80%。

　　计算机、通信和其他电子设备制造业及交通运输设备制造业在优化开发区域整体内占比分别是 15.58%、11.05%，电气机械和器材制造业、化学原料和化学制品制造业、通用设备制造业在优化开发区域内占比分别是 8.48%、7.25%、5.02%，优化开发区域内占比超过 5% 的产业共 5 个，相对于珠三角、长三角而言，产业比较分散。

　　为了分析优化开发区域产业发展特点，我们引入区位商指标进行分析。区位商是由美国经济学家哈盖特（P. Haggett）提出的，其理论的基础是比较优势理论[3]。具体来说，区位商通常指一个区域内某种特定部门的产值在该地区生产总产值中所占的比重，与全

国该部门产值在国内生产总值中所占比重的比率[4-5]，表达式为

$$LQ_{ij} = \frac{X_{ij} / \sum_{i=1}^{m} X_{ij}}{\sum_{j=1}^{n} X_{ij} / \sum_{i=1}^{n} \sum_{i=1}^{m} X_{ij}} \tag{4.1}$$

式中，i 为第 i 个产业（$i=1,2,3,\cdots,m$）；j 为第 j 个地区（$j=1,2,3,\cdots,n$）；X_{ij} 为第 i 个产业第 j 个地区的产值；LQ_{ij} 为第 i 个产业第 j 个地区的区位商。

若是比较分析 A、B 两个不同的地区的产业发展情况，可用 A 地区特定部门的产值在 A 地区生产总值中所占的比重，与 B 地区特定部门的产值在 B 地区生产总值中所占的比重相比[6]，其比值表达式为

$$LQ_{A/B} = \frac{X_{iA} / \sum_{i=1}^{m} X_{iA}}{X_{iB} / \sum_{i=1}^{m} X_{iB}} \tag{4.2}$$

式中，i 为第 i 个产业（$i=1,2,3,\cdots,m$）；$LQ_{A/B}$ 为 A 地区相对于 B 地区第 i 个产业的区位商。

根据区位商的概念，可用其衡量产业集聚情况。此处引入产业动态集聚指数的概念。产业动态集聚指数能够反映某一时间段内，特定的产业在某地区内集聚的变化情况[7]，即产业转出转入的速度，计算公式为[8]

$$A_{ij} = \frac{X_{ij}}{X_j} = \frac{\sqrt[3]{\dfrac{X_{ijt}}{X_{ij0}}} - 1 \cdot t}{\sqrt[3]{\dfrac{X_{jt}}{X_{j0}}} - 1 \cdot t} \tag{4.3}$$

式中，A_{ij} 为 i 地区 j 产业的产业集聚指数；X_{ij} 为 t 年内 i 地区 j 产业产值的增长速度；X_{ijt} 和 X_{ij0} 分别为 i 地区 j 产业考察期内的期末和期初国内生产总值；X_j 为全国 j 产业产值在 t 年内的增长速度，X_{jt} 和 X_{j0} 分别表示全国 j 产业在考察期内期末和期初的国内生产总值。

根据区位商和集聚指数，将产业划分为 4 种集聚类型（表 4.10）。类型一：$LQ \geq 1$ 且 $A \geq 1$，产业集聚强化；类型二：$LQ < 1$ 且 $A \geq 1$，产业集聚形成；类型三：$LQ \geq 1$ 且 $A < 1$，产业集聚退化；类型四：$LQ < 1$ 且 $A < 1$，产业集聚劣势[9]。

表 4.10　集聚/转移分析表

产业分类	区位商	集聚指数	产业分类	区位商	集聚指数
集聚强化	$LQ \geq 1$	$A \geq 1$	集聚退化	$LQ \geq 1$	$A < 1$
集聚形成	$LQ < 1$	$A \geq 1$	集聚劣势	$LQ < 1$	$A < 1$

由表 4.11 可知，环渤海、长三角、珠三角及优化开发区域整体采矿业 2007～2017 年的区位商均小于 1，且集聚指数也均小于 1，即采矿业处于集聚劣势阶段；优化开发

区域整体制造业区位商均大于 1，即相对于全国而言，其制造业处于优势，但是集聚指数均小于 1，表明其处于集聚退化阶段，在向外转移。制造业在三个区域的产值占比均在约 90% 以上，所以环渤海、长三角、珠三角及优化开发区域整体的工业处于集聚退化阶段。环渤海、珠三角、优化开发区域整体的其他、热力、燃气及水生产和供应业 2017 年的区位商大于 1，且 2007～2017 年的集聚指数大于 1，其处于集聚强化阶段，长三角区域该行业 2017 年的区位商小于 1，但是 2007～2017 年的动态集聚指数大于 1，处于集聚形成阶段。

表 4.11　优化开发区域的区位商和集聚指数

产业名称	环渤海区域			长三角区域			珠三角区域			优化开发区域		
	区位商		集聚指数	区位商		集聚指数	区位商		集聚指数	区位商		集聚指数
	2007	2017		2007	2017		2007	2017		2007	2017	
采矿业	0.91	0.79	0.65	0.05	0.03	-0.6	0.17	0.11	0.47	0.37	0.30	0.61
制造业	1.02	0.99	0.82	1.10	1.06	0.83	1.06	1.02	0.90	1.07	1.03	0.84
其他、热力、燃气及水生产和供应业	0.77	1.25	1.10	0.51	0.71	1.02	0.90	1.29	1.12	0.69	1.03	1.08
农副食品加工业	1.44	1.16	0.75	0.28	0.27	0.84	0.32	0.30	0.89	0.69	0.57	0.79
纺织业	0.86	1.12	0.97	1.70	1.40	0.58	0.53	0.44	0.74	1.15	1.07	0.74
石油加工炼焦和核燃料加工业	1.17	2.48	1.26	0.65	0.53	0.67	0.34	0.32	0.88	0.76	1.11	1.07
化学原料和化学制品制造业	0.91	0.92	0.85	1.24	1.34	0.89	0.73	0.56	0.79	1.01	1.01	0.86
医药制造业	0.94	1.04	0.91	0.74	0.88	0.95	0.49	0.37	0.82	0.75	0.81	0.91
橡胶和塑料制品业	1.23	1.29	0.86	1.09	0.98	0.77	1.43	1.29	0.86	1.21	1.16	0.83
非金属矿物制品业	0.86	0.50	0.61	0.58	0.48	0.78	0.73	0.52	0.79	0.71	0.50	0.72
黑色金属冶炼和压延加工业	1.27	1.23	0.73	0.94	0.86	0.69	0.21	0.20	0.83	0.89	0.82	0.72
有色金属冶炼和压延加工业	0.62	0.78	0.96	0.74	0.55	0.69	0.54	0.44	0.82	0.65	0.60	0.82
金属制品业	1.19	1.41	0.93	1.33	1.22	0.81	1.72	1.34	0.80	1.37	1.31	0.85
通用设备制造业	1.24	0.99	0.67	1.46	1.65	0.90	0.44	0.84	1.28	1.15	1.23	0.88
专用设备制造业	1.23	1.03	0.77	0.99	1.27	0.98	0.67	0.83	1.03	1.00	1.08	0.91
交通运输设备制造业	1.22	1.53	0.96	1.08	1.22	0.92	0.89	0.86	0.91	1.09	1.23	0.93
电气机械和器材制造业	0.96	0.67	0.64	1.41	1.66	0.93	2.09	1.63	0.80	1.41	1.33	0.84
计算机、通信和其他电子设备制造业	0.97	0.69	0.62	1.51	1.42	0.81	2.81	3.31	1.01	1.62	1.66	0.87

资料来源：各省区市的 2008～2018 年统计年鉴。

环渤海区域内石油加工、炼焦和核燃料加工业，其他、热力、燃气及水生产和供应业处于集聚强化阶段，但这两个产业 2017 年产值占环渤海区域工业产值的比例合计仅 15.04%，其他产业均处于集聚退化或集聚劣势阶段。长三角区域的 16 个行业均处于集聚退化或集聚劣势阶段。珠三角的计算机、通信和其他电子设备制造业，其他、热力、燃气及水生产和供应业处于集聚强化阶段，通用设备制造业、专用设备制造业处于集聚形成阶段，2017 年这 4 个行业占珠三角区域工业总产值的比重合计 43.73%。16 个产业在环渤海区域处于集聚强化或集聚形成阶段，其总产值占环渤海区域工业总产值的16.11%，长三角区域没有处于集聚强化或集聚形成的产业，珠三角区域处于集聚强化或集聚形成的产业占珠三角区域工业总产值的 43.73%，但是 2017 年环渤海、长三角、珠三角区域工业产值占优化开发区域工业总产值的比重分别为 32.62%、42.05%、25.33%，整个优化开发区域绝大部分产业处于集聚退化或集聚劣势的阶段，仅有石油加工炼焦和核燃料加工业处于集聚强化阶段，其他、热力、燃气及水生产和供应业处于集聚形成阶段，而该产业占优化开发区域的工业总产值的比重仅为 9.98%，致使优化开发区域整体的工业处于集聚退化阶段或集聚劣势阶段（表 4.12）。

表 4.12　2007～2017 年主要产业集聚状态

产业名称	环渤海区域	长三角区域	珠三角区域	优化开发区域
采矿业	集聚劣势	集聚劣势	集聚劣势	集聚劣势
制造业	集聚劣势	集聚退化	集聚退化	集聚退化
其他、热力、燃气及水生产和供应业	集聚强化	集聚形成	集聚强化	集聚强化
农副食品加工业	集聚退化	集聚劣势	集聚劣势	集聚劣势
纺织业	集聚退化	集聚退化	集聚劣势	集聚退化
石油加工炼焦和核燃料加工业	集聚强化	集聚劣势	集聚劣势	集聚强化
化学原料和化学制品制造业	集聚劣势	集聚退化	集聚劣势	集聚退化
医药制造业	集聚退化	集聚劣势	集聚劣势	集聚劣势
橡胶和塑料制品业	集聚退化	集聚退化	集聚退化	集聚退化
非金属矿物制品业	集聚劣势	集聚劣势	集聚劣势	集聚劣势
黑色金属冶炼和压延加工业	集聚退化	集聚劣势	集聚劣势	集聚劣势
有色金属冶炼和压延加工业	集聚劣势	集聚劣势	集聚劣势	集聚劣势
金属制品业	集聚退化	集聚退化	集聚退化	集聚退化
通用设备制造业	集聚劣势	集聚退化	集聚形成	集聚退化
专用设备制造业	集聚退化	集聚劣势	集聚形成	集聚退化
交通运输设备制造业	集聚退化	集聚退化	集聚劣势	集聚退化
电气机械和器材制造业	集聚劣势	集聚退化	集聚退化	集聚退化
计算机、通信和其他电子设备制造业	集聚劣势	集聚退化	集聚强化	集聚退化
其他热力生产和供应业	集聚强化	集聚劣势	集聚强化	集聚形成

依据黄群慧[10]等的研究，环渤海、长三角、珠三角均处于工业化后期阶段，且均为工业化后期的后半阶段。为了研究优化开发区域的内部结构，本书对优化开发区域的 45 城市以经济水平为指标划分工业化阶段（表 4.13）。

表 4.13　优化开发区城市所处的工业化阶段

基本指标及城市	前工业化阶段	工业化实现阶段			后工业化阶段
		工业化初期	工业化中期	工业化后期	
人均 GDP/美元（2010年不变价）	827～1654	1654～3308	3308～6615	6615～12398	12398 以上
城市	—	—	保定、廊坊、秦皇岛、鞍山、抚顺、本溪、辽阳、营口、江门、肇庆（10 个）	沧州、唐山、烟台、沈阳、滨州、盘锦、潍坊、湖州、舟山、绍兴、嘉兴、泰州、中山、东莞、惠州（15 个）	北京、天津、大连、青岛、威海、东营、上海、杭州、宁波、南京、镇江、常州、无锡、苏州、扬州、南通、广州、深圳、珠海、佛山（20 个）

优化开发区域的 45 个城市中没有处于前工业化阶段、工业化初期的城市，工业化中期的城市仅有 10 个，工业化后期的城市有 15 个，后工业化阶段的城市有 20 个，即大部分城市处于工业化后期、后工业化阶段，而处于工业化后期的城市已经跳出"中等收入陷阱"，故优化开发区域有一半左右的城市已经具备达峰的经济基础。

4.2.4　能源与资源

全国与优化开发区域的能源消费总量一直在增加，且近年来优化开发区域能源消费总量占全国的比重变化不大，在 35% 上下浮动。但是相对于全国而言，优化开发区域能源消费总量增速更缓慢，未来一段时间内很有可能达峰，故能源消费总量的变化促使优化开发区域尽早达峰（图 4.1）。

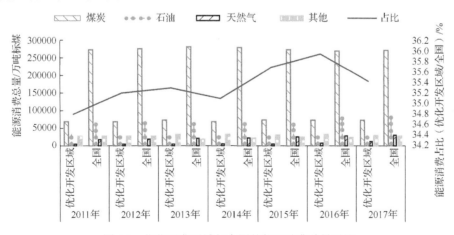

图 4.1　优化开发区域与全国的能源消费总量对比

2005～2017 年，优化开发区域内煤炭的消费量已经呈现下降的趋势，而煤炭消费量已经达峰对于优化开发区域碳排放总量达峰有很大的促进作用。2017 年优化开发区域石油的消费量占比是仅次于煤炭消费量占比的第二大能源，且石油的消费量也在缓慢地增加,基本趋于稳定的状态。占比最少的化石能源是天然气,2005~2017年优化开发区域的天然气消费量一直呈现上升的趋势,但是占比仍然很低。清洁能源的消费量在此期间内有很大幅度的上升,2017年消费量约为2005年的2倍,且近年来一直呈现上升的趋势。综合分析,优化开发区域的能源消费正在向清洁能源转变,为优化开发区域达峰奠定了一定的基础。

由图4.2可知,环渤海区域的能源消费量最大,长三角区域次之,珠三角区域最低,且三大区域能源消费量增速均有所放缓。对于环渤海区域而言,2005~2017年煤炭消费量占比一直在下降,但到2017年仍在50%以上,石油的消费量变化不明显,天然气和其他能源消费量一直在增加。长三角区域的主要能源是煤炭、石油和其他能源,天然气使用量很少且所占的比重较低,2005~2017年,煤炭、石油及其他能源消费量均有所上升。珠三角区域是能源消费量最少的区域,2005~2017年石油的消费量变化不大,煤炭、天然气及其他能源消费量均有不同程度的上升,但是煤炭消费量占比减少,其他能源消费量占比增加。

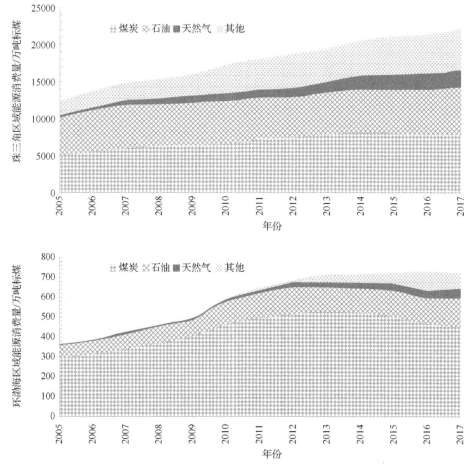

图4.2 三大区域的能源消费量对比

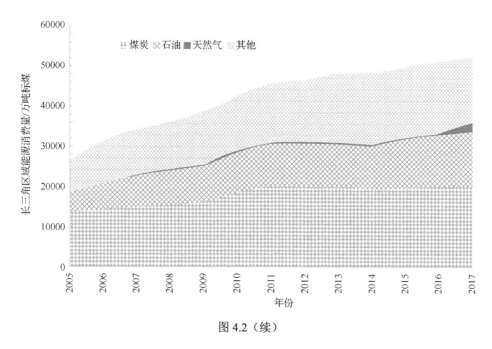

图 4.2（续）

　　三个优化开发区域的能源消费总量增速均放缓，且 2017 年煤炭能源消费量占比相对于 2005 年均有所降低，其他能源占比均有所增高，即三个优化开发区域的能源消费结构均向清洁能源转变，能源结构的转变及能源消费增速的减缓有利于优化开发区域碳排放总量达峰。

　　到 2017 年，环渤海、长三角、珠三角区域的煤炭、石油、天然气和其他能源消费量的占比，分别为 63：19：7：11、39：25：5：31 和 36：29：11：25。就三大区域对比而言，长三角、珠三角区域的能源结构比环渤海区域更加清洁，煤炭占比相对于环渤海区域低很多，其他能源消费比环渤海区域高很多，说明三大区域中环渤海区域更加需要改善能源结构。全国 2017 年煤炭、石油、天然气和其他能源消费量的占比为 65：20：8：7，三大优化开发区域与全国对比而言，煤炭占比均比全国低，其他能源消费占比均比全国高，即三大优化开发区域相对于全国而言能源结构更加清洁，奠定了优化开发区域率先达峰的基础。

　　对比国际上达峰国家的能源消费占比，可以进一步反映我国的能源转型压力。如英国、德国、美国、日本这四个国家二氧化碳排放总量达峰时煤炭、石油、天然气和其他能源消费量的占比[11]分别为 40：49：8：3、37：45：14：4、26：46：22：6、24：41：24：11，这几个国家达峰时占比最多的能源均是石油，而三大优化开发区域能源占比最多的均是煤炭，但是其他能源消费占比高于已经达峰的国家，故三大优化开发区域的能源结构也具备一定的达峰基础。

　　2017 年优化开发区域能源消费占比最大的是电力、热力行业（50.0%），其次是钢铁、水泥、炼焦、化工等重化工业（30.4%），居民消费、交通运输、其他制造业分别占5.6%、5.5%、5.0%，这五部分能源消费占优化开发区域整体的 96.5%，故减少能源消费应着重针对这几部分（图 4.3）。

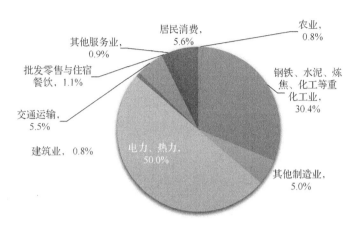

图 4.3　2017 年优化开发区能源消费结构

　　具体而言，能源消费量较大（占比超过 2%）的行业是造纸和纸制品业，石油加工、炼焦和核燃料加工业，化学原料和化学制品制造业，非金属矿物制品业，黑色金属冶炼及压延加工业，有色金属冶炼及压延加工业，交通运输设备制造业，其他、热力生产和供应业这 8 个行业，能源消费占比约 85%。表 4.14 显示了不同行业的能源强度。上述 8 个行业均为能源强度较高的行业。能源强度较低的行业则包括通用设备制造业、专用设备制造业、电气机械和器材制造业、通信设备计算机及其他电子设备制造业，其中电气机械和器材制造业的能源消费占比是 1.3%，而产值占比却高达 8.5%，通信设备计算机及其他电子设备制造业行业的能源消费占比是 1.7%，产值占比达到 15.6%，是工业行业中典型的低耗能高产值的行业。

表 4.14　2017 年工业内部能源消费结构与能源强度

产业名称	工业/占比		能源强度/（吨标煤/万元）	产业名称	工业/占比		能源强度/（吨标煤/万元）
	能源消费/%	产值/%			能源消费/%	产值/%	
煤炭开采和洗选业	1.2	0.1	1.72	化学原料和化学制品制造业	9.0	7.3	0.25
石油和天然气开采业	0.2	0.5	0.08	医药制造业	0.5	1.9	0.05
黑色金属矿采选业	0.2	0.1	0.27	化学纤维制造业	1.1	1.1	0.21
有色金属矿采选业	0.0	0.2	0.03	橡胶和塑料制品业	1.2	3.1	0.08
非金属矿采选业	0.1	0.1	0.12	非金属矿物制品业	3.0	2.6	0.23
开采辅助活动	0.1	0.1	0.17	黑色金属冶炼及压延加工业	13.7	4.6	0.59
其他采矿业	0.0	0.0	0.01	有色金属冶炼及压延加工业	9.4	2.9	0.66
农副食品加工业	1.7	3.0	0.11	金属制品业	1.0	4.2	0.05
食品制造业	0.3	1.2	0.05	通用设备制造业	0.5	4.9	0.02
酒、饮料和精制茶制造业	0.2	0.7	0.05	专用设备制造业	0.4	3.4	0.02
烟草制品业	0.4	0.5	0.18	交通运输设备制造业	2.6	11.1	0.05
纺织业	1.5	3.4	0.09	电气机械和器材制造业	1.3	8.5	0.03
纺织服装、服饰业	0.3	1.7	0.04	通信设备计算机及其他电子设备制造业	1.7	15.6	0.02

续表

产业名称	工业/占比		能源强度/（吨标煤/万元）	产业名称	工业/占比		能源强度/（吨标煤/万元）
	能源消费/%	产值/%			能源消费/%	产值/%	
皮革毛皮羽毛及其制品和制鞋业	0.1	0.7	0.03	仪器仪表制造业其他制造业	0.1	1.3	0.02
木材加工和木竹藤棕草制品业	0.1	0.3	0.05	工艺品及其他制造业	0.1	0.2	0.09
家具制造业	0.1	0.8	0.03	废弃资源综合利用业	0.0	0.3	0.02
造纸和纸制品业	2.5	1.3	0.38	金属制品、机械和设备修理业	0.1	0.1	0.09
印刷和记录媒介复制业	0.2	0.6	0.06	其他、热力生产和供应业	28.3	5.0	1.13
文教工美体育和娱乐用品制造业	0.2	1.5	0.03	燃气生产和供应业	0.2	0.6	0.07
石油加工、炼焦和核燃料加工业	15.8	4.0	0.80	水的生产和供应业	0.4	0.4	0.21

4.3　优化开发区域碳排放驱动因素分析

4.3.1　优化开发区域碳排放现状

近年来优化开发区域碳排放总量的增速在逐年下降，2011 年、2013 年、2015 年、2017 年碳排放总量的增速分别是 6.6%、2.4%、1.2%、0.4%。相对于全国而言，近年来优化开发区域的碳排放量占全国的比例变化不大，在 33% 上下浮动。2011～2017 年，优化开发区域煤炭产生的二氧化碳占比低于全国，石油、其他能源产生的二氧化碳占比高于全国，天然气产生的二氧化碳占比与全国相当，可见优化开发区域比全国消耗的能源更加清洁（图 4.4）。

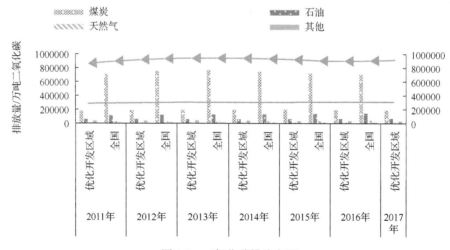

图 4.4　二氧化碳排放来源

近年来，优化开发区域不仅碳排放源发生了变化，而且碳排放结构有些改变。由图 4.5 可知，虽然 2007 年与 2017 年主要的排放行业均是电力、热力行业，但是其占碳排放总量的比例由 2007 年的 40.1% 涨至 2017 年的 51.5%，其次是钢铁、水泥、炼焦、化工等难减行业，其占比由 36.4%降为 31.0%，其他制造业由 8.3%降至 4.5%。历年来其他行业碳排放占比不大且变化也不明显。

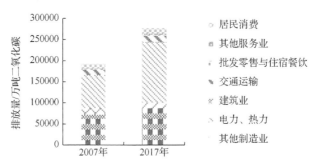

图 4.5　优化开发区域碳排放结构

注：图中的碳排放是直接排放，不包含外购电。

　　在技术进步的推动下，二氧化碳排放随着时间演变，依次遵循碳排放强度、人均碳排放量、碳排放总量的倒 U 形曲线[12]，而我国优化开发区域的碳排放强度已下降多年，人均碳排放量近几年增长幅度很低，碳排放总量虽然没有下降，但是碳排放的增长率呈现下降趋势，且 2012 年后我国优化开发区域碳排放强度的年下降率大于能源消费的年增长率，满足二氧化碳排放达峰的必要条件之一[13]，碳排放因子一直呈现下降的趋势即优化开发区域的能源结构不断在完善（表 4.15），因此我国优化开发区域率先完成碳排放达峰具有明显的优势。

表 4.15　优化开发区域各项碳排放指标

年份	碳排放强度/（吨二氧化碳/万元）（2005年不变价）	人均碳排放量/（吨二氧化碳/人）	碳排放总量/万吨二氧化碳	碳排放因子
2005	2.18	7.30	182951	2.23
2010	1.95	9.45	268135	2.21
2015	1.59	10.32	305379	2.11
2016	1.53	10.32	308251	2.08
2017	1.47	10.36	309638	2.03

资料来源：各省区市各年份统计年鉴。

　　以碳排放强度、人均碳排放量、碳排放总量三个指标分析三大区域碳排放的差异。首先，从碳排放强度的指标看，三大区域的碳排放强度在 2005 年后均开始下降，即三大区域的碳排放强度均在 2005 年及以前达到峰值，但是碳排放强度的数值有所不同。从数值上看，历年来环渤海区域的碳排放强度最大，珠三角区域的碳排放强度最小，说明历年来珠三角区域的万元产值所产生的碳排放最低。其次，从人均碳排放量的角度分析，2005～2017 年环渤海、长三角区域的人均碳排放量一直处于增长的状态，珠三角区域的人均碳排放量在 2015 年以后有少量的下降，且从数值来看，环渤海区域的人均碳排放量最大，到 2017 年高达 11.66 吨二氧化碳/人，珠三角区域的人均碳排放量最低。从碳排放总量的角度分析，三大区域的碳排放总量一直在增长，2017 年，环渤海区域的碳排放总量为 154433 万吨，长三角区域的碳排放总量为 111677 万吨，珠三角区域的碳排放总量为 43527 万吨，约为环渤海区域的 28%、长三角区域的 39%，见表 4.16。

表 4.16　三大区域的碳排放差异分析

年份	碳排放强度/（吨二氧化碳/万元）（2005 年不变价）				人均碳排放/（吨二氧化碳/人）				碳排放总量/万吨二氧化碳			
	环渤海区域	长三角区域	珠三角区域	全国	环渤海区域	长三角区域	珠三角区域	全国	环渤海区域	长三角区域	珠三角区域	全国
2005	2.89	1.88	1.48	2.93	8.13	6.89	6.00	4.19	93549	62132	27271	548173
2010	2.51	1.80	1.21	2.60	10.85	9.38	6.40	6.21	137284	94883	35967	833289
2015	2.09	1.44	0.97	1.95	11.72	10.35	7.09	6.64	156502	107206	41671	912806
2016	2.10	1.36	0.92	1.80	11.64	10.49	7.08	6.51	156071	109702	42479	900200
2017	2.03	1.30	0.89	1.72	11.66	10.63	7.08	6.61	154433	111677	43527	919066

资料来源：各省区市各年份的统计年鉴。

4.3.2　基于 Kaya 的拉式指数分解法

式（4.1）的 Kaya 公式可以进一步表达为

$$CO_2 = \frac{CO_2}{PE} \times \frac{PE}{GDP} \times \frac{GDP}{POP} \times POP = f \cdot e \cdot g \cdot p \tag{4.4}$$

式中，CO_2 表示二氧化碳排放总量；PE 表示一次能源消费量；GDP 表示生产总值；POP 表示优化开发区域的年末常住人口；f、e、g、p 分别表示一定时间内单位能源的碳排放量、单位产值能源消费量、人均产值及人口数量。

Kaya 公式是基于二氧化碳的排放量进行分解的，通常采用微积分方法，但此方法会产生残差的干扰，造成分解时出现误差，而拉式指数分解法（logarithmic mean divisia index，LMDI）是目前各种方法中相对合理的一种[14]，本书采用利用 LMDI 将其因素分解为人口、经济、能源强度、排放因子效应，具体公式如下[15]：

$$\Delta CO_2 = CO_2(t) - CO_2(0) = \Delta C_P + \Delta C_{PG} + \Delta C_I + \Delta C_S \tag{4.5}$$

$$\Delta C_P = \sum \frac{C_t - C_0}{\ln C_t - \ln C_0} \ln \frac{P_t}{P_0} \tag{4.6}$$

$$\Delta C_{PG} = \sum \frac{C_t - C_0}{\ln C_t - \ln C_0} \ln \frac{PG_t}{PG_0} \tag{4.7}$$

$$\Delta C_I = \sum \frac{C_t - C_0}{\ln C_t - \ln C_0} \ln \frac{I_t}{I_0} \tag{4.8}$$

$$\Delta C_S = \sum \frac{C_t - C_0}{\ln C_t - \ln C_0} \ln \frac{S_t}{S_0} \tag{4.9}$$

式中，ΔCO_2 表示从计算周期开始到计算周期末，优化开发区域二氧化碳排放总量的变化值；$CO_2(t)$、$CO_2(0)$ 分别表示优化开发区域内计算周期末、计算周期初的二氧化碳排放总量；ΔC_P、ΔC_{PG}、ΔC_I、ΔC_S 分别表示人口、经济、能源强度、排放因子对碳排放量的影响；0、t 分别表示计算周期初、计算周期末；P_0、P_t、PG_0、PG_t、I_0、I_t、

S_0、S_t、C_0、C_t分别表示计算周期初、末的年末常住人口、人均GDP、能源强度、排放因子及二氧化碳排放量。

$$D_P = \Delta C_P / C_0 \tag{4.10}$$
$$D_{PG} = \Delta C_{PG} / C_0 \tag{4.11}$$
$$D_I = \Delta C_I / C_0 \tag{4.12}$$
$$D_S = \Delta C_S / C_0 \tag{4.13}$$
$$D_1 = \Delta C / C_0 \tag{4.14}$$

式中，D_P、D_{PG}、D_I、D_S分别表示人口、经济、能源强度及排放因子的效应贡献率；D_1表示总贡献率。

按照上述方法，对优化开发区域整体2005～2016年的二氧化碳排放总量进行因素分解，其分解结果及贡献率具体见表4.17。

表4.17　2005～2016年优化开发区域影响因素对二氧化碳排放量变动的贡献率

年份	ΔCO_2/万吨	ΔC_P/万吨	ΔC_{PG}/万吨	ΔC_I/万吨	ΔC_S/万吨	D_1/%	D_P/%	D_{PG}/%	D_I/%	D_S/%
2005～2006	22630	4759	18874	−2886	1882	12.4	2.6	10.3	−1.6	1.0
2006～2007	16319	5142	15837	−2874	−1786	7.9	2.5	7.7	−1.4	−0.9
2007～2008	10899	5339	14172	−8352	−259	4.9	2.4	6.4	−3.8	−0.1
2008～2009	12298	6525	14841	−7188	−1880	5.3	2.8	6.4	−3.1	−0.8
2009～2010	23038	6316	18477	−529	−1227	9.4	2.6	7.5	−0.2	−0.5
2010～2011	17819	2631	18302	−3858	744	6.6	1.0	6.8	−1.4	0.3
2011～2012	9896	2654	18709	−9141	−2326	3.5	0.9	6.5	−3.2	−0.8
2012～2013	7190	2229	17896	−11331	−1603	2.4	0.8	6.0	−3.8	−0.5
2013～2014	−1281	2627	15678	−13085	−6501	−0.4	0.9	5.2	−4.3	−2.1
2014～2015	3619	2028	16009	−10568	−3850	1.2	0.7	5.3	−3.5	−1.3
2015～2016	2873	2890	11511	−6985	−4543	0.9	0.9	3.8	−2.3	−1.5
2005～2016	125300	42003	168169	−67555	−17318	40.6	13.6	54.6	−21.9	−5.6

从人口、经济、能源强度、排放因子这4个因素对碳排放总量进行分析，人口、经济效应会增加二氧化碳的排放量，2005～2016年人口效应促使二氧化碳排放量增加了42003万吨，经济效应促使二氧化碳排放量增加了168169万吨，其贡献率分别是13.6%、54.6%，可见经济效应对二氧化碳排放量的影响远高于人口效应，但是随着时间的推移人口、经济的贡献率均有所下降，即促使二氧化碳排放量增加的效应有所减缓，人口、经济效应为优化开发区域达峰奠定了基础。能源强度、排放因子降低会减少二氧化碳的排放，2005～2016年能源强度效应促使二氧化碳排放量减少了67555万吨，排放因子效应促使二氧化碳排放量减少了17318万吨，其贡献率分别是−21.9%、−5.6%，且2005～2016年每年的贡献率均是能源强度效应减排贡献率高于排放因子效应，故能源强度效应的减排量高于排放因子效应。

综上所述，通过LMDI分解可知，2005～2016年人口、经济、能源强度、排放因子这4个因素总的贡献率D_1有明显的下降趋势，即二氧化碳排放量增速放缓，故优化开发区域已经具备达峰的基础。

4.3.3　三产的能源强度分解

通过前面的分析可知,对于优化开发区域整体而言,人口、经济效应会增加二氧化碳的排放量,而能源强度和排放因子效应会降低二氧化碳的排放量,且能源强度效应远高于排放因子效应,故 2005~2016 年能源强度效应是减排的关键因素。下面利用 LMDI 对能源强度进行分解,将其分为产业能源效应和结构效应。

$$I = \frac{PE}{GDP} = \frac{\sum_i PE_i}{\sum_i GDP_i} = \sum_i \frac{PE_i}{GDP_i} \times \frac{GDP_i}{GDP} = \sum_i e_i \times s_i \qquad (4.15)$$

式中,i 取值 1、2、3;e_i、s_i 分别表示第 i 产业的能源及经济结构效应。

$$\Delta I = \Delta I_e + \Delta I_s = \sum_{ij} \frac{u_{it} - u_{i0}}{\ln u_{it} - \ln u_{i0}} \ln \frac{e_{it}}{e_{i0}} + \sum_{ij} \frac{u_{it} - u_{i0}}{\ln u_{it} - \ln u_{i0}} \ln \frac{s_{it}}{s_{i0}} \qquad (4.16)$$

式中,ΔI_e、ΔI_s 分别表示三次产业的能源强度及影响能源强度的经济结构效应,且 $u_i = s_i \times e_i$。

按照上述方法,基于三产对能源强度进行分解,其具体结果见表 4.18。

表 4.18　能源强度 LMDI 分解结果　　[单位:吨标煤/万元（2005 年不变价）]

年份	ΔI	I_{e1}	I_{e2}	I_{e3}	I_e	I_{s1}	I_{s2}	I_{s3}	I_s
2005~2006	-0.0346	-0.0010	-0.0202	-0.0123	-0.0335	-0.0052	0.0030	0.0010	-0.0011
2006~2007	-0.0114	0.0003	0.0082	-0.0155	-0.0070	-0.0029	-0.0068	0.0054	-0.0044
2007~2008	-0.0217	-0.0013	-0.0138	-0.0045	-0.0195	-0.0013	-0.0035	0.0026	-0.0022
2008~2009	-0.0172	-0.0013	-0.0002	-0.0079	-0.0095	-0.0012	-0.0155	0.0090	-0.0077
2009~2010	-0.0011	-0.0006	-0.0022	0.0012	-0.0016	-0.0015	0.0026	-0.0006	0.0005
2010~2011	-0.0097	-0.0008	-0.0005	-0.0066	-0.0079	-0.0010	-0.0030	0.0021	-0.0019
2011~2012	-0.0152	-0.0012	-0.0003	-0.0095	-0.0110	-0.0003	-0.0083	0.0044	-0.0042
2012~2013	-0.0206	-0.0011	0.0029	-0.0151	-0.0132	-0.0015	-0.0128	0.0069	-0.0074
2013~2014	-0.0278	-0.0013	0.0007	-0.0181	-0.0187	-0.0018	-0.0147	0.0074	-0.0091
2014~2015	-0.0183	-0.0010	0.0121	-0.0155	-0.0044	-0.0005	-0.0229	0.0095	-0.0139
2015~2016	-0.0186	0.0000	-0.0044	-0.0044	-0.0088	-0.0010	-0.0148	0.0061	-0.0097
2005~2016	-0.1963	-0.0098	-0.0148	-0.1104	-0.1351	-0.0176	-0.0994	0.0558	-0.0612

从能源强度 LMDI 的分解结果可知,2005~2016 年每年产业能源效应均会使能源强度下降,且第二、第三产业的能源效应大于第一产业的能源效应,2005~2016 年第二、第三产业能源效应分别促使能源强度下降了 0.0148 吨标煤/万元、0.1104 吨标煤/万元（2005 年不变价）,二者相差很大且第三产业的能源效应超过第二产业,说明优化开发区域三产能源效应成为最主要的减排手段。又因为 2005~2016 年的能源强度变化（ΔI）为 -0.1963 吨标煤/万元（2005 年不变价）,而产业能源效应就已经达到-0.1351 吨标煤/万元（2005 年不变价）,占据了能源强度降低量的绝大部分,故能源效应是能源强度下降的主要驱动因素。2005~2016 年,产业结构效应也促使能源强度降低,但其 I_s 仅为-0.0612 吨标煤/万元（2005 年不变价）,其中第一、第二产业的能源效应促使能源强度降低,而第三产业的能源效应促使能源强度增高。通过 LMDI 分解得出,产业能源效应是优化开发区

域降低能源强度的主要驱动力，而其中第三产业能源效应并不低于第二产业能源效应，故优化开发区域应同时调整第二、第三产业的能源结构，从而达到降低能源强度的目的。

通过 LMDI 分解可知，人口、经济、能源强度、排放因子是影响二氧化碳排放的主要因素。2005～2006 年优化开发区域的人口增速是 2.48%，而 2005～2017 年优化开发区域的人口年均增速仅为 1.48%，有明显减缓的趋势，且人口对优化开发区域碳排放量的增量贡献并不大，未来会进一步趋于弱化。通过上述 LMDI 分解结果可知，经济是促使二氧化碳排放量增长的主要因素，但其增量（D_{PG}）有减缓的趋势，故未来经济对二氧化碳排放量的增加会趋于淡化，且 2017 年优化开发区域人均 GDP 是 7.05 万元（2005年不变价），远高于全国人均 GDP 3.84 万元（2005 年不变价），因此可以说，优化开发区域具备率先达峰的经济基础。能源强度、排放因子是促使二氧化碳排放量减少的主要因素，而通过三大产业能源强度的分解可知，产业能源效应是能源强度下降的主要驱动力，且其中第二、第三产业的能源效应高于第一产业。通过分析已知优化开发区域的绝大部分工业产业已经开始向非优化开发区域转移，故优化开发区域具备碳排放率先达峰的产业基础。

综上所述，人口、经济、能源强度、排放因子效应均从不同的层面为优化开发区域达峰奠定了基础，经济的高速增长与工业产业的转移为优化开发区域率先达峰奠定了基础。

4.3.4　达峰前景分析

在国际承诺和国家规划大力度降低碳排放强度的背景下，优化开发区域起到了身先士卒的作用，很多城市率先提出了峰值规划目标年份（表 4.19）。

表 4.19　优化开发区域内城市峰值规划目标年份

优化开发区域	城市	峰值目标年份	资料来源
环渤海区域	北京	2020 年并尽早达峰	北京市"十三五"时期能源发展规划
	天津	2025 年左右达峰	"十三五"控制温室气体排放工作实施方案
	秦皇岛	2025 年（测算）	iGDP 低碳试点城市峰值研究及绿色转型工作进展情况概览
	保定	2025 年	保定市政府
	青岛	2020 年	山东省低碳发展工作方案（2017—2020 年）
	沈阳	2027 年	第三批低碳城市试点名单
	大连	2025 年	第三批低碳城市试点名单
	烟台	2020 年	山东省人民政府
	潍坊	2025 年	第三批低碳城市试点名单
长三角区域	杭州	2020 年	杭州应对气候变化规划（2013—2020）
	上海	2025 年前达到峰值	上海市城市总体规划（2017—2035 年）
	镇江	2020 年前	镇江市政府办公室文件/首届中美气候峰会
	宁波	力争 2018 年	宁波市"十三五"低碳城市发展规划
	苏州	2020 年	苏州低碳发展规划
	南京	2022 年	第三批低碳城市试点名单
	常州	2023 年	第三批低碳城市试点名单
	嘉兴	2023 年	第三批低碳城市试点名单

续表

优化开发区域	城市	峰值目标年份	资料来源
珠三角区域	深圳	力争 2020 年前后	深圳市应对气候变化"十三五"规划
	广州	2020 年达到或接近峰值	广州市生态文明建设规划纲要（2016—2020 年）
	珠海	2020 年前	珠海市"十三五"控制温室气体排放工作实施方案
	中山	2023~2025 年	第三批低碳城市试点名单

通过经济指标对优化开发区域 45 个城市划分为高、中、低三类。以 2017 年优化开发区整体的人均碳排放量 10.9 吨二氧化碳为基准线，又将这些城市分为高排放和低排放两部分。这样，这些城市被划分为 6 个区域（图 4.6 和图 4.7）。

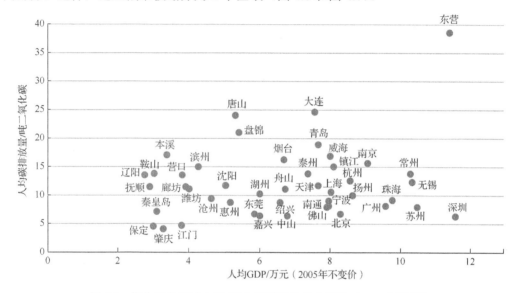

图 4.6　优化开发区域人均 GDP 和碳排放分布情况（2017 年数据）

注：工业化后期人均 GDP 指标的下限和上限分别是 5960 美元/人、11170 美元/人（2005 年不变价），优化开发区域整体 2017 年的人均碳排放量为 10.9 吨二氧化碳。

处于区域Ⅰ的有 6 个城市，它们属于高排放、低经济水平；处于区域Ⅱ的有 8 个城市，它们属于高排放、中等经济水平；共 10 个城市处于区域Ⅲ，特点是高碳排放、高经济水平；仅有 4 个城市处于Ⅳ区域，即低排放、低经济水平；有 7 个城市处于Ⅴ区域，即低排放、中等经济水平区；有 10 个城市处于Ⅵ区域，即低排放、高经济水平区（图 4.7）。

处于区域Ⅰ、Ⅱ、Ⅲ的城市均是高碳排放的城市，但是经济水平不在同一个档次，区域Ⅲ是区域Ⅰ、Ⅱ优化的方向。区域Ⅳ、Ⅴ、Ⅵ均属于低碳排放的城市，但是经济发展水平不相同，而区域Ⅵ是区域Ⅳ、Ⅴ优化的方向。即横向看，右侧的城市发展优于左侧的城市。区域Ⅰ、Ⅳ属于同一经济发展水平，区域Ⅰ的人均碳排放量却高于区域Ⅱ，同理区域Ⅱ和Ⅴ、区域Ⅲ和Ⅵ均属于同一经济发展水平区域，但是对于人均碳排放量而言，区域Ⅱ高于区域Ⅴ，区域Ⅲ高于区域Ⅵ，故区域Ⅳ、Ⅴ、Ⅵ内的城市分别优于区域Ⅰ、Ⅱ、Ⅲ内的城市。

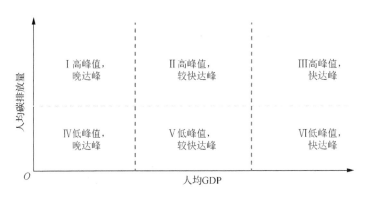

图 4.7　城市达峰类型

依据优化开发区域 45 个城市的人均碳排放量和人均 GDP，将其分为 6 个峰值类型。区域 Ⅰ 是高峰值、晚达峰类型；区域 Ⅱ 是高峰值、较快达峰类型；区域 Ⅲ 是高峰值、快达峰类型；区域 Ⅳ 是低峰值、晚达峰类型；区域 Ⅴ 是低峰值、较快达峰类型；区域 Ⅵ 是低峰值、快达峰类型。这 45 个城市有的人均碳排放量和人均 GDP 有集聚现象，大部分城市处于区域 Ⅱ、Ⅲ、Ⅴ、Ⅵ 的交界处，故优化开发区大部分城市均将很快达峰。

4.4　减排路径选择

4.4.1　情景设定

美国壳牌石油公司[16]预测，到 2050 年中国煤炭、石油、天然气和其他能源消费占比为 14.80∶28.07∶8.59∶48.54。BP[17]对中国的能源展望是到 2040 年其他能源消费占比 33%。国家发展和改革委员会、中国宏观经济研究院能源研究所、国家可再生能源中心在"低于 2℃"情景，预测我国 2050 年能源消费总量将由 2017 年的 43.6 亿吨标煤降为 34.83 亿吨标煤，到 2050 年煤炭、石油、天然气、可再生与其他的能源消费占比为 11.11∶13.98∶4.71∶60.44∶9.76。国家发展和改革委员会能源研究所原所长戴彦德预测，到 2050 年我国能源消费总量约是 50 亿吨标煤，煤炭占比 10%～15%，天然气占比是 20%～25%，非化石能源占比 50%。国家信息中心预测，全国 GDP 在 2020～2030、2030～2040、2040～2050 年的增速分别是 5.35%、4.40%、3.35%。中国石油经济技术研究院公布的《2050 年世界与中国能源展望（2019 版）》，在美丽中国情景下，全国的一次能源需求量预计在 2035 年前后以 51.5 亿吨标煤达峰，二氧化碳排放总量在 2020～2025 年以 33 亿吨达峰，2050 年非化石能源占比 60%。

基于以上对我国能源消费和碳排放的分析，本书设定基准、政策、强化低碳三种情景。在基准情景下，假定现在所有的条件不变，经济正常发展，产业结构、能源结构等都会进一步优化，且符合历史发展趋势；在政策情景下，各参数指标按国家减排部署完成既定的减排目标而设定；在强化低碳情景下，各参数指标按实施更加严格的减排措施而设定，具体如表 4.20 所示。

表 4.20　三种情景参数设定

情景	指标	增速/%			绝对值		
		2020～2030 年	2030～2040 年	2040～2050 年	2030 年	2040 年	2050 年
基准情景	情景说明	无政策干预，参数和指标符合历史趋势					
	人口	1.16	0.29	-0.12	34868 万人	35910 万人	35476 万人
	GDP	6.93	5.64	4.58	689154 亿元	1193141 亿元	1866537 亿元
	能源消费量	1.12	-0.10	-0.51	175500 万吨（标煤）	173800 万吨（标煤）	165000 万吨（标煤）
政策情景	情景说明	根据优化开发区域减排部署，完成既定的减排目标					
	人口	1.03	0.04	-0.28	34054 万人	34177 万人	33226 万人
	GDP	6.30	4.99	3.81	640217 亿元	1042296 亿元	1515505 亿元
	能源消费量	0.82	-0.55	-0.89	169900 万吨（标煤）	160900 万吨（标煤）	147100 万吨（标煤）
强化低碳情景	情景说明	实行更严格的减排措施					
	人口	0.30	-0.28	-0.29	31518 万人	30646 万人	29784 万人
	GDP	5.69	4.51	3.35	590777 亿元	918063 亿元	1276348 亿元
	能源消费量	0.38	-1.09	-1.34	161000 万吨（标煤）	144300 万吨（标煤）	126200 万吨（标煤）

注：对二氧化碳排放量的预测仅包含煤炭、石油、天然气的直接排放。

4.4.2　减排成本测算

1. 测算依据

不同达峰路径的达峰年份不同，而路径的选择依赖各地的资源禀赋、技术条件等，这些均影响减排成本。2017 年国际可再生能源机构（International Renewable Energy Agency，IRENA）[18]估计，2050 年全球工业、电力行业、交通、建筑的二氧化碳减排成本分别是 81.7 美元/吨、-2 美元/吨、37.2 美元/吨、115 美元/吨，其综合平均单位减排成本是 57 美元/吨。2018 年英国商业、能源和产业战略部（the Department for Business, Energy & Industrial Strategy）在一份报告中提出 2050 年英国的二氧化碳价格，将由 2018 年的 21.3 英镑/吨涨到 223.3 英镑/吨。英国气候变化委员会（Climate Change Committee，CCC）[19]在 2019 年报告中提出，在核心情景下（减排 77%），英国到 2050 年各行业总减排成本是 131.06 亿英镑，总减排量是 5.58 亿吨二氧化碳，在增强目标（further ambition）情景下（减排 96%），英国到 2050 年各行业总减排成本是 360.26 亿英镑，总减排量是 7.44 亿吨，综合单位平均减排成本是 23～48 英镑/吨。He[20]针对 2000～2009 年我国 29 个省市分析得出，全国的平均减排成本是 104 元/吨，东部区域是 151 元/吨，西部区域是 76 元/吨。马丁等[21]指出在 2020 年全国的最低碳税是 26 美元/吨，到 2050 年最高碳税是 276 美元/吨。参考上述研究及技术发展、管理手段、消费响应等一系列不确定性，假定同一情景下，有低效率（高成本）、高效率（低成本）这两种可能，如表 4.21 所示。

表 4.21　减排成本假定　　　　　　　　（单位：美元）

情景	效率	农业	钢铁、水泥、炼焦、化工等难减行业	其他制造业	电力热力	建筑业	交通运输	批发零售与住宿餐饮	其他服务业	居民消费
基准情景	低	80	200	80	160	80	80	80	80	200
	高	40	100	40	80	40	40	40	40	100
强化低碳情景	低	120	300	120	240	120	120	120	120	300
	高	60	150	60	120	60	60	60	60	150

2. 成本测算

根据对未来人口、经济、能源消费的设定，对优化开发区域未来二氧化碳排放量进行预测。在基准情景时，优化开发区域于 2028 年达峰，峰值是 30.6 亿吨；在政策情景下，优化开发区域在 2024 年达峰，峰值为 29.2 亿吨；在强化低碳情景下，优化开发区域现在已经达峰（图 4.8）。

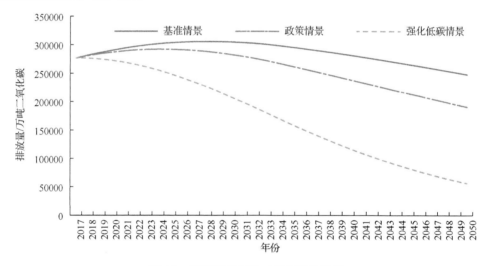

图 4.8　不同情景下的二氧化碳排放量

（1）政策情景

在政策情景时，无论低效率还是高效率条件下，减排成本最多的均是电力、热力行业，其次是钢铁、水泥、炼焦化工等难减行业，且 2030～2050 年减排成本年均增速是 4.99%。在低效率条件下，2030、2040、2050 年减排成本分别是 2657 亿元、5258 亿元和 7030 亿元，在高效率条件时，2030、2040、2050 年减排成本分别是 1328 亿元、2629 亿元和 3515 亿元，每年低效率的减排成本均比高效率的减排成本高很多。因此在政策情景下，应该提高减排效率以降低减排成本（图 4.9）。

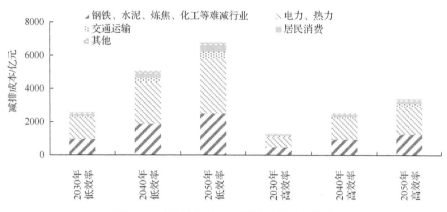

图 4.9　政策情景下重点领域减排成本构成

在低效率与高效率条件下，减排成本均逐年上升，但是其上升的速度不同，低效率的成本上升速度更快，到 2050 年低效率的减排成本高达 6790 亿元，高效率时的减排成本仅为 3395 亿元，低效率的减排成本为高效率的 2 倍，二者减排成本占 GDP 的比重均呈现先上升，在 2040 年分别达到最大值 0.53%、0.27%，2041～2050 年开始缓慢下降的趋势（图 4.10）。

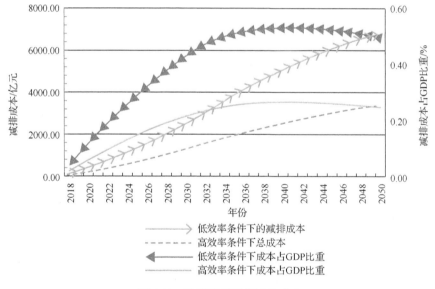

图 4.10　政策情景下的减排成本

（2）强化低碳情景

与政策情景下的减排成本类似，在强化低碳情景下，低效率与高效率条件时，减排成本最多的仍是其他和电力、热力行业，其次是钢铁、水泥、炼焦、化工等难减行业，且总的减排成本也呈现逐年上升的趋势。不同的是，在政策情景下低效率条件时，2030、2040、2050 年的减排成本分别是 2657 亿元、5258 亿元、7030 亿元，而在强化低碳情景下低效率条件时，2030、2040、2050 年的减排成本分别是 11759 亿元、20120 亿元、

23544 亿元，即均在低效率条件下，强化低碳情景的减排成本高于政策情景，同样均在高效率条件下，强化低碳情景的减排成本也是高于政策情景，即均在低效率或高效率条件下，强化低碳情景的减排成本更高，但是 2030～2050 年强化低碳情景的年均成本增速是 3.53%，低于政策情景，如图 4.11 所示。

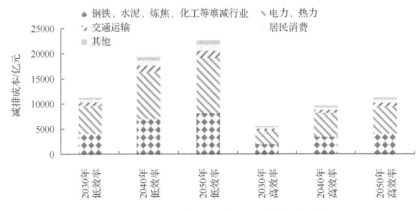

图 4.11　强化低碳情景下各行业减排成本分析

　　与政策情景类似，在强化低碳情景下，无论是低效率还是高效率时，减排成本均逐年上升，但是其上升的速度不同，也是低效率时的减排成本上升速度更快，到 2050 年低效率时的减排成本高达 22754 亿元，高效率时的减排成本仅为 11377 亿元，2050 年低效率时的减排成本约为高效率时的 2 倍。不同的是，在强化低碳情景下，无论低效率还是高效率时，其减排成本的增速在 2050 年左右均开始放缓。在强化低碳情景下，低效率时的减排成本占 GDP 的比重高于高效率减排成本占 GDP 的比重，二者减排成本占 GDP 的比重均呈现先上升再下降的趋势，且在 2036 年左右达到最大，分别是 2.1%、1.0%，如图 4.12 所示。

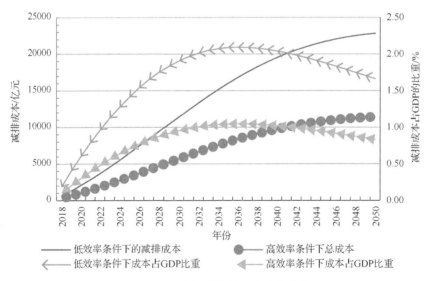

图 4.12　强化低碳情景下的减排成本

4.4.3　路径选择标准

减排路径选择要考虑减还是不减、何时减、减多少及减多长时间、减什么、怎么减、谁负担或谁受益、谁监督、奖惩机制 8 个问题。

这 8 个问题是相互关联的，其主线是收益与损失的程度。每个路径的选择都与能够获得的效益，或者不做、做得不好及做得不到位可能造成的损失及损害等有关。做得好需要的条件和机制，与做得不好的当前及未来收益及损失差异可能较大。为此，需要明确对所采取行动评价准则，包括成本效益原则、可持续原则、公平原则和效率原则，以权衡发展路径的优劣，以期选择更适合的优化路径，在达峰的同时，实现经济社会和环境的可持续发展。

1. 成本效益原则

成本效益原则即选择减排措施时，以成本最低、效益最大为标准。气候变化政策使排放温室气体增加了成本。也就是说，气候变化政策迫使人们和企业放弃使用成本较低的技术和燃料，转而使用成本更高的技术和燃料。减排目标越高，需要采取的措施越严格，成本越高。发展可再生能源、采用气候工程措施是减排的选择，其成本表现为短期昂贵但中长期将下降的特点。

影响减排行为总成本的因素包括：①贴现率。若考虑贴现率，越迟付出，未来成本的现值就越小。②固定资本更新周期。早减排，淘汰现有设备，缩短更新周期，将导致双重或多重投资，成本必然增加。③技术进步。由于减排技术不断在发展进步，后减排的成本比先减排的成本要低。④优化选择。推迟减排使减排主体的优化周期延长，在减排行为上的时间选择尺度更大，而减排限制约束变得更松，推迟减排所支付的总成本会更低。在技术进步获取上有搭便车的行为或者思想。另外，温室气体在大气中会降解，其温室效应将降低，起到了贴现率的作用。所以由此考虑，晚减排更好一些。但这是国际社会、全球气候系统不允许也不能等待的事情，因为气候变化造成的损失会因为采取的行动过迟，而没有挽回的机会，人类将遭受难以承受之灾。这是谁也不愿意，也不能面对的。为此，需要综合考虑近期和远期、短期和长期，目前成本增加和远期竞争优势之间的关系。

2. 可持续原则

应对气候变化是一项复杂的系统工程，需要全社会的共同努力。为此，对于各利益相关方来说，要考虑持续发展。也就是在减排、达峰的同时，考虑经济社会发展。不能是殚精竭虑地减排，而损失了经济发展动力和持续能力，使达峰后经济社会发展、人们的生活水平和质量受到影响。换言之，减排不能损害经济社会发展，尤其是人们生活水平不能因减排而下降，最好是能够在减排中不仅不降，还要有所提升。这也是英国最早提出以发展低碳经济解决气候变化问题的思路。减排不只是压力，更是转型低碳经济发展的助推剂。必须从观念上予以转变，然后在行动上为可持续的未来着想。

2015 年 9 月联合国可持续发展峰会通过的《2030 年可持续发展议程》，并于 2016 年 1 月 1 日起正式启动，确定了 17 项可持续发展目标，呼吁各国采取行动，为 2030 年前实现这些目标而努力。采取紧急行动应对气候变化及其影响的第 13 个目标，几乎对其他 16 个目标都有裨益。采取气候行动能够促进保护自然环境，实现负责任的生产和消费，促进绿色投资和高效利用资源，创造就业等。要求国家和区域政策协调一致，形成可持续的经济增长方式，建设有风险抵御能力的基础设施，促进包容的可持续工业，并推动创新。其实，这里不外乎经济、社会和环境三个维度。减排根本上是解决环境问题，但与经济密切相关，与社会发展相互依存。所以要平衡三者之间的关系，平衡的原则就是可持续性，要考虑自身条件。这也是《联合国气候变化框架公约》中明确的各自能力原则，不仅要完成自身能力所及的任务，而且要考虑均衡分担责任问题。

3. 公平原则

无论在世界上的什么地方、什么人减排了 1 吨二氧化碳，其对减少温室效应的作用是相同的，但是减排成本不一样。《巴黎协定》确定的减排目标由谁来实现，也就是承担减排过程中产生的成本。《巴黎协定》按照公平原则，确定了共同但有区别的责任和各自能力原则。依照林洁等[22]研究，将公平原则分为分配公平、结果公平和过程公平三类，并归纳了四个维度（图 4.13）。可见公平原则在实际操作时也是较为复杂的。国内分配公平原则相比国外稍简单，但这个原则必须遵守，考虑不同地区、区域内不同产业间的减排责任及减排成本分担等问题，尽量做到相对公平。为此，国家提出优化开发区域率先达峰的要求，给欠发达地区留下更多的发展空间，是对经济不发达地区发展权的尊重。

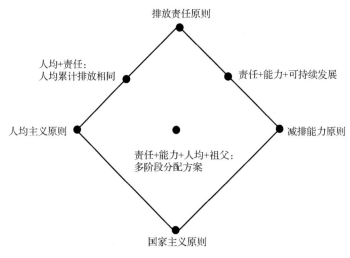

图 4.13　公平原则的四个维度

4. 效率原则

减排要求越来越紧迫，提高减排目标的要求越来越强烈。为此，在时间、资金有限的条件下，必须讲究效率，也就是利用有限的资源实现效益最大化。做出有效的决策，采取有效的措施，获得高效的结果等都满足此原则。为此，需要选择合适的减排对象、采取针对性较强的措施，以高效地利用有限的时间、空间及物质资源。依据效率原则，应该在生产端到消费端全价值链上，采用最为成熟的技术，利用最合理有效的激励机制，提高利益相关方的减排积极性，实现确定的目标。采取的指标是碳生产率，即单位产值能耗的倒数，其值越大，单位碳排放创造的价值越大。此指标与技术进步结合紧密(图4.14)。

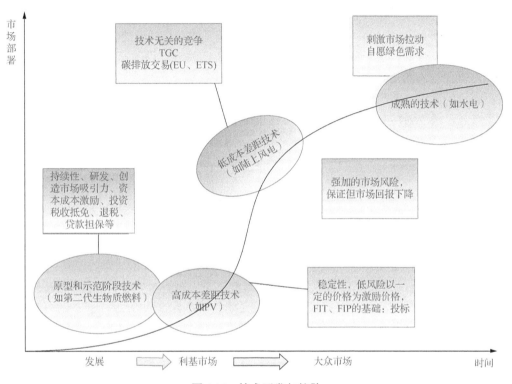

图 4.14　技术开发与扩散

资料来源：IEA，2008. Deploying renewables: principles for effective policies[R]. Pairs: OECD/IEA.

注：FIT 表示上网电价，FIP 表示上网保费，PV 表示光伏，TGC 表示可交易的绿色证书。

（1）减与不减的选择

目前气候变化问题已经是政治问题，同样达峰问题及达峰之后迅速减排到净零排放也是政治问题。因为不论政治家还是科学家，都承受不起地球生态系统可能遭受灭顶之灾的风险。

任何人眼睁睁地看着地球家园被毁，生灵涂炭而袖手旁观，都会遭受道德的谴责。所以气候变化问题更是道德问题。

人们普遍认为气候政策需要高昂的经济和社会成本，同时担心采用严于其他国家和地区的气候政策会导致自身的竞争劣势。气候变化在未来造成破坏的威胁过于遥远，不足以促使各国提前采取行动。相对而言，各国更倾向于重视短期收益。但是，无论从时间上还是空间上来看，气候破坏的威胁都不是一个传统的风险管理问题。虽然短期成本通常由各个地区自行承担，但是这些问题得不到解决，单个地区和全球的利益都会受到严重危害。

减排努力可能影响资金的使用，对当前的社会福利、经济发展速度等产生影响，但是不减排会造成未来不可弥补的损失和损害。从长远看，减排努力方向、程度与气候变化造成的损失、损害程度等密切相关。据新气候经济学的研究，2018～2030 年应对气候变化行动能够产生 26 万亿美元的直接经济收益[23]，而不是只有减排付出的成本。亚太经济合作组织的模拟结果表明，采用更严格的减缓气候变化政策，可能成为经济增长的有力基础，到 2050 年，可将 G20 国家的经济增长平均提高约 2.8%，如将避免的气候损害纳入考虑，该数字更可高达 4.7%左右[24]。雄心勃勃地促进改革及创新，再加上某些国家对碳税收入的循环使用，其效益超过潜在能源价格上涨和搁浅资产造成的损失。如果考虑协同效益，减少化石能源消费，不仅可以减少二氧化碳，还能降低二氧化硫、粉尘等排放，减少因污染引起的对人类生命和健康的影响。所以实现峰值目标如果处理得当，将能够成为一项双赢的措施。

将应对气候变化与促进经济增长二者结合，能够创造大量经济增长机会：壮大低排放基础设施、技术及服务的市场；使气候政策明朗化，从而提振市场信心；加强对创新和提升效率的激励等。

（2）减而不速的代价

已经开始减排，但是没有快速行动，这种做法不仅是《巴黎协定》所不允许的，也是地球生态系统所不允许的。联合国秘书长古特雷斯在世界气象组织的 2018 年全球气候状况声明发布会上指出：由气候变化所引发的自然灾害不断增多，风险程度持续加剧，必须迅速找到可持续的解决方案加以应对。应对全球变暖的努力赶不上气候变化发展的速度。要强化各国的自主贡献目标，并表明如何在下个十年减排45%，并到 2050 年实现全球净零排放，因为我们正在接近 IPCC 描绘的不可挽回的最糟糕情景[25]。从而可见，气候变化是一个政治问题、道德问题，是不能以成本高低为标准进行选择的。但是对于具体的行动时，成本是我们首先要考虑的问题。

如前所述，采取气候行动本身是能够带来收益，尤其是越早行动，先占优势越强，低碳竞争力越明显，就能获得采取气候变化行动带来 26 万亿美元的收益。另外，通过采取积极行动能够避免遭受气候变化产生的危害，也是收益的一部分。

迟迟不采取减排行动会造成高昂的代价。出于各种原因，各地政府可能倾向于拖延去碳化行动。这些原因包括气候威胁的非迫在眉睫性，以及认为气候政策在短期内会对经济、转型或竞争力产生不利影响的政治阻力。这类拖延只会增加转型成本，并且在最终需要采取行动时，可能会让人更加措手不及。如果推迟采取严格政策的时间，那么，在此前建造的大批高碳基础设施，都会受到影响，导致整个经济体面临更严重的搁浅资产问题。假设行动推迟到 2025 年以后，与立即行动采取转型相比，随着时间的推移，对经济的损失会逐渐增大。一旦全世界都进入转型，未转型区域的损失即成为现实，资产被搁置将是一笔不小的浪费。所以，进入减排通道，就是一个速度的竞争，胜者为王、赢者通吃，这一市场竞争法则的作用将凸显。

（3）减而速的益处

优先采取行动的区域，不仅能够增加其经济效益，还可以增加对低碳产品的需求，进而激励产品和技术创新。总之，该区域的竞争优势不仅不会降低，而且会加强。因为采取积极减排和低碳化行动，将带来协同效应，如前面提到的降低污染可带来改善人们身体健康状况等益处。然而，主动行动的区域需要计划好应对经济的重大结构性变化，特别是碳密集型行业的部分企业，可能会迁移到政策较为宽松的地区，也就是造成碳泄漏。这进一步证明了在进行结构性改革的同时，实施相应措施，确保劳动力适当转型的必要性。高成本效益的去碳化政策，包括碳定价及明智使用碳收入，在该情景中的作用更为重要。虽然未积极采取措施的区域可能在碳密集型行业获得短期竞争优势，但未来将会面临更严重的沉淀资产问题，也就是不得不放弃一些赖以生存和发展的基础，这样产生的损失会更大。

4.4.4　减排路径

根据设定的三种情景，确定了环渤海、长三角、珠三角及优化开发区域碳排放达峰年份及峰值，如表 4.22 所示。

表 4.22　减排路径分析

情景	指标	环渤海区域	长三角区域	珠三角区域	优化开发区域
基准情景	达峰年份/年	2030	2027	2026	2028
政策情景		2026	2023	2022	2024
强化低碳情景		2019	2017	2017	2017
基准情景	达峰时碳排放量/万吨	173207	92460	40786	305928
政策情景		165556	88255	39432	292379
强化低碳情景		153484	85649	38317	276811

资料来源：通过模型预测所得。

在基准情景下，优化开发区域最晚于 2028 年达峰，达峰时人均 GDP 是 17.8 万元/人（2005 年不变价），二氧化碳排放总量是 30.6 亿吨，能源消费总量是 17.37 亿吨煤当量，能源消费结构中煤炭、石油、天然气、其他能源消费的比值是 44：23：8：25。到 2050 年二氧化碳排放量是 24.8 亿吨，比 2017 年降低 10.37%，相对于峰值年份降低 18.90%，能源消费量是 16.5 亿吨煤当量，比 2017 年增高了 11.9%，相对于 2028 年降低了 5.0%，能源消费结构中煤炭、石油、天然气、其他能源消费的比值变为 34：22：9：35。这段时间内，石油、天然气的能源消费占比变化不大，主要是煤炭消费量占比减少，其他消费量占比增加，主要的碳排放来源仍是电力热力及钢铁、水泥、炼焦、化工等难减行业，如图 4.15 所示。

在政策情景下，优化开发区域最晚于 2024 年达峰，达峰时人均 GDP 是 14.0 万元/人（2005 年不变价），二氧化碳排放总量是 29.2 亿吨，比基准情景时的峰值低 1.4 亿吨，能源消费总量是 16.52 亿吨煤当量，比基准情景达峰时的能源消费低 0.84 亿吨煤当量，能源消费结构中煤炭、石油、天然气、其他能源消费的比值是 45：23：7：25，与基准情景达峰时的能源消费结构相差不大。到 2050 年二氧化碳排放量是 19.1 亿吨，比 2017 年降低 31.11%，比峰值低 34.78%，能源消费量是 14.71 亿吨煤当量，与 2017 年基本持平，仅降低 0.2%，比峰值年份低 11.0%，能源消费结构中煤炭、石油、天然气、其他的比值变为 30：19：7：44。在政策情景下，2018～2050 年累计减排量相对于基准情景减少 98.5 亿吨二氧化碳，能源消费量相对于基准减少 28.56 亿吨煤当量，这段时间内石油的能源消费占比基本未变，煤炭、天然气的能源消费占比均有所下降，而其他的能源消费占比有很大幅度的提升。虽然主要的碳排放来源仍是电力热力及钢铁、水泥、炼焦、化工等难减行业，但其碳排放量有很大幅度的降低，如图 4.16 所示。

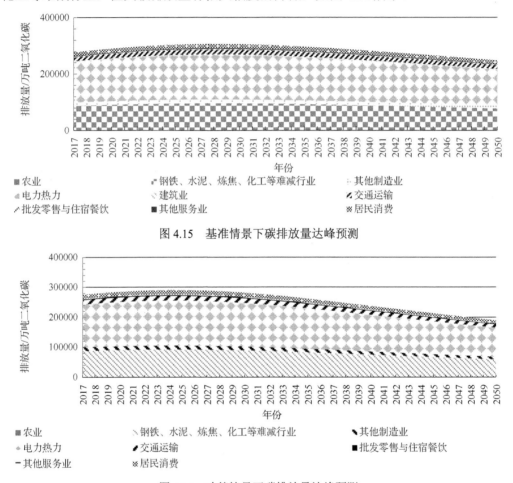

图 4.15　基准情景下碳排放量达峰预测

图 4.16　政策情景下碳排放量达峰预测

在强化低碳情景下，优化开发区域现在已经达峰，煤炭、石油、天然气、其他能源消费的比值是 49：23：7：21，到 2050 年煤炭、石油、天然气、其他能源消费的比值是 8：9：4：80，碳排放量、能源消费量分别相对于 2017 年降低了 79.6%，14.4%。2018～2050 年，煤炭、石油、天然气消费占比均有不同程度的下降，其他能源消费占比有很大幅度的提升，到 2050 年其他能源消费占比高达 80%。与政策情景类似，主要的碳排放来源仍是电力热力及钢铁、水泥、炼焦、化工等难减行业。强化低碳情景下的碳排放量峰值相对于基准、政策情景下的峰值分别降低了 2.9 亿吨和 1.6 亿吨，2018～2050 年的累计碳排放量相对于基准、政策情景分别下降了 380.8 亿吨、282.3 亿吨，累计能源消费量分别减少了 66.75 亿吨煤当量、38.19 亿吨煤当量，见图 4.17。

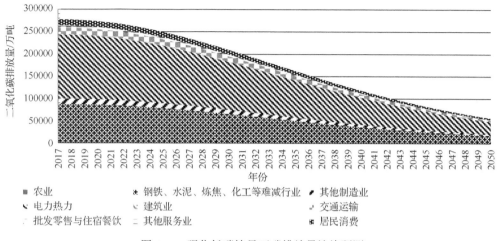

图 4.17　强化低碳情景下碳排放量达峰预测

我国是一次能源消费及碳排放大国，对世界承诺在 2030 年前碳排放强度相对于 2005 年降低 60%～65%，且在《中华人民共和国国民经济和社会发展第十三个五年规划纲要》中提出，在 "十三五" 期间碳排放强度相对于 2005 年下降 40%～45%。优化开发区域是全国重要的人口及经济密集区域，对我国未来的发展有巨大的影响，故优化开发区域应起到引领作用，碳排放总量率先达峰。

优化开发区域综合实力较强、经济规模较大、城镇体系比较健全，加之其高速发展的经济与产业基础为优化开发区域率先达峰奠定了基础。虽然减排工作可能会带来最高为 2.1% 的 GDP 损失，但如果考虑经济转型、增长方式改变等额外益处，低碳之路将是一条以较小代价博取长远收益之道。

4.5　优化开发区域脱钩理论的验证

优化开发区域的人均 GDP 与已经达峰的国家相比具有一定的差异，但是按照人均 GDP 划分工业化进程，优化开发区域与已经达峰的国家类似，已步入后工业阶段，且均已经跳出 "中等收入陷阱"。优化开发区域的人均 GDP 高于全国的平均水平，故优化开发区域具有率先达峰的经济基础。

工业对优化开发区域达峰具有举足轻重的影响，而优化开发区域的大部分工业产业均处于集聚退化或集聚劣势阶段，即工业向外转移。虽然优化开发区域的三产结构与已经达峰国家有一定的差距，但是按照产业结构划分工业化进程，优化开发区域与已经达峰的国家相同，已步入后工业化阶段，故优化开发区域具备率先达峰的产业结构。

Grossman-Krueger[26]最早提出环境库兹涅茨模型，现在运用其理论与假设分析和验证不同国家和地区的碳排放与经济增长关系的研究居多。Esso 等[27]通过对 12 个国家

1971～2010 年经济与碳排放的研究表明，经济增长与碳排放存在 EKC 曲线，呈现倒 U 形。Riti 等[28]对我国 1970～2015 年经济增长和碳排放关系进行了实证研究，证明我国人均 GDP 与碳排放之间存在倒 U 形关系。Chen 等[29]利用中国 1980～2014 年的数据研究二氧化碳排放和 GDP 的关系时发现，添加可再生能源变量时存在 EKC 曲线，即呈现倒 U 形关系。另外，Ahmad 等[30]、Bilgili 等[31]、Koirala 等[32]、Apergis 等[33]应用环境库兹涅茨模型，通过实证分析和研究证明了二氧化碳排放与经济增长之间存在倒 U 形的 EKC 关系。另一种观点是否认 EKC 存在，Jardon 等[34]利用 20 个国家 1971～2011 年的面板数据，研究主张经济增长与碳排放之间不存在 EKC 曲线。Saidi 等[35]、Martino 等[36]也是否定了二氧化碳排放与单位地区生产总值之间的倒 U 形关系。

国内学者郭承龙等[37]验证了上海市、江苏省、浙江省的 EKC 曲线的存在。孙建[38]研究认为，在我国高、低收入区域碳排放与经济增长之间存在环境库兹涅茨曲线。仲云云[39]对中国区域经济增长与碳排放量的相关性进行检验的结果，主张全国及东部、中部地区存在碳排放的环境库兹涅茨曲线，西部地区不存在该曲线。蔡凤景等[40]的分析结果是我国二氧化碳排放和经济增长之间存在 EKC 曲线。

利用面板数据分析的结果也是非常多样化的，存在国家和地区收入的差异，得到的研究结果也不同。国外学者 Churchill 等[41]利用 OECD 20 个国家 1870～2014 年的面板数据分析了二氧化碳排放和经济增长的关系，结论是其中 9 个国家存在 EKC 曲线，拐点的人均收入是 18955～89540 美元。Apergis[42]利用 15 个国家 1960～2013 年的面板数据，证明不是每个国家都存在碳排放与人均收入之间的倒 U 形关系。Cai 等[43]利用 G7 国家 1965～2015 年的数据分析环境库兹涅茨模型，主张德国和日本存在二氧化碳排放和实际人均 GDP 的 EKC 曲线，其他 5 个国家不存在倒 U 形关系。Shahbaz 等[44]把 87 个国家分成高、中、低收入国家，利用这些国家 1970～2012 年的数据分析 EKC 模型，发现高收入和中等收入的 16 个国家存在 EKC 曲线。

国内学者郑展鹏等[45]利用 2002～2014 年省际面板数据分析 EKC 模型，发现全国层面及内陆地区层面均不存在碳排放的库兹涅茨曲线，只有沿海地区存在库兹涅茨曲线。原嫄等[46]、刘芳芳等[47]和胡智愚[48]也采用面板数据进行了 EKC 分析。

综上所述，以上研究主要针对的是某个国家或地区层面，以城市为研究对象的分析和研究较少。邱立新等[49]以 8 个低碳试点城市作为研究对象，通过 Tapio 脱钩模型分析经济规模与区域碳排放的脱钩状态，进一步证明中国典型城市区域碳排放 EKC 假设成立，呈倒 U 形，但各城市均未越过拐点，预计于 2023 年左右实现峰值目标。王健等[50]采用 2000～2015 年的面板数据研究了长江经济带九省二市经济增长与碳排放之间的关系，运用 Tapio 脱钩模型分析了长江经济带各省市碳排放和经济增长关系的特征，通过扩展 EKC 曲线作分析，发现二氧化碳排放总量和人均 GDP 呈倒 U 形关系，EKC 曲线成立。

本节选取优化开发区域的北京、天津、上海、广州、深圳、珠海、苏州、杭州、无锡、南京、大连、青岛、唐山共 13 个典型城市，在 2021～2027 年不同时间碳排放总量会达峰等城市为研究对象进行实证分析。

4.5.1　脱钩指数分析

2005～2017 年,不同区域的 13 个典型城市的碳排放强度脱钩状态均呈现绝对脱钩,说明伴随经济的增长和经济规模的扩大,碳排放强度一直在下降。人均碳排放量和碳排放总量指标,除了一些个别情况外,均处于绝对脱钩和相对脱钩状态（表 4.23）。相对脱钩表明经济增长的同时人均碳排放量也在增加,但是其增速不及经济增速。"十一五"期间和"十二五"期间,大连的人均碳排放量和碳排放总量呈现扩张连接,"十二五"期间,青岛的碳排放总量的脱钩指数大于 0.8,呈现扩张连接。但"十三五"期间,大连和青岛的脱钩指数有下降趋势,并且小于 0.8,扩张连接转变为相对脱钩,人均碳排放量和碳排放总量得到了有效的控制。总之,随着减排意识的增强和时代的变化,这几个典型城市的碳排放控制比较好,碳排放总量增速明显放缓。

表 4.23　典型城市碳排放指标的脱钩指数

区域	城市	年份	碳排放强度指数	脱钩状态	人均碳排放指数	脱钩状态	碳排放总量脱钩指数	脱钩状态
环渤海	北京	2005～2010	-0.347	绝对脱钩	0.014	相对脱钩	0.408	相对脱钩
		2010～2015	-0.648	绝对脱钩	-0.159	绝对脱钩	0.064	相对脱钩
		2015～2017	-0.776	绝对脱钩	0.116	相对脱钩	0.115	相对脱钩
	天津	2005～2010	-0.233	绝对脱钩	0.231	相对脱钩	0.506	相对脱钩
		2010～2015	-0.331	绝对脱钩	0.139	相对脱钩	0.404	相对脱钩
		2015～2017	-1.127	绝对脱钩	-0.220	绝对脱钩	-0.273	绝对脱钩
	唐山	2005～2010	-0.424	绝对脱钩	0.148	相对脱钩	0.205	相对脱钩
		2010～2015	-0.752	绝对脱钩	-0.169	绝对脱钩	-0.114	绝对脱钩
		2015～2017	-1.601	绝对脱钩	-0.898	绝对脱钩	-0.818	绝对脱钩
	大连	2005～2010	-0.040	绝对脱钩	0.850	扩张连接	0.916	扩张连接
		2010～2015	-0.095	绝对脱钩	0.822	扩张连接	0.857	扩张连接
		2015～2017	-0.222	绝对脱钩	0.729	相对脱钩	0.747	相对脱钩
	青岛	2005～2010	-0.186	绝对脱钩	0.548	相对脱钩	0.657	相对脱钩
		2010～2015	-0.098	绝对脱钩	0.738	相对脱钩	0.845	扩张连接
		2015～2017	-0.277	绝对脱钩	0.534	相对脱钩	0.678	相对脱钩
长三角	上海	2005～2010	-0.361	绝对脱钩	0.061	相对脱钩	0.386	相对脱钩
		2010～2015	-0.496	绝对脱钩	0.170	相对脱钩	0.295	相对脱钩
		2015～2017	-0.767	绝对脱钩	0.121	相对脱钩	0.131	相对脱钩
	苏州	2005～2010	-0.444	绝对脱钩	-0.199	绝对脱钩	0.146	相对脱钩
		2010～2015	-0.520	绝对脱钩	0.154	相对脱钩	0.181	相对脱钩
		2015～2017	-0.700	绝对脱钩	0.145	相对脱钩	0.186	相对脱钩
	杭州	2005～2010	-0.309	绝对脱钩	0.375	相对脱钩	0.446	相对脱钩
		2010～2015	-0.585	绝对脱钩	0.004	相对脱钩	0.096	相对脱钩
		2015～2017	-0.641	绝对脱钩	0.014	相对脱钩	0.241	相对脱钩
	无锡	2005～2010	-0.151	绝对脱钩	0.341	相对脱钩	0.714	相对脱钩
		2010～2015	-0.394	绝对脱钩	0.105	相对脱钩	0.386	相对脱钩
		2015～2017	-0.695	绝对脱钩	-0.121	绝对脱钩	0.197	相对脱钩
	南京	2005～2010	-0.352	绝对脱钩	0.133	相对脱钩	0.336	相对脱钩
		2010～2015	-0.348	绝对脱钩	0.365	相对脱钩	0.418	相对脱钩
		2015～2017	-0.745	绝对脱钩	0.058	相对脱钩	0.131	相对脱钩

区域	城市	年份	碳排放强度指数	脱钩状态	人均碳排放指数	脱钩状态	碳排放总量脱钩指数	脱钩状态
珠三角	广州	2005～2010	-0.399	绝对脱钩	-0.101	绝对脱钩	0.248	相对脱钩
		2010～2015	-0.473	绝对脱钩	0.126	相对脱钩	0.235	相对脱钩
		2015～2017	-0.730	绝对脱钩	-0.292	绝对脱钩	0.156	相对脱钩
	深圳	2005～2010	-0.170	绝对脱钩	0.311	相对脱钩	0.683	相对脱钩
		2010～2015	-0.498	绝对脱钩	0.041	相对脱钩	0.212	相对脱钩
		2015～2017	-0.698	绝对脱钩	-0.336	绝对脱钩	0.172	相对脱钩
	珠海	2005～2010	-0.404	绝对脱钩	0.132	相对脱钩	0.275	相对脱钩
		2010～2015	-0.425	绝对脱钩	0.227	相对脱钩	0.313	相对脱钩
		2015～2017	-0.772	绝对脱钩	-0.304	绝对脱钩	0.073	相对脱钩

碳排放和经济发展的关系从相对脱钩转为绝对脱钩是最理想的状态。如果前一阶段出现相对脱钩，现在为绝对脱钩，那么就说明碳排放各个指标有可能已达峰。人均碳排放量已达峰预示着碳排放总量有可能达峰。因为根据世界发达国家的经验，人均碳排放的峰值一般在碳排放总量的峰值前出现。

实现低碳发展背景下经济增长与碳排放绝对脱钩的前提是要完成碳排放强度、人均排放量及碳排放总量等指标达到峰值。有些城市的碳排放与经济发展的脱钩指数值得关注。例如，对于人均碳排放量和碳排放总量指标，天津在"十一五"和"十二五"期间是相对脱钩，在"十三五"期间转为绝对脱钩。唐山从"十一五"的相对脱钩转为"十二五"和"十三五"期间的绝对脱钩。人均碳排放量的脱钩指数从"十二五"期间的相对脱钩转为"十三五"期间的绝对脱钩的城市有无锡、广州、深圳、珠海等，但这些城市碳排放总量的脱钩指数仍是相对脱钩。

4.5.2 环境库兹涅茨曲线验证

以下将从三个碳排放指标出发，通过国内几个典型城市进行验证。

1. 模型设计、变量说明与检验

基于此方面的研究集中在国家和省市层面，对城市层面的研究较少，本节选择我国处于后工业化时期或者工业化后期的 13 个典型城市作为研究对象，利用 2005～2017 年的面板数据，运用环境库兹涅茨曲线作实证分析，试图验证城市层面是否也存在倒 U 形的曲线，并探索是否符合碳排放达峰规律。

为了揭示变量之间的动态关系，把几个变量放在同一框架下建立模型，式（4.17）是基本的环境库兹涅茨曲线模型，式（4.18）是扩展的模型：

$$\text{LN\_TPF}_{it} = \alpha + \beta_1 \text{LN\_P\_GDP}_{it} + \beta_2 \text{LN\_P\_GDP}_{it}^2 + u_i + \varepsilon_{it} \tag{4.17}$$

$$\text{LN\_TPF}_{it} = \alpha + \beta_1 \text{LN\_P\_GDP}_{it} + \beta_2 \text{LN\_P\_GDP}_{it}^2 + \beta_3 \text{LN\_UR}_{it} + \beta_4 \text{LN\_IN}_{it}$$
$$+ \beta_5 \text{LN\_SE}_{it} + \beta_6 \text{LN\_XI\_GDP}_{it} + \beta_7 \text{LN\_RD\_GDP}_{it} + u_i + \varepsilon_{it} \tag{4.18}$$

式中，LN_TPF_{it} 表示 i 城市 t 时期的碳排放强度、人均碳排放量、碳排放总量的对数值；

$LN\_P\_GDP_{it}$ 表示 i 城市 t 时期的人均实际国内生产总值的对数值。

设立的计量模型 1～3 分别以二氧化碳排放强度（GDP_CO_2）、人均二氧化碳排放量（P_CO_2）、二氧化碳排放总量（CO_2）为内生变量，人均 GDP 和人均 GDP^2 为外生变量。此外，式（4.18）还添加了一些可能对二氧化碳排放有影响的部分变量，包括城镇化率、第二产业比重、第三产业比重、对外贸易依存度、研究与开发投入（R&D）占 GDP 的比重对数值，分别用 LN_UR、LN_IN、LN_SE、LN_XI_GDP、LN_RD_GDP 来表示。

因为只有各城市 2005～2017 年的数据，缺少时间序列数据，所以采用面板数据进行分析。面板数据克服了这一缺陷，使信息量增大，可提高统计分析估计的精确度。为了避免伪回归，对面板数据的平稳性进行检验。检验结果表明，模型中各变量原值非平稳，但一阶差分平稳，均为一阶单整。

2. 模型分析结果

为了检验 EKC 曲线，运用 Eviews 8.0 统计软件进行分析，结果如表 4.24 所示。通过 Hausman 检验最终确定：被解释变量为二氧化碳排放强度、人均二氧化碳排放量、二氧化碳排放总量时均选择固定效应模型，不选择随机效应模型。统计分析结果显示，几个模型均存在环境库兹涅茨曲线，验证了 EKC 的假设（表 4.24）。处于工业化后期或者后工业化时期的这几个城市的分析结果也符合碳排放的达峰规律，即达峰顺序依次遵循二氧化碳排放强度的倒 U 形曲线、人均二氧化碳排放量的倒 U 形曲线、二氧化碳排放总量的倒 U 形曲线。

表 4.24　EKC 分析结果

变量	模型 1 GDP_CO_2 (FE)	模型 2 P_CO_2 (FE)	模型 3 CO_2 (FE)	模型 4 GDP_CO_2 (FE)	模型 5 P_CO_2 (FE)	模型 6 CO_2 (FE)
CO_2	0.797***	0.153	6.980***	−5.010***	−5.132***	3.746**
LN_P_GDP	0.400***	2.026***	1.678***	0.352*	1.917***	1.673***
LN_P_GDP²	−0.285***	−0.441***	−0.325***	−0.196***	−0.384***	−0.320***
LN_UR				−0.125	−0.231	−0.078
LN_IN				0.958***	0.826***	0.397*
LN_SE				0.464*	0.685**	0.456
LN_XI_GDP				0.142**	0.098*	0.053
LN_RD_GDP				−0.002	0.039	0.083*
F 值	718.6869	170.957	2205.026	340.8671	140.6871	502.6781
Adj_R2	0.984	0.934	0.995	0.975	0.940	0.983
曲线形状	倒 U 形	倒 U 形	倒 U 形	倒 U 形	倒 U 形	倒 U 形
人均 GDP/万元（拐点）	2.018	9.935	13.178	2.455	12.168	13.601

注：*、**、***分别表示 10%、5%、1%的置信水平下检验结果显著。

齐绍洲等[51]、王锋等[52]、张腾飞等[53]研究了城镇化率对碳排放的影响，得到不同的结论。本节的分析结果中，在模型 4、模型 5、模型 6 里，城镇化率与碳排放强度、人均碳排放量、碳排放总量是存在负相关关系，但均未达到显著水平，说明城市化率与碳排放指标之间并不存在增排或减排的相关关系。这个结果可以解释为对于已经达到高水平城镇化率的城市而言，城市化水平的进一步提高并不影响碳排放水平。这也说明城镇化率达到一定水平（如超过 70%）的城市，人们的减排意识和文明程度也随之提高，对碳排放的影响不会产生显著效果。

经济结构的分析角度是 Grossman-Krueger 和 Panayotou 提出的，他们认为经济规模因素和经济结构的自然演进共同导致了 EKC 现象。本节的分析结果中第二产业比重和各碳排放量指标都是正相关，在模型 4、模型 5、模型 6 中均呈现显著水平，这是符合经济学的一般规律和预期的，随着经济增长，碳排放量也是增加的。值得关注的是，第三产业比重和碳排放量指标也是正相关关系，在模型 4、模型 5 中均呈现显著水平。这是不太符合一般经济预期的，经济理论上第三产业比重提高，应该对减排是有利的。都泊桦[54]认为通过增加第三产业比重可以有效减少碳排放量。本节的结果可以解释为目前我国第三产业还是以传统服务业为主，能源利用效率低下，第三产业比重的提高并不能起到减排作用。

对外贸易依存度在模型 4、模型 5 中呈现显著水平，显示和碳排放有正相关关系，说明对外贸易依存度的提高会对碳排放有增加的效果。一方面，作为发展中国家，我国城市的碳排放效率与其他发达国家相比较低；另一方面，随着我国各城市贸易规模的扩大，对外贸易依存度增加，能源类产品的贸易和消费也增加，随之碳排放量也有所增加。Anderson[55]主张中国进口商品的碳排放仅为出口商品碳排放的 1/10，有可能增加碳排放。学者们认为，环境污染、资源耗竭等问题通过国际贸易和国际直接投资从发达国家向发展中国家转移（从高收入国家向低收入国家转移），从而发达国家（高收入国家）的资源得到保护、环境质量得到改善，进入了 EKC 倒 U 形曲线的下降阶段，但是发展中国家（低收入国家）资源严重开采、环境质量进一步恶化，处于 EKC 倒 U 形曲线的上升阶段。

本节关注的另外一个变量 R&D 占 GDP 比重与碳排放强度是负相关关系，与人均碳排放量、碳排放总量是正相关关系，但是只有在模型 6 中呈现显著水平，说明研究与开发投入在 GDP 的比重提高至少在现阶段是不会对于碳排放总量产生减排的效果。技术创新和技术投入的增加对碳排放减排的作用是长期的过程，也存在时滞性。一般的经济理论认为技术进步（科技水平）因素体现在 EKC 倒 U 形曲线的下降阶段。随着经济发展水平的提高，科学技术（包括清洁能源技术、节能减排技术等环境友好型技术）研发得到更多投资支持，同时也取代了传统技术，可以更有效地循环利用自然资源及降低单位产量的污染排放，最终使环境质量得到有效的改善。

根据模型分析结果，碳排放强度的达峰（模型 1 和模型 4 中的人均 GDP 水平是2.018 万元和 2.455 万元）早已实现。分析主要关注的焦点是人均碳排放量和碳排放总量。包括其他变量的模型 4、5、6 的达峰时人均 GDP 水平高于不包括其他变量的模型 1、模型 2、模型 3 的结果，说明选取的这些变量对于碳排放强度、人均碳排放量、碳排放总量都发挥着重要影响，考虑到这些因素，有可能稍微推迟达峰年份。

模型 2 的分析结果表明，人均 GDP 达到 9.935 万元时人均碳排放达峰，13 个城市中有 10 个城市的人均碳排放已经达峰（表 4.25）。只有青岛、北京、唐山未达峰，达峰所需的时间分别是 1 年、2 年和 4 年。分析中利用的是 2005～2017 年数据，说明北京2018 年达峰，青岛 2019 年达峰，唐山 2021 年可以达峰。模型 5 的分析结果表明，人均GDP 水平达到 12.168 万元时人均碳排放达峰。这时有一半的城市已经达峰，即无锡、深圳、苏州、大连、广州、珠海等城市。其他 7 个城市均未达峰，最晚达峰的唐山于 2025年人均碳排放达峰（表 4.26）。

模型 3 和模型 6 的拐点分别是人均 GDP 13.178 万元和 13.601 万元。碳排放总量已达峰的城市有无锡、深圳、苏州三个城市。其他城市均未达峰，除了唐山 2026 年达峰之外，其他城市可在 2023 年之前达峰（表 4.25 和表 4.26）。

表 4.25　各城市达峰预测（不包含其他变量时）

城市	2015 年人均 GDP/万元（2005 年不变价）	2017 年人均 GDP/万元（2005 年不变价）	2015～2017 年人均 GDP 增长率/%	模型 2	模型 3	预测达峰所需年限	P_CO₂ 达峰年份	预测达峰所需年限	CO₂ 达峰年份
无锡	13.083	16.041	10.73	达峰	达峰				
深圳	13.102	14.118	3.81	达峰	达峰				
苏州	11.792	13.620	7.47	达峰	达峰				
大连	11.340	12.907	6.68	达峰	未达峰			1	2018
广州	11.700	12.612	3.82	达峰	未达峰			2	2019
珠海	11.358	12.617	5.40	达峰	未达峰			1	2018
天津	9.762	10.963	5.98	达峰	未达峰			4	2021
南京	9.210	10.625	7.41	达峰	未达峰			4	2021
上海	9.247	10.465	6.38	达峰	未达峰			4	2021
杭州	9.037	10.198	6.23	达峰	未达峰			5	2022
青岛	8.656	9.831	6.57	未达峰	未达峰	1	2018	5	2022
北京	8.111	9.245	6.76	未达峰	未达峰	2	2019	6	2023
唐山	7.229	8.107	5.90	未达峰	未达峰	4	2021	9	2026
达峰时人均 GDP/万元				9.935	13.178				

表 4.26　各城市达峰预测（包含其他变量时）

城市	2015 年人均 GDP/万元（2005 年不变价）	2017 年人均 GDP/万元（2005 年不变价）	2015～2017 年人均 GDP 增长率/%	模型 5	模型 6	预测达峰所需年限	P_CO₂ 达峰年份	预测达峰所需年限	CO₂ 达峰年份
无锡	13.083	16.041	10.73	达峰	达峰				
深圳	13.102	14.118	3.81	达峰	达峰				
苏州	11.792	13.620	7.47	达峰	达峰				

续表

城市	2015 年人均 GDP/万元（2005 年不变价）	2017 年人均 GDP/万元（2005 年不变价）	2015～2017 年人均 GDP 增长率/%	模型 5	模型 6	预测达峰所需年限	P_CO$_2$ 达峰年份	预测达峰所需年限	CO$_2$ 达峰年份
大连	11.340	12.907	6.68	达峰	未达峰			1	2018
广州	11.700	12.612	3.82	达峰	未达峰			3	2020
珠海	11.358	12.617	5.40	达峰	未达峰			2	2019
天津	9.762	10.963	5.98	未达峰	未达峰	2	2019	4	2021
南京	9.210	10.625	7.41	未达峰	未达峰	2	2019	4	2021
上海	9.247	10.465	6.38	未达峰	未达峰	3	2020	5	2022
杭州	9.037	10.198	6.23	未达峰	未达峰	3	2020	5	2022
青岛	8.656	9.831	6.57	未达峰	未达峰	4	2021	6	2023
北京	8.111	9.245	6.76	未达峰	未达峰	5	2022	6	2023
唐山	7.229	8.107	5.90	未达峰	未达峰	8	2025	10	2027
达峰时人均 GDP/万元				12.168	13.601				

首先，选取优化开发区域中北京、天津、上海、广州、深圳等 13 个典型城市作为研究对象，通过 Tapio 脱钩理论分析 2005～2017 年的脱钩状态。脱钩分析结果显示，13 个典型城市单位 GDP 二氧化碳排放量、人均二氧化碳排放量、二氧化碳排放总量在"十三五"期间都出现绝对脱钩或者相对脱钩，说明在经济规模增长的同时，碳排放呈现下降趋势，这些城市的经济增长和碳排放增长处于比较理想的状态。

其次，进一步运用这些城市 2005～2017 年的面板数据进行实证分析，建立环境库兹涅茨曲线基本模型和扩展模型，验证 EKC 的倒 U 形曲线，试图找出碳排放达峰规律。统计分析结果显示，几个模型均存在环境库兹涅茨曲线，验证了 EKC 的假设。处于后工业化时期的这几个城市的分析结果也符合碳排放的达峰规律，即达峰顺序依次遵循二氧化碳排放强度的倒 U 形曲线、人均二氧化碳排放量的倒 U 形曲线、二氧化碳排放总量的倒 U 形曲线。

优化开发区的这几个城市会实现提前达峰，提出的达峰承诺可实现。这几个城市碳排放达峰规律及达峰路径的研究可以对处于工业化阶段的其他城市起到示范、引领作用，为其他城市碳排放提前达峰提供可能性并树立信心，更能留下宝贵经验。

参 考 文 献

[1] 国际能源署. 能源数据与统计[R/OL]. (2018-07-11) [2018-09-25]. https://www.iea.org/https://data.worldbank.org.cn/.

[2] 黄群慧，李芳芳. 中国工业化进程报告（1995—2015）[M]. 北京：社会科学文献出版社，2017.

[3] HAGGETT P. Locational analysis in human geography[R]. London: Edward Arnold, 1965.

[4] BIN S, DOO-KWON B, SHUNXIAN Z. Human eye location algorithm based on multi-scale self-quotient image and morphological filtering for multimedia big date. Multimedia Tools and Applications, 2017(7): 1-13.

[5] 曹威麟，姚静静，余玲玲，等. 我国人才聚集与三次产业聚集关系研究[J]. 科研管理，2015，36（12）：172-179.

[6] 崔向阳，王玲侠. 江苏省三大省市圈的产业分工研究：基于区位商分析法[J]. 西安财经学院学报，2017，30（6）：50-55.

[7] 毛广雄，廖庆，刘传明，等. 高新技术产业集群化转移的空间路径及机理研究：以江苏省为例[J]. 经济地理，2015，35（12）：105-112.

[8] 唐睿，李晨阳，冯学钢. 高新技术产业空间特征对研发效率的影响：基于安徽省 16 个地级市静（动）态集聚指数和 DEA 面板 Tobit 的实证[J]. 华东经济管理，2018，32（2）：22-29.

[9] 张利斌，赵莉. 产业集聚测度指标体系构建与实证分析[J]. 统计与决策，2016（4）：106-109.

[10] 黄群慧，李芳芳. 中国工业化进程报告（1995—2015）[M]. 北京：社会科学文献出版社，2017.

[11] BP. Statistical Review of World Energy[R/OL]. (2018-06-02) [2018-8-26]. http://www.bp.com/statisticalreview.

[12] 陈劭锋，刘扬，邹秀萍，等. 二氧化碳排放演变驱动力的理论与实证研究[J]. 科学管理研究，2010，28（1）：43-48.

[13] 何建坤. CO_2 排放峰值分析：中国减排目标与对策[J]. 中国人口·资源与环境，2013，23（12）：1-9.

[14] ANG B W, NA L. Energy decomposition analysis: IEA model versus other methods[J]. Energy Policy, 2007, 35(3): 1426-1432.

[15] 李经路，曾天. 基于 Kaya 方法的云南碳排放因素分析[J]. 科技管理研究，2016，36（19）：260-266.

[16] Shell International B.V. Shell scenarios sky meeting the goals of the paris agreement 2018[R/OL]. (2019-05-14) [2019-08-12]. www.shell.com/skyscenario.

[17] BP. BP energy outlook[R/OL]. (2019-04-09) [2019-08-21]. https://www.bp.com/en/global/corporate/news-and-insights/press-releases/bp-energy-outlook-2019.html.

[18] IRENA. REmap: renewable energy roadmaps[R/OL]. (2019-04-09) [2019-08-04]. https://www.irena.org/remap.

[19] Committee on Climate Change. Net Zero: The UK's contribution to stopping global warming[R/OL]. (2019-05-02) [2019-07-30]. https://www.theccc.org.uk/publication/net-zero-the-uks-contribution-to-stopping-global-warming/.

[20] HE X P. Regional differences in China's CO_2 abatement cost[J]. Energy Policy, 2015, 80: 145-152.

[21] 马丁，陈文颖. 中国 2030 年碳排放峰值水平及达峰路径研究[J]. 中国人口·资源与环境，2016，26（S1）：1-4.

[22] 林洁，祁悦，蔡闻佳，等. 公平实现《巴黎协定》目标的碳减排贡献分担研究综述[J]. 气候变化研究进展，2018，14（5）：529-539.

[23] The New Climate Economy, The 2018 report of the global commission on the economy and climate[R/OL]. (2018-09-05) [2019-05-01]. http://www.newclimateeconomy.report.

[24] OECD. Investing in climate, investing in growth[EB/OL]. (2017-05-23) [2019-04-03]. http://dx.doi.org/10.1787/9789264273528-en.

[25] UN. Secretary-General's Remarks at Press Conference at launch of WMO Statement on the State of the Global Climate in 2018, with General Assembly President, María Fernanda Espinosa and WMO Secretary-General, Petteri Taalas[EB/OL]. (2019-03-28) [2019-04-05]. https://www.un.org/sg/en/content/sg/press-encounter/2019-03-28/secretary-general%E2%80%99s-remarks-press-conference-launch-of-wmo-statement-the-state-of-the-global-climate-2018-general-assembly-president-mar%C3%ADa-fernanda-espinosa-and.

[26] GROSSMAN G, KRUEGER A. Environmental impacts of the North American Free Trade Agreement[R/OL]. (1991-11-20) [2018-06-25]. https://www.nber.org/papers/w3914.

[27] ESSO L J, KEHO Y. Energy consumption, economic growth and carbon emissions: cointegration and causality evidence from selected African countries[J]. Energy, 2016, 114(nov.1): 492-497.

[28] RITI J S, SONG D, et al. Decoupling CO_2 emission and economic growth in China: is there consistency in estimation results in analyzing environmental Kuznets curve?[J]. Journal of Cleaner Production, 2017(166): 1448-1461

[29] CHEN Y L, WANG Z, ZHONG Q. CO_2 emissions, economic growth, renewable and non-renewable energy production and foreign trade in China[J]. Renewable Energy, 2019, 131: 208-216.

[30] AHMAD N, DU L, LU J, et al. Modelling the CO_2, emissions and economic growth in Croatia: is there any environmental Kuznets curve?[J]. Energy, 2017, 123: 164-172.

[31] BILGILI F, KOCAK E, BULUT Ü. The dynamic impact of renewable energy consumption on CO_2 emissions: a revisited environmental Kuznets curve approach[J]. Renewable & Sustainable Energy Reviews, 2017, 54: 838-845.

[32] KOIRALA B S, MYSAMI R C. Investigating the effect of forest per capita on explaining the EKC hypothesis for CO_2 in the US[J]. Journal of Environmental Economics & Policy, 2015, 4(3): 304-314.

[33] APERGIS N, OZTURK I. Testing environmental Kuznets curve hypothesis in Asian countries[J]. Ecological Indicators, 2015, 52: 16-22.

[34] JARDON A, KUIK O, TOL R S J. Economic growth and carbon dioxide emissions: an analysis of Latin America and the Caribbean[J]. Atmosfera, 2017, 30(2): 87-100.

[35] SAIDI K, MBAREK M B. The impact of income, trade, urbanization, and financial development on CO_2 emissions in 19 emerging economies[J]. Environmental Science and Pollution Research, 2017, 24(14): 12748-12757.

[36] MARTINO R, NGUYEN-VAN P. Environmental Kuznets curve and environmental convergence: a unified empirical framework for CO_2 emissions[R]. Working Papers of Beta, 2016.

[37] 郭承龙, 张智光. 长三角地区环境库兹涅茨曲线探讨: 基于苏浙沪的分析[J]. 科技管理研究, 2017 (24): 227-233.

[38] 孙建. 区域碳排放库兹涅兹曲线门槛效应研究[J]. 统计与决策, 2016 (12): 131-134.

[39] 仲云云. 中国省际能源消费碳排放的区域差异与时空演变特征[J]. 生态经济, 2018 (4): 30-39.

[40] 蔡风景, 李元. 基于图模型方法的我国二氧化碳排放的 EKC 曲线检验及影响因素分析[J]. 数理统计与管理, 2016, 35 (4): 579-586.

[41] CHURCHILL S A, INEKWE J, IVANOVSKI K, et al. The Environmental Kuznets Curve in the OECD: 1870-2014[J]. Energy Economics, 2018, 75: 389-399.

[42] APERGIS A. 2016. Environmental Kuznets curves: New evidence on both panel and country-level CO_2 emissions[J]. Energy Economics, 54: 263-271.

[43] CAI Y F, SAM C Y, CHANG T Y. Nexus between clean energy consumption, economic growth and CO_2 emissions[J]. Journal of Cleaner Production, 2018, 182: 1001-1011.

[44] SHAHBAZ M, MAHALIK M K, SHAHZAD S, et al. Testing the globalization-driven carbon emissions hypothesis: international evidence[J]. International Economics, 2019, 158: 25-38.

[45] 郑展鹏, 许培培. 地区腐败、外商直接投资与碳排放: 基于我国 2002−2014 年省际面板数据的分析[J]. 商业研究, 2018 (1): 153-160.

[46] 原嫄, 席强敏, 孙铁山, 等. 产业结构对区域碳排放的影响: 基于多国数据的实证分析[J]. 地理研究, 2016, 35 (1): 82-94.

[47] 刘芳芳, 黄巧萍, 刘伟平. 地区经济增长与区域碳排放的关系: 基于环境库兹涅茨模型的研究[J]. 中南林业科技大学学报 (社会科学版), 2018 (4): 20-35.

[48] 胡智愚. 中国碳排放环境库兹涅茨曲线研究: 以产业结构变动视角[J]. 产业经济, 2018 (11): 150-153.

[49] 邱立新, 袁赛. 中国典型城市碳排放特征及峰值预测: 基于"脱钩"分析与 EKC 假设的再验证[J]. 商业研究, 2018 (7): 50-58.

[50] 王健, 甄庆媛. 经济增长与 CO_2 排放的关系研究: 以长江经济带为例[J]. 金融与经济, 2018 (4): 36-45.

[51] 齐绍洲, 林屾, 王班班. 中部六省经济增长方式对区域碳排放的影响: 基于 Tapio 脱钩模型、面板数据的滞后期工具变量法的研究[J]. 中国人口·资源与环境, 2015 (5): 59-64.

[52] 王锋, 秦豫徽, 刘娟, 等. 多维度城镇化视角下的碳排放影响因素研究: 基于中国省域数据的空间杜宾面板模型[J]. 中国人口·资源与环境, 2017, 27 (9): 151-161.

[53] 张腾飞, 杨俊, 盛鹏飞. 城镇化对中国碳排放的影响及作用渠道[J]. 中国人口·资源与环境, 2016 (2): 47-57.

[54] 都泊桦. 基于 CGE 模型的碳排放减排路径及模拟分析[J]. 统计与决策, 2017 (8): 56-59.

[55] ANDERSSON F. International trade and carbon emissions: the role of Chinese institutional and policy reforms[J].Journal of Environmental Management, 2017, 205(1): 29-39.

第5章　环渤海区域达峰基础及路径

5.1　环渤海区域概述

环渤海区域包括北京，以及天津、河北、山东、辽宁的部分地区。《环渤海地区合作发展纲要》指出，环渤海区域是中国对外开放的战略前沿，也是辐射带动整个区域合作发展的重要引擎[1]。

需要说明的是，这些规划是以"经济比较发达、人口比较密集、开发强度较高、资源环境问题更加突出"等原则划分出的城市化地区，需要优化进行工业化城镇化开发。有些没有达到要求的县市（区），在各省市制定的规划中没有包括在内。由于数据的可获得性问题，表 4.1 中只包括地级及以上市，县级以下没有具体区分，如唐山市的数据是全市数据，没有把迁西县和玉田县剥离出去，其他城市也是如此。这样的处理对达峰路径的研究，不会产生太大影响。

环渤海区域面积约 $2.266×10^5$ 平方千米，占全国国土面积的 2.32%，2017 年总人口约为 1.32 亿人，占全国总人口的 9.42%，生产总值约占全国生产总值的 20%，因此，环渤海区域的总体特点是人口密集，经济发展水平较高，工业特别是重化工业集中，但也面临更加突出的资源环境压力。

5.2　环渤海区域的经济与社会发展特点

5.2.1　经济发展

1. 与日本对比

日本的国土面积为 $3.778×10^5$ 平方千米，2017 年人口为 1.27 亿人，与环渤海区域情况较为相似。对比 2005～2017 年环渤海与日本的经济发展状况可以发现，2017 年环渤海人均 GDP 水平和经济水平与日本相比还有很大差距（表 5.1）。但是日本在碳排放总量达峰前出现过几次波峰，对于环渤海区域来讲，由于存在一定的达峰基础，使其可以在 2030 年前实现碳排放峰值目标。

表 5.1　环渤海区域与日本经济数据对比

年份	GDP/亿美元（2005 年不变价）		人均 GDP/万美元（2005 年不变价）	
	环渤海区域	日本	环渤海区域	日本
2005	3998.04	56723.07	0.35	4.44
2006	4571.08	57528.54	0.39	4.50

续表

年份	GDP/亿美元（2005 年不变价）		人均 GDP/万美元（2005 年不变价）	
	环渤海区域	日本	环渤海区域	日本
2007	5377.70	58480.17	0.45	4.57
2008	6460.19	57840.66	0.53	4.52
2009	7195.18	54707.77	0.58	4.27
2010	8286.41	57000.98	0.65	4.45
2011	9514.08	56935.19	0.74	4.45
2012	10603.37	57786.42	0.82	4.53
2013	11030.94	58942.31	0.84	4.62
2014	11499.31	59163.17	0.87	4.65
2015	11301.96	59964.14	0.85	4.72
2016	11725.18	60526.72	0.87	4.77
2017	11677.24	61576.59	0.88	4.86

资料来源：环渤海 2006~2018 年各省市统计年鉴及经济合作与发展组织官网（http://www.oecd.org）数据。

2. 与非优化开发区域对比

本节统计的非优化开发区域包括除北京、天津、河北 5 市、辽宁 8 市、山东 6 市以外的 23 个地级市。从表 5.2 及图 5.1 的数据对比可见，优化开发区域的 GDP 及其占全国比重均超过非优化开发区域的 2 倍，人均 GDP 比非优化开发区域高出 1 万~2 万元。河北省优化开发区域占全省比重有所增长，因而可以认为其经济发展主要靠优化开发区域拉动。各地应重视优化开发区域对非优化开发区域的带动作用，最大限度地实现环渤海区域（三省两市）的整体发展。

表 5.2　优化开发区域与非优化开发区域经济指标对比

年份	GDP/亿元（2005 年不变价）		人均 GDP/万元（2005 年不变价）		GDP 占全国比重/%	
	非优化开发区域	优化开发区域	非优化开发区域	优化开发区域	非优化开发区域	优化开发区域
2005	15367.18	32389.35	1.35	2.81	8.20	17.29
2006	17115.27	36560.45	1.50	3.11	8.11	17.32
2007	18694.32	40440.31	1.63	3.39	7.75	16.77
2008	20751.26	44833.69	1.80	3.68	7.85	16.95
2009	22580.07	49416.53	1.96	3.99	7.80	17.08
2010	24698.35	54773.18	2.11	4.32	7.72	17.12
2011	27229.75	59463.01	2.31	4.63	7.77	16.97
2012	29264.00	64362.48	2.47	4.95	7.74	17.02
2013	32067.19	68502.14	2.70	5.21	7.87	16.81
2014	34575.32	71640.68	2.90	5.38	7.91	16.38
2015	35762.09	74819.00	2.99	5.58	7.65	16.00
2016	36570.85	74454.88	3.03	5.53	7.33	14.93
2017	37869.10	76018.85	3.08	5.74	7.10	14.26

资料来源：2006~2018 年各地统计年鉴。

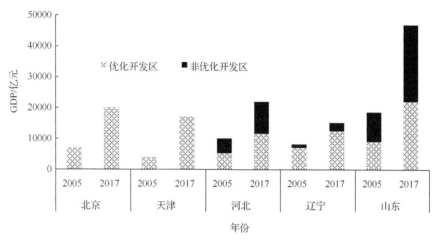

图 5.1　优化开发区域与非优化开发区域占全省比重

资料来源：各地 2006 年和 2018 年统计年鉴。

3. 经济发展指标

环渤海区域是中国重要的工业基地，一直是中国经济版图的重要组成部分。随着中国工业化进程的快速展开，其占全国经济总量的比重越来越高，地位不断提升，2006年占比达到峰值，即 17.2%，2012 年开始逐年下降。随着中国经济转型升级，其经济地位开始下滑。由图 5.2 和图 5.3 可知，2016 年环渤海 GDP 指数略有下降。另外，自 2015年开始，环渤海区域经济发展增速低于全国，这种现象不利于作为优化开发区域的环渤海发挥经济优势，不利于带动非优化开发区域的发展，从而很难振兴地方经济。因此，为环渤海经济寻求发展出路，无疑是政府规划的重点。

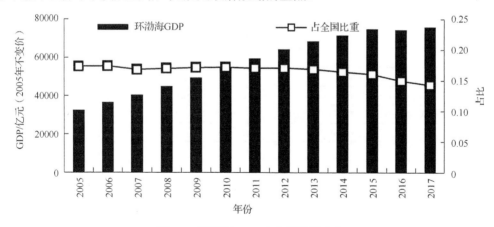

图 5.2　环渤海 GDP 占全国比重走向

资料来源：全国及各市 2006～2018 年统计年鉴。

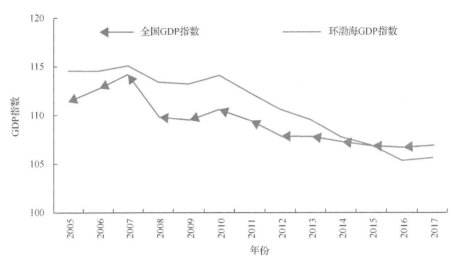

图 5.3　环渤海与全国 GDP 指数

资料来源：全国及各市 2006～2018 年统计年鉴。

2018 年环渤海区域地区生产总值为 7.60 万亿元（2005 年不变价），第一产业占比降到 4.32%，第二产业占比降到 39.05%，第三产业占比则增至 56.81%，2017 年人均 GDP 为 5.74 万元（2005 年不变价）。2018 年北京、天津、河北 5 市、辽宁 8 市、山东 6 市的地区生产总值（2005 年不变价）分别为 2.99 万亿元、1.92 万亿元、1.92 万亿元、2.02 万亿元、3.41 万亿元，2017 年环渤海区域人均 GDP（2005 年不变价）超过 1 万美元的城市有北京、天津、大连、青岛、烟台、威海、东营。表 5.3 列出了环渤海区域 2005～2018 年人均 GDP、人均可支配收入及 GDP 指数等指标，由此可见，天津的人均 GDP 增长最快，北京的人均可支配收入增长最快，而这两项指标中河北增长得最慢，辽宁的 GDP 指数自 2014 年增长减缓最多。

表 5.3　环渤海区域内经济指标

省（市）	指标	2005 年	2010 年	2015 年	2018 年
北京	GDP/亿元（2005 年不变价）	7141.10	14441.60	23685.70	29863.88
	人均 GDP/万元（2005 年不变价）	4.64	5.70	7.40	9.00
	人均可支配收入/元	17653.00	29073.00	52859.00	66338.00
	GDP 指数	112.30	110.40	106.90	106.60
天津	GDP/亿元（2005 年不变价）	3947.94	9343.77	16794.67	19216.96
	人均 GDP/万元（2005 年不变价）	3.79	5.57	7.37	7.94
	人均可支配收入/元	13202.00	24293.00	34101.00	42896.00
	GDP 指数	115.10	117.60	109.40	103.60
河北 5 市	GDP/亿元（2005 年不变价）	5218.36	11004.18	16148.34	19233.33
	人均 GDP/万元（2005 年不变价）	1.64	2.99	4.54	
	人均可支配收入/元	9756.00	17316.00	28274.00	35723.00
	GDP 指数	113.30	113.30	106.90	107.10

续表

省（市）	指标	2005 年	2010 年	2015 年	2018 年
辽宁 8 市	GDP/亿元（2005 年不变价）	7087.77	16739.48	23517.88	20284.53
	人均 GDP/万元（2005 年不变价）	2.80	5.02	6.19	
	人均可支配收入/元	9513.00	18499.00	30791.00	37168.00
	GDP 指数	114.90	116.20	103.60	104.80
山东 6 市	GDP/亿元（2005 年不变价）	8993.88	18971.73	29724.23	34130.63
	人均 GDP/万元（2005 年不变价）	2.83	4.43	5.95	6.70
	人均可支配收入/元	12228.00	22661.00	35133.00	41735.00
	GDP 指数	117.20	113.00	107.80	105.20

资料来源：各地 2006~2018 年统计年鉴及 2018 年经济社会统计公报。

由表 5.3 和表 5.4 可知，五个地区经济发展不平衡、不充分问题明显，优化开发区域比所在省经济发展水平均较好，也为这些区域率先达峰奠定了经济基础。

表 5.4　环渤海优化开发区域与全省经济增速对比　　　　（单位：%）

年份	北京	天津	河北		辽宁		山东	
			全省	优化开发区域	全省	优化开发区域	全省	优化开发区域
2006	12.80	14.80	13.40	13.58	14.20	15.11	14.70	16.44
2007	14.40	15.60	12.80	13.76	15.00	16.39	14.20	15.30
2008	9.00	16.70	10.10	12.40	13.40	15.99	12.00	12.98
2009	10.00	16.60	10.00	10.78	13.10	15.65	12.20	13.01
2010	10.40	17.60	12.20	13.28	14.20	16.24	12.30	12.95
2011	8.10	16.60	11.30	11.90	12.20	13.18	10.90	11.90
2012	8.00	14.00	9.60	10.06	9.50	10.24	9.80	10.88
2013	7.70	12.50	8.20	8.03	8.70	9.16	9.60	10.30
2014	7.40	10.10	6.50	6.68	5.80	6.05	8.70	8.63
2015	6.90	9.40	6.80	6.92	3.00	3.60	8.00	7.75
2016	6.80	9.10	6.80	7.38	−2.5	−4.21	7.60	7.65
2017	6.70	3.60	6.60	6.68	4.20	4.24	7.40	6.94

资料来源：各地 2006~2018 年统计年鉴及 2018 年经济社会统计公报。

5.2.2　人口与生活

1. 人口情况介绍

2005~2015 年，环渤海人口年均增长率均高于全国，之后随着北京疏解非首都功能及环渤海的经济转型，区域人口出现负增长。北京作为首都，是政治、科技创新和文化中心，在信息、科技、教育、医疗、国际交流等方面对周边城市产生巨大的虹吸效应，使更优质的人才、资源等纷纷涌入。全国人口普查资料数据显示，北京市人口 2010 年为 1961.24 万人，2018 年达到 2154.2 万人。依据北京市政府计划[2]，2020 年北京人口控制在 2200 万以内。环渤海区域人口变化趋势如图 5.4 和表 5.5 所示。

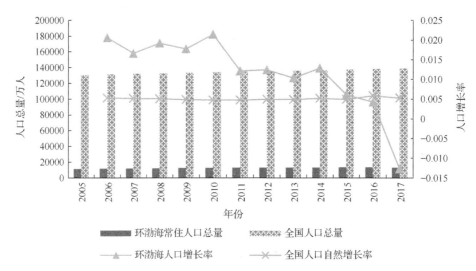

图 5.4　环渤海人口总量及增长率与全国对比

表 5.5　2005～2018 年环渤海区域人口及增长率

年份	北京		天津		河北 5 市		辽宁 8 市		山东 6 市	
	人口/万人	增长率	人口/万人	增长率	人口/万人	增长率	人口/万人	增长率	人口/万人	增长率
2005	1538.00		1043.00		3178.26		2530.70		3174.30	
2006	1601.00	0.041	1075.00	0.031	3218.55	0.013	2545.50	0.006	3253.46	0.025
2007	1676.00	0.047	1115.00	0.037	3254.65	0.011	2562.00	0.006	3273.91	0.006
2008	1771.00	0.057	1176.00	0.055	3288.82	0.010	2573.60	0.005	3292.29	0.006
2009	1860.00	0.050	1228.16	0.044	3330.69	0.013	2579.90	0.002	3308.44	0.005
2010	1961.24	0.055	1299.29	0.058	3368.17	0.011	2583.50	0.001	3350.41	0.013
2011	2018.60	0.029	1354.58	0.043	3383.80	0.005	2586.30	0.001	3369.38	0.006
2012	2069.30	0.025	1413.15	0.043	3418.69	0.010	2582.10	-0.002	3385.91	0.005
2013	2114.80	0.022	1472.21	0.042	3432.92	0.004	2580.10	-0.001	3403.16	0.005
2014	2151.60	0.017	1516.81	0.030	3498.65	0.019	2585.10	0.002	3420.51	0.005
2015	2171.00	0.009	1546.95	0.020	3524.12	0.007	2578.10	-0.003	3433.26	0.004
2016	2173.00	0.001	1562.12	0.010	3550.28	0.007	2581.50	0.001	3447.28	0.004
2017	2170.70	-0.001	1556.87	-0.003	3399.66	-0.042	2554.13	-0.011	3465.34	0.005
2018	2154.20	-0.008	1559.60	0.002					3481.42	0.005

资料来源：各地 2006～2018 年统计年鉴及 2018 年经济社会统计公报。

2. 居民生活情况

本节选取城镇居民人均可支配收入表征一个区域的居民生活水平。环渤海区域的这项指标一直高于全国平均水平，且差距呈现逐年增加的趋势（图 5.5）。

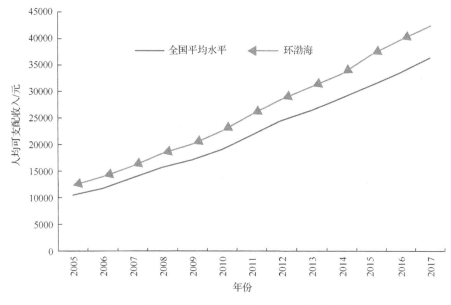

图 5.5　城镇居民人均可支配收入与全国水平对比

表 5.6 给出了各地城镇化率对比。值得注意的是，河北、辽宁的优化开发区域城镇化率低于全省，这是各市需要重视并且改善的一项指标。除河北省外，其他地区的城镇化率均高于全国，环渤海整体趋势表现较好。

表 5.6　各地城镇化率对比　　　　　　　　　　　　（单位：%）

省（市）	北京	天津	河北	辽宁	山东	环渤海区域	全国
	86.5	82.93	55.01	67.49	60.85	66.98	58.52
优化开发区域			53.26	66.62	61.35		
高于 65%的城市	北京	天津	无	沈阳、抚顺、本溪	青岛		

表 5.7 是环渤海 21 个城市的生活能耗指标，其中日均生活能耗从 10.24 万吨标煤增长到 24.72 万吨标煤，年均增速 8%，增长较快。在三大优化开发区域中，环渤海区域生活能源消费指标较高，其中一个重要原因是本区域的取暖需求持续增长。

表 5.7　环渤海区域生活能源消费指标　　　　（单位：万吨标煤）

年份	生活能源消费量	人均生活能源消费量	日均生活能源消费量
2005	3738.47	0.33	10.24
2006	3978.63	0.34	10.90
2007	4368.84	0.37	11.97
2008	4707.60	0.39	12.90
2009	5182.05	0.42	14.20
2010	5721.38	0.46	15.68
2011	5890.76	0.46	16.14
2012	6487.57	0.50	17.77

续表

年份	生活能源消费量	人均生活能源消费量	日均生活能源消费量
2013	6974.90	0.54	19.11
2014	7155.84	0.54	19.61
2015	8231.06	0.62	22.55
2016	8684.53	0.65	23.79
2017	9022.01	0.69	24.72

资料来源：各地统计年鉴（2006～2018 年）。

为了改变生活能源消费量较高的局面，各地推出了一系列相关举措。北京市集中改善重点区域和薄弱环节，坚持能源设施建设与改善民生、治理大气污染相结合，推进一批老旧小区管网消隐改造、部分农村地区"煤改电""煤改气"等能源利民工程，使城乡居民用能品质明显提升。2013 年以来，已经有 10.8 万户核心区居民用上"电采暖"，7.6 万户农村居民采暖使用清洁能源，全部农村地区基本使用优质低价液化石油气。加快各领域应用分布式光伏产业，实施"阳光校园、阳光商业、阳光园区、阳光农业、阳光基础设施"五大阳光工程，鼓励更多居民使用分布式光伏发电，提升全社会利用太阳能开发意识。在城市建筑中，进一步推广应用太阳能热水系统，在农村地区鼓励太阳能综合利用[3]（表 5.8）。

表 5.8　北京市生活能源消费指标　　　　　（单位：万吨标煤）

年份	生活能源消费量	人均生活能源消费量	日均生活能源消费量
2005	814.37	0.53	2.23
2006	909.44	0.57	2.49
2007	1005.26	0.60	2.75
2008	1069.23	0.60	2.93
2009	1166.81	0.63	3.20
2010	1229.71	0.63	3.37
2011	1305.84	0.65	3.58
2012	1398.75	0.68	3.83
2013	1438.31	0.68	3.94
2014	1504.63	0.70	4.12
2015	1552.71	0.72	4.25
2016	1596.08	0.73	4.37
2017	1697.29	0.78	4.65

资料来源：北京市统计年鉴（2006～2018 年）。

天津市在各区进行冬季取暖改造方面有很大进展，2020 年天津市集中供热普及率为 95% 左右，热电联产供热比例高于 50%（含调峰锅炉）。2013 年以来，农村地区生活用煤，逐步以清洁无烟型煤为主，并同时采用配套先进炉具，在提高燃煤质量和燃烧效率的同时，减少污染物排放。另外，城镇地区也在加快实施集中供热改造，利用燃气、热电联产、生物质、地热等多种能源替代散煤，最大限度上减少散煤使用。天津市各项生活能源消费指标均比北京偏低，见表 5.9。

表 5.9　天津市生活能源消费指标　　　　　　（单位：万吨标煤）

年份	生活能源消费量	人均生活能源消费量	日均生活能源消费量
2005	450.26	0.43	1.23
2006	493.76	0.46	1.35
2007	533.98	0.48	1.46
2008	603.15	0.51	1.65
2009	708.72	0.58	1.94
2010	724.71	0.56	1.99
2011	756.22	0.56	2.07
2012	852.40	0.60	2.34
2013	923.01	0.63	2.53
2014	895.22	0.59	2.45
2015	1013.69	0.66	2.78
2016	1060.00	0.68	2.90
2017	1102.76	0.71	3.02

资料来源：天津市统计年鉴（2006～2018 年）。

　　河北省全面推进实施生活低碳，推进更多市县进行煤改电、煤改气建设，并努力增强各市居民生态环保理念，将习近平生态文明思想融进美丽乡村建设全过程中，基本情况见表 5.10。

表 5.10　河北五市生活能源消费指标　　　　　（单位：万吨标煤）

年份	生活能源消费量	人均生活能源消费量	日均生活能源消费量
2005	1061.25	0.33	2.91
2006	993.65	0.31	2.72
2007	1043.13	0.32	2.86
2008	1130.55	0.34	3.10
2009	1248.95	0.37	3.42
2010	1577.37	0.47	4.32
2011	1554.84	0.46	4.26
2012	1727.83	0.51	4.73
2013	1886.59	0.55	5.17
2014	1814.48	0.52	4.97
2015	1998.87	0.57	5.48
2016	2130.01	0.60	5.84
2017	2112.35	0.62	5.79

资料来源：河北省统计年鉴（2006～2018 年）。

　　辽宁省也在积极推动形成绿色发展方式和生活方式。全省尤其是在优化区域内对传统制造业进行绿色改造，努力实现绿色清洁生产，有效降低资源环境的发展代价。加快发展清洁能源，推动生活系统和生产系统有效循环连接，提高居民节约资源、有效利用资源的意识。全面深入推进节能减排、能源消费总量管控、绿色消费，根据城市环境承载力调整人口、经济等规模，促进形成崇尚生态环保、勤俭节约的新风尚[4]（表 5.11）。

表 5.11　辽宁 8 市生活能源消费指标　　　　　　（单位：万吨标煤）

年份	生活能源消费量	人均生活能源消费量	日均生活能源消费量
2005	732.54	0.29	2.01
2006	822.49	0.32	2.25
2007	936.43	0.37	2.57
2008	905.30	0.35	2.48
2009	932.70	0.36	2.56
2010	1117.88	0.43	3.06
2011	1198.36	0.46	3.28
2012	1352.81	0.52	3.71
2013	1488.73	0.58	4.08
2014	1630.41	0.63	4.47
2015	1801.23	0.70	4.93
2016	1931.55	0.75	5.29
2017	2036.23	0.80	5.58

资料来源：辽宁省统计年鉴（2006~2018 年）。

　　在生活低碳方面，山东省更多的是积极发展生物质能清洁供暖、供热。一些城市规划建设农林生物质发电项目，在县城及周边乡镇、农村社区，全部实行按照热电联产集中取暖；结合技术经济可行性及用户用热需求，对生物质纯凝发电项目供热进行改造，从而为周边城乡居民及园区企业实现供暖、供气，同时有效推进城镇生活垃圾焚烧治理。在生物质资源丰富的城镇，对生物质燃料收集、加工和销售基地进行科学规划布局，使用生物质锅炉结合生物质节能环保炉具，为农村社区分散供暖，城乡公共服务设施集中供暖。力争到 2022 年，全省生物质能供暖面积实现 1.5 亿平方米[5]（表 5.12）。

表 5.12　山东 6 市生活能源消费指标　　　　　　（单位：万吨标煤）

年份	生活能源消费量	人均生活能源消费量	日均生活能源消费量
2005	680.06	0.21	1.86
2006	759.30	0.23	2.08
2007	850.04	0.26	2.33
2008	999.37	0.30	2.74
2009	1124.87	0.34	3.08
2010	1071.71	0.32	2.94
2011	1075.50	0.32	2.95
2012	1155.78	0.34	3.17
2013	1238.26	0.36	3.39
2014	1311.10	0.38	3.59
2015	1864.56	0.54	5.11
2016	1966.89	0.57	5.39
2017	2073.38	0.60	5.68

资料来源：山东省统计年鉴（2006~2018 年）。

5.2.3　碳排放趋势分析

2005～2017 年，环渤海碳排放总量呈先上升后缓慢减少趋势，煤炭碳排放量与之趋势相同，石油、天然气及其他能源碳排放量均有所增加。其中，钢铁、水泥、炼焦、化工等难减行业、电力热力等行业是碳排放重点，在优化开发区域占比由 2007 年的 79% 增加到 2017 年的 86%，环渤海碳排放总量占全国比重一直稳定在 17% 左右，比重较高，因而，环渤海早日实现碳排放总量达峰对国家实现达峰具有积极影响（图 5.6 和图 5.7）。

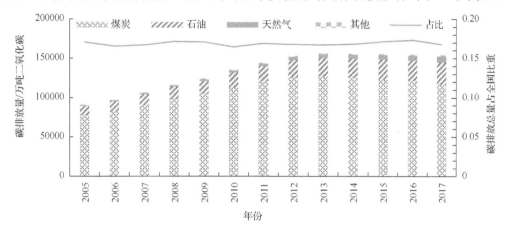

图 5.6　环渤海各类能源碳排放量及占全国比重

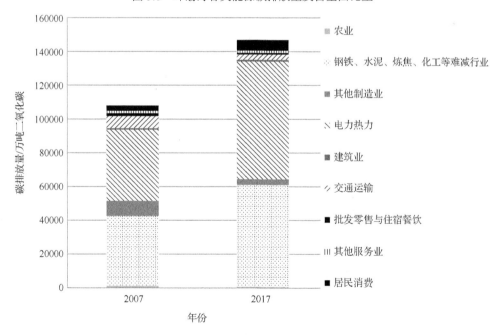

图 5.7　2007、2017 年环渤海重点行业直接碳排放量

表 5.13 列出环渤海 2005～2017 年碳排放相关指标。总体来看，环渤海二氧化碳排

放发展趋势较好，碳排放强度及排放因子均呈现逐年下降趋势，说明能源利用更趋向清洁化，从根源上利于碳排放达峰的实现。

表5.13　环渤海区域2005～2017年基本变量指标

年份	碳排放总量/万吨二氧化碳	人均碳排放/吨二氧化碳	碳排放强度/（吨二氧化碳/万元）（2005年不变价）	排放因子
2005	97836.30	8.50	3.02	2.40
2006	108099.48	9.20	2.96	2.38
2007	117517.18	9.84	2.91	2.37
2008	124346.82	10.22	2.77	2.33
2009	131736.39	10.63	2.67	2.32
2010	143572.65	11.35	2.62	2.29
2011	151113.38	11.80	2.54	2.25
2012	159792.81	12.32	2.48	2.24
2013	160249.35	12.23	2.34	2.21
2014	162820.59	12.27	2.27	2.19
2015	164632.70	12.33	2.20	2.16
2016	167011.23	12.45	2.24	2.14
2017	170473.66	12.88	2.24	2.13

5.2.4　产业发展

从产业结构和经济水平分析环渤海区域发现，北京处于后工业化阶段，正向以服务业为主导的经济方向发展，天津同样处于后工业化阶段，但2018年第二产业占比为40.5%，仍然较高，河北处于工业化中后期阶段，辽宁、山东处于工业化后期阶段，5个地区的发展阶段存在很大差异。虽然一些省市的钢铁、石油、化工行业集中发展，但是其中一些城市体现出资金密集型和资源消耗型特点，这使其能源消费量和碳排放量出现同方向的增加，不利于资源节约、环境改善和碳排放达峰。

环渤海区域三产比值关系于2013年由"二三一"转变为"三二一"。北京市于1994年第三产业占比超过第二产业，1992年7月24日《北京市城市规划条例》[6]提出，调整和优化产业结构，重点发展高新技术产业、发展第三产业，严格限制耗能多、用水多、运量大、占地大、污染严重的产业。2013年4月，天津市政府发布《天津城市定位指标体系》，提出的其中一项定位是高度发达的现代服务中心，依托目前先进制造业发展优势，形成与经济中心城市定位相匹配、生产性服务业与先进制造业深度融合的服务经济体系。天津市在2015年第三产业占比超过第二产业，在2020年第三产业占比达到64.4%。近年来，天津高度发展金融、物流、商贸、创意、信息、中介、咨询等现代服务业，努力发展成为全国金融创新中心、北方国际航运中心、北方商贸中心、北方国际物流中心、北方会展中心、北方创意中心、国际旅游目的地与集散地，大幅提高区域发展的服务能力[7]。河北 5 市的第二产业一直处于高位，廊坊在 2015 年第三产业占比超过第二产业，廊坊市国民经济和社会发展第十二个五年规划纲要就提出，到 2015 年服务业增加值占地区生产总值比重达到 42%[8]；保定和沧州的情况较相似，均在 2018 年时第三产业占比超过第二产业。2019 年保定市服务业增加值占地区生产总值比重达到 52.8%[9]，沧州市 2020 年服务业增加值占生产总值比重提高到 52.7[10]；唐山市的第二产业占比一直最高，秦皇岛市自 1985 年第三产业一直高于第二产业；沈阳、鞍山、本溪、辽阳、营口均在 2016 年时第三产业超过第二产业，大连在 2015 年实现产业占比转换，盘锦和抚顺仍是第二产业居于高位；山东半岛、烟台、东营、滨州的第二产业一直占比比较高，尤其是东营，在 2018 年第二产业占比仍超过 60%，青岛的产业占比转换发生在 2011 年，青岛三次产业的比例关系由 2010 年的 4.9∶48.7∶46.4 调整为 4.6∶47.6∶47.8，形成了"三二一"比值关系，2020 年变为 3.4∶35.2∶61.4，服务业占比进一步提升[11]，威海在 2016 年产业结构调整为"三二一"，潍坊在 2018 年产业结构调整为"三二一"。

图 5.8～图 5.12 中，外环是 2017 年的数据，内环是 2009 年的数据。各城市占比排名靠前的产业种类变化不大，占比差异较小。5 个城市中，占比较高的均为石油加工、炼焦和核燃料加工业，其中大连市的比例最高，并且化学原料和化学制品制造业、汽车制造业、其他运输设备制造业、农副食品加工业均为大连市的支柱产业。除此之外，北京市的支柱产业为汽车制造业、电力热力生产和供应业、计算机通信和其他电子设备制造业；天津市的支柱产业为黑色金属冶炼和压延加工业、化学原料和化学制品制造业、汽车制造业、计算机通信和其他电子设备制造业、电力热力生产和供应业；唐山市的支柱产业为黑色金属冶炼和压延加工业、金属制品业、非金属矿物制品业、煤炭开采和洗选业；青岛市的支柱产业为电气机械和器材制造业、计算机通信和其他电子设备制造业、汽车制造业、农副食品加工业、其他运输设备制造业。与 2009 年相比，2017 年环渤海黑色金属冶炼和压延加工业，石油加工、炼焦和核燃料加工业，汽车制造业产值占 GDP 比重增长相对较快，发展仍偏向重工业方向。

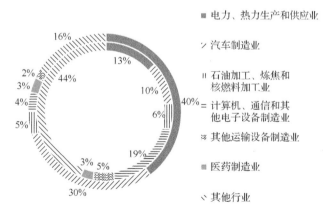

图 5.8　2009、2017 年北京市规模以上企业重要产业产值占比

资料来源：2010、2018 年《北京统计年鉴》。

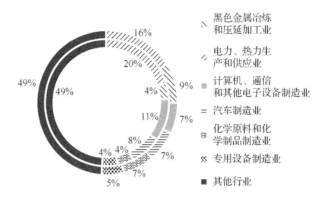

图 5.9　2009、2017 年天津市规模以上企业重要产业产值占比

资料来源：2010、2018 年《天津统计年鉴》。

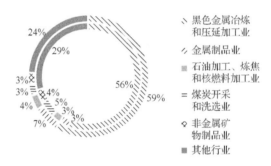

图 5.10　2009、2017 年唐山市规模以上企业重要产业产值占比

资料来源：2010、2018 年《唐山统计年鉴》。

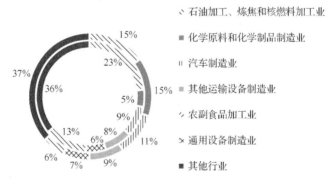

图 5.11　2009 及 2017 年大连市规模以上企业重要产业产值占比

资料来源：2010、2018 年《大连统计年鉴》。

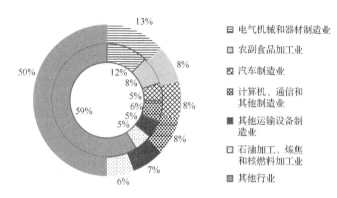

图 5.12　2009 及 2017 年青岛市规模以上企业重要产业产值占比

资料来源：2010、2018 年《青岛统计年鉴》。

5.2.5　能源与资源

环渤海区域是我国的政治及文化中心，但是却一直面临着严重的环境问题。2013年 9 月印发的《大气污染防治行动计划》表明，环渤海及周边几个省区是我国空气污染最严重的地区。《能源发展战略行动规划（2014—2020 年）》要求调整能源结构，加快清洁能源的供应，压减煤炭的消费量。环渤海整体仍以煤炭、石油等化石能源消费为主，大量用于工业生产、冬季取暖、电厂发电等，使其碳排放总量居高难下，碳强度、能源强度降低缓慢。因而，对于环渤海来说，寻求低碳、高热值、清洁的替代能源是保障环渤海碳排放总量早日达峰的重点。

环渤海区域煤炭能源消费总量占比从 2011 年的 76% 降到 2017 年的 63%，而全国从70.2% 降到 60.44%，环渤海石油占比从 2011 年的 19.72% 降到 2017 年的 19.43%，虽然中间有很大波动，但总体下降幅度不大，全国水平则是从 2011 年的 16.56% 上升到 2017年的 18.48%，均出现了 2013 年之后占比增加的趋势（图 5.13）。从天然气及其他能源占比看，环渤海均低于全国水平，增加低污染能源种类占比是环渤海区域未来的改革趋势。另外，2017 年环渤海电力热力、钢铁、水泥、炼焦、化工等重化工业占比超过 70%，而这两个行业正是煤炭、石油、天然气消费量的重点，促进行业转型升级、调整能源占比是改善环境的重要规划方向（图 5.14）。

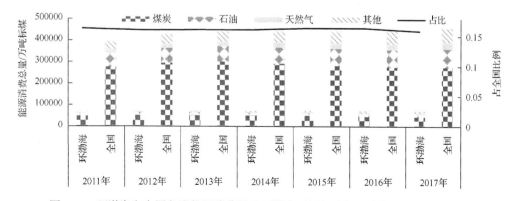

图 5.13　环渤海和全国各类能源消费量及环渤海不同年份能源消费总量占全国比例

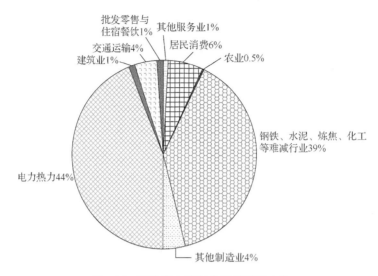

图 5.14　环渤海主要行业能源消费占比

当前，环渤海区域内各省市均在积极提升绿色能源的利用水平。2020 年，北京市可再生能源消费总量预计可达 620 万吨标煤，占能源消费总量的比重达到 8%以上。全市年外调绿色电力总量预计为 100 亿千瓦·时，为北京市的电力消费提供极大保障（表 5.14）。北京市正在逐步加快能源低碳建设步伐，新增太阳能集热器面积为 100 万平方米，新增光伏发电装机容量 100 万千瓦，新增生物质发电装机容量 15 万千瓦，总容量可达到 35 万千瓦，新增风力发电装机容量 45 万千瓦，总容量可达到 65 万千瓦。陕京三线天然气管道工程、唐山液化天然气项目（LNG）、内蒙古大唐国际克什克腾煤制气等外部气源工程建成，形成"三种气源、六大通道"的长输供应体系，年总供气能力可以达到 410 亿立方米。天然气管网长度达到 2.2 万千米，用户可达 589 万户[12]。以地热能及太阳能利用为重点，加快延庆、顺义等区建设一批国家级可再生能源示范区，出台热泵补贴、分布式光伏奖励等相关政策，鼓励企业和个人使用可再生能源，可再生能源利用由试点示范向规模化应用转变。实施绿色电力进京计划，支持北京周边地区可再生能源基地建设，推动建立京冀晋蒙绿色电力区域市场[13]。

表 5.14　2020 年北京市主要能源发展目标

指标	能源消费总量/万吨标煤	煤炭消费量/万吨	年外调绿色电力总量/（亿千瓦·时）	可再生能源总量及占比	单位 GDP 能耗
数量	7600	500	100	620 万吨、8%以上	比 2015 年下降 17%

资料来源：北京市"十三五"时期能源发展规划。

2018 年天津市煤炭消费量达到 3724 万吨，提前实现规划的 2020 年煤控目标（4130 万吨），其他规划指标见表 5.15，天然气消费量是 2015 年的 2 倍。非化石能源使用量达到 500 万吨标煤，煤电装机比重下降到 65%以下；可再生能源装机比重提高到 10%，非化石能源装机比重提高到 10%。天然气汽车加气站扩展到 260 座[14]。2016～2020 年，天津市新能源汽车推广应用累计新增约 16 万辆，新能源汽车比例不低于 35%。根据电力需求预测，2020 年全市用电量 970 亿千瓦·时，外购电量约需要不低于 323 亿千瓦·时才能满足用电需求[15]。天津市的新能源汽车增长速度很快，为天津的化石能源消费比重的下降贡献一部分力量。

表 5.15　2020 年天津市主要能源发展目标

指标	能源消费总量/万吨标煤	煤炭		天然气		石油	电力
		消费量/万吨	占一次能源比重	消费量/亿立方米	占一次能源比重	石油消费量/万吨	全社会用电量/（亿千瓦·时）
数量	9300	4130	45%以下	128	15%	1980	970

资料来源：天津市能源发展"十三五"规划。

河北省是煤炭消费大省，近几年来积极发展地热供暖产业，在条件适宜地区开展干热岩供暖、跨季节储热等新型供暖示范工程，实现供暖面积可达 100 万平方米。在太阳能资源良好地区，结合工业用气需求，为有效、集中利用太阳能，建设一批太阳能集热供气示范工业园。积极推广生物质压块、制气在城乡居民供暖、炊事等领域的应用。加快煤改电、煤改地热、煤改太阳能等替代模式推广，有效减少煤炭消费量。到 2020 年，可再生能源占比由 3.2%提高到 7%，其供暖总面积达到 1.6 亿平方米，可再生能源供热、供气、燃料等总计可替代化石燃料约 900 万吨，减少二氧化碳、烟尘排放、SO_2、NO_x，分别约 2500 万吨、125 万吨、25 万吨和 4 万吨。到 2020 年，在加大本区域消纳力度和拓展外送市场的基础上，确保实现可再生能源消费占能源消费总量比重达到 7%目标的同时，力争将弃风、弃光比例控制在 10%以内。到 2020 年，通过可再生能源综合利用，年替代化石能源 2300 万吨标煤，减少二氧化碳、烟尘排放、SO_2、NO_x，分别约为 6100 万吨、300 万吨、60 万吨和 10 万吨，积极助推生态文明建设和大气污染防治[16]。这些措施及表 5.16 中列出的能源发展目标的实现，在很大程度上减少化石能源消费，使能源消费更大限度地实现低碳化。

表 5.16　2020 年河北省主要能源发展目标

指标	能源消费总量/亿吨标煤	煤炭消费量/亿吨	天然气消费比重	电力消费/（亿千瓦·时）	非化石能源占消费总量比重	单位 GDP 能耗	单位 GDP 二氧化碳排放量
数量	3.27	2.6	10%以上	3900	7%	争取比 2015年下降 19%	较 2015 年下降20.5%

资料来源：河北省"十三五"能源发展规划。

在节能环保产业方面，辽宁省重点发展利用余热余压、优化能源系统、治理大气污染、防治水体污染、开发利用特有资源综合、固体废物资源化、振动控制与噪声等技术装备与环保材料、药剂。在新能源产业方面，鼓励开发分布式光伏电站应用产品，重点支持新型太阳能电池组产品产业化，推进储能电池及系统的开发及应用，支持油页岩开发综合利用技术[17]。建立覆盖所有固定污染源的企业排放许可制度，2020 年年底前，完成排污许可管理名录规定的行业许可证核发。沈阳市作为国家划定的重点地区，继续执行国家特别排放限值要求。2019 年,沈阳市中心城区公共交通占机动化出行比例达到 55%,出租车、城市公交车应用清洁能源或新能源汽车比例达 95%和 85%,2020 年,城市中心城区公共交通占机动化出行比例达 60%,出租车、城市公交车力争全部更新(改造)为清洁能源或新能源汽车[18]。

2017 年,山东共生产新能源汽车 14.05 万辆,在全国占比约 18%,成为新能源汽车生产大省。新能源发电呈现跨越式发展,发电装机容量达 2437 万千瓦,占全省电力总装机容量的 19.4%,到 2022 年,全省全口径新能源开发利用占能源消费总量比重将会提高至 9%左右,届时新能源发电装机容量可达 4400 万千瓦左右,约占全省电力装机容量的 30%,新能源技术研发投入占主营业务收入的比重会在 3%以上,重点骨干企业技术研发投入占比约为 5%。到 2028 年,力争形成一批国内领先、国际有影响力的自主技术、产品和品牌。到 2030 年,新能源和可再生能源占比提高到 18%左右,其他新能源指标如表 5.17 所示。目标的步步细化,足以看出山东为发展新能源的长远决心。

表 5.17 山东省新能源产业发展主要指标

指标		利用规模	
		2022 年	2028 年
一、新能源应用	新能源消费比重/%	9	15
	新能源发电装机总量/万千瓦	4400	7500
	新能源发电装机比重/%	30	40
二、新能源产业	新能源产业总产值/亿元	7000	12000
	新能源产业增加值/亿元	2400	4000
三、新能源技术	研发投入比重/%	3	5

资料来源:山东省新能源产业发展规划(2018—2028 年)。

风电、太阳能、热泵、生物质能是山东省具有良好优势的新能源产业,也是调整优化能源结构的重要发展方向。山东省有较好的资源禀赋和产业基础,以科技创新为引领,将四大优势产业建设得更加数字化、网络化、智能化,全面提高能效标准、各类产品技术、工艺能效,推动价值链向高水平提升,实现四大优势新能源产业更优质发展。到 2022 年,建成青岛、烟台、潍坊等一批新能源汽车产业集聚区,力争新能源汽车产业产值达 2500 亿元。到 2028 年,实现山东成为国内重要的关键零部件和新能源汽车生产基地,转变成为高端新能源汽车制造强省,使新能源汽车产业产值达到 4000 亿元[19]。

5.2.6 科技创新与转型发展

1. 人才引进

环渤海区域人才资源密集,集聚了大量的科研院所和高校,有充足的创新来源和良好的创新发展基础,是全国创新能力最强的区域之一,但是各省市创新要素分布、能力建设不均衡现象明显。北京市聚集了高层次技术研发和科技人才,2018 年 3 月,北京市人才引进政策出台新规定,原则上年龄不超过 45 周岁,但是,由于越来越人性化的政策,可以适当将年龄放宽。例如,"三城一区"将年龄放宽至 50 岁,个人能力、业绩和有特别突出贡献的人才还可以进一步放宽年龄限制；引智项目申请单位范围从市属单位扩大至北京市行政区域内各类创新主体；推荐"以才荐才"，在北京承担国家和全市重大科技专项、重大科技基础设施等任务或进行其他重要科技创新的优秀杰出人才，近 3 年获得股权类现金融资 1.5 亿元及以上的发展潜力大的创新创业团队核心合伙人或领衔人，可以为团队成员推荐可引进的人才；开通"绿色通道"，为"海外高层次人才引进计划""高层次人才特殊支持计划""高层次创新创业人才支持计划""高端领军人才聚集工程""海外人才聚集工程"等国家和北京市重要科技奖项获奖人、重大人才工程入选专家直接办理引进，实现最快 5 天可完成引进手续。

在引智政策方面，天津市共有五家单位为首批天津市引智示范基地，滨海新区的"双创落户"、东丽区的"筑巢引凤"、武清与通州区、廊坊的"通武廊"人才一体化政策及"率先对京冀社保同城认定"的成建制落户政策，增加了本科生、研究生落户概率，拓宽了落户者年龄条件，办理程序相对简单。进一步健全高校人才引进政策和激励机制，切实加大引进青年科研人员的倾斜力度，充分调动科研人员的积极性、创造性与主动性[20]。明确放宽学历型、创业型、技能型、资格型、急需型人才落户条件，引进人才可自由选择落户地点等优惠条件。

"十二五"期间河北省引进国外专家数量共计 3.2 万人次，进一步鼓励推进柔性引才，即河北用人单位在不改变省外人才的人事、社保、户籍、档案等自身关系的前提下，选择"不求所有、但求所用"，吸引省外高层次人才通过技术咨询、兼职、挂职、周末工程师等形式，为河北省经济社会发展提供技术、智力支持。经过柔性引进的高层次人才，取得重大科研成果后在河北转化落地的，在项目申请、职称评定、土地、税收、子女教育、奖励荣誉、医疗保障等方面，与本地人才享受同等优厚待遇。河北定期举办"中国河北高层次人才洽谈会"，在招才引智的同时，还能助力乡村振兴。着力启动"百人计划"，重点引进需要重点发展的专业学科、技术领域和战略支撑产业紧需的创新创业人才。着力启动"巨人计划"，另外，加大力度培养高校向更高质量、更高水平发展。着力提升国外专家在河北省的生活环境，全力提高国外专家公寓建设；着力打造引才引智河北品牌，提高国际人才交流力度；有效建立引才引智新平台，积极开展引智项目；努力提高国外专家归属感，创新提升国外专家服务质量，同时大力支持民营经济发展，着力启动实施"双百工程"；积极参与国际人才项目有效对接，将引智网络平台做大做强，进而拓宽引智引才渠道，着力建设引智工作站，打造引智引才宣传新局面[21]。

辽宁省出台"十百千高端人才引进工程"实施办法，内容主要围绕辽宁重点发展的产业，引进海内外数十名能够引领重点支柱产业发展的顶尖科技人才，数百名在国际科学技术前沿取得重大突破，能够带领国际水准研发团队的科技领军人才，数千名拥有自主知识产权、具有较强自主创新能力的学术、技术带头人和熟悉国际惯例、具有较强国际运作能力的高级经营管理人才。各类顶尖人才在办理"居民身份证"等证件时有专属服务，创新创业类人才享优惠待遇，大力吸引较优秀博士从事博士后工作，加快培养平台建设力度，提高科研资金使用效能，努力减少引进人才的后顾之忧，提升落地落户幸福感，并同时实行引才荐才奖励措施[22]。

山东省也给出了明确的引才条例，强调要"北引南截"，即加大引进河北、东北、河南等地的人才，制定相关政策，留住意向去往北京、广东、江苏的人才，从而增加山东人才数量。山东同时也在加快建设西向的高铁线路，旨在吸引河北、山西、河南、陕西等地的人才前来就业，另外早日着力打通跨渤海海峡的海底隧道，从而吸引东北地区人才前来就业。重点厚植高端人才，吸引国内外顶尖人才，建立好"一事一议"处理模式，采用综合资助、人才津贴等方式给予支持。打破"唯学历、唯资历、唯论文"的"一刀切"选人用人现象，对一线专技人才，不看重或不作科研成果及论文要求。一流的人才，要给予一流的待遇、差额的绩效工资水平，最高可以给到单位全额的5倍。设立高层次人才突出贡献奖，鼓励人才参与科研创新，调动创造、创新积极性。增加外籍人才高端服务供给，建设国际学校、国际社区，倾心打造类国外环境。视人才为"座上宾"，积极主动提供服务，实现人才有所需、政府有所应，努力支持各类人才创新创业[23]。现有建设的人才队伍中，在鲁两院院士达48人，国家百千万人才工程人选176人，国家"海外高层次人才引进计划"专家234人，享受国务院政府特殊津贴专家3260人[24]。

2. 创新发展

环渤海区域内公司的创新性在全国表现较好，2018年在我国发明专利授权量排名前10位的国内企业中，位于环渤海的5家公司总部均在北京（表5.18）。

表5.18　2018年我国发明专利授权量排名

排名	企业名称	数量/件	2017年《财富》杂志中国500强排名
2	中国石油化工集团公司	2849	3
4	国家电网公司	2188	2
5	京东方科技集团股份有限公司	1891	无
7	联想（北京）有限公司	1807	226
10	中国石油天然气集团公司	1129	4

从表5.19可以看出，北京市专利授权总量高于其他省市。这些成果可以成为地区发展的有利动力，深入促进环渤海区域协同合作、成果共享，提升产业技术水平与产业标准化进程，并加大研发支出，为提升整体地区优势寻求更多出路。天津市的专利授权量不及北京市的1/2，人均专利数仅为北京市的1/2，河北省的人均专利数最少，辽宁省的授权量仅高于河北，山东省的专利授权量和人均专利数均高于河北省和辽宁省。

表5.19　环渤海专利授权量和人均专利数

年份	北京市		天津市		河北省		辽宁省		山东省	
	授权量/件	人均专利数/（件/万人）	授权量/件	人均专利数/（件/万人）	授权量/件	人均专利数/（件/万人）	授权量/件	人均专利数/（件/万人）	授权量/件	人均专利数/（件/万人）
2005	10100	6.57	3045	2.92	3585	0.52	6195	1.48	10743	1.17

续表

年份	北京市		天津市		河北省		辽宁省		山东省	
	授权量/件	人均专利数/（件/万人）	授权量/件	人均专利数/（件/万人）	授权量/件	人均专利数/（件/万人）	授权量/件	人均专利数/（件/万人）	授权量/件	人均专利数/（件/万人）
2006	11238	7.02	4159	3.87	4131	0.60	7399	1.76	15937	1.72
2007	14954	8.92	5584	5.01	5358	0.77	9615	2.27	22821	2.44
2008	17747	10.02	6621	5.63	5496	0.79	10665	2.51	26688	2.84
2009	22921	12.32	7216	5.88	6839	0.97	12198	2.87	34513	3.65
2010	33511	17.08	10998	8.46	10061	1.40	17093	4.02	51490	5.40
2011	40888	20.26	13982	10.32	11119	1.54	19176	4.51	58843	6.14
2012	50511	24.41	20003	14.15	15315	2.10	21216	5.00	75522	7.88
2013	62671	29.63	24856	16.88	18186	2.48	21656	5.11	76976	8.01
2014	74661	34.70	26351	17.37	20132	2.73	19525	4.60	72818	7.47
2015	94031	43.31	37342	24.14	30130	4.06	25182	5.95	98101	9.99
2016	102323	47.09	39734	25.44	31826	4.26	25104	5.93	98093	9.89
2017	106948	49.27	41675	26.77	35348	4.70	26495	6.31	100522	10.04

分类：实用新型、外观设计、发明

资料来源：2006~2018 年各地统计年鉴。

由表 5.20 可知，北京市 R&D 支出占 GDP 比重最高，维持在 5.63%~5.84%，较稳定，研发总支出呈逐年增加趋势；山东省的 R&D 支出增长较快，2014 年超过北京，成为支出第一的地区；天津市的 R&D 支出占 GDP 比重排名第二，在 2017 年下降较多；河北省的 R&D 支出逐年增长较快，但占 GDP 比重仍然较低；2016 年以来，辽宁省的 R&D 支出最少，占 GDP 比重较稳定。通过比较可见，山东省的创新发展较为突出，2016 年以来，山东省加大力度发展创新创业项目，现有国家创新型产业集群试点 11 个、院士工作站 547 个、国家企业技术中心 181 家、省级以上科技企业孵化器 275 家、众创空间 578 家，创新发展速度较快。

表 5.20　各地 R&D 支出情况

年份	北京市		天津市		河北省		辽宁省		山东省	
	R&D 支出/亿元	占 GDP 比重/%	R&D 支出/亿元	占 GDP 比重/%	R&D 支出/亿元	占 GDP 比重/%	R&D 支出/亿元	占 GDP 比重/%	R&D 支出/亿元	占 GDP 比重/%
2011	936.64	5.63	297.76	2.60	201.34	0.82	363.80	1.60	844.38	2.23
2012	1063.36	5.79	360.49	2.75	240.35	0.91	390.90	1.60	1020.33	2.45
2013	1185.05	5.83	428.09	2.92	282.53	1.00	445.90	1.60	1175.80	2.58
2014	1268.80	5.78	464.69	2.91	314.24	1.07	435.20	1.50	1304.07	2.63
2015	1384.02	5.84	510.18	3.04	352.14	1.19	363.40	1.30	1427.19	2.66
2016	1484.58	5.78	537.00	3.01	383.43	1.21	372.70	1.70	1566.09	2.72
2017	1579.65	5.64	458.72	2.47	452.03	1.33	429.90	1.80	1753.01	2.83

资料来源：2012~2018 年各地统计年鉴。

环渤海区域政府日益重视区域创新共同体建设，从机制体制、平台通道等方面展开合作，促进区域内信息、人才、技术、资金等创新资源自由流动。随着京津冀至环渤海协同发展的不断深入，环渤海协同发展创新水平的持续提升与主体协同创新水平的不断提高为创新共同体建设创造了良好的条件，创新共同体建设也取得了重大进展并进入新的发展阶段。但是，仍要进一步推进形成环渤海区域协同创新体系建设，在全国形成示范效应。

从创新层面讲，环渤海区域的整体创新能力明显低于长三角、珠三角。创新型区域应具有五个方面的能力，即较高的创新资源投入能力、较高的知识创造能力、较高的技术应用与扩散能力、较高的创新产出能力、较高的创新环境支撑能力。环渤海内部发展很不平衡，区域经济的发展存在较大空间和潜力。环渤海区域科技创新能力不平衡，极化效应明显，辐射和扩散作用较弱。北京的科技创新能力最强，单极发展水平高，各类高校、科研院所与研发人员高度集中，论文、专利数量均处于全国领先地位，科技资金投入总量较大，技术市场交易十分活跃，但对周边经济腹地的辐射与带动的程度不足。天津与北京的差距也较大，河北的创新环境较差，科技创新能力也最弱。与长三角、珠三角相比，环渤海区域科技创新的联系与协作程度低，差异化非常明显[25]。

5.3　环渤海区域碳排放驱动因素分析

2016 年 9 月 3 日，全国人民代表大会常务委员会批准中国加入《巴黎协定》，中国成为第 23 个完成了批准协定的缔约方。中国积极推动通过《巴黎协定》的举动，展现"负责任大国"担当，也表明了中国在 2030 年前实现碳排放达峰的决心与信心。因此，环渤海区域内的东部城市对我国实现碳排放达峰目标有重要推动作用。

5.3.1　碳排放驱动因素分析

目前环渤海的人口增长、人均 GDP、能源结构等会在碳排放总量达峰及达峰后呈现多种阶段性特征。未来环渤海人均 GDP 将呈现持续增长，人口增长保持现代化"三低"模式，人口总量在 2030 年达到峰值，人口老龄化、家庭规模变小等结构性变化日益明显。

根据 Kaya 公式，各因素变化效应如图 5.15 和图 5.16 所示。其中，经济效益和能源结构效应是影响环渤海二氧化碳排放的主要正、负向因素，人口效应和能源强度效应的影响较小，分别在坐标轴上、下，绝对值较接近。可以看出，在经济和人口增长的背景下，能源结构对减缓环渤海二氧化碳排放具有重大作用。

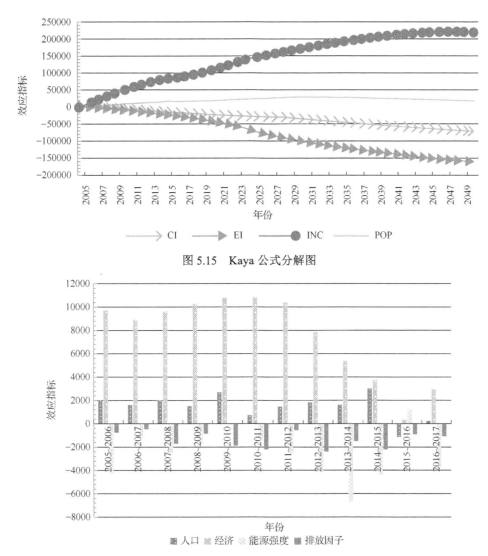

图 5.15　Kaya 公式分解图

图 5.16　2005～2017 年碳排放各因素效应分解图

　　表 5.21 是环渤海区域 2005～2017 年碳排放各因素效应分解表。随着环渤海区域人均 GDP 水平、人口、能源消费的发展，越来越趋向于不追求经济利益，而注重环境友好型发展，经济增速逐渐放缓，碳排放达峰的同时，能源消费总量增速也会缓慢降低。

表 5.21　环渤海 2005～2017 年二氧化碳排放影响因素分解

年份	人口	经济	能源强度	排放因子	总变化
2005～2006	2009.24	9725.37	−4254.85	−759.33	6720.43
2006～2007	1635.52	8919.33	−1203.12	−467.75	8883.98
2007～2008	2026.92	9609.22	−2498.87	−1709.18	7428.09
2008～2009	1510.78	10274.48	−1790.91	−858.82	9135.54

续表

年份	人口	经济	能源强度	排放因子	总变化
2009～2010	2706.78	10817.96	−82.94	−1874.59	11567.22
2010～2011	729.84	10880.76	−1250.61	−2194.38	8165.61
2011～2012	1473.22	10387.15	−2523.44	−557.34	8779.59
2012～2013	1834.22	7878.30	−4146.94	−2385.90	3179.68
2013～2014	1643.99	5381.62	−6698.20	−1487.35	−1159.94
2014～2015	3025.58	3762.50	−4331.91	−2203.63	252.54
2015～2016	−1115.55	353.10	1245.89	−914.41	−430.96
2016～2017	234.59	2992.76	−3784.23	−1080.38	−1637.26

5.3.2　区域内部达峰差异分析

环渤海区域的内部差异主要体现在以下几方面:

首先,环渤海区域内部产业差异明显。北京作为全国的政治和文化中心,2018 年其第三产业占 GDP 比重高达 81%,而天津的第二、第三产业占 GDP 的比重分别为 40.5%、58.6%,和北京差异较大,但第三产业发展迅速,其他三省中,唐山、盘锦、抚顺、烟台、东营仍处于第二产业大于第三产业的现状,北京与其他三省的产业差异较大,因而具有互补性。北京的产业结构已很难发生变化,但可以互相借助产业优势,用人才、技术共同为产业调整、碳排放达峰提供核心智慧支撑,减少环渤海内部间的差异。

其次,环渤海区域的能源结构差异同样较大。社会发展对能源的需求越来越强烈,大量化石能源的使用不仅加速了传统化石能源的枯竭,还造成了严重的大气污染。由于燃煤而导致的大气污染已经成为严重威胁公众健康的重要源头。因此,各省市采用清洁的新能源替代传统的化石能源变得尤为重要。到 2020 年,北京、天津、河北、辽宁、山东的煤炭消费量分别控制在 500 万吨、4130 万吨、26000 万吨、10363.6 万吨、36834 万吨,各地仍需进一步优化能源结构。风电、光伏、水电作为清洁的可再生能源应进一步加大使用比例,环渤海区域作为中国重要的风电发展基地,研究该区域在强化低碳约束下能源结构的协同发展情况具有较强的现实意义。

最后,环渤海区域在吸引人才、科技创新发展方面差距显著。近几年来,虽然五地通过共建高科技园区等形式,大力推动创新链、产业链、人才链、资金链、政策链等方面的深度融合,加快建设区域科技研发及其成果转化平台,成立国家级开发区产业人才联盟,但是效果仍不明显,积极性不高,后劲也未凸显。因此,还应进一步使京津科技成果在其他三省落地转化,不断完善区域创新投融资体系,为碳排放总量达峰奠定更多基础。

5.4　基于 CGE 的京津冀地区减排路径分析

5.4.1　模型介绍

可计算一般均衡(computable general equilibrium,CGE)模型产生于 1960 年,于

20 世纪 70 年代以后有了重大发展，成为越来越重要的应用经济学分支之一；同时也已经成为世界各国政府广泛采用的重要政策分析工具。我国近年来也开展了大量的 CGE 模型开发与应用研究，并取得显著结果。

CGE 模型最主要的优势在于它能把所研究经济整体的各个组成部分建立起数量联系，使我们能够考察来自经济某一部分的冲击对其他部分的影响。随着 CGE 模型的不断开发完善，除了能够用于完全竞争市场环境，也能够在非完全竞争市场环境下开展政策分析。

1. 模型基本特点

BTHM（Beijing-Tianjin-Hebei Multi-region）CGE 模型，是天津科技大学与国家信息中心合作研制的大规模、多区域动态可计算一般均衡模型。该模型以一般均衡经济学理论为基础，划分了北京、天津、河北、其他四个区域，结合京津冀地区经济社会发展趋势和经济结构特征，详细刻画了京津冀区域内及与我国其他地区贸易往来机制及国际贸易机制，建立了能源产品之间的替代机制，使该模型能较好地模拟能源与环境政策。

模型采用 GEMPACK 软件求解，具有以下两个主要特点。

第一，模型规模较大、注重细节。模型包含 40 个产业部门、3 种基本投入要素（劳动力、资本、土地）、7 个经济主体（生产、投资、家庭、政府、外省市、国外、库存）。投入品来源分为本省市生产、京津冀区域内部调入、京津冀区域外部调入和进口。为了准确刻画商品流通环节，模型考察了 3 类流通投入，分别为交通运输、批发零售和金融保险。由于存在这些较为细致的划分，使模型的规模较大。不过也正是这些细节的设置，使模型能够尽量细致地刻画经济现实，考察地区间的相互反馈，测算政策对区域整体的影响。

第二，充分刻画经济运行机制的特点。模型包含丰富的生产技术进步参数、消费偏好参数及描述市场扭曲的偏移参数。在描述生产技术进步和消费偏好改变上，能够多角度地捕捉各个层次上的变化。例如对于节能技术进步，模型既有参数描述因产业升级实现的整体节能，又有参数描述因技术替代产生的能源结构调整。此外，模型还可对中国经济存在的市场扭曲进行描述，如当前存在的成品油价格管制、电价管制等行为。这些参数值的标定过程可以通过独有的"历史模拟"完成[26]。

2. 模型结构

模型的核心模块包括产品生产、消费、资本形成、贸易、价格形成、供需平衡及动态机制等。生产模块采用了多层嵌套组合。居民消费采用线性消费系统（linear expenditure system，LES）。商品来自四个部门：天津自产品、进口品、京津冀区域内调入品和国内其他区域调入品，由常数替代弹性（constant elasticity of substiution，CES）函数组合。其中，用列昂惕夫（Leotief）函数模拟了电器和电力消费之间的耦合关系。

在资本形成过程中，投资者按照成本最小化原则选用投资品。不同投资品之间没有替代关系，进口品、调入品或者区域自产品之间存在替代关系。现实中，资本形成过程除了投资品外，还包括人工投入；在模型中，这部分人工投入主要以建筑或者其他与投资相关的服务体现出来。

在贸易模块中，北京、天津、河北、其他地区这四个区域的需求实现了相互的作用和反馈。对国际出口需求的设置根据小国假设完成，即假设本国的出口品在国际市场上是国际价格的接受者，据此把出口需求理解为在已知国际市场价格和国内市场价格下，本国的生产者如何在国际、国内两个市场进行产品分配以实现利润最大化。另外，还设定了一个偏移变量，用以模拟外界对本地商品需求偏好变化带来的影响。

在价格形成模块中，根据零超额利润假设，国内生产物品的生产者价格主要包括要素投入和中间投入的成本及生产税。产品在国内的购买者价格等于生产者价格加上流通费用和广义的商品税（如进项增值税、消费税等）。模型中考虑了商品从生产者流通到各种使用者（中间投入、最终需求）所需要的各种流通服务加价，包括交通运输、批发零售和保险费用等，这些服务会随着商品流的变化而成比例变化。

在供需平衡模块中，区域自产商品的供应等于所有需求之和，包括消费、投资、政府、京津冀区域及其他区域、国际市场需求。在模型基准情景设置中，劳动力供应总量是外生给定的，但在政策模拟过程中内生，以测算政策冲击对就业的总影响。行业期末资本存量等于经过折旧后的上年末的资本存量加上当年投资，资本存量变化取决于该行业的期望回报率的变化。另外，模型还考虑了资本账户收支平衡关系和政府收支平衡关系。

递归动态参数标定通过"历史模拟"完成，即引入历史数据进行标定与校准；动态机制设有黏性设置，如模型假设投资量取决于投资者的期望回报率，政策冲击可能短期对就业产生较大冲击，但工资水平随之改变后，就业水平将逐渐向基准情景回归。另外，模型还包含描述技术进步和消费偏好偏移的方程，如对食品、耐用品和服务等产品组的偏好，对进口品和国产品的选择偏好，固定资本与劳动力投入的选择偏好等。

5.4.2　情景设置

1. 三个情景

我们设置了基准情景、政策情景、强化低碳情景共三个情景。

基准情景根据历史数据结合一般发展规律预测未来各指标，体现了一般的经济增长路径。

政策情景根据 2015 年《巴黎协定》中国设定的系列自主贡献减排目标拟定。政策情景下中国的目标是：第一，到 2030 年，中国单位 GDP 的二氧化碳排放要比 2005 下降 60%～65%；第二，到 2030 年，非化石能源在总的能源当中的比例要提升到 20%左右；第三，到 2030 年左右，中国的二氧化碳排放要达到峰值，并且争取尽早达到峰值；第四，增加森林蓄积量和碳汇，到 2030 年中国的森林蓄积量要比 2005 年增加 45 亿立方米。

国际上还通常考察 1.5℃温升情景（2050 年比工业化前温升 1.5℃）和 2℃温升（2050 年比工业化前温升 2℃）情景。《巴黎协定》的自主贡献目标是根据 2℃温升目标设定，但由于是各国自主设定，均留有一定余地，因此，2℃温升情景要比政策情景更加严格。按照 IPCC 第五次评估报告结论，要实现"2℃温升目标"，全球累积碳排放空间已不足

1 万亿吨二氧化碳，若按照当前的年排放水平，这一排放空间将在约 30 年内耗尽；全球温室气体排放到 2030 年应在 2010 年水平上下降 0%～40%，到 21 世纪中叶应在 2010 年水平上下降 40%～70%。

尽管 2℃温升目标已经不是一个容易达成的目标，但 IPCC 仍认为这个目标过于缓和，不足以控制潜在的灾难性气候，要实现全球气候安全，有必要向 1.5℃温升目标努力。1.5℃温升转型途径，将要求人类社会进行前所未有的减排努力，带来的挑战也将是空前的。据 IPCC 测算，实现 1.5℃温升目标，要求全球目前 400 亿吨左右的二氧化碳排放到 2030 年下降 45%，2050 年实现近零排放。

对于中国而言，当前的任务一方面是要积极履行《巴黎协定》的承诺，因此我们需要考察政策情景下的具体达峰路径；另一方面需要未雨绸缪，考察 2030 年以后，国家根据形势需要，可能需要进一步采取强化低碳措施。该强化措施位于 2℃温升和 1.5℃温升之间。不同情景下的主要区别不仅体现为能源结构的变化，还体现为产业结构变化。为了适应能源结构，京津冀地区作为国家的优化开发区域，需要对产业结构进行相应的调整。调整的方式首先是市场调整，使用价格和税收手段影响能源价格，从而迫使高耗能产业退出该区域；其次是行政调整，通过关停并转影响不同产业的规模。因此，我们的情景设计主要针对经济总量、经济结构、能源消费总量、能源结构。

2. 基本现状

（1）经济结构与人口增长

京津冀地区及全国的 GDP 及增速见表 5.22。随着经济发展方式逐渐转变，中国经济增速正在逐渐回落，由 21 世纪初的两位数增长率逐步降至当前的 6.5%～7%。京津冀作为国家优化开发区域，经济总量占全国经济总量的 10% 左右，在国家经济版图中占有重要位置。其中，北京和河北的经济增速与国家基本持平，但天津市作为一个传统的工业化城市，在经济转型过程中遇到了阵痛期，经济增速由 2010 年的 17.6% 快速回落为 2017 年的 3.6%。

表 5.22　京津冀地区与全国的 GDP 及与增速表（2010～2017 年）

年份	北京		天津		河北		全国	
	GDP/亿元	GDP 指数	GDP/亿元	GDP 指数	GDP/亿元	GDP 指数	GDP/亿元	GDP 指数
2010	14442	110.4	9344	117.6	20394	113.3	410354	112.2
2011	16628	108.1	11462	116.6	24516	111.9	483393	111.3
2012	18350	108.0	13087	114.0	26575	110.1	537329	109.6
2013	20330	107.7	14660	112.5	28443	108.0	588141	108.2
2014	21944	107.4	15965	110.1	29421	106.7	642098	106.5
2015	23686	106.9	16795	109.4	29806	106.9	683391	106.8
2016	25669	106.8	17838	109.1	32070	107.4	737074	106.8
2017	28015	106.7	18549	103.6	34016	106.7	818461	106.6

资料来源：国家统计局。

京津冀地区与全国的三产结构见表 5.23。随着国家经济发展的不断演进，国家三产结构正发生较快速的转变，全国的第三产业占比持续增长，2015 年首次超过 50%，成为国家经济增长最重要的动力来源。北京已经进入后工业化时期，第三产业占比于 2016 年超过 80%；天津的服务业发展水平与全国基本同步，但在 2016～2017 年快速上升，原因一方面是天津市积极发展第三产业，另一方面是第二产业受环境影响出现较明显的萎缩；河北省作为一个工业化省份，工业一直占有最重要的地位，第三产业占比仍未超过第二产业。

表 5.23　京津冀地区与全国的三产结构表（2010～2017 年）　　　　（单位：%）

年份	北京			天津			河北			全国		
	一产	二产	三产	一产	二产	三产	一产	二产	三产	一产	二产	三产
2010	0.87	23.56	75.57	1.41	52.84	45.75	12.57	52.50	34.93	9.33	46.50	44.18
2011	0.83	22.63	76.54	1.23	52.86	45.91	11.85	53.54	34.60	9.18	46.53	44.29
2012	0.83	22.16	77.01	1.13	52.17	46.70	11.99	52.69	35.31	9.11	45.42	45.46
2013	0.79	21.61	77.61	1.06	50.89	48.06	11.89	51.97	36.14	8.94	44.18	46.88
2014	0.73	21.25	78.02	0.99	49.69	49.31	11.72	51.03	37.25	8.67	43.28	48.04
2015	0.59	19.68	79.73	0.97	47.15	51.89	11.54	48.27	40.19	8.42	41.11	50.46
2016	0.51	19.26	80.23	0.94	42.45	56.61	10.89	47.57	41.54	8.13	40.07	51.80
2017	0.43	19.01	80.56	0.91	40.94	58.15	9.20	46.58	44.21	7.57	40.54	51.89

资料来源：国家统计局。

京津冀地区（常住）人口与全国的人口变化趋势如表 5.24 所示。全国人口自然增长率目前比较稳定，在 0.50% 左右。北京作为特大型城市，受资源与环境等条件制约，采取了一系列措施，常住人口已经出现外流倾向；天津市在 2010 年后由于经济快速发展，吸引了大量外来人口，但随着后期发展转型遇到困难，人口流入与增长趋势中止；河北常住人口增长率略高于全国人口自然增长率，且相对稳定。

表 5.24　京津冀地区（常住）人口与全国的人口变化趋势（2010～2017 年）

年份	北京		天津		河北		全国	
	总量/万人	增速/%	总量/万人	增速/%	总量/万人	增速/%	总量/万人	增速/%
2010	1962		1299		7194		134091	
2011	2019	2.89	1355	4.26	7241	0.65	134735	0.48
2012	2069	2.51	1413	4.32	7288	0.65	135404	0.50
2013	2115	2.20	1472	4.18	7333	0.62	136072	0.49
2014	2152	1.74	1517	3.03	7384	0.70	136782	0.52
2015	2171	0.90	1547	1.99	7425	0.56	137462	0.50
2016	2173	0.09	1562	0.98	7470	0.61	138271	0.59
2017	2171	−0.11	1557	−0.34	7520	0.67	139008	0.53

资料来源：国家统计局。

北京、天津、河北的能源消费总量及消费结构见表 5.25～表 5.27。

北京市能源消费结构已经得到了快速优化，煤炭占比由 2010 年的 30.80% 快速下降至 2016 年的 9.19%，天然气占比则上升至 31.12%。北京的能源消费总量也已经在 2012

年达到峰值，目前处于平台期。

表 5.25　北京能源消费总量及结构（2010~2016 年）

| 年份 | 占总消费的比例/% | | | | 总量/万吨标煤 |
	煤炭	石油	天然气	外购电力	
2010	30.80	30.54	14.08	24.58	6662
2011	26.70	33.77	14.27	25.26	6497
2012	24.79	32.49	17.19	25.53	6761
2013	22.42	33.09	19.62	24.87	6440
2014	19.10	33.99	22.28	24.63	6501
2015	12.82	35.12	29.27	22.79	6504
2016	9.19	34.53	31.12	25.16	6576

资料来源：国家统计局。

　　天津市仍然是一个煤炭占据主要地位的城市，但比重已经大幅下降，煤炭占比由 2010 年的 60.34%下降为 2016 年的 45.79%，天然气占比由 2010 年的 4.23%上升为 2016 年的 11.84%。天津的能源消费总量也进入了一个相对稳定的时期，表明其经济转型已经在能源使用上有所反映。

表 5.26　天津能源消费总量及结构（2010~2016 年）

| 年份 | 占总消费的比例/% | | | | 总量/万吨标煤 |
	煤炭	石油	天然气	外购电力	
2010	60.34	25.12	4.23	10.32	7042
2011	58.95	26.65	4.39	10.01	7572
2012	57.48	26.83	5.20	10.48	8145
2013	57.27	25.97	6.07	10.70	7980
2014	54.57	27.09	7.29	11.05	8119
2015	49.25	28.59	10.12	12.04	8263
2016	45.79	29.69	11.84	12.67	8226

资料来源：国家统计局。

　　河北是仍处于典型的工业化进程中的地区。到 2018 年，河北的能源消费总量仍未见顶，并且仍然高度依赖煤炭。煤炭占能源总消费的比重在 2016 年仍有 85.01%。

表 5.27　河北能源消费总量及结构（2010~2018 年）

| 年份 | 占总消费的比例/% | | | | 总量/万吨标煤 |
	煤炭	石油	天然气	一次电力及其他	
2010	89.71	7.75	1.51	1.03	26201
2011	89.09	8.12	1.66	1.13	28075
2012	88.86	7.48	2.04	1.62	28762
2013	88.69	7.22	2.23	1.86	29664
2014	88.46	6.98	2.54	2.02	29320
2015	86.55	7.99	3.30	2.17	29395
2016	85.01	8.63	3.14	3.22	29794
2017	83.71	7.97	4.23	4.09	30385
2018	71.41	11.73	5.08	11.78	34821

资料来源：历年河北统计年鉴。

（2）京津冀地区的碳排放量

排放量的计算公式为

$$M_i = \sum_j \alpha_j E_{ij} \tag{5.1}$$

式中，M_i 为第 i 个部门的排放量；α_j 为第 j 类能源的排放因子；E_{ij} 为 i 部门消费的 j 类能源的数量。其中，排放因子参考 IPCC 取值，见表 5.28。

表 5.28　能源排放因子

项目	煤炭/（吨二氧化碳/吨）	石油/（吨二氧化碳/吨）	天然气/（吨二氧化碳/万立方米）	电力/［吨二氧化碳/（万千瓦·时）］
排放因子	2.65	3.06	21.8	8

　　各部门能源消费数据根据能源平衡表获取。按能源平衡表的一般分类方法，划分为农业、工业、电力、热力、建筑业、交通运输、批发零售与住宿餐饮、其他服务业、居民消费 9 个部门。直接排放与总排放的区别在于：直接排放仅计算化石燃料的排放量，而总排放还计算了电力的排放量。2016 年，北京的总排放量为 10570.65 万吨二氧化碳。在 9 个部门的排放量中，占比最大的是交通运输部门，其次是居民消费、电力、工业、热力、其他服务业等部门。北京正在将火电企业和重工业企业逐步外迁，将来的减排重点和难点是交通运输和居民消费的排放。

　　2016 年，天津的总排放量为 18265 万吨二氧化碳。在 9 个部门中，排放占比最大的是电力部门和工业部门，其次是热力部门，其他部门占比相对较小。

　　在计算不同行业的能源消费数据时，北京市分行业能源消费数据可以通过统计数据获取，而天津和河北则缺乏行业统计数据，需要根据投入产出表及主要工业品的产量统计数据进行估计。北京、天津、河北的分行业排放变化情况分布见表 5.29～表 5.31。

表 5.29　北京分行业二氧化碳排放变化情况　　　　（单位：万吨二氧化碳）

行业	2012 年	2016 年	变化量	变化率
一、农业	145.96	82.39	-63.57	-43.55%
二、工业	2623.93	1462.13	-1161.8	-44.28%
煤炭采选	2.17	0.57	-1.60	-73.75%
石油和天然气开采	0.35	0.94	0.59	170.88%
金属矿采选	184.50	87.32	-97.18	-52.67%
非金属矿和其他矿采选	126.41	85.62	-40.79	-32.27%
食品和烟草	143.30	63.06	-80.24	-55.99%
纺织品	9.11	2.65	-6.46	-70.94%
纺织服装鞋帽皮革羽绒及其制品	26.20	13.33	-12.87	-49.12%
木材加工品和家具	8.70	5.83	-2.87	-33.00%
造纸印刷和文教体育用品	83.49	24.87	-58.62	-70.21%
石油、炼焦产品和核燃料加工品	503.92	349.31	-154.61	-30.68%
化学产品	433.78	213.03	-220.75	-50.89%
非金属矿物制品	573.18	172.35	-400.83	-69.93%

续表

行业	2012 年	2016 年	变化量	变化率
金属冶炼和压延加工品	50.56	30.30	−20.26	−40.08%
金属制品	48.29	31.63	−16.66	−34.50%
通用设备	48.19	22.37	−25.82	−53.58%
专用设备	36.4	16.50	−19.90	−54.67%
交通运输设备	159.81	159.61	−0.20	−0.13%
电气机械和器材	29.00	8.80	−20.20	−69.66%
通信设备、计算机和其他电子设备	30.06	99.11	69.05	229.68%
仪器仪表	6.89	4.71	−2.18	−31.71%
其他制造产品	66.61	26.57	−40.04	−60.11%
废品废料	2.44	1.70	−0.74	−30.16%
金属制品、机械和设备修理服务	9.32	7.64	−1.68	−17.96%
燃气生产和供应	36.86	30.13	−6.73	−18.25%
水的生产和供应	4.39	4.18	−0.21	−4.72%
三、电力	2209.16	1671.7	−537.46	−24.33%
四、热力	2007.00	1432.43	−574.57	−28.63%
五、建筑业	155.60	119.12	−36.48	−23.44%
六、交通运输	1972.80	2350.31	377.51	19.14%
七、批发零售与住宿餐饮	371.16	359.37	−11.79	−3.18%
八、其他服务业	1283.13	947.65	−335.48	−26.15%
信息传输、软件和信息技术服务	16.73	17.75	1.02	6.10%
金融	20.76	18.10	−2.66	−12.80%
房地产	424.91	289.07	−135.84	−31.97%
租赁和商务服务	191.60	131.07	−60.53	−31.59%
科学研究和技术服务	170.26	143.83	−26.43	−15.52%
水利、环境和公共设施管理	34.61	31.42	−3.19	−9.20%
居民服务、修理和其他服务	64.49	42.07	−22.42	−34.76%
教育	172.40	127.58	−44.82	−26.00%
卫生和社会工作	47.94	34.31	−13.63	−28.43%
文化、体育和娱乐	36.52	33.05	−3.47	−9.50%
公共管理、社会保障和社会组织	102.91	79.40	−23.51	−22.85%
九、居民消费	1829.55	1959.80	130.25	7.12%
农村居民消费	612.47	426.53	−185.94	−30.36%
城镇居民消费	1217.08	1533.27	316.19	25.98%
十、损失量	116.21	185.72	69.51	59.81%
合计	12714.52	10570.65	−2143.87	−16.86%

资料来源：根据国家统计局北京市分行业能源消费数据计算。

表 5.30　天津分行业二氧化碳排放变化情况　　　（单位：万吨二氧化碳）

行业	2012 年	2016 年	变化量	变化率
一、农业	151.31	153.69	2.38	1.58%
二、工业	6437.79	6151.99	−285.80	−4.44%

续表

行业	2012 年	2016 年	变化量	变化率
煤炭采选	362.45	411.57	49.12	13.55%
石油和天然气开采	25.91	30.72	4.81	18.58%
金属矿采选	169.56	165.17	−4.39	−2.59%
非金属矿和其他矿采选	288.59	278.41	−10.18	−3.53%
食品和烟草	122.34	127.03	4.69	3.84%
纺织品	17.97	17.81	−0.16	−0.87%
纺织服装鞋帽皮革羽绒及其制品	8.50	7.37	−1.13	−13.25%
木材加工品和家具	3.58	3.96	0.38	10.50%
造纸印刷和文教体育用品	35.69	42.56	6.87	19.24%
石油、炼焦产品和核燃料加工品	1098.79	1193.40	94.61	8.61%
化学产品	947.59	937.08	−10.51	−1.11%
非金属矿物制品	134.54	212.54	78.00	57.97%
金属冶炼和压延加工品	2637.16	2043.73	−593.43	−22.50%
金属制品	35.22	29.20	−6.02	−17.07%
通用设备	17.70	19.11	1.41	7.97%
专用设备	23.95	11.37	−12.58	−52.51%
交通运输设备	21.76	18.82	−2.94	−13.52%
电气机械和器材	13.95	10.83	−3.12	−22.37%
通信设备、计算机和其他电子设备	10.02	11.07	1.05	10.46%
仪器仪表	0.54	0.59	0.05	8.89%
其他制造产品	65.13	67.55	2.42	3.71%
废品废料	72.31	74.33	2.02	2.78%
金属制品、机械和设备修理服务	0.33	0.39	0.06	20.41%
燃气生产和供应	323.53	436.82	113.29	35.02%
水的生产和供应	0.68	0.56	−0.12	−17.55%
三、电力	7369.48	6220.22	−1149.26	−15.59%
四、热力	2808.77	2647.47	−161.30	−5.74%
五、建筑业	358.11	436.90	78.79	22.00%
六、交通运输	992.47	866.22	−126.25	−12.72%
七、批发零售与住宿餐饮	345.50	288.65	−56.85	−16.46%
八、其他服务业	400.55	493.81	93.26	23.28%
信息传输、软件和信息技术服务	6.79	8.65	1.86	27.46%
金融	7.94	10.11	2.17	27.41%
房地产	26.05	33.21	7.16	27.49%
租赁和商务服务	73.13	94.37	21.24	29.05%
科学研究和技术服务	28.82	36.71	7.89	27.41%
水利、环境和公共设施管理	8.60	10.96	2.36	27.42%
居民服务、修理和其他服务	29.17	39.41	10.24	35.13%
教育	120.39	142.12	21.73	18.04%
卫生和社会工作	30.80	36.19	5.39	17.48%

续表

行业	2012 年	2016 年	变化量	变化率
文化、体育和娱乐	4.43	5.39	0.96	21.64%
公共管理、社会保障和社会组织	64.43	76.69	12.26	19.03%
九、居民消费	766.98	958.96	191.98	25.03%
农村居民消费	198.74	250.79	52.05	26.19%
城镇居民消费	568.24	708.17	139.93	24.63%
十、损失量	67.76	47.06	-20.70	-30.55%
合计	19698.71	18265.00	-1433.71	-7.28%

资料来源：根据天津能源平衡表、天津投入产出表（2012）、国家统计局分地区主要工业产品产量计算。

表 5.31　河北分行业二氧化碳排放变化情况　　　（单位：万吨二氧化碳）

行业	2012 年	2016 年	变化量	变化率
一、农业	989.77	845.39	-144.38	-14.59%
二、工业	49605.30	41773.45	-7831.85	-15.79%
煤炭采选	0.30	0.15	-0.15	-49.39%
石油和天然气开采	192.02	149.72	-42.30	-22.03%
金属矿采选	548.79	495.49	-53.30	-9.71%
非金属矿及其他矿采选	276.13	192.27	-83.86	-30.37%
食品和烟草	760.50	1354.59	594.09	78.12%
纺织品	1162.54	1045.62	-116.92	-10.06%
纺织服装鞋帽皮革羽绒及其制品	37.68	32.72	-4.96	-13.16%
木材加工品和家具	229.98	199.83	-30.15	-13.11%
造纸印刷和文教体育用品	518.73	305.10	-213.63	-41.18%
石油、炼焦产品和核燃料加工品	20947.47	14507.62	-6439.85	-30.74%
化学产品	5501.40	6190.22	688.82	12.52%
非金属矿物制品	4138.00	2865.74	-1272.26	-30.75%
金属冶炼和压延加工品	13572.53	12936.06	-636.47	-4.69%
金属制品	290.17	285.76	-4.41	-1.52%
通用设备	314.46	62.39	-252.07	-80.16%
专用设备	92.39	16.14	-76.25	-82.53%
交通运输设备	150.55	210.7	60.15	39.95%
电气机械和器材	59.39	119.82	60.43	101.74%
通信设备、计算机和其他电子设备	3.27	4.55	1.28	39.24%
仪器仪表	0.27	0.25	-0.02	-8.21%
其他制造产品	22.47	19.44	-3.03	-13.50%
废品废料	5.99	5.19	-0.80	-13.49%
金属制品、机械和设备修理服务	53.56	27.69	-25.87	-48.30%
燃气生产和供应	725.93	745.72	19.79	2.73%
水的生产和供应	0.78	0.67	-0.11	-13.22%
三、电力	25634.15	23675.33	-1958.82	-7.64%
四、热力	3925.87	4921.62	995.75	25.36%

续表

行业	2012 年	2016 年	变化量	变化率
五、建筑业	727.24	442.57	-284.67	-39.14%
六、交通运输	1840.55	1934.46	93.91	5.10%
七、批发零售与住宿餐饮	495.80	597.48	101.68	20.51%
八、其他服务业	1212.25	982.28	-229.97	-18.97%
信息传输、软件和信息技术服务	7.16	10.28	3.12	43.57%
金融	52.02	73.42	21.40	41.14%
房地产	14.03	20.37	6.34	45.22%
租赁和商务服务	28.86	41.83	12.97	44.93%
科学研究和技术服务	23.00	25.19	2.19	9.53%
水利、环境和公共设施管理	12.01	11.54	-0.47	-3.95%
居民服务、修理和其他服务	84.29	212.82	128.53	152.50%
教育	716.73	366.59	-350.14	-48.85%
卫生和社会工作	110.92	69.12	-41.80	-37.69%
文化、体育和娱乐	10.60	15.56	4.96	46.86%
公共管理、社会保障和社会组织	152.63	135.56	-17.07	-11.18%
九、居民消费	4566.88	6236.22	1669.34	36.55%
农村居民消费	2301.82	4388.47	2086.65	90.65%
城镇居民消费	2265.06	1847.75	-417.31	-18.42%
十、损失量	40.73	40.09	-0.64	-1.58%
合计	89038.55	81448.88	-7589.67	-8.52%

资料来源：根据河北能源平衡表、河北投入产出表（2012）、国家统计局分地区主要工业产品产量计算。

由表 5.29 可见，北京市两个最大的排放源——交通运输与居民消费的排放量仍在继续增长。较之 2012 年，北京市 2016 年的交通运输排放增加了 19.1%，增加了 377.51 万吨；居民消费排放增加了 7.12%，增加了 130.25 万吨，其中，城镇居民消费增长了大约 26% 的排放量，农村居民消费则减少了 30% 的排放量。

北京市的工业部门减排量较大，2012～2016 年减排了 1161.8 万吨，其中各行业都在减排，非金属矿物制品业减排超过 400 万吨，电力和热力部门分别减排了 24.33% 和 28.63%，这主要是天然气替代煤炭的成果。在工业部门中，通信设备、计算机和其他电子设备行业是增排部门，体现了北京市产业结构调整的方向。

天津市减排量最大的部门是电力部门，减排了 1149.26 万吨二氧化碳，减排幅度约为 15.6%。金属冶炼和压延加工行业也是减排的重要贡献者，减排了 593.43 万吨二氧化碳，减排幅度为 22.5%。增排较快的是居民消费，大约增长了 192 万吨。其他服务业共增长了大约 93 万吨。

河北省最大的减排源是石油、炼焦产品和核燃料加工行业，在 2012～2016 年共减排约 6440 万吨二氧化碳，原因在于随着河北与天津市钢铁业逐渐转型，焦炭使用量不断减少。电力部门减排了 1958.82 万吨，非金属矿物制品减排了 1272.26 万吨，金属冶炼和压延加工业减排了 636.47 万吨，均为重要的减排源。居民消费是最重要的增排源，共增加排放 1669.34 万吨，其中，农村居民的排放增加很快，增加了约 91%，增排 2086.65

万吨，反映出随着生活条件的改善，农村居民排放将为河北省的一个重要组成部分。热力部门增排了 995.75 万吨，这也与生活条件改善、集中供暖需求增加有关。在工业部门中，化学产品增排了 688.82 万吨，也是重要的增排源之一。

3. 情景参数

在基准情景下，GDP 增速参考清华大学国情研究院课题组等（2017）的研究[27]，将全国的 GDP 增速设定为 2030 年下降至 6% 以下，之后每 10 年下降 1 个百分点。北京作为中国的发达地区，在 2050 年的经济发展速度下降至世界平均水平，设定 2050 年的 GDP 增速为 3.3%。天津、河北维持全国平均水平。具体数值见表 5.32。

表 5.32　基准情景下京津冀及全国 GDP 增速（2018～2050 年）　　　（单位：%）

年份	全国	北京	天津	河北
2018	6.6	6.6	3.6	6.6
2019	6.5	6.4	5.5	6.5
2020	6.5	6.3	6	6.5
2021	6.4	6.2	6.4	6.4
2022	6.3	6.1	6.3	6.3
2023	6.2	6	6.2	6.2
2024	6.1	5.9	6.1	6.1
2025	6	5.8	6	6
2026	5.9	5.7	5.9	5.9
2027	5.8	5.6	5.8	5.8
2028	5.7	5.5	5.7	5.7
2029	5.6	5.4	5.6	5.6
2030	5.5	5.3	5.5	5.5
2031	5.4	5.2	5.4	5.4
2032	5.3	5.1	5.3	5.3
2033	5.2	5	5.2	5.2
2034	5.1	4.9	5.1	5.1
2035	5	4.8	5	5
2036	4.9	4.7	4.9	4.9
2037	4.8	4.6	4.8	4.8
2038	4.7	4.5	4.7	4.7
2039	4.6	4.4	4.6	4.6
2040	4.5	4.3	4.5	4.5
2041	4.4	4.2	4.4	4.4
2042	4.3	4.1	4.3	4.3
2043	4.2	4	4.2	4.2

续表

年份	全国	北京	天津	河北
2044	4.1	3.9	4.1	4.1
2045	4	3.8	4	4
2046	3.9	3.7	3.9	3.9
2047	3.8	3.6	3.8	3.8
2048	3.7	3.5	3.7	3.7
2049	3.6	3.4	3.6	3.6
2050	3.5	3.3	3.5	3.5

2017 年一些发达国家的第三产业占比：美国为 75.3%，日本为 68.1%，法国为 72.4%，英国和德国都在 72%左右，且比值较为稳定。因此，设定基准情景下中国的第三产业比重在 2050 年为 70%，其中，北京的第三产业比重达到 90%，天津的第三产业比重达到 75%（表 5.33）。

表 5.33　基准情景下京津冀及全国第三产业比重（2018～2050 年）　　（单位：%）

年份	全国	北京	天津	河北
2018	52	81	59	45
2030	60	85	65	57
2040	67	88	70	67
2050	70	90	75	70

参考联合国经济和社会事务部的人口报告[28]预测，设定中国人口在 2030 年左右达到高峰，随后出现回落，2050 年人口约为 13.76 亿人。基准情景下全国及京津冀地区人口设定见表 5.34。

表 5.34　基准情景下京津冀（常住）及全国人口变化趋势（2018～2050 年）

年份	全国		北京		天津		河北	
	总人口/亿人	增长率/%	总人口/万人	增长率/%	总人口/万人	增长率/%	总人口/万人	增长率/%
2018	13.97	0.50	2169	-0.10	1557	0	7286	0.50
2019	14.04	0.50	2167	-0.10	1557	0	7323	0.50
2020	14.10	0.40	2164	-0.10	1557	0	7352	0.40
2021	14.15	0.40	2162	-0.10	1557	0	7381	0.40
2022	14.19	0.30	2160	-0.10	1557	0	7404	0.30
2023	14.24	0.30	2158	-0.10	1557	0	7426	0.30
2024	14.27	0.20	2156	-0.10	1557	0	7441	0.20
2025	14.29	0.20	2154	-0.10	1557	0	7455	0.20
2026	14.31	0.10	2152	-0.10	1555	-0.10	7463	0.10
2027	14.32	0.10	2149	-0.10	1554	-0.10	7470	0.10
2028	14.32	0.00	2147	-0.10	1552	-0.10	7470	0.00
2029	14.32	0.00	2145	-0.10	1551	-0.10	7470	0.00
2030	14.31	-0.10	2143	-0.10	1549	-0.10	7463	-0.10
2031	14.29	-0.10	2141	-0.10	1548	-0.10	7455	-0.10

年份	全国		北京		天津		河北	
	总人口/亿人	增长率/%	总人口/万人	增长率/%	总人口/万人	增长率/%	总人口/万人	增长率/%
2032	14.27	-0.20	2137	-0.20	1545	-0.20	7441	-0.20
2033	14.24	-0.20	2132	-0.20	1541	-0.20	7426	-0.20
2034	14.21	-0.20	2128	-0.20	1538	-0.20	7411	-0.20
2035	14.18	-0.20	2124	-0.20	1535	-0.20	7396	-0.20
2036	14.15	-0.20	2119	-0.20	1532	-0.20	7381	-0.20
2037	14.12	-0.20	2115	-0.20	1529	-0.20	7366	-0.20
2038	14.09	-0.20	2111	-0.20	1526	-0.20	7352	-0.20
2039	14.07	-0.20	2107	-0.20	1523	-0.20	7337	-0.20
2040	14.04	-0.20	2103	-0.20	1520	-0.20	7322	-0.20
2041	14.01	-0.20	2098	-0.20	1517	-0.20	7308	-0.20
2042	13.98	-0.20	2094	-0.20	1514	-0.20	7293	-0.20
2043	13.95	-0.20	2090	-0.20	1511	-0.20	7278	-0.20
2044	13.93	-0.20	2086	-0.20	1508	-0.20	7264	-0.20
2045	13.90	-0.20	2082	-0.20	1505	-0.20	7249	-0.20
2046	13.87	-0.20	2077	-0.20	1502	-0.20	7235	-0.20
2047	13.84	-0.20	2073	-0.20	1499	-0.20	7220	-0.20
2048	13.82	-0.20	2069	-0.20	1496	-0.20	7206	-0.20
2049	13.79	-0.20	2065	-0.20	1493	-0.20	7192	-0.20
2050	13.76	-0.20	2061	-0.20	1490	-0.20	7177	-0.20

能源消费弹性系数设定见表 5.35。

表 5.35　基准情景下京津冀及全国能源消费弹性系数（2018～2050 年）

年份	全国	北京	天津	河北
2018	0.4	0.0	0.3	0.4
2019	0.4	0.0	0.3	0.4
2020	0.3	0.0	0.3	0.3
2021	0.3	0.0	0.3	0.3
2022	0.3	0.0	0.3	0.3
2023	0.3	0.0	0.3	0.3
2024	0.3	0.0	0.3	0.3
2025	0.3	0.0	0.3	0.3
2026	0.3	0.0	0.2	0.3
2027	0.3	0.0	0.2	0.3
2028	0.3	0.0	0.2	0.3
2029	0.3	0.0	0.2	0.3
2030	0.3	0.0	0.2	0.3
2031	0.2	-0.1	0.1	0.2
2032	0.2	-0.1	0.1	0.2
2033	0.2	-0.1	0.1	0.2

续表

年份	全国	北京	天津	河北
2034	0.2	-0.1	0.1	0.2
2035	0.2	-0.1	0.1	0.2
2036	0.2	-0.1	0.1	0.2
2037	0.2	-0.1	0.1	0.2
2038	0.2	-0.1	0.1	0.2
2039	0.2	-0.1	0.1	0.2
2040	0.2	-0.1	0.1	0.2
2041	0.1	-0.1	0.0	0.1
2042	0.1	-0.1	0.0	0.1
2043	0.1	-0.1	0.0	0.1
2044	0.1	-0.1	0.0	0.1
2045	0.1	-0.1	0.0	0.1
2046	0.1	-0.1	0.0	0.1
2047	0.1	-0.1	0.0	0.1
2048	0.1	-0.1	0.0	0.1
2049	0.1	-0.1	0.0	0.1
2050	0.1	-0.1	0.0	0.1

基准情景与其他情景的主要差异为能源结构，见表5.36。

表5.36　情景设置的主要假设

情景类型	基准情景	政策情景	强化低碳情景
情景说明	无政策干预，参数和指标符合历史趋势，2030年之后排放达峰	根据国家自主贡献安排减排，2030年前达峰	国家朝着1.5℃温升目标努力，2030年碳排放总量降至2010年水平的80%，2050年降至2010年水平的30%左右
全国能源结构	2030年风能、太阳能、水电、核电等一次清洁能源占总能源的比重20%，2050年占比30%	2030年风能、太阳能、水电、核电等一次清洁能源占总能源的比重20%，2050年占比40%	2030年风能、太阳能、水电、核电等一次清洁能源占总能源的比重40%，2050年占比80%
京津冀能源结构	北京2030年化石燃料占比68%，2050年占比59%；天津2030年化石燃料占比75%，2050年占比50%；河北为全国平均水平	北京2030年化石燃料占62%，2050年占比40%；天津2030年化石燃料占比75%，2050年占比50%；河北为全国平均水平	北京2050年实现近零排放（10%）；天津2050年实现化石燃料占比15%；河北为全国平均水平

5.4.3　计算结果

在基准情景下，中国将于2040年前达峰，峰值为2017年排放量的1.23倍。北京已经达峰；天津将于2030年达峰，峰值为2017年排放量的1.096倍；河北将于2040年达峰，峰值排放为2017年排放量的1.24倍（表5.37）。

表 5.37 基准情景下京津冀及全国碳排放量（2018～2050 年） （单位：万吨二氧化碳）

年份	全国	北京	天津	河北
2018	950073	10385	18415	83558
2019	969108	10315	18611	85254
2020	982228	10246	18836	86431
2021	995198	10176	18967	87596
2022	1008007	10106	19093	88747
2023	1020644	10036	19216	89884
2024	1033099	9967	19336	91006
2025	1045359	9897	19451	92112
2026	1057414	9827	19563	93200
2027	1069253	9758	19671	94271
2028	1080866	9688	19774	95322
2029	1092240	9618	19874	96353
2030	1103366	9549	19969	97363
2031	1108312	9430	19953	97829
2032	1113015	9312	19934	98274
2033	1117473	9197	19913	98698
2034	1121681	9084	19888	99100
2035	1125636	8972	19861	99481
2036	1129334	8863	19831	99840
2037	1132772	8754	19799	100176
2038	1135946	8648	19764	100490
2039	1138855	8543	19726	100780
2040	1141495	8440	19685	101048
2041	1138874	8338	19555	100850
2042	1136095	8238	19426	100638
2043	1133158	8140	19296	100413
2044	1130063	8043	19167	100175
2045	1126813	7947	19037	99922
2046	1123406	7853	18908	99656
2047	1119844	7760	18778	99377
2048	1116127	7668	18649	99084
2049	1112257	7578	18519	98778
2050	1108234	7489	18390	98458

全国三种情景下的排放趋势如图 5.17 所示。

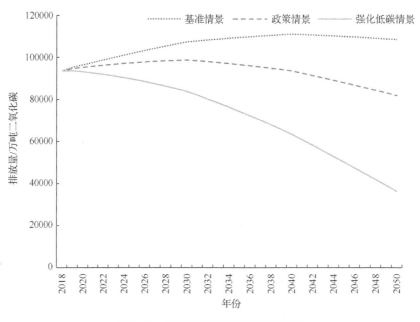

图 5.17　全国三种情景下的排放趋势

在政策情景下，中国碳排放的达峰年将提前至 2029 年，2050 年总排放降至 2017 年的 80%以下；在低碳情景下，中国需要从现在开始就持续降低排放，在 2050 年降至 2017 年的 30%左右。

三种情景下北京的排放趋势如图 5.18 所示。无论何种情景，北京都已经达峰。北京市在基准情景下 2050 年的排放量约为 2017 年的 75%，在政策情景下，2050 年的排放量降至 40%以下，而在强化低碳情景下，根据设定的情景，北京市总排放量降至 1005 万吨二氧化碳，大约为当前水平的 10%。

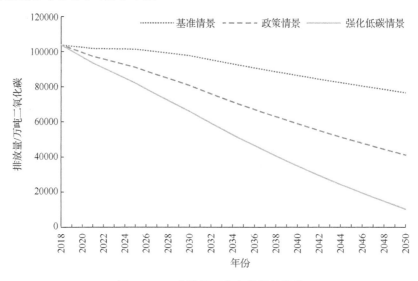

图 5.18　三种情景下北京的排放趋势

　　三种情景下天津的排放趋势如图 5.19 所示。在基准情景下，天津碳排放的达峰年份为 2030 年，政策情景下，天津达峰年将提前至 2025 年，而在强化低碳情景下，天津 2050 年的排放量约为 2018 年的 21%，和政策情景一样，没有排放增长的空间，必须从现在就减排。

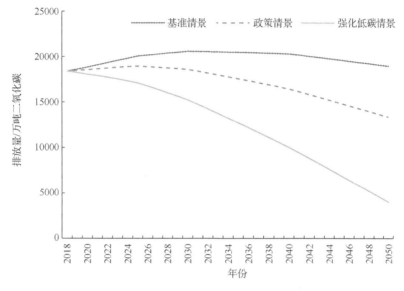

图 5.19　三种情景下天津的排放趋势

　　三种情景下河北的排放趋势如图 5.20 所示。在基准情景与政策情景下，河北碳排放的达峰年分别为 2040 年和 2030 年，而在强化低碳情景下，河北省与天津等地一样，需要立即限制排放。强化低碳情景下河北省 2050 年的排放为 2018 年的 32.3%。

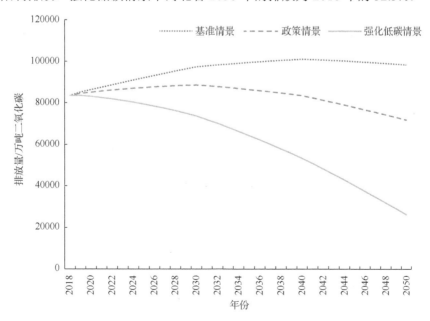

图 5.20　三种情景下河北的碳排放趋势（2017 年为基准）

全国在三种情景下的 GDP 变化与发展趋势如图 5.21 所示。在政策情景下，全国的 GDP 增速平均比基准情景下降 0.26 个百分点；在强化低碳情景下，全国 GDP 增速比基准情景平均下降 0.85 个百分点。

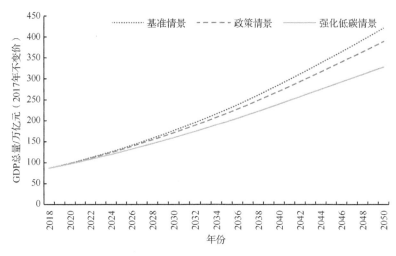

图 5.21　中国的 GDP 变化与发展趋势

京津冀的 GDP 变化与发展趋势如图 5.22～图 5.24 所示。在京津冀地区，虽然北京的减排标准最严格，但经济上受到的影响相对更小一些。相比基准情景，在政策情景与强化低碳情景下，北京市的 GDP 分别下降 0.25% 和 0.66%，天津市的 GDP 分别下降 0.32% 和 0.86%，河北省的 GDP 则分别下降 0.33% 和 0.88%。

上述差距的原因在于：随着产业结构调整与优化，北京市能源投入在生产中所占的份额逐渐减小，能源成本上升对总成本的影响较小。此外，北京市高技术含量产品较多，产品价格弹性较低，也使北京市受能源成本上升的影响较小。

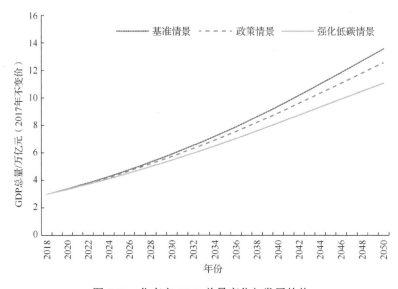

图 5.22　北京市 GDP 总量变化与发展趋势

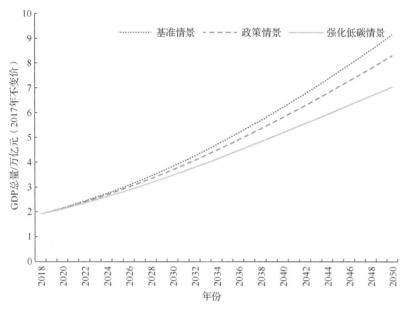

图 5.23 天津市 GDP 总量变化与发展趋势

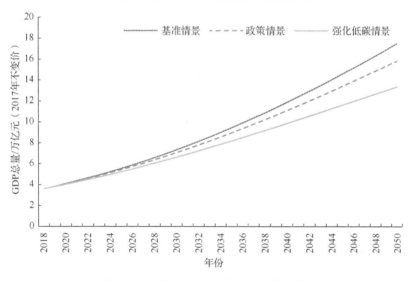

图 5.24 河北省 GDP 总量变化与发展趋势

5.4.4 达峰路径分析

经过对三种情景下的达峰路径分析，得到以下基本结论：

1）碳减排将对中国经济产生比较重要的影响。相比基准情景，政策情景、强化低碳情景将使中国 GDP 增速大致下降 0.26 个和 0.85 个百分点。

2）相比而言，已经提前完成达峰任务的北京受影响较小，即使到 2050 年实现近零排放，北京的 GDP 年增速也只下降 0.66 个百分点。相反，天津和河北相对受影响较大。强化低碳情景下，天津和河北的 GDP 将比基准情景低 0.86 个和 0.88 个百分点。

1. 排放结构

具体到行业和产业层面，中国的减排路径如图 5.25～图 5.27 所示。

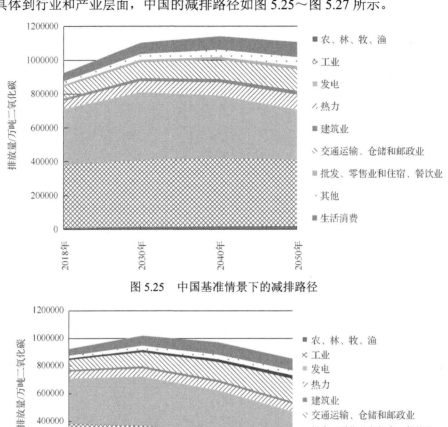

图 5.25　中国基准情景下的减排路径

图 5.26　中国政策情景下的减排路径

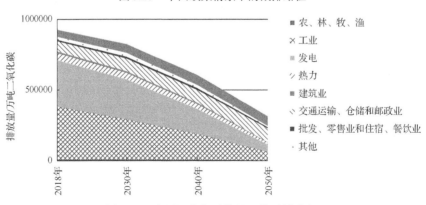

图 5.27　中国强化低碳情景下的减排路径

北京市的减排路径如图 5.28～图 5.30 所示。

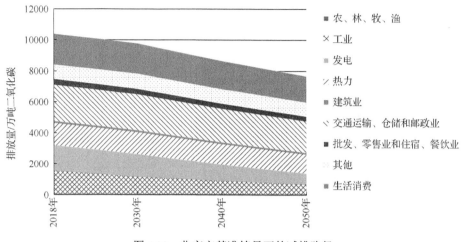

图 5.28　北京市基准情景下的减排路径

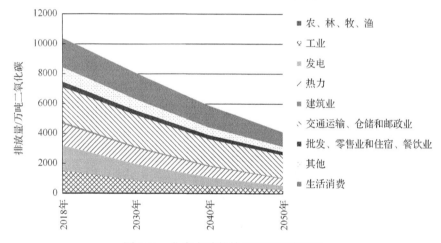

图 5.29　北京市政策情景下的减排路径

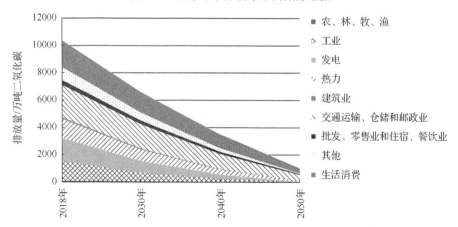

图 5.30　北京市强化低碳情景下的减排路径

在强化低碳情景下，北京的工业和电力部门将几乎实现近零排放，电力部门只留下少量的应急电站，高耗能工业部门将基本迁出，居民生活的电气化率非常高，但居民生活排放仍为主要排放源，另一个重要排放源是交通运输排放，由于存在航空等减排难点，交通运输业实现近零排放难度较大（表 5.38）。

表 5.38　强化低碳情景下北京市的排放结构演变　　（单位：万吨二氧化碳）

行业	2018 年	2030 年	2040 年	2050 年
农、林、牧、渔	82	48	21	6
工业	1462	640	232	27
发电	1672	879	322	6
热力	1432	836	368	55
建筑业	119	70	31	5
交通运输、仓储和邮政业	2350	1784	1087	448
批发、零售业和住宿、餐饮业	359	273	166	68
其他	948	586	265	40
生活消费	1960	1488	1007	374

天津市减排路径如图 5.31～图 5.33 所示。

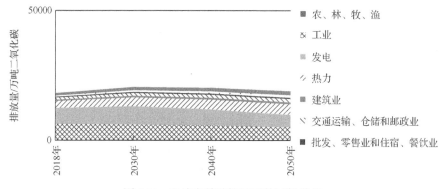

图 5.31　天津市基准情景下的减排路径

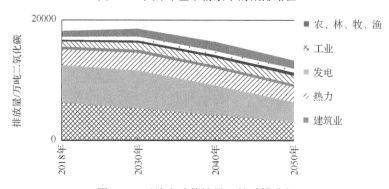

图 5.32　天津市政策情景下的减排路径

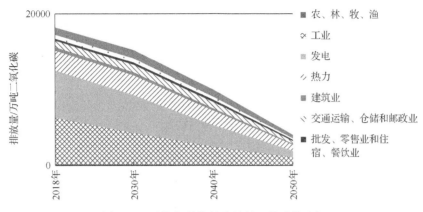

图 5.33　天津市强化低碳情景下的减排路径

在强化低碳情景下，2050 年天津市的工业排放量将为 2018 年的 1/6，电力部门排放量为 2018 年的 1/8；交通运输、仓储和邮政业的排放量将为 2018 年的 40%，意味着民用汽车基本采用清洁能源，生活消费降至 2018 年的 50% 以下（表 5.39）。

表 5.39　强化低碳情景下天津市的排放结构演变　　（单位：万吨二氧化碳）

行业	2018 年	2030 年	2040 年	2050 年
农、林、牧、渔	154	137	94	36
工业	6152	4154	2383	1010
发电	6220	4999	2850	876
热力	2647	2601	1941	807
建筑业	437	390	267	102
交通运输、仓储和邮政业	866	1006	847	366
批发、零售业和住宿、餐饮业	289	335	317	203
其他	494	516	378	155
生活消费	959	1113	937	450

河北省减排路径如图 5.34～图 5.36 所示。

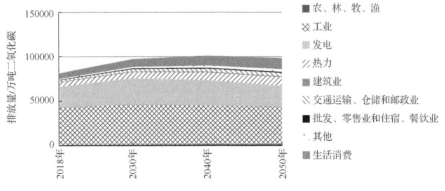

图 5.34　河北省基准情景下的减排路径

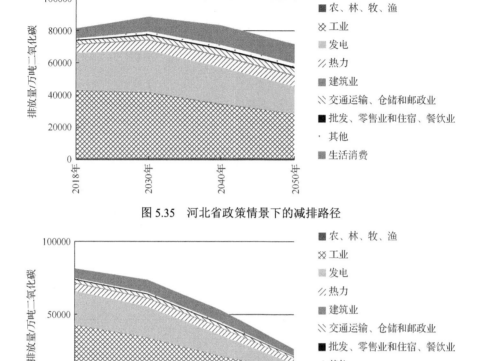

图 5.35　河北省政策情景下的减排路径

图 5.36　河北省强化低碳情景下的减排路径

强化低碳情景下，2050 年河北省的工业和发电的排放量均降至 2018 年的 25%左右。随着居民生活水平的提高，供暖需求较大，虽然部分采用电气化方式，但仍存在较多排放；生活排放是另一个重点排放源，占比会越来越大（表 5.40）。

表 5.40　强化低碳情景下河北省的排放结构演变　　（单位：万吨二氧化碳）

行业	2018 年	2030 年	2040 年	2050 年
农、林、牧、渔	845	858	700	311
工业	41773	33133	20745	10750
发电	23675	21617	14696	5222
热力	4922	5492	4888	3257
建筑业	443	449	366	163
交通运输、仓储和邮政业	1934	2159	1921	1138
批发、零售业和住宿、餐饮业	597	606	593	329
其他	982	1262	1210	578
生活消费	6236	8225	8258	4585

2. 产业结构

要实现强化低碳情景，京津冀的产业结构也需要做相应的调整。相比基准情景，强化低碳情景下京津冀地区 2050 年的第三产业占比均有提升。北京第三产业占比为 90.8%，提升了 0.8 个百分点；天津第三产业占比为 76.9%，提升了 1.9 个百分点，河北省第三产业占比为 71.3%，提升了 1.3 个百分点（表 5.41）。

表 5.41　强化低碳情景下京津冀 2050 年的分行业 GDP　（单位：亿元，2017 年不变价）

行业	北京	天津	河北
第一产业：农林牧渔产品和服务	111	155	3476
第二产业	10143	16038	34896
煤炭采选产品	59	192	1106
石油和天然气开采产品	3	1646	558
金属矿采选产品	65	81	2017
非金属矿和其他矿采选产品	139	167	214
食品和烟草	776	2073	3918
纺织品	20	47	1581
纺织服装鞋帽皮革羽绒及其制品	282	391	1916
木材加工品和家具	76	91	404
造纸印刷和文教体育用品	369	386	1310
石油、炼焦产品和核燃料加工品	92	150	646
化学产品	864	1556	4012
非金属矿物制品	156	109	824
金属冶炼和压延加工品	19	1226	4930
金属制品	126	202	1131
通用设备	571	827	1718
专用设备	458	591	1634
交通运输设备	2650	1974	2324
电气机械和器材	691	830	1862
通信设备、计算机和其他电子设备	1434	2221	592
仪器仪表	313	198	121
其他制造产品	80	181	51
废品废料	56	515	273
金属制品、机械和设备修理服务	33	6	517
电力、热力的生产和供应	706	336	1113
燃气生产和供应	43	26	47
水的生产和供应	64	15	76
第三产业	100603	54209	95329
建筑	3428	3435	8322
批发和零售	11991	12810	16937

续表

行业	北京	天津	河北
交通运输、仓储和邮政	4390	5211	18516
住宿和餐饮	2006	1694	3254
信息传输、软件和信息技术服务	13034	2019	4261
金融	22866	6363	6370
房地产	6691	3428	8217
租赁和商务服务	7132	2552	1661
科学研究和技术服务	11418	4387	3182
水利、环境和公共设施管理	908	1066	815
居民服务、修理和其他服务	843	2579	3736
教育	6137	3574	6903
卫生和社会工作	3235	1673	5386
文化、体育和娱乐	2707	638	759
公共管理、社会保障和社会组织	3817	2781	7008
合计	110858	70402	133701

在服务业方面，批发和零售，交通运输、仓储和邮政，金融、科学研究和技术服务，教育，卫生和社会工作，公共管理、社会保障和社会组织等行业的增加值占比较大，在工业方面，交通运输设备、通信设备、计算机和其他电子设备是北京的重要产业；石油和天然气开采产品、食品和烟草、化学产品、交通运输设备、通信设备、计算机和其他电子设备成为天津的重要产业；河北省对高耗能产业的依赖得到改变，金属冶炼和压延加工产品虽然仍是河北省第一大产业，但此时的附加值得到了提升，同时，食品和烟草、电气机械和器材等行业也将成为重要的支柱产业。

5.5　不同情景的成本效益分析

5.5.1　情景设定

环渤海区域面临的资源环境约束是制约其中长期发展的"瓶颈"，未来应对资源环境约束问题相关政策的力度不同，即选择哪种发展道路，将决定碳排放和能源消费的总量变化趋势。综合对能源资源、生态环境和碳排放约束的考虑，本节根据未来可能采取的三种不同政策力度，设置了三个能源消费和碳排放发展变化情景。

基准情景：在此情景下，2020年后经济发展模式有一定转变，经济、能源消费量、碳排放量增速相对最快，高耗能产品在近中期保持较高水平，节能装备制造业、核电和可再生能源产业有一定发展，节约型的生活方式和消费理念尚未深入人心，发展过程中没有完全杜绝先污染、后治理的现象。

政策情景：政府合理规划低碳发展步骤，综合考虑环渤海的节能减排能力、可持续发展、能源安全和经济竞争力，主动努力改变经济发展模式、转变生产和消费方式、强化技术进步，基本上形成了节约型的生产和生活方式，进一步努力就可以实现达峰和减排目标，未来可作为决策部署的目标情景。

强化低碳情景：政府将低碳发展置于最优先地位，进一步开发减排低碳技术并迅速得到推广。能源结构得到最大限度的优化，产业转型取得较完善结果，低碳技术研发能力得到大大增强。该情景是最理想化的一个状态，是在政府最积极引导下，从各企业、各部门到群众得到最多响应的情景。

三种情景的预测指标和数据如表 5.42 和表 5.43 所示。

表 5.42　不同阶段不同情景下的环渤海相关预测指标　　（单位：%）

情景	指标	2015～2020 年	2020～2025 年	2025～2030 年	2030～2035 年	2035～2040 年	2040～2045 年	2045～2050 年
政策情景	GDP	6.50	6.00	5.50	5.00	4.50	4.00	3.50
	人口	0.20	0.81	0.97	-0.11	-0.22	-0.33	-0.43
	能源	1.68	1.50	1.00	0.80	0.50	-0.50	-1.00
	碳排放	0.75	0.95	-1.08	-1.37	-1.91	-2.46	-3.19
基准情景	GDP	7.00	6.50	6.00	5.50	5.00	4.50	4.00
	人口	0.48	0.88	1.01	0.01	0.01	-0.05	-0.20
	能源	2.85	2.05	1.50	1.00	0.80	0.32	-0.20
	碳排放	1.54	1.94	1.01	-0.86	-0.80	-1.00	-1.50
强化低碳情景	GDP	6.00	5.50	5.00	4.50	4.00	3.50	3.00
	人口	0.38	0.14	-0.08	-0.15	-0.25	-0.35	-0.45
	能源	1.19	0.98	0.50	0.10	-0.20	-0.60	-1.00
	碳排放	0.07	-1.50	-2.00	-2.50	-3.00	-3.50	-4.00

表 5.43　相关年份经济、能源消费量、碳排放量预测指标

情景	变量	2018 年	2020 年	2030 年	2040 年	2050 年
基准情景	GDP/亿元（2005 年不变价）	117913.65	137598.15	252284.15	420822.31	638038.53
	人均 GDP/万元（2005 年不变价）	8.91	10.14	16.93	28.21	43.32
	能源消费总量/万吨标煤	74365.51	77665.17	87601.12	87586.29	83919.28
	人均能源消费量/吨标煤	5.83	6.16	6.68	7.30	7.44
	碳排放总量/万吨二氧化碳	155994.40	16146	173207.07	163176.30	145813.40
	人均碳排放量/（吨二氧化碳·人）	12.11	12.45	13.12	12.06	10.77
政策情景	GDP/亿元（2005 年不变价）	116821.85	134436.84	235131.01	373970.94	540388.76
	人均 GDP/万元（2005 年不变价）	8.83	10.05	16.08	26.01	39.04
	能源消费总量/万吨标煤	74269.75	77300.47	84414.95	80490.21	74124.50
	人均能源消费量/吨标煤	5.65	5.90	6.11	6.63	6.39
	碳排放总量/万吨二氧化碳	155585.80	160022.50	163025.53	142258.20	117255.70
	人均碳排放量/（吨二氧化碳·人）	11.86	12.14	11.04	9.51	7.42
强化低碳情景	GDP/亿元（2005 年不变价）	116166.78	131326.60	219059.20	332131.18	457296.12
	人均 GDP/万元（2005 年不变价）	8.80	9.73	15.18	25.02	35.86
	能源消费总量/万吨标煤	73982.47	76370.25	79242.79	71214.27	62476.48
	人均能源消费量/吨标煤	5.61	5.70	6.03	6.21	5.97
	碳排放总量/万吨二氧化碳	155452.20	152983.40	122039.58	70102.34	32835.95
	人均碳排放量/（吨二氧化碳·人）	11.79	11.63	9.72	7.50	5.33

经过预测，不同情景下，环渤海区域的煤炭、石油、天然气、电力比例及分行业碳排放量如图 5.37～图 5.39 所示。随着情景越来越激进，能源消费总量及煤炭消费总量达峰时间越来越早。

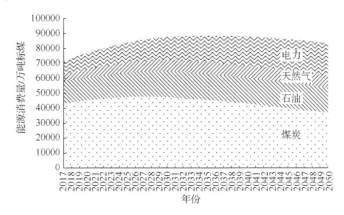

图 5.37　基准情景下环渤海能源种类预测

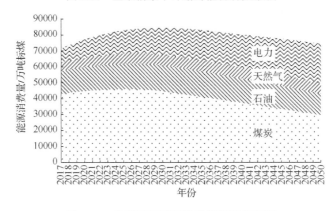

图 5.38　政策情景下环渤海能源种类预测

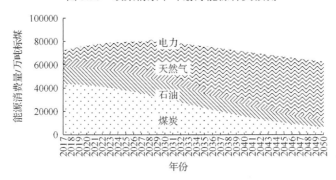

图 5.39　强化低碳情景下环渤海能源种类预测

5.5.2　政策情景下的成本分析

在本小节中，高效率条件是指付出更少成本去实现更多的减排量，如将成本投入先进技术中，考虑未来可能发生的能源结构改变等方面的变动。低效率条件是指付出更多的成本反而实现较少的减排量，如将资金投入 CCS 技术，若是对能源结构不做大的调整，加上 CCS 技术的适用规模、成本居高等情况依然存在，深度脱碳的努力没有得到普遍实施，致使减排效果达不到预期。

　　在政策情景下，低效率及高效率条件下总成本先缓慢增长，2025 年后，总成本增速开始变大，并且低效率成本与高效率成本间的差距逐渐加大。低效率条件下成本占 GDP 比重在 2039～2044 年达到 0.68%，之后缓慢下降。低效率条件下，环渤海 2020、2030、2040、2050 年的减排成本分别为 176 亿元、1230 亿元、2528 亿元、3453 亿元，对应年份在高效率条件下的减排成本分别为 88 亿元、615 亿元、1264 亿元、1727 亿元。不同效率条件下，钢铁、水泥等高耗能行业所占比例与电力热力几乎相同，交通运输、居民消费所占比例相差无几，其他行业占比很低。其基本变化情况如图 5.40 和图 5.41 所示。

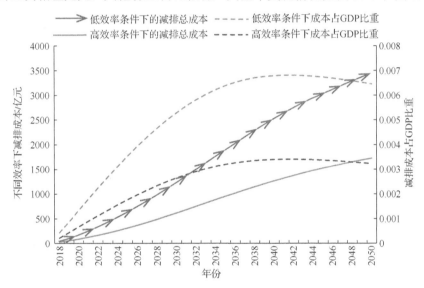

图 5.40　政策情景下的环渤海减排成本及占 GDP 比重

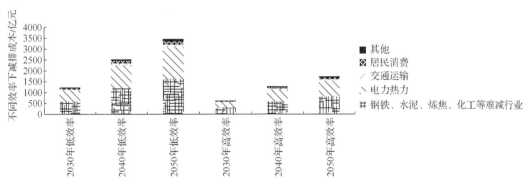

图 5.41　政策情景下重点领域减排成本构成

5.5.3 强化低碳情景下的成本分析

强化低碳情景下，低效率的减排成本占 GDP 比重在 2037 年达到峰值 1.42%，高效率条件下在 2037～2039 年达到 1.53%，低效率条件下 2020 年、2030 年、2040 年、2050 年的减排成本分别为 1030 亿元、6201 亿元、11289 亿元、13715 亿元，对应年份在高效率条件下的减排成本分别为 515 亿元、3100 亿元、5645 亿元、6857 亿元，不同效率条件下减排成本均可达到政策情景下的 4 倍，仍然是钢铁、水泥、炼焦、化工等难减行业和电力热力占比最高，因此更深度的减排需要付出更多的努力及成本。其基本情况如图 5.42、图 5.43 所示。

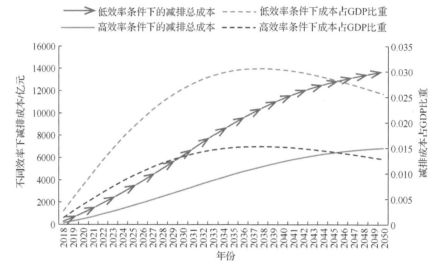

图 5.42　强化低碳情景下的区域减排成本及占 GDP 比重

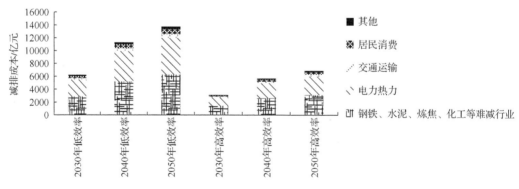

图 5.43　强化低碳情景下重点领域减排成本构成

要最大限度地达到强化低碳效果，对于环渤海区域来说，应主要从钢铁等高耗能产业出发，建议发展思路如下。

首先，建立和加强废钢回收体系，增加废钢比。废钢对钢铁行业能源消费和二氧化碳排放有重大影响。废钢进口花费高，而国内在过去几十年的发展过程中积累了大量流通的钢材，回收潜力巨大。但是国内钢材很大一部分用于建筑等基础设施建设，回收周期长，未来的 30 年左右都仍处于使用期。因此，工业用钢和汽车用钢的回收与利用是较为可行的出发点。

其次，遏制产业集中度下降趋势，通过严禁新增产能、行业整合和兼并重组提高行业集中度。兼并重组的重点不是强强联合，而是要通过财政手段、市场机制和制度安排实现民营企业间的合理重组，做大做强民营企业，如此才能真正地提高产业集中度，提升产业竞争力，避免产能过剩和资源消耗严重。天津和其他省市可以借鉴以"沙钢模式"为代表的江苏钢铁产业，适度放开钢铁企业兼并联合的限制，从政策和资金上给予支持，鼓励钢铁集团向低碳钢铁企业转型。

再次，低碳技术与装备升级。炼铁是钢铁生产主要的能源消费和碳排放环节，炼铁工序产生了钢铁生产中约 90% 的碳排放。根据总量减排原则，铁前控制是低碳炼铁的核心，余能回收和余热回收是低碳炼钢的重点，应逐步推广负能炼钢、低温连铸、电炉烟气回收等技术。在已公布的产能淘汰计划名单里，各省市钢铁产品减量化生产的重点是生铁和粗钢，这也充分体现了低碳炼铁和低碳炼钢的重要性。

最后，严格制定污染物排放标准。各省市应依据低碳准则更新现有的污染物排放标准，严格制定废水、废气、烟尘中的碳化物等有害化合物的含量。应设立定点定期的环境监察机制，及时报告落后产能拟淘汰企业名单，同时对环保未达标企业进行及时督促或强制整改。此外，加快全国排放权交易市场建设，山东、辽宁和河北三省应充分利用毗邻北京绿色交易所和天津碳排放权交易所的优势，加快建立针对钢铁企业的排放权交易市场，利用市场机制实现总量减排[29]。

5.5.4　低碳发展收益分析

低碳发展是一种以低耗能、低污染、低排放为特征的可持续发展模式，对经济和社会的持续发展具有重要意义。环渤海区域社会经济发展迈入新常态，"绿色""低碳"等发展理念逐渐渗透到各行各业。

从经济收益的角度考虑，低碳发展既反对资源和能源的高度消耗和浪费，又致力于提高人民生活水平。其中包含两层含义：一是低碳发展应按照市场经济的原则和机制来发展；二是低碳发展不应导致人们的生活条件和福利水平明显下降。

从环渤海整体来看，工业化现象较明显，经济快速发展，其碳排放量也会快速增长，这会成为低碳发展的抑制因素。一般而言，在工业化初期和中期阶段，碳排放量与经济规模成正比且高度相关；而当工业化后期，经济发展处于发达阶段后，碳排放量会趋于平稳或不断下降。

低碳发展不仅是降低以二氧化碳排放为主的发展状况，更是对经济、资源环境辩证关系的一种深刻认识，是一个系统工程，有着深层内涵，应构建以创新驱动为主导的产业发展模式，加速发展低碳产业，会带来更多收益[30]。深入推进信息化与工业化融合，以信息化带动工业化，以工业化促进信息化，使工业可持续发展。以科技创新为核心，加强产品创新、质量创新、管理创新、品牌创新，在引进消化吸收再创新和集成创新基础上强化原始创新和协同创新，在产业结构和行业结构优化的基础上强化产品结构的优化升级，构建起以"科技含量高、经济效益好、资源消耗低、环境污染少"为特征的低碳产业体系，实现经济增长由要素驱动向创新驱动为主要发展架构的转变，全面提升经济增长的质量效益。

5.5.5 减排路径

经过以上分析及预测，根据相关城市公布的碳排放达峰时间，测算出不同情景下环渤海区域的达峰时间、达峰量及各部门减排量，如表5.44、表5.45所示，不同情景下各部门排放量与排放结构如图5.44～图5.47所示。

表5.44 提出达峰年份的城市

城市	峰值目标年份	资料来源
北京	2020年并尽早达峰	北京市"十三五"时期能源发展规划
天津	2025年达峰	"十三五"控制温室气体排放工作实施方案
秦皇岛	2025年（测算）	iGDP低碳试点城市峰值研究及绿色转型工作进展情况概览
保定	2025年	市政府测算数据
青岛	2020年	山东省低碳发展工作方案（2017～2020年）
沈阳	2027年	第三批低碳城市试点名单
大连	2025年	第三批低碳城市试点名单
烟台	2017年	第三批低碳城市试点名单
潍坊	2025年	第三批低碳城市试点名单

表5.45 达峰时间及达峰碳排放量

情景	达峰时间	碳排放达峰量/万吨
基准情景	2030年	173207.07
政策情景	2026年	165556.30
强化低碳情景	2019年	153484.00

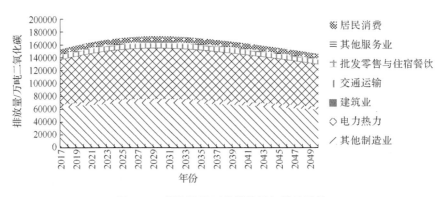

图5.44 基准情景下的排放量与排放结构

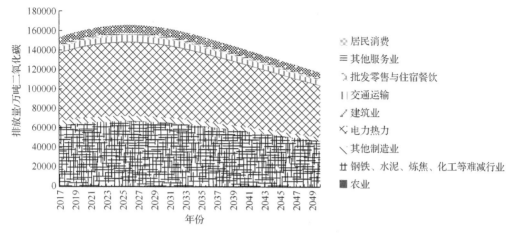

图 5.45　政策情景下的碳排放量与排放结构

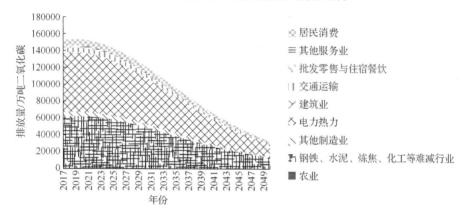

图 5.46　强化低碳情景下的碳排放量与排放结构

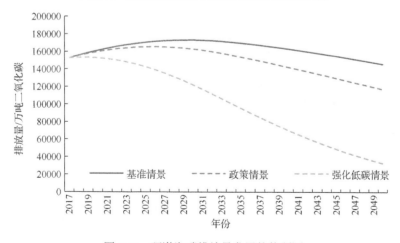

图 5.47　环渤海碳排放量发展趋势预测

根据政策、基准、强化低碳情景分析，参考 Zhang 等[31]的研究，到 2030 年，环渤海区域的所有城市中，基准情景下的碳排放总量约为 173207 万吨，政策情景下的碳排放总量约为 165556 万吨，强化低碳情景下的碳排放总量约为 153484 万吨。到 2050 年，基准情景下会比 2017 年减少 4.6%左右的碳排放量，政策情景下比 2017 年减少 23.3%左右的碳排放量，强化低碳情景下比 2017 年减少 78.5%左右的碳排放量。

相比长三角、珠三角优化开发区，环渤海区域产业结构相对单一，能源消费中对煤炭的依赖程度最高，因此，在中国的优化开发区中，环渤海优化开发区的达峰难度较大。

相对于国内其他非优化开发地区，环渤海优化开发区经济水平较高，居民收入较高，普遍已经处于高度工业化的阶段，单位产值能耗与单位能耗排放量正在不断下降，其中北京已经进入后工业化时期，因此，仍具有提前达峰的基础。

要实现低碳强化情景，环渤海开发区仍需要付出很大努力和较大代价。强化低碳情景下，北京市的直接排放量约为 2018 年的 10%，天津市的排放量约为 2018 年的 21%，河北省的排放量约为 2018 年的 32%。相应地，北京市、天津市和河北省的 GDP 年增速将分别放缓 0.66 个、0.86 个和 0.88 个百分点。

要实现低碳强化情景，京津冀的产业结构也发生了相应的调整。相比基准情景，强化低碳情景下京津冀地区 2050 年的第三产业占比提升。北京第三产业占比为 90.8%，提升了 0.8 个百分点；天津第三产业占比为 76.9%，提升了 1.9 个百分点，河北省第三产业占比为 71.3%，提升了 1.3 个百分点。

在强化低碳情景下，到 2050 年，北京的工业和电力部门将几乎实现近零排放，电力部门只留下少量的应急电站，高耗能工业部门将基本迁出，居民生活的电气化率非常高，但居民生活排放仍为一个主要排放源。另一个重要排放源是交通运输排放，由于存在航空等减排难点，交通运输业实现近零排放仍有难度；天津市的工业排放量将为 2018 年的 1/6，电力部门排放量将为 2018 年的 1/8，交通运输业的排放量将为 2018 年的 40%，意味着民用汽车基本采用清洁能源，生活消费降至 2018 年的 50%以下；河北省的工业排放量和发电排放量均降至 2018 年的 25%左右。随着居民生活水平提高，供暖需求较大，虽然部分采用电气化方式，但仍存在较大排放。生活排放是河北省另一个重点排放源，占有越来越大的比重。

因此，针对以上分析给出如下四点建议。

1）建立跨地区协作机制。在京津冀协同发展领导小组的统一指导下，建立环渤海科创走廊协调工作组，加强央地协调、部际协调，统筹解决转移协作不紧密、政策不衔接、要素保障不到位等问题，逐步整合各类园区和平台，推进各园区服务体系互联互通，实现科创走廊跨地区协同发展。

2）统筹城乡区域协调发展。河北、辽宁、山东三省的城镇化率还较低，区域经济发展严重不协调，应重点加强五地间公共服务资源共享与制度对接，努力将环渤海地区打造成为城乡统筹、发展协调、公平和谐、社会稳定的国家级示范区。

3）建设协同创新共同体，带动科技成果就近转化。从环渤海技术转移的去向看，北京技术输出的主要方向是长三角、珠三角等更发达的地区，而真正流向天津、河北、辽宁和山东的份额相对较小。应加强四地对北京科技创新成果的吸收和转化能力，促进科技主管部门开展政府层面的工作对接[32]。

4）加强生态环境联防联治。各省市政府、企业、居民协同创建天蓝、水清的生态环境，共同提高污染排放、垃圾分类意识，使各地最大限度地减少污染物溢出，整体打赢大气污染防治攻坚战。

参 考 文 献

[1] 中华人民共和国国家发展和改革委员会. 环渤海地区合作发展纲要 [R/OL]. (2015-10-12) [2018-12-05]. https://www.ndrc.gov.cn/xxgk/zcfb/tz/201510/t20151023_963483.html.

[2] 北京市发展和改革委员会. 关于北京市 2017 年国民经济和社会发展计划执行情况与 2018 年国民经济和社会发展计划的报告[R/OL]. (2018-03-23) [2018-12-06]. http://www.gov.cn/xinwen/2018-03/23/content_5276985.htm.

[3] 北京市政府. 北京市"十三五"时期能源发展规划[R/OL]. (2017-06-23) [2019-05-21]. http://www.beijing.gov.cn/zhengce/zhengcefagui/201905/t20190522_60416.html.

[4] 辽宁省人民政府. 辽宁省国民经济和社会发展第十三个五年规划纲要[R/OL].(2016-03-14) [2019-03-07]. http://www.ln.gov.cn/zfxx/zfwj/szfwj/zfwj2011_111254/201603/t20160318_2093888.html.

[5] 山东省人民政府. 山东省新能源产业发展规划（2018—2028 年）[R/OL]. (2018-09-17) [2019-03-08]. http://www.shandong.gov.cn/art/2018/11/29/art_2522_17549.html.

[6] 北京市人民政府. 北京市城市规划条例[R/OL]. (1999-11-02) [2019-02-02]. http://www.beijing.gov.cn/zhengce/zfwj/zfwj/szfl/201905/t20190523_75655.html.

[7] 天津市人民政府. 天津城市定位指标体系[R/OL]. (2013-04-15) [2019-02-02]. http://www.tj.gov.cn/zwgk/szfwj/tjsrmzf/202005/t20200519_2365511.html.

[8] 廊坊市人民政府. 廊坊市国民经济和社会发展第十二个五年规划纲要[R/OL]. (2012-01-04) [2019-02-02]. http://www.lf.gov.cn/Item/4251.aspx.

[9] 保定市人民政府. 保定市政府工作报告[R/OL]. (2017-04-08) [2019-02-02]. http://bd.mzfz.gov.cn/news/show.asp?id=1182.

[10] 沧州市人民政府. 沧州市国民经济和社会发展第十三个五年规划纲要[R/OL]. (2016-06-08) [2019-02-02]. http://www.cangzhou.gov.cn/zwbz/jggg/439769.shtml.

[11] 青岛市人民政府. 青岛市 2011 年政府工作报告[R/OL]. (2012-03-23) [2019-02-02]. http://www.qingdao.gov.cn/zwgk/szfgk/gknb/2011/202010/t20201019_492186.shtml.

[12] 北京市规划和国土资源管理委员会. 北京城市总体规划（2016 年—2035 年）[R/OL]. (2017-09-29) [2019-02-08]. http://www.beijing.gov.cn/gongkai/guihua/wngh/cqgh/201907/t20190701_100008.html.

[13] 北京市人民政府. 北京市"十三五"时期能源发展规划[R/OL]. (2017-06-23) [2019-02-08]. http://www.beijing.gov.cn/zhengce/zhengcefagui/201905/t20190522_60416.html.

[14] 天津市发展和改革委员会. 天津市能源发展"十三五"规划[R/OL]. (2017-11-06) [2019-02-08]. http://www.tj.gov.cn/zwgk/szfwj/tjsrmzf/202005/t20200519_2365868.html.

[15] 天津市发展和改革委员会. 天津市电力发展"十三五"规划[R/OL]. (2017-11-24) [2019-02-09]. http://fzgg.tj.gov.cn/zwgk_47325/zcfg_47338/zcwjx/fgwj/202012/t20201219_5068887.html.

[16] 河北省发展和改革委员会. 河北省可再生能源发展"十三五"规划[R/OL]. (2016-10-14) [2019-02-09]. http://info.hebei.gov.cn/eportal/ui?articleKey=6675503&columnId=330035&pageId=1966210.

[17] 辽宁省人民政府. 辽宁省国民经济和社会发展第十三个五年规划纲要[R/OL]. (2016-03-14) [2019-02-09]. http://www.ln.gov.cn/zfxx/zfwj/szfwj/zfwj2011_111254/201603/t20160318_2093888.html.

[18] 辽宁省人民政府. 辽宁省打赢蓝天保卫战三年行动方案（2018—2020 年）[R/OL]. (2018-10-13) [2019-02-15]. http://www.ln.gov.cn/zfxx/zfwj/szfwj/zfwj2011_125195/201810/t20181023_3331201.html.

[19] 山东省人民政府. 山东省新能源产业发展规划（2018—2028 年）[R/OL]. (2018-09-17) [2019-02-15]. http://www.shandong.gov.cn/art/2018/11/29/art_2522_17549.html.

[20] 天津市人民政府. 关于进一步调整优化结构提高教育经费使用效益的实施方案[R/OL]. (2018-12-03) [2019-03-20]. http://www.tj.gov.cn/zwgk/szfwj/tjsrmzfbgt/202005/t20200519_2370565.html.

[21] 河北省科技厅. 2019 年全省引进外国人才和智力工作会议[R/OL]. (2019-03-22) [2019-03-25]. http://info.hebei.gov.cn//eportal/ui?pageId=6778557&articleKey=6858530&columnId=330047.

[22] 辽宁省委、辽宁省人民政府. 关于推进人才集聚的若干政策[R/OL]. (2018-06-15) [2019-03-25]. http://ex.cssn.cn/gd/gd_rwdb/gd_zxjl_1710/201807/t20180702_4492363.shtml.

[23] 山东省人民政府. 按下人才引领发展"加速键"[R/OL]. (2019-02-14) [2019-03-25]. http://www.shandong.gov.cn/
art/2019/2/14/art_97564_286553.html.

[24] 山东省统计局，国家统计局山东调查总队. 2019 年山东省国民经济和社会发展统计公报[R/OL].（2020-02-29）
[2020-03-25]. http://tjj.shandong.gov.cn/art/2020/2/29/art_6109_8864126.html.

[25] 杨瑞龙，姚永玲. 环渤海地区协同中的创新北京[M]. 北京：经济管理出版社，2016.

[26] 李继峰，张亚雄，蔡松锋. 中国碳市场的设计与影响：理论、模型与政策[M]. 北京：中国环境科学出版社，2017.

[27] 胡鞍钢，刘生龙. 中国经济增长前景及动力分析（2015-2050）[J]. 国家治理，2017（45）：2-8.

[28] United Nations. Department of Economic and Social Affairs, Population Division. World population prospects the 2017
revision[R].New York: United Nations, 2017.

[29] 贾品荣，李科. 京津冀地区低碳发展的技术进步路径研究[M]. 北京：科学出版社，2018.

[30] 叶振宇. 京津冀产业转移协作研究[M]. 北京：中国社会科学出版社，2018.

[31] ZHANG D, LIU G, CHEN C, et al. Medium-to-long-term coupled strategies for energy efficiency and greenhouse gas
emissions reduction in Beijing (China)[J]. Energy Policy, 2018, 127: 350-360.

[32] 江苏省人民政府. 江苏省政府关于印发江苏省主体功能区规划的通知[R/OL]. (2014-02-12) [2018-06-03]. http://www.
jiangsu.gov.cn/art/2014/2/12/art_46684_2585785.html.

第6章 长三角区域达峰基础及路径

6.1 长三角区域概述

根据国家主体功能区的划分，江苏省政府于 2014 年 2 月出台了《江苏省主体功能区规划》，明确江苏省优化开发区域指长三角北翼核心区，包括南京、无锡、常州、苏州、镇江的大部分地区，以及南通、扬州、泰州的城区；浙江省政府于 2013 年 10 月发布了《浙江省主体功能区规划》，明确浙江省优化开发区域主要包括环杭州湾地区，即杭州、湖州、绍兴、宁波、舟山、嘉兴等地区。本节以长三角区域代表长三角 15 个优化开发区域城市。

6.2 长三角区域的经济与社会发展特点

6.2.1 经济发展

自改革开放以来，长三角区域一直保持着较高的经济增速，是重要的化工基地和先进设备制造基地，是我国经济发展最具活力的区域之一。长三角区域的 GDP 从 2005 年的 33040.28 亿元增长到 2017 年的 86039.64 亿元，经济总量呈上升状态，GDP 增速有放缓迹象，同时占全国 GDP 的比重有下降趋势，2013 年以后，基本稳定在 16%左右（图 6.1）。

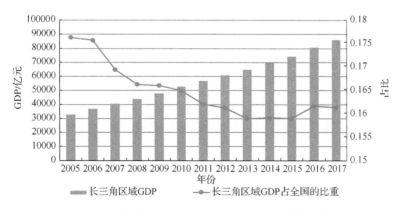

图 6.1 长三角优化开发区域 GDP 及其占全国的比重

下面从人均 GDP 和经济增速的角度更细致地刻画长三角区域的内部差异。2017 年全国人均 GDP 为 3.84 万元（2005 年不变价），由表 6.1 可见，长三角区域人均 GDP 远高于此值，优化开发区域人均 GDP 高于省市人均 GDP，江苏省内优化开发区域城市的人均 GDP 最高，人均 1 万美元以上的城市也最多。

表 6.1　2017 年长三角区域城市人均 GDP 情况表

项目	上海市	江苏省	浙江省
人均 GDP/万元	8.03	6.90	5.90
优化开发区域人均 GDP/万元	8.03	8.74	7.42
人均 GDP 在 1 万美元以上的城市	上海	南京、苏州、无锡、常州、扬州	杭州、宁波

注：表中 GDP 数据均为 2005 年不变价。

从经济增速来看，2010 年之前，全国经济保持高速增长，之后开始放缓，但是优化开发区域的 GDP 增速放慢速度低于所在省市和全国。"十三五"以来，上海经济增长速度明显放缓，结构调整进一步深化。2016~2017 年，上海 GDP 总量年均增速回落至 6.8%，较"十二五"期间下降了 1.08 个百分点，上海市"十三五"规划纲要中，并没有提出明确的 GDP 增速指标，整个"十三五"期间，上海市的 GDP 增速基本会稳定在 6.5%上下。从中长期考虑，上海市在未来的"十四五"和"十五五"期间，GDP 增速会呈现回落的趋势，保持 5%~6%。江苏省全省 GDP 自 1995 年起一直保持两位数增长，年平均增速达到 12%。2017 年，江苏省实现生产总值 85900.9 亿元，较 2016 年度增长 7.2%。江苏省"十三五"规划纲要提出，"十三五"期间保持 GDP 增速 7.5 左右，高于国家增速 1 个百分点。浙江省 1995 年以来经济一直保持两位数增长，1995~2010 年，年均增速达到 12.3%。"十二五"以后，受国家经济政策调整，经济增速进入中高速增长，2011~2017 年年均增速回落至 8%上下。优化开发区域城市大部分处于后工业化时期，GDP 增速放缓，江苏省优化开发区域增速稍快于浙江省优化开发区域（表 6.2）。

表 6.2　长三角区域经济增速　　　　　　　　　　（单位：%）

区域		2006 年	2007 年	2008 年	2009 年	2010 年	2011 年	2012 年	2013 年	2014 年	2015 年	2016 年	2017 年
全国		12.7	14.2	9.7	9.4	10.6	9.5	7.9	7.8	7.3	6.9	6.7	6.9
上海市		12.7	15.2	9.7	8.2	10.3	8.2	7.5	7.7	7.0	6.5	6.9	6.6
江苏省	全省	14.9	14.9	12.7	12.4	12.7	11.0	10.1	9.6	8.7	8.5	7.8	9.0
	优化开发区域	13.6	10.4	9.9	11.4	11.4	9.2	9.8	6.7	7.8	7.1	7.3	8.3
浙江省	全省	13.9	14.7	10.1	8.9	11.9	9.0	8.0	8.2	7.6	8.0	7.6	7.8
	优化开发区域	12.6	10.1	7.2	7.5	10.4	8.7	7.2	5.9	6.8	6.5	8.6	7.2

6.2.2　人口与生活

长三角区域常住人口总体呈上升趋势，2010 年之前，人口增长率较高，年增长率在 2.5%左右，2005 年长三角区域常住人口达 9018 万人，2017 年达 10506 万人。

随着经济增速放缓和各项支出成本的上升，"十三五"以来，上海市常住人口增速呈现放缓的趋势，这一数字甚至在 2015 年和 2017 年出现了负增长（表 6.3），在 2016 年 2 月公布的《上海市国民经济和社会发展第十三个五年规划纲要》中，提出上海到 2020 年将常住人口控制在 2500 万人以内的目标。在 2018 年 1 月发布的《上海市城市总体规划（2017~2035 年）》的报告中，更是提出以 2500 万人左右的规模作为 2035 年常住人口调控目标，且至 2050 年，常住人口规模保持稳定。这一规划目标意味着，上海市常住人口将受到严格控制，增长空间被压缩到 80 万人左右（2017 年上海市常住人口数量约为 2418 万人），人口将在未来 50 年内保持稳定。

表 6.3　长三角常住人口变化趋势

省（市）及指标	2005 年	2006 年	2007 年	2008 年	2009 年	2010 年	2011 年	2012 年	2013 年	2014 年	2015 年	2016 年	2017 年
上海市	1890	1964	2064	2141	2210	2303	2347	2380	2415	2426	2415	2420	2418
增长率		0.039	0.051	0.037	0.033	0.042	0.019	0.014	0.015	0.004	-0.004	0.002	-0.001
江苏省	7588	7656	7723	7762	7810	7869	7899	7920	7939	7960	7976	7999	8029
增长率		0.009	0.009	0.005	0.006	0.008	0.004	0.003	0.002	0.003	0.002	0.003	0.004
江苏优化开发区域	4396	4501	4605	4672	4847	4905	4936	4953	4964	4978	4979	4990	4995
增长率		0.024	0.023	0.015	0.037	0.012	0.006	0.003	0.002	0.003	0.000	0.002	0.001
浙江省	4602	4629	4659	4688	4716	4748	4781	4799	4827	4859	5539	5590	5657
增长率		0.006	0.006	0.006	0.006	0.007	0.007	0.004	0.006	0.007	0.140	0.009	0.012
浙江优化开发区域	2732	2749	2782	2825	2887	2906	2918	2929	2939	2951	2965	3048	3093
增长率		0.006	0.012	0.016	0.022	0.007	0.004	0.004	0.003	0.004	0.005	0.028	0.015

2017 年浙江省常住人口达到 5657 万人，城镇化率为 68%。《浙江省人口发展"十三五"规划》提出，到 2020 年年末全省常住人口达 5750 万人左右。2015 年以后浙江省人口增长速度在长三角区域中最快，优化开发区域增速快于全省人口增速。这是因为浙江省，尤其是杭州及宁波等地对于人才的吸引力较大，导致常住人口数量上升较快。

2017 年江苏省常住人口首次突破 8000 万人，达到 8029.3 万人，是全国人口第五大省，每年净增人口 20 万~30 万人。江苏省常住人口数量在缓慢增长，优化开发区域增速慢于全省人口增长速度。

从城镇化率水平来看，长三角区域从 2005 年的 61%增长到 2017 年的 75%，城镇化率远高于全国水平，有良好的基础。

上海市城镇化率已经达到 90%，江苏省和浙江省的城镇化率达到 68%左右，优化开发区域的城镇化率略高于全省，大部分优化开发区域城市都属于高城镇化率城市（表 6.4）。

表 6.4　2017 年长三角区域的城镇化率

指标	上海市	江苏省	浙江省
城镇化率/%	90	68.76	68
优化开发区域的城镇化率/%	90	72.64	68.12
高城镇化率的城市（高于65%）	上海	南京、苏州、无锡、常州、扬州、泰州、镇江	杭州、绍兴、宁波、舟山

从城镇居民可支配收入来看，长三角区域远高于全国水平，并且不断上涨。2017年已经超过 5 万元（图 6.2）。

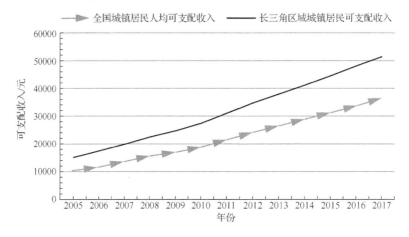

图 6.2　长三角区域城镇居民可支配收入

虽然不同城市可支配收入的基量和增速有所差异，但整体上看，优化开发区域城市的水平优于全省平均水平。2018 年，上海市已经超过 6 万元，南京市也已经接近 6 万元，常州市已突破 5 万元，杭州接近上海，超过 6 万元，宁波与常州的水平相差不多（表 6.5）。

表 6.5　长三角区域各省市城市居民可支配收入　　（单位：元，当年价）

区域		2005 年	2010 年	2015 年	2018 年
上海市		18645	31838	52962	64183
江苏省	全省	12319	22944	37174	—
	南京	14997.47	28312	46104	59308
	常州	14589	26269	42710	54000
浙江省	全省	16294	27359	43714	45840
	杭州	16601	30035	48316	61172
	宁波	17345	30166	47852	52402

在城镇化率提高的同时，长三角区域吸引了众多外来人口，生活用能不断增加，生活能源结构也有所改变（表 6.6）。

表 6.6　长三角区域生活能源总计及分类（2005~2017 年）

能源	2005 年	2010 年	2011 年	2012 年	2013 年	2014 年	2015 年	2016 年	2017 年
生活消费能源总计/万吨标准煤	2973	4510	4659	4891	5240	4908	5239	5745	5959
煤炭/万吨	311	209	190	179	147	144	129	83	17
天然气/亿立方米	13	35	39	43	48	50	58	62	63
液化石油气/万吨	103	148	150	153	168	150	108	95	76
煤气/亿立方米	52	28	24	17	12	5	1	0	0
电力/（万千瓦·时）	504	757	768	813	882	744	794	942	994

资料来源：历年长三角区域各省市统计年鉴。

在生活能源消费中，煤炭的使用量不断下降，天然气使用量逐年增加，液化石油气的用量也在不断减少，煤气在 2016 年以后不再使用，电力的使用在 2016 年后增幅变大，生活能源正在朝天然气和电力消费等清洁能源方向发展。

6.2.3　产业发展

长三角区域是重要的石油化工、先进设备制造、汽车制造产业基地，2017 年长三角区域第一产业占比 2.3%，第二产业占比 42.2%，第三产业占比 55.5%，第二产业占比有所下降，第三产业占比在 2014 年突破 50%，长三角区域产业结构在不断变化。

从内部产业结构来看，2017 年上海市的第三产业占比已经接近 70%，江苏省和浙江省的第三产业占比已经超过 50%，优化开发区域的第三产业占比略高于全省，上海的第三产业占比位居长三角地区榜首，接近 70%，南京、杭州紧随其后，已经超过 60%（表 6.7）。

表 6.7　2017 年长三角区域内部产业结构

区域		第一产业		第二产业		第三产业	
		总量/亿元	占比/%	总量/亿元	占比/%	总量/亿元	占比/%
全国		65467.60	7.92	334622.60	40.46	427031.50	51.63
上海		98.99	0.33	9251.40	30.70	20783.47	68.97
江苏	全省	4076.65	4.75	38654.85	45.00	43169.44	50.25
	优化开发区域	1814.39	2.68	31093.84	45.92	34811.05	51.40
浙江	全省	1933.92	3.74	22232.08	42.95	27602.26	53.32
	优化开发区域	869.63	2.86	13132.89	43.14	16442.16	54.00

从行业来看，长三角区域的支柱行业是计算机、通信和其他电子设备制造业与电气机械和器材制造，分别占比 13.3% 和 10.62%，化学原料制造和化学制品制造业占比 9.67%，通用设备制造业占比 6.63%（图 6.3）。

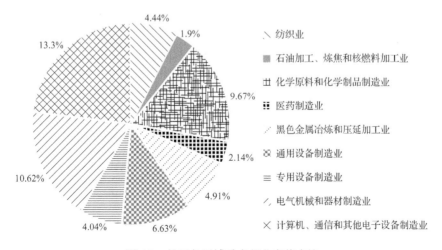

图 6.3　长三角区域重点行业产值占比

　　具体从各个区域内部来看，上海市六个重点行业，包括电子信息产品制造业、汽车制造业、石油化工及精细化工制造业、精品钢材制造业、成套设备制造业、生物医药制造业。2017 年六个重点行业总产值比上年增长 9.0%，占全市规模以上工业总产值的比重为 68.9%（表 6.8）。

表 6.8　上海市六个重点行业产值及占比

年份	电子信息产品制造业/亿元	汽车制造业/亿元	石油化工及精细化工制造业/亿元	精品钢材制造业/亿元	成套设备制造业/亿元	生物医药制造业/亿元	六个重点工业行业总产值/亿元	占全市规模以上工业总产值的比重/%
2010	7022.46	3626.46	3442.44	1722.87	3485.65	591.20	19863.27	66.2
2013	6486.35	4884.08	4148.22	1517.07	3713.40	836.80	21585.91	67.3
2015	6159.55	5168.22	3375.31	1159.53	4001.94	904.89	20769.44	66.9
2017	6505.04	6774.33	3798.68	1281.40	3978.73	1067.32	23405.50	68.9

　　资料来源：上海市国民经济与社会发展统计公报（2010—2017）。

　　六个重点行业总产值在 2010～2017 年变化不大，占规模以上工业总产值的 70% 左右，其中电子信息产品制造业的产值有所下降，生物医药制造业的产值有所增加，在 2017 年已经约为 2010 年的 2 倍。

　　在新兴产业方面，2017 年上海市节能环保、信息技术、生物医药、高端装备、新能源、新能源汽车、新材料等战略性新兴产业制造业完成工业总产值 10465.92 亿元，比 2016 年增长 5.7%，占全市规模以上工业总产值比重达到 30.8%。2011～2017 年，战略性新兴产业制造业的工业总产值呈上升趋势。在对外贸易方面，高新技术出口额占出口总额比例一直超过 40%，体现出较强的出口潜势。

　　在特色经济发展方面，浙江省区域经济呈现出小商品大市场的产业格局、低成本高效益的比较优势、小企业大协作的集群效应和小资本大集聚的群体规模。义乌小商品，绍兴化纤面料，宁波服装，温州鞋革，龙湾不锈钢及铜加工，黄岩塑料制造，玉环阀门制造，乐清低压电器，海宁皮革服装，永康五金制品，富阳造纸，余姚、慈溪家用电器及塑料制造等特色产业在国内外市场占有率都很高，已经成为全国及世界重要的加工制造基地[1]。

　　杭州市地区生产总值在 2015 年突破万亿元，第三产业占比在 2017 年超过 60%，城镇居民可支配收入超过 5 万元，是浙江省的经济中心、长三角优化开发区域的中心城市。

　　杭州的经济结构正在实现快速优化。2010～2017 年，计算机、通信和其他电子设备制造业产值增加迅猛，纺织业产值有所下降，其他支柱产业产值基本稳定（表 6.9）。2017 年规模以上工业企业中高新技术产业、战略性新兴产业、装备制造业产值分别增长 13.6%、15.0% 和 11.0%，占规模以上工业产值的 50.1%、30.6% 和 43.2%，比 2016 年提高 4.1 个、3.4 个和 1.3 个百分点；八大高耗能行业增加值占比 24.6%，下降 1.5 个百分点。

表 6.9　杭州市支柱产业产值变化 （单位：亿元，当年价）

年份	计算机、通信和其他电子设备制造业	电气机械及器材制造业	化学原料和化学制品制造业	通用设备制造业	汽车制造业	纺织业
2010	659.1	897.8	834.3	825.3	903.2	1066.3
2011	725.8	993.5	990.5	880.7	1126.8	1001.5
2012	720.9	1018.2	1072.5	893.5	1220.2	961.9
2013	887.5	978.5	1295.2	948.6	379.0	1015.8
2014	981.8	991.0	1223.5	947.8	472.3	1009.3
2015	1157.8	1119.6	979.7	878.8	670.3	922.7
2016	1272.7	880.1	778.9	678.9	846.2	704.0
2017	1749.9	1176.8	968.5	912.3	759.4	742.6

资料来源：2006～2018 杭州统计年鉴。

　　数字经济是杭州的另一个显著特点。积极构建依托"互联网+"的新兴服务产业，围绕数字服务、文化贸易、旅游及金融保险等领域重点开展工作，争取打造特色鲜明的服务贸易产业体系。加快建设国际商务中心、国际云计算大数据中心、国际物联网产业中心，大力发展电子商务、物联网技术和软件技术。

　　与浙江省类似，江苏省制造业发达，省内以南京和苏州为龙头，信息传输和软件服务业作为新兴产业，产值攀升迅速。

　　南京市地区生产总值在 2016 年已经突破万亿元，2017 年第三产业占比接近 60%，城镇居民可支配收入超过 5 万元。南京市的三大支柱产业包括计算机、通信和其他电子设备制造业，化工原料及化学制品制造业，汽车制造业，其中汽车制造业增长迅猛，但是三大支柱产业的总产值占总产值的比例在近三年有所下降，南京市的能源结构在不断调整，高新技术产业及服务业蓬勃发展（表 6.10）。

表 6.10　南京市重点行业产值及比重

年份	计算机、通信和其他电子设备制造业/亿元（当年价）	化工原料及化学制品制造业/亿元（当年价）	汽车制造业/亿元（当年价）	三大重点行业总产值占全市总产值比例/%
2010	1259.72	1559.13	603.22	68.27
2011	1682.05	1844.83	891.29	71.89
2012	1938.59	1750.60	1280.16	69.00
2013	2175.49	1783.10	1636.46	69.84
2014	2348.05	1864.52	1733.66	67.41
2015	2527.84	1720.50	1780.85	62.02
2016	2368.50	1743.07	1975.92	57.96
2017	2470.34	1826.77	2116.21	54.74

资料来源：2010～2018 南京统计年鉴。

　　2017 年，南京市高新技术产业产值占规模以上工业产值比重提高 0.5 个百分点；2016 年服务业实现增加值 6133.76 亿元，占全市地区生产总值的比重达到 58.4%；2017 年全市服务业实现增加值 6997.22 亿元，占 GDP 的比重创历史新高，达 59.7%，服务业的持续较快增长，推动全市产业结构持续优化。服务业包括以信息传输、软件和信息技术服务业，商务租赁和商务服务业，金融业等行业为主的现代服务业，以及以贸易、交通、房地产为主的传统服务业。

苏州市地区生产总值在 2011 年已超万亿元，2016 年第三产业占比首次超过第二产业，达到 50%。2017 年，苏州规模以上工业中，计算机、通信和其他电子设备制造业，电气机械及器材制造业，黑色金属冶炼和压延加工业，化学原料和化学制品制造业，通用设备制造业，汽车制造业六大行业共实现产值 2.12 万亿元，比 2016 年增长 10.7%。新兴动能持续壮大，在六大工业新产业中，工业机器人产业产值 227 亿元，增长 39.3%；集成电路产业产值 718 亿元，增长 17.2%。高端产品产量快速增长，荣获 2017 年 "中国服务外包最具特色城市"，在服务外包示范城市综合评价中跻身全国前四。

综合来看，通用设备制造，化学原料制造，电气机械制造，计算机、通信和其他设备制造业是长三角区域核心产业，在南京、杭州、上海等城市行业产值中都居较高比重。此外，南京软件信息服务增长迅猛，杭州电子商务发达，苏州 "服务外包" 在全国名列前茅，浙江省纺织业突出。各城市依据自身特点，在第三产业领域不断深耕，推进产业结构优化，发展创意文化、电子商务、软件信息服务等，第三产业不断拉动 GDP 增长，高耗能、高污染产业转移或关停。在产业结构的调整上，长三角区域部分城市已经给出令人满意的答卷，虽然还达不到发达国家的程度，但其做法值得借鉴和学习。

6.2.4　能源与资源

长三角区域能源消费总量占全国的比重变化幅度不大，基本在 11%～12%，2014 年以后，全国的煤炭消费占比有所下降，而长三角区域煤炭消费占比早在 2011 年以前就开始下降，天然气占比缓慢增加；2017 年，长三角区域煤炭占比 39%，石油占比 25%，天然气占比 5%，煤炭仍需要继续削减，天然气消费量占比需要大幅增加（图 6.4）。

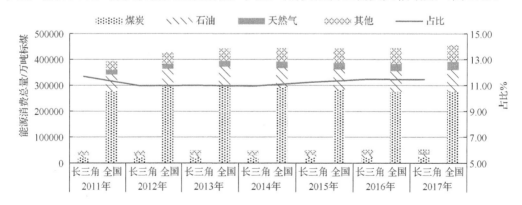

图 6.4　长三角区域能源消费总量与能源结构

2010 年以来，上海市能源消费逐步进入平台期，增速较 "十一五" 时期的 6.5% 逐步放缓，年均增速约为 2%，同时 2016 年能源消费总量为 1.18 亿吨标煤，距离上海 "十三五" 规划和 "十三五" 能源规划中所提的 2020 年全市能源消费总量控制在 1.25 亿吨标煤的目标很接近。上海的能源消费结构仍然高度依赖化石能源、外来电力的大量调入，使本地清洁能源的发展出现困境。

2016 年浙江省一次能源结构为 64.4∶26.0∶7.4∶2.4，煤炭占比由 2010 年的 72%降至 2016 年的 64.4%，油料占比相对稳定，近年来略有升高，维持在 25%上下。天然气由 2004 年的 4.26 亿吨标煤，猛增至 2016 年的 1165 亿吨标煤，占比也从 2010 年的 3%提升至 2016 年的 7.42%。能源结构趋于低碳。非化石能源占一次能源消费比重进一步提高，由 2010 年的 9.8%升至 2015 年的 16%。2016 年浙江省煤炭消费总量为 13948 万吨，较 2015 年有小幅上升，但依然低于 2011 年 14776 万吨的高峰消费量。2011~2016年煤炭消费量呈现缓慢下降的趋势，逐渐进入消费平台期。其中，用于发电（热）的共10634 万吨，占比 76.2%，用于炼焦的共 308 万吨，占比 2.2%，用于终端消费的共 3076万吨，占比 30.8%。

2016 年 9 月，《浙江省能源发展"十三五"规划》提出到 2020 年，全省能源消费总量控制在 2.2 亿吨标煤以内（2016 年为 2.01 亿吨），"十三五"时期年均增长 2.3%；到2020 年，全省煤炭消费总量控制在 1.35 亿吨左右（2016 年为 1.39 亿吨），占一次能源消费的比重下降到 42.8%左右。

2016 年江苏省能源消费总量达到 3.17 亿吨标煤，占全国的 7%，仅次于山东省，排名全国第二位，是全国能源消费大省，继山东和河北之后第三个迈入能源消费总量 3 亿吨的省份。江苏省能源消费总量经历了飞速增长的阶段，2000~2012 年的 13 年间，江苏省能源消费量平均增速达到 11%，而同期 GDP 增速是 12%，经济增长与能源消费量飞升严重同步。党的十八大之后，受到国家生态文明政策和经济结构调整等因素影响，江苏省能源消费量增速开始下降，2012~2016 年，能源消费量增速降为 2.8%，同期 GDP增速则保持在 8.9%，经济增长和能源消费已经出现脱钩的趋势。

虽然已经采取了多项措施进行能源结构调整，2016 年江苏省一次能源结构中，煤炭占比仍高达 75%，可再生能源占比仅为 1.1%。天然气消费量虽逐年增加，2010~2016年年均增速达到 16%，占一次能源比重提升至 7.8%，仍然有较大的提升空间。2016 年，煤炭占化石能源比重为 67.6%，依然高于 62%的全国平均水平，作为沿海经济大省，这一比例显然超出预期。2016 年江苏省煤炭消费总量为 2.8 亿吨，其中 1.9 亿吨用于发电（热），占比达到 67.8%，有 3474 万吨用于炼焦，占比为 12.4%。

由此可见，煤炭是江苏省的主要能源消费品种，火力发电、炼焦等依然占据较高的比例，天然气等清洁能源，虽然比例在逐步提升，但占比仍然不高。可再生能源开发程度较低，占比仅为 1%，江苏省拥有巨大的减排空间。

从图 6.5 中可以看到，长三角区域在 2005~2017 年的能源强度远低于全国能源强度，并且整体呈下降趋势，在 2006 年出现轻微的上浮。浙江 6 市的能源强度在 2006 年有些许上升趋势，之后就开始稳步下降，江苏 8 市及上海的能源强度从 2005 年开始呈现波动下降趋势，2012 年之后长三角区域各地能源强度下降速度趋快，2005~2017 年，长三角区域能源强度不断下降，从 0.81 吨标煤/万元下降到 0.6 吨标煤/万元左右。

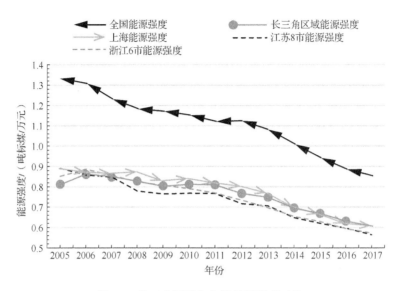

图 6.5　长三角区域与全国能源强度对比

从分部门能源消费来看，电力热力部门是耗能最多的，其次是钢铁、水泥、炼焦、化工等难减行业，交通运输、其他制造业和居民消费也是能源消费占比较大的部门。节能降耗可以从高耗能部门下手，对重点减排行业实施大力度节能降耗政策（图 6.6）。

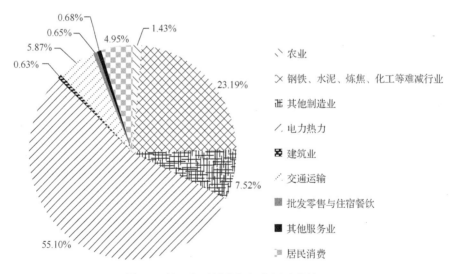

图 6.6　长三角区域分部门能源消费情况

总体来看，长三角区域能源结构中，煤炭占比仍旧较高，天然气占比在政府出台相关政策后有所增加，非化石能源占比较小，且增长缓慢，减煤任务仍然紧迫。长三角区域的天然气总量有限，依靠进口就要有求于别国，被他人限制，因此提高非化石能源占比是有效的解决方法。

6.2.5　科技创新与转型发展

改革开放以来,长三角地区的自主创新水平居于全国前列,但与世界发达国家相比,其综合创新力仍然偏低。为此,必须坚定不移地深入实施创新驱动发展战略,不断增强长三角创新力,为建设现代化经济体系提供战略支撑。

1. 人才引进

在新一轮机构改革方案背景下,对于人才引进方案的实施也存在区域差异性。

上海市建设国际人才试验区,依托上海自贸试验区、张江国家自主创新示范区的改革平台,充分发挥"双自联动"优势,推进人才政策先行先试,构建人才、智力、技术、资金、管理、服务等创新要素高度集聚的国际人才试验区。实施海外高层次人才引进计划,实行更积极、更开放、更有效的海外人才引进政策,更大力度实施"海外高层次人才引进计划"。实施上海领军人才计划,以提高自主创新能力为核心,大力实施科学与工程领军人才计划、优秀学科带头人计划,支持和培养一批具有国际影响力的原始创新领军人才。实施青年英才开发计划,着眼于人才基础性培养和战略性开发,持续保持和提升本市人才竞争力,每年遴选一批管理、专业技术、创业等领域的优秀青年人才进行重点开发。实施企业经营管理人才素质提升工程,实施"四新"经济人才开发工程。落实"中国制造 2025"和"互联网+"战略,聚焦新技术、新产业、新模式、新业态"四新"经济的发展态势,探索"产业基地+产业基金+产业人才+产业联盟"四位一体的推进模式[2]。

浙江省大力集聚创新型科技人才。优化"海外高层次人才引进计划"实施机制,动态调整引进人才专业结构,适当扩大"海鸥计划"规模,落实顶尖人才直接认定机制。允许企业海外研发中心或海外分公司新引进的高端人才申报省"海外高层次人才引进计划",并配套制定相应政策。探索制定市场化评价人才办法,推广人才主管部门制定人才认定标准、市场专业机构认定评价、第三方监督的遴选机制。强化人才绩效管理,建立二次追加投入、依绩淘汰的有进有出机制[3]。

江苏省出台关于印发《"江苏省高层次创新创业人才引进计划"改革实施办法》《江苏省"333 高层次人才培养工程"改革实施办法》的通知文件,提出了发挥人才机制对实现创新发展的重要性,并且要加大投资的力度和创新成果的转化。

2. 创新发展

以创新推动长三角区域发展。充分发挥市场机制推动产业集聚、要素集聚。一方面,有利于进一步提高城市化水平和城市化率,激活人才红利;另一方面,有助于增强企业实力,强化企业在创新活动中的核心地位。因此,选择长三角区域历年的专利授权量和人均专利数来对不同地区的创新能力进行对比分析(表 6.11)。

表6.11 长三角区域专利授权量和人均专利数

年份	江苏省		浙江省		上海市	
	授权量/件	人均专利数/（件/万人）	授权量/件	人均专利数/（件/万人）	授权量/件	人均专利数/（件/万人）
2005	13580	1.79	3045	4.14	12603	6.67
2006	19352	2.53	4159	6.69	16602	8.45
2007	31770	4.11	5584	9.03	24481	11.86
2008	44438	5.72	6621	11.30	24468	11.43
2009	87286	11.18	7216	16.95	34913	15.80
2010	138282	17.57	10998	24.15	48215	20.94
2011	199814	25.30	13982	27.23	47960	20.43
2012	269944	34.08	20003	39.27	51508	21.64
2013	239645	30.18	24856	41.92	48680	20.16
2014	200032	25.13	26351	38.80	50488	20.81
2015	250290	31.38	37342	42.42	60623	25.10
2016	231033	28.88	39734	39.62	34230	14.14
2017	227187	28.29	41675	37.79	72806	30.11
分类：实用新型、外观设计、发明						

资料来源：2006~2018年各地统计年鉴。

对比这三个地区历年专利申请授权量可以发现，江苏省的专利申请授权总量较上海市和浙江省多，而上海市的人均专利数量较多，2017年达到30.11件/万人，这也反映了上海市比较注重创新成果的转化和提升，专利转化率比较高，创新发展潜力空间也比较大。

表6.12显示的是江苏省、浙江省和上海市近几年研发经费支出情况及研发支出占GDP的比重，从中可以发现，在长三角区域中，江苏省的研发经济内部支出最高，2017年达到2260.06亿元，上海市研发经济内部支出占GDP的比重最大，2017年达到4.00%，而浙江省研发经济内部支出情况处于居中水平。整体来看，长三角区域的创新能力处于较高的水平，创新发展有较大的潜力。

表6.12 各地区R&D经济内部支出情况

年份	江苏省		浙江省		上海市	
	R&D经济内部支出/亿元	占GDP比重/%	R&D经济内部支出/亿元	占GDP比重/%	R&D经济内部支出/亿元	占GDP比重/%
2011	1071.96	2.18	612.93	1.90	597.71	3.11
2012	1288.02	2.38	722.59	2.08	679.46	3.37
2013	1487.45	2.49	817.27	2.18	776.78	3.56
2014	1652.82	2.54	907.85	2.26	861.95	3.66
2015	1801.23	2.57	1011.18	2.36	936.14	3.73
2016	2026.87	2.62	1130.63	2.39	1049.32	3.72
2017	2260.06	2.63	1266.34	2.45	1205.21	4.00

资料来源：2012~2018年各地统计年鉴。

3. 低碳规划

各省市为实现率先达峰，纷纷出台各类规划。上海对全市节能减排和控制温室气体排放领域的各项任务做出了部署，提出了总体目标，能源消费、碳排放、污染物排放总量和强度得到有效控制。在能源使用方面，在《上海市"十三五"能源规划》中提到，"十三五"末，上海能源发展要实现以下几方面目标。总量控制：到 2020 年，全市能源消费总量控制在 1.25 亿吨标准煤以内，年均增速在 1.86% 左右；煤炭消费总量实现负增长，进一步提高煤炭集中高效发电比例；全社会用电量预计在 1560 亿千瓦·时左右。结构优化：到 2020 年，煤炭占一次能源比重下降到 33% 左右。天然气消费量增加到 100 亿立方米左右，占一次能源比重达到 12%，并力争进一步提高。非化石能源占一次能源比重上升到 14% 左右，其中本地非化石能源占比上升到 1.5% 左右，本地可再生能源发电装机比重上升到 10% 左右（其中风电力争新增装机 80 万千瓦，光伏争取新增 50 万千瓦）。节能环保：到 2020 年，全市燃煤机组污染物排放水平进一步下降，力争全市火电机组平均供电煤耗下降到 296 克/（千瓦·时）左右。电网线损率下降至 5.85%，天然气产销差率下降至 4.7%。

南京市重点提出了控制煤炭消费总量的要求。苏州市，到 2020 年，万元产值能耗下降率、万元产值二氧化碳排放削减率达到江苏省下达的目标。无锡市，到 2020 年，单位 GDP 能耗降低累计达到 15%，煤炭消费总量比 2015 年下降 15%，天然气占能源消费总量比重达到 12% 以上。南通市，到 2020 年，全市能源消费总量为 3300 万吨标煤，万元产值能耗较"十二五"末下降 17% 左右。扬州市，2020 年的目标为煤炭占能源消费总量的 60% 以内，天然气等清洁能源消费占能源消费总量的 22% 以上。

杭州市能源消费总量年均增幅不高于 2.3%，到 2020 年，全市单位产值二氧化碳排放比 2015 年下降 25%，碳排放总量得到有效控制；宁波，2020 年低碳试点工作扎实推进，万元工业增加值能耗降低 20%，煤炭消费总量完成浙江省政府下达目标任务；主要耗能产品单位能耗继续保持全国领先水平，部分耗能产品单位能耗达到国际领先水平；稳步提升第一产业和第三产业的能效水平，持续提高服务业在 GDP 中的占比[4]。

长三角优化开发区域城市基本在"十三五"规划中对 GDP 增长、能源总量控制、碳排放、可再生能源等均做出了具体的目标规划，扎实推进低碳减排工作，降低万元产值能耗，为实现率先达峰做出了不断努力。

6.3　长三角碳排放驱动因素分析

6.3.1　排放趋势分析

对长三角区域 2005～2017 年的碳排放分解发现，煤炭排放占比最高，其次是其他排放，包括外来电及非化石能源，这里主要是外来电的排放，石油排放占比有增加的趋势，天然气占比较低，所以其排放量较小。长三角区域总排放占全国排放比重变化不大，保持在 11%～12%（图 6.7）。

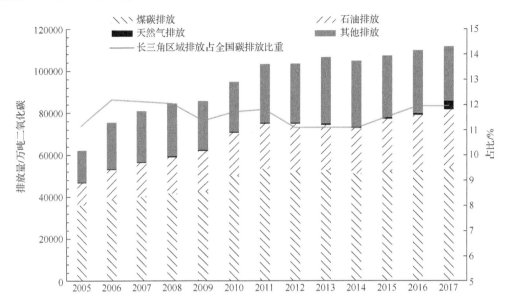

图 6.7 长三角区域碳排放结构及占比

注：图中其他排放的计算综合参考华东电网排放系数。

从分部门的排放结构来看，长三角区域电力热力的排放仍然是占比最高的，2007
年占比达 46%（图 6.8），由于当时发电产热均用煤较多，大部分碳排放量来自电力和热
力消耗煤炭，其次是钢铁、水泥、炼焦、化工等难减行业的排放。此外，长三角区域是
重要的石油化工基地，该部门排放量占比达 34%。2017 年，工业发展及居民生活的需
求提升，电力热力排放占总排放的 56%，同时，由于政府环境规制政策的压力，工业上
能源结构的调整，以及节能技术的应用，钢铁、水泥、炼焦、化工等难减行业部门的排
放占比下降至 22.8%，排放量与 2007 年基本持平，而 2017 年交通运输部门的排放量比
2007 年增加近 2 倍，现代化社会发展的需要及人民生活水平的提高，长三角区域大城市
较多，面临着较大的交通压力，交通运输部门应该作为政府重点减排领域之一。

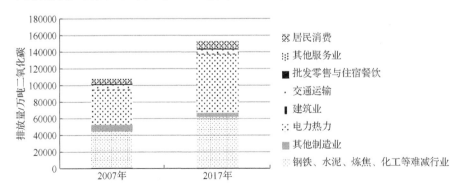

图 6.8 长三角区域分部门排放

从 2005 年开始，长三角区域碳排放总量缓慢上升，人均碳排放已经超过 10 吨，能源结构有所调整，因此碳排放强度不断下降，排放因子有所下降（表 6.13）。

表 6.13　长三角区域碳排放情况

指标	2005 年	2010 年	2015 年	2016 年	2017 年
碳排放总量/万吨二氧化碳	62131.65	94883.41	107205.67	109701.51	111677.40
人均碳排放/（吨二氧化碳/人）	6.89	9.38	10.35	10.49	10.63
碳排放强度/（吨二氧化碳/万元）	1.88	1.58	1.15	1.09	1.03
排放因子/（吨二氧化碳/吨标煤）	2.31	2.21	2.16	2.15	2.14

6.3.2　LMDI 分解

采用 LMDI 加法分解法，把长三角碳排放因素分解为人口、经济水平、能源强度、碳排放系数四个指标，计算结果如图 6.9 和表 6.14 所示。可以看出 2005～2017 年，人口因素和经济水平对二氧化碳排放增长起促进作用，分别导致碳排放增加了 16649.14 万吨和 93218.83 万吨，增长了 2.57 倍和 19.8 倍，贡献率分别为 21.14% 和 101.14%。人口促进效应与人口增长速度趋势吻合，2015 年之后人口增长较 2010 年快，拉动碳排放的增长。在经济水平方面，由于 2008 年金融危机，在 2008～2012 年区域生产总值波动较大，2013 年后对碳排放的促进效应逐年减少。

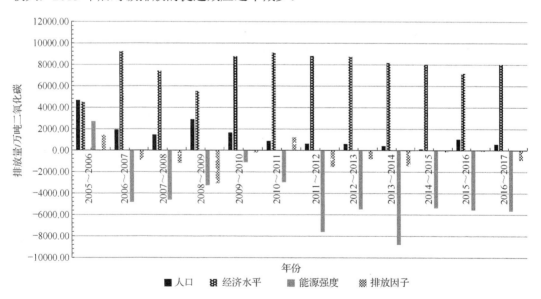

图 6.9　2005～2017 年长三角二氧化碳排放影响因素分解（加法）

表6.14　2005～2017年长三角二氧化碳排放影响因素分解（加法）　（单位：万吨二氧化碳）

年份	人口	经济水平	能源强度	排放因子	碳排放增长
2005～2006	4659.84	4479.95	2701.41	1419.15	13260.34
2006～2007	1901.49	9204.71	-4832.02	-907.64	5366.54
2007～2008	1450.94	7397.07	-4620.84	-1200.36	3026.81
2008～2009	2877.25	5509.69	-3264.49	-3087.71	2034.74
2009～2010	1644.67	8752.52	-1123.21	-210.67	9063.32
2010～2011	858.78	9083.02	-2979.19	1227.21	8189.82
2011～2012	613.31	8794.56	-7606.99	-1540.91	259.98
2012～2013	577.74	8709.67	-5482.54	-815.10	2989.77
2013～2014	392.29	8161.24	-8789.30	-1455.57	-1691.34
2014～2015	97.95	7990.18	-5360.33	-153.77	2574.04
2015～2016	1025.66	7141.49	-5573.01	-98.31	2495.83
2016～2017	549.22	7994.73	-5661.07	-906.99	1975.89
2005～2017	16649.15	93218.84	-52591.58	-7730.66	49545.75

　　能源强度、排放因子对二氧化碳排放增长起抑制作用，分别导致碳排放减少了52591.60万吨和7730.67万吨，贡献率分别为-52.56%和-7.76%（表6.15）。长三角2017年能源强度比2005年降低42%，大大减缓了碳排放的增长速度，但能源结构和排放因子的影响相对较弱。同时，长三角地区加大了新能源技术的投入，对于可再生能源和清洁能源的使用量也逐渐提升，未来对碳排放增长的抑制作用会越来越大。

表6.15　2005～2017年长三角二氧化碳排放影响因素分解贡献率（加法）　（单位：%）

年份	人口	经济水平	能源强度	排放因子	碳排放增长
2005～2006	7.50	7.21	4.35	2.28	21.34
2006～2007	2.52	12.21	-6.41	-1.20	7.12
2007～2008	1.80	9.16	-5.72	-1.49	3.75
2008～2009	3.43	6.58	-3.90	-3.69	2.43
2009～2010	1.92	10.20	-1.31	-0.25	10.56
2010～2011	0.91	9.57	-3.14	1.29	8.63
2011～2012	0.60	8.53	-7.38	-1.49	0.25
2012～2013	0.56	8.43	-5.31	-0.79	2.89
2013～2014	0.37	7.68	-8.27	-1.37	-1.59
2014～2015	0.09	7.64	-5.12	-0.15	2.46
2015～2016	0.96	6.66	-5.20	-0.09	2.33
2016～2017	0.50	7.29	-5.16	-0.83	1.80
2005～2017	21.14	101.14	-52.56	-7.76	61.97

6.3.3　区域内部碳排放差异

1. 上海情况

2016 年 8 月《上海市城市总体规划（2016—2040）》中，提出"全市碳排放总量与人均碳排放总量于 2025 年达到峰值，至 2040 年碳排放总量峰值减少 15%左右"。《上海城市总体规划（2017—2035）》测算，上海将在 2020～2025 年达峰。钢铁、石化、航运、建筑与电力是重点减排领域，钢铁主要考虑与减排污染物协同，将吨钢综合能耗及排放降低到较低的水平。

上海市碳排放以工业和电力为主，交通运输、建筑虽然占比低于工业和电力，但交通运输的碳排放强度很高，且交通运输、建筑的碳排放总量出现快速增长的趋势。2018 年交通运输的碳排放约占 20%，航空每年有 8%～9%的增长率，交通运输的碳排放预计会在 2030 年达峰，上海市淘汰不符合国家标准的燃油汽车，增加新能源汽车用量，调整交通结构。根据上海市经济和信息化委员会的数据，2018 年上海新能源汽车推广量增长迅速，全年新能源汽车新增 73724 辆，相比 2017 年增长 20.2%，截至 2018 年年底新能源汽车保有量达到 239784 辆，推广总量继续保持国内乃至全球领先。2018 年纯电动乘用车较 2017 年同比增长 40.1%。控制交通运输业碳排放将有助于整体减排。

上海制造业碳排放主要集中于黑色金属冶炼和压延加工业、石油化工和化学原料制造业三大产业，碳市场是制造业减排的重要抓手。2013～2015 年，上海控排企业配额盈余较多，2016 年上海调整思路，改为利用碳强度分配排放配额，让企业贡献出一些富余配额。当然，企业的压力也很大，基本上都在消耗以前的余量。从碳交易来看，碳市场把企业的碳资产盘活了，有一部分不适应发展的企业被关停，或者改变工艺过程，有一部分企业积极做节能改造。企业本身也想通过减排来获取一定的利益，卖掉配额，补贴成本。大型企业组建专门的碳管理团队，对盘活企业碳资产起到重要作用[5]。

2. 江苏情况

在碳排放达峰时间上，2017 年 4 月发布的《江苏省能源发展"十三五"规划》中明确指出，江苏省碳排放 2030 年左右达峰。优化开发区域城市要比总体时间提前，从地市来看，南京市提出 2022 年达峰，常州市提出 2023 年达峰，苏州市约 2022 年达峰。2005～2017 年，各地市的碳排放呈上升趋势，并且尚未呈现达峰迹象。

在能源环境治理方面，江苏省主要使用川气东输的管道气，是全国天然气消费量最多的省份，2018 年消费量占比高达 10.4%，非化石能源占比达到 11%，但是煤炭占比仍然很高，2016 年江苏省煤炭占比 70%，2017 年煤炭占比 65%，与浙江省、广东省差别较大，2017 年江苏全省实行"263 计划"，"263"是"两减"（减少煤炭消费总量、减少落后化工产能）、"六治"（治理太湖水环境、治理生活垃圾、治理黑臭水体、治理畜禽养殖污染、治理挥发性有机物污染、治理环境隐患）、"三提升"（提升生态保护水平、提升环境经济政策调控水平、提升环境执法监管水平），开始重点削减煤炭使用量。

苏州市 2017 年共削减规模以上企业煤炭消费总量 333.94 万吨，淘汰低端落后化工企业 174 家。淘汰 57 台 10～35 蒸吨/时燃煤锅炉，完成 32 台机组（41 台燃煤锅炉）超低排放改造，实现 100 兆瓦以上机组超低排放全覆盖。推进重点企业强制性清洁生产审核，委托第三方开展中期评估和审核验收，促进重点企业节能降耗。南京"263"专项行动得到有效推进，2017 年全市较 2016 年削减煤炭 182 万吨，完成省定目标，万元产值能耗下降 4%左右，煤炭消费量减少 181 万吨，完成省控目标，万元产值二氧化碳排放下降 5%左右。关停化工企业 61 家，整治（含关停）铸造企业 140 家。

在减煤降耗的同时，江苏省的可再生能源发展潜力较大，目前水电占比较低，光伏位列全国第三，海上风电位列全国第一。风电布局快，接下来要布局远海风电，大力发展光伏一体化建筑。目前江苏省的核电规模比较小，未来还需要加大区外来电比重。

3. 浙江情况

《浙江省低碳发展"十三五"规划》指出，碳排放强度到 2020 年达到国家下达的要求，到 2030 年较 2005 年下降 65%以上，碳排放总量得到有效控制，比国家提前达到碳排放峰值。

浙江省 2016 年碳排放量为 4.4 亿吨二氧化碳，排名全国第九位，占全国碳排放总量的 4.8%。浙江省 6 个优化开发区域城市处于后工业化阶段，2012 年后工业二氧化碳排放量稳定在 3.3 亿～3.4 亿吨，呈现平台期的特点。交通排放和生活排放的增速尤其明显，这也是进入后工业化社会时期排放的基本趋势。从现有趋势来看，浙江省已呈现出碳排放达峰的趋势，现有控煤、提高清洁能源及可再生能源比重的举措也有利于浙江省尽早达峰。

综上所述，为实现区域达峰目标，上海市、江苏省、浙江省均需要调整能源结构，大力减少煤炭使用，提高天然气和可再生能源的比例。此外，需要根据自身特点，在保证经济发展的同时，还要积极调整产业结构，促使高耗能的产业绿色化转型。

6.4 减排成本测算及减排路径分析

6.4.1 情景设定

为更好地预测长三角区域达峰路径，我们设置了三个不同的达峰情景，包括政策情景、基准情景和强化低碳情景。

考虑到 1.5℃温升，减排二氧化碳刻不容缓，假定 2050 年能够达到近零排放，三种情景均考虑 2050 年二氧化碳排放趋势，对比碳排放量的变化。基准情景表示不加以严格的政策约束，在较为宽松的情景下，考虑技术进步等，二氧化碳排放有轻微的下降。政策情景表示在政策紧约束下，能源结构有所改善，工业上采用低碳技术和设备，燃油汽车数量持续减少等。强化低碳情景表示在大力度减排压力下，全部使用清洁能源，使用天然气或者可再生能源，煤炭几乎不再使用，这种情况很难达到，深度减排较困难。

结合现有政策、发展规划、达峰目标等，将影响碳排放达峰的五个指标，测算五年的平均增速，如表 6.16 所示，对比不同情景下不同指标的增速，明确减排及转型道路努力的方向，设定不同情景下的指标增速。

表 6.16 不同情景下的主要参数设定 （单位：%）

情景	参数	2015~2020 年	2021~2025 年	2026~2030 年	2031~2035 年	2036~2040 年	2041~2045 年	2046~2050 年
政策情景	GDP	7.65	7.04	6.08	5.42	4.78	4.12	3.50
	人口	0.89	1.04	0.88	0.44	-0.12	-0.21	-0.29
	人均 GDP	6.71	5.94	5.15	4.96	4.91	4.34	3.80
	能源消费量	2.18	1.31	0.40	-0.36	-0.73	-0.86	-0.95
	人均能源消费量	1.28	0.26	-0.47	-0.79	-0.61	-0.65	-0.66
基准情景	GDP	7.83	7.50	6.80	6.12	5.46	4.92	4.46
	人口	1.01	1.14	1.02	0.82	0.32	-0.11	-0.18
	人均 GDP	6.76	6.29	5.72	5.26	5.12	5.04	4.65
	能源消费量	2.20	1.46	0.69	0.03	-0.33	-0.51	-0.63
	人均能源消费量	1.18	0.32	-0.33	-0.78	-0.65	-0.40	-0.45
强化低碳情景	GDP	7.19	6.32	5.32	4.80	4.40	3.60	3.10
	人口	0.81	0.62	0.32	-0.38	-0.62	-0.11	-0.22
	人均 GDP	6.33	5.66	4.98	5.20	5.05	3.72	3.33
	能源消费量	1.98	0.87	-0.11	-0.93	-1.29	-1.36	-1.38
	人均能源消费量	1.17	0.25	-0.43	-0.55	-0.67	-1.25	-1.17

随着时间的推移，GDP 的增速将会放缓。目前 GDP 增速在 8%左右，经济中高速增长。强化低碳情景的 GDP 增速最低，低的经济增长速度，为减排提供更多空间。基准情景的 GDP 增速最高，为了 GDP 的增长，以污染环境为代价。政策情景的 GDP 增速次之，会有政策的约束，在减少碳排放的同时降低 GDP 的增速。考虑到出生率及长三角经济带对人才的吸引，人口一直在缓慢增长，但是增速下降。能源消费量在 2030 年以前基本是以较缓的速度增长，2030 年以后，政策情景和强化低碳情景能源消费量有较小的下降趋势，可能与使用了更节能的电器和建设更高效的生产园区等有关。基准情景下，碳排放在 2025 年以前有所增长，2025 年以后会缓慢下降，政策情景和强化低碳情景下基本上碳排放一直下降，强化低碳情景下降速度更快。

6.4.2 减排成本

根据三种情景设定的增速，可以预测未来 30 年的碳排放趋势，基准情景下 2027 年达峰，政策情景下 2023 年达峰，强化低碳情景下现在已经达峰（图 6.10）。

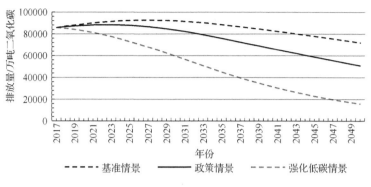

图 6.10　三种情景下碳排放趋势

为尽快达峰，可根据成本效益及达峰基础，选择达峰的最佳路径。接下来计算不同情景下的减排成本及减排成本占 GDP 的比重。农业及钢铁、水泥、炼焦、化工等属于难减行业，电力热力、建筑、交通运输、批发零售与住宿餐饮、居民消费等部门，不论在低效率还是高效率条件下，减排需要持续进行，因此其减排总成本总是上升的。但是，每年投入的减排成本，有一个先低后高和由高转低的过程。需要进一步说明的是，低效率和高效率是相对的，主要包括政策支持、经济增长、消费者参与、技术发展及能源使用效率。高效率条件下，政策支持力度大，经济增长水平稍高于低效率条件，消费者参与度更高，倾向于购买绿色产品，技术发展更快，可以使生产过程更为清洁、绿色，而能耗更低，能源使用效率更高。

政策情景下，低效率条件下长三角 2020、2030、2040、2050 年减排成本分别是 154 亿元、966 亿元、1855 亿元和 2443 亿元，占 GDP 的比重为 0.12%、0.41%、0.5% 和 0.46%；高效率条件下长三角 2020、2030、2040、2050 年减排成本分别是 77 亿元、483 亿元、927 亿元和 1222 亿元，占 GDP 的比重为 0.06%、0.21%、0.25% 和 0.23%（图 6.11）。在政策支持力度不够大、技术发展水平没有达到预期时，投入的减排成本较多，几乎是高效率下的两倍，而且随着减排手段的实行，减排成本也在不断上升。

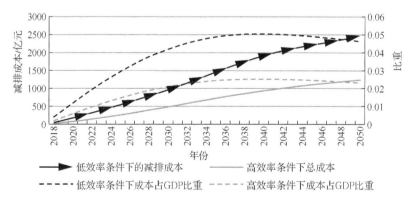

图 6.11　政策情景下减排成本

将减排成本分为具体的部门，可以看出，无论在高效率条件还是低效率条件下，

2030~2050 年，钢铁、水泥、炼焦、化工等难减行业和交通运输的减排成本递增，电力热力的减排成本占比最多。低效率条件下，减排成本不断升高，2050 年达到 1369 亿元，钢铁、水泥、炼焦、化工等难减行业的减排成本在 2050 年为 692 亿元，交通运输的减排成本为 160 亿元；高效率条件下，2050 年电力热力的减排成本为 685 亿元，钢铁、水泥、炼焦、化工等难减行业的减排成本为 346 亿元，交通运输的减排成本为 80 亿元（图 6.12）。

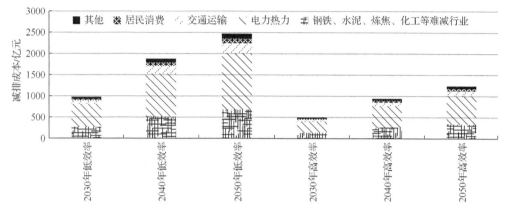

图 6.12 政策情景下重点领域减排成本构成

强化低碳情景下，需要在相同时间内减少更多碳排放，需要更多减排成本。政策的大力支持和技术的快速发展，都是以政府财政的大量投入为基础，为实现低碳发展，未来可以向强化低碳情景冲刺。同样，按照低效率和高效率分别进行计算，不管在低效率条件还是高效率条件下，减排总成本都呈上升趋势，年均减排成本的 GDP 占比先升后降（图 6.13）。

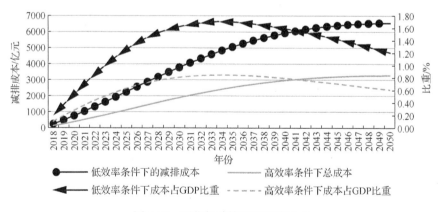

图 6.13 强化低碳情景下减排成本

强化低碳情景下，低效率条件下长三角 2020、2030、2040、2050 年减排成本分别是 734 亿元、3738 亿元、5861 亿元、6478 亿元，占 GDP 的比重为 0.56%、1.61%、1.58%、1.21%；高效率条件下 2020、2030、2040、2050 年减排成本分别是 367 亿元、1869 亿元、2930 亿元、3239 亿元，占 GDP 的比重为 0.28%、0.8%、0.79%、0.61%。

将减排成本分解到具体部门，强化低碳情景与政策情景类似，无论在高效率条件还是低效率条件下，2030~2050 年，钢铁、水泥、炼焦、化工等难减行业和交通运输的减排成本递增，电力热力的减排成本占比最多。低效率条件下，2050 年的电力热力减排成本为 3585 亿元，钢铁、水泥、炼焦、化工等难减行业的减排成本为 1813 亿元，交通运输的减排成本为 467 亿元；高效率条件下，2050 年的电力热力减排成本为 1793 亿元，钢铁、水泥、炼焦、化工等难减行业的减排成本为 906 亿元，交通运输的减排成本为 234 亿元。从分部门来看，高效率条件下减排成本远低于低效率条件下的减排成本（图 6.14）。

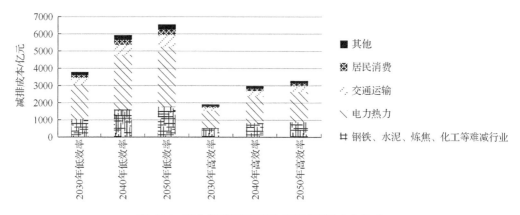

图 6.14　强化低碳情景下重点领域减排成本构成

6.4.3　减排路径

2020 年，政策情景下长三角区域 GDP 总量可达 107484 亿元，人均 GDP 为 9.93 万元，人均能源消费量 5.12 吨标煤，人均碳排放量 8.09 吨。但不管什么情景，未来 30 年人均 GDP 均呈上升趋势，人均能源消费量不断下降，人均碳排放下降。2050 年政策情景下的碳排放量比基准情景下降低 6702 万吨，强化低碳情景比政策情景碳排放量再降低 34892 万吨。考虑 1.5℃温升目标，2030~2050 年强化低碳情景下碳排放大幅下降，届时大部分能源为非化石能源（表 6.17）。

表 6.17　不同情景下各指标数据

情景	指标	2020 年	2030 年	2040 年	2050 年
政策情景	GDP/亿元	107484.09	202876.24	333607.00	484847.47
	人口/万人	10828.37	11913.91	12105.21	11803.59
	人均 GDP/万元	9.93	17.03	27.56	41.08
	能源消费总量/万吨标煤	55392.73	60313.83	57105.75	52147.30
	人均能源消费总量/吨标煤	5.12	5.06	4.72	4.42
	单位产值能耗/（万元/吨标煤）	0.52	0.30	0.17	0.11
	碳排放/万吨二氧化碳	87619.47	83409.81	67153.09	50698.73
	人均碳排放/（吨二氧化碳·人）	8.09	7.00	5.55	4.30
	单位产值碳排放/（万元/吨）	0.82	0.41	0.20	0.10

续表

情景	指标	2020 年	2030 年	2040 年	2050 年
基准情景	GDP/亿元	108385.17	216202.01	379557.65	600226.13
	人口/万人	10892.83	12128.07	12836.46	12651.53
	人均 GDP/万元	9.95	17.83	29.57	47.44
	能源消费总量/万吨标煤	55440.36	61691.58	60767.59	57400.15
	人均能源消费总量/吨标煤	5.09	5.09	4.73	4.54
	单位产值能耗/（万元/吨标煤）	0.51	0.29	0.16	0.10
	碳排放/万吨二氧化碳	88939.51	91816.33	83287.05	71934.81
	人均碳排放/（吨二氧化碳·人）	8.16	7.57	6.49	5.69
	单位产值碳排放/（万元/吨）	0.82	0.42	0.22	0.12
强化低碳情景	GDP/亿元	105204.88	185201.80	290368.11	403676.00
	人口/万人	10785.54	11303.17	10750.06	10572.92
	人均 GDP/万元	9.75	16.38	27.01	38.18
	能源消费总量/万吨标煤	54864.66	56995.83	50986.57	44415.33
	人均能源消费总量/吨标煤	5.09	5.04	4.74	4.20
	单位产值能耗/（万元/吨标煤）	0.52	0.31	0.18	0.11
	碳排放/万吨二氧化碳	82590.89	59357.94	32451.14	15806.52
	人均碳排放/（吨二氧化碳·人）	7.66	5.25	3.02	1.50
	单位产值碳排放/（万元/吨）	0.79	0.32	0.11	0.04

长三角区域 2017 年能源消费中，煤炭占比 39%，石油占比 25%，天然气占比 5%，在今后的能源结构调整中，政府可提升天然气和非化石能源占比，降低煤炭的占比，使能源结构趋于合理化、清洁化。为详细说明不同情景下，碳减排由哪些因素贡献，将能源细分为煤炭、石油、天然气和非化石能源，可以预测出不同情景下的能源结构（图 6.15～图 6.17）。

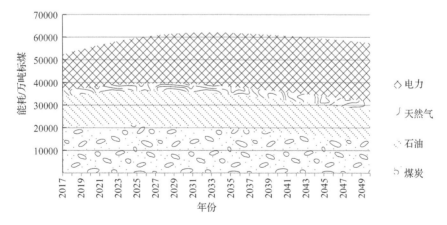

图 6.15 基准情景下能源结构

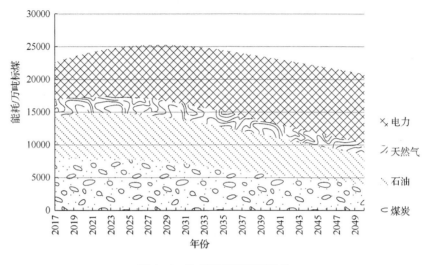

图 6.16　政策情景下能源结构

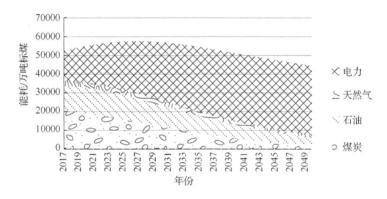

图 6.17　强化低碳情景下的能源结构

　　控制温室气体排放是一个长期的挑战，从可持续性的角度来看，由于长三角区域包括 15 个城市，其不同的发展方向可以组合成很多条路径，尽快向近零排放迈进。若对全球温升问题不够重视，继续按照基准情景发展，二氧化碳排放增长的时间越长，减排所需要付出的代价就会越大，未来 30 年碳排放总量要想大幅度下降，必须尽早实现能源转型。政策情景下用天然气、电力等替代煤，煤炭在 2021 年达到峰值后将缓慢下降。由于目前天然气供应量不足，石油用量将有缓慢上升，于 2025 年达峰，天然气于 2025 年达峰。强化低碳情景更多地用新能源替代煤、油、气，煤炭于 2018 年达峰，石油于 2020 年达峰，之后呈下降趋势，天然气于 2023 年达峰。之后，水电、风电等非化石能源将成为能源消费的主力。苏沪沿海、浙江沿海的海上风电成本可媲美火电，稳定输出，光伏成本进一步降低，利用率提高，可保证基础电力的供应。

从分行业来看，在基准情景下，电力热力碳排放占比最高，达 58%，钢铁、水泥、炼焦、化工等难减行业的碳排放占比次之，达 23.4%，各行业碳排放在 2027 年或者 2028 年达到峰值，与总的达峰时间接近（图 6.18）。

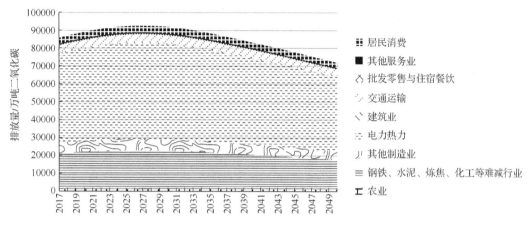

图 6.18　基准情景下的排放量与排放结构

在政策情景下，各行业碳排放峰值年份与总体碳排放达峰年份接近，即 2022 年达峰，电力热力占比最高，是减排重点行业，2050 年相对于达峰时的排放量减少 22078 万吨，下降 43%，钢铁、水泥、炼焦、化工等难减行业，2050 年相对于 2022 年减排量达 8928.89 万吨，交通运输行业下降 1577 万吨（图 6.19）。

在强化低碳情景下，减排力度更大，现在已达峰，未来各部门的碳排放逐年下降，电力热力部门碳排放减少 38686 万吨，下降 77.8%，钢铁、水泥、炼焦、化工等难减行业减少 16454.31 万吨，交通运输业减少 3273.8 万吨（图 6.20）。

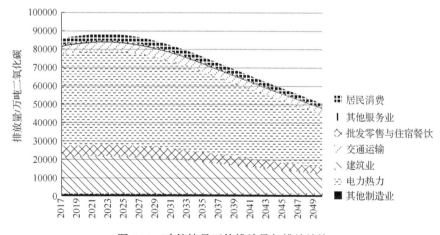

图 6.19　政策情景下的排放量与排放结构

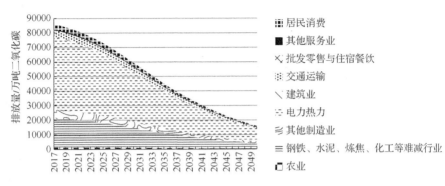

图 6.20　强化低碳情景下的排放量与排放结构

以上展示了三种不同路径下长三角优化开发区域 GDP、人口、产业结构、能源结构、电力、工业、交通等行业的碳排放情况。在政策情景下，能源结构能够达到较为合理的状态，工业，交通等相应降低能源消费量，减少排放。强化低碳情景下是较为理想的状态，为 1.5℃温升做准备，是较难达到的减排目标。

参 考 文 献

[1] 单胜道，毕晓航. 长三角地区能源与低碳转型研究[M]. 北京：科学出版社，2013.

[2] 上海市人民政府. 市委办公厅 市政府办公厅印发上海市人才发展"十三五"规划[R/OL]. (2016-09-15) [2018-05-12]. http://www.sh-italent.cn/Article/201611/201611100002.shtml.

[3] 浙江省人民政府. 浙江省人民政府办公厅关于印发浙江省人才发展"十三五"规划的通知[R/OL]. (2016-12-20) [2018-05-15]. http://zxw.zj.gov.cn/art/2016/12/20/art_6629_2204549.html.

[4] 杭州市人民政府. 杭州市人民政府办公厅关于印发杭州市能源发展"十三五"规划的通知[R/OL]. (2016-12-12) [2018-05-12]. http://www.hangzhou.gov.cn/art/2016/12/12/art_1241171_3945.html.

[5] 上海环境能源交易所. 上海碳市场报告（2016）[R/OL]. (2017-04-20) [2018-05-15]. https://www.cneeex.com/tpfjy/xx/yjybg/.

第7章 珠三角区域达峰基础及路径

7.1 珠三角区域概述

2012 年《广东省主体功能区规划》[1]提出，广东省域范围的优化开发区域指的是国家级优化开发区域——珠三角核心区。该区域地处广东省的中南部，位于全国"两横三纵"城市化战略格局中沿海通道纵轴和京哈京广通道纵轴的南端。珠三角核心区的面积占广东省总面积的 13.55%，由于数据的可获得性、完整性，本节将广东省广州、深圳、珠海、佛山、东莞、中山、惠州、江门、肇庆 9 个地级市所有区县纳入分析（具体见表 7.1），研究区域面积占广东省总面积的 30%，下文简称珠三角。

表 7.1 广东省域范围主体功能区划分总表

功能区分类 （面积及占全省比例）		范围
国家级优化开发区域 （24379.1km²，13.55%）	珠三角核心区 （24379.1km²，13.55%）	广州市、深圳市、珠海市、佛山市、东莞市、中山市全部； 惠州市（惠城区、惠阳区）；江门市（蓬江区、江海区、新会区）；肇庆市（端州区、鼎湖区）
省级重点开发区域 （23452.3km²，13.04%）	珠三角外围片区 （8991.0km²，5.00%）	惠州市（惠东县、博罗县）；江门市（鹤山市）；肇庆市（四会市，高要区）
生态发展区域 （118085.7km²，65.64%）	省级重点生态功能区 （37631.2km²，20.92%）	西江流域片区 （4725.1km²，2.63%）	肇庆市（封开县、德庆县）
		北江上游片区 （15902.5km²，8.84%）	肇庆市（广宁县）
	国家级农产品主产区 （56939.5km²，31.65%）	粮食主产区 （47242.4km²，26.26%）	惠州市（龙门县）；江门市（台山市、开平市、恩平市）；肇庆市（怀集县）

资料来源：《广东省人民政府关于印发广东省主体功能区规划的通知》（粤府〔2012〕120 号），http://www.gd.gov.cn/gkmlpt/content/0/146/post_146572.html。

注：由于存在部分面积重叠交叉难以剔除等因素，优化开发区域、重点开发区域、生态发展区域的面积包括了禁止开发区域的面积。

珠三角属于热带气候，四季不明、树木常青。2018 年常住人口约 6290 万人，创造了 81048.5 亿元的地区生产总值，依托地理优势及湾区规划，珠三角在全国经济发展中占据举足轻重的位置。

7.2 珠三角区域的经济与社会发展特点

7.2.1 经济发展

珠三角是我国转型发展的前沿阵地，从经济总量来看，2005 年以后，随着中国工业化进程的快速展开，GDP 持续上升，现在相当于中等发达国家水平。珠三角一直担任广东省经济的龙头，GDP 占广东省 GDP 的比重一直在增加，从 2005 年的 81.15%增加到 2017 年的 84.4%；占全国的比重于 2006 年达到峰值，占比接近 10%，随后有所浮动，但整体稳定在 9%，对全国的经济增长起到拉动作用（图 7.1）。

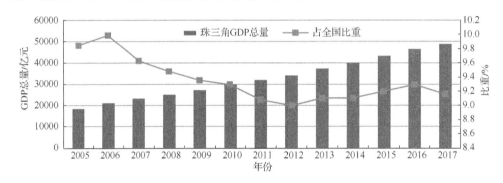

图 7.1　珠三角区域 GDP 总量及占全国比重情况图

注：数据为 2005 年不变价，根据《中国统计年鉴》国家口径统一按当年价权重调整。

从经济增速来看，2006～2011 年珠三角 GDP 的年均增速为 8.6%，高于广东 0.2 个百分点，但由于国际金融危机的影响，低于全国 2 个百分点。2012～2017 年，珠三角经济进入新常态，GDP 增速开始放缓，年均增速为 7.5%，高于广东 0.1 个百分点，高于全国 0.4 个百分点（图 7.2）。

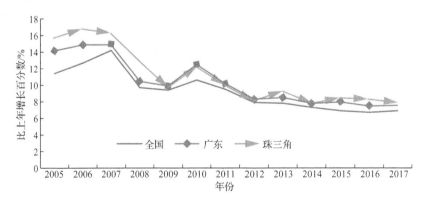

图 7.2　珠三角与广东和全国 GDP 增速对比

资料来源：《广东统计年鉴. 2018》《中国统计年鉴. 2018》。

对区域内部进行对比发现，9 个城市差异明显（图 7.3）。深圳市、广州市作为珠三角的第一梯队，经济总量旗鼓相当，远远高于其他 7 市，两个城市 GDP 占珠三角比重由 2005 年的 55%上升到 2017 年的 58%，且深圳市 2016 年 GDP 总量超过广州市位列珠三角第一。佛山市、东莞市作为第二梯队，占珠三角比重从 2005 年的 25%下降到 2017 年的 22%，可见其他城市有追赶的趋势。其余 5 个城市的经济体量小、发展空间大。2017 年 9 个城市中除中山市、肇庆市外，其他 7 个城市 GDP 增速超过全国增速水平，有 6 个城市 GDP 增速高于广东增速水平。2006～2011 年肇庆市和惠州市的年均增速最高，可以看出最临海城市受到金融危机影响最严重；2012～2017 年珠海市和深圳市的年均增速高于全国 2 个百分点，说明其地理和政策占优势，经济发展迅速（表 7.2）。

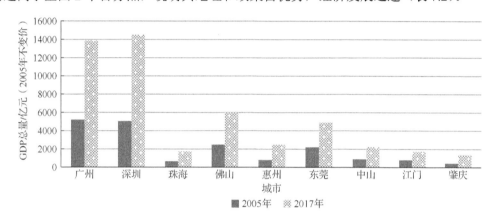

图 7.3　珠三角区域内部的地区生产总值

表 7.2　珠三角区域内部经济年均增速　　　　　　（单位：%）

年份	广州	深圳	珠海	佛山	惠州	东莞	中山	江门	肇庆
2006～2011	8.83	8.22	7.17	9.05	11.09	6.34	9.26	7.81	14.45
2012～2017	7.66	9.24	9.91	5.34	7.96	6.51	4.95	5.47	5.64
2005～2017	8.54	9.21	8.60	7.84	9.79	6.93	7.83	6.64	9.95

从人均 GDP 来看，2017 年珠三角人均 GDP 为 7.94 万元，是全国和广东省人均的 2.1 倍和 1.5 倍多，与意大利、西班牙等中等偏上发达国家经济水平相当，和广东省内非优化开发区域相比，高于其 4.4 倍（表 7.3）。从内部比较，9 个城市中深圳的人均 GDP 最高，其次是珠海、广州，且人均 GDP 高于珠三角整体水平，但肇庆甚至不及全国平均水平，可见区域间有很大差异。珠三角人均 GDP 年均增速低于全国，但 2012 年后增速提高，非优化开发区域增速高于珠三角，说明其在缩小差距，提振经济。

表 7.3　珠三角区域内人均 GDP 及年均增速

指标	年份	全国	广东	珠三角	广东非优化开发区域	广州	深圳	珠海	佛山	惠州	东莞	中山	江门	肇庆
人均 GDP（万元/人，2005 年不变价）	2005	1.43	2.47	4.06	0.92	5.46	6.09	4.52	4.23	2.17	3.34	3.67	1.95	1.19
	2010	2.39	3.45	5.29	1.31	6.62	7.47	6.08	6.12	2.93	4.06	4.66	2.75	2.16
	2015	3.40	4.62	7.32	1.43	9.20	10.74	8.58	7.43	4.54	5.24	6.45	3.40	3.32
	2017	3.84	5.18	7.94	1.80	9.56	11.57	9.77	7.91	5.17	5.86	6.78	3.80	3.31
人均 GDP 年均增速/%	2006~2011	10.12	5.81	4.82	6.32	3.60	4.32	5.43	5.21	7.19	2.47	4.78	6.26	13.29
	2012~2017	6.56	6.15	5.81	6.03	5.08	5.55	7.53	4.23	7.49	6.38	4.26	5.10	4.95
	2005~2017	8.55	6.36	5.75	5.73	4.78	5.50	6.62	5.37	7.49	4.81	5.24	5.70	8.92

从进出口看，作为中国改革开放的先行地区，珠三角充分发挥毗邻香港的区位优势和率先改革的制度优势，较早地融入了世界经济体系。以"三来一补""大进大出"的加工贸易起步，并大量吸引境外投资，迅速成为中国经济国际化程度最高的地区，主要以轻纺-劳动密集型产业为特色，由加工贸易引导，多以服装、玩具、家电等劳动密集型产业为主，这也造成了珠三角区域经济发展特征为外贸出口导向型，对外依存度较高的现状。其中，深圳、东莞出口规模最大，也是全国吸引外资较多的城市，深圳、广州、珠海、东莞 4 市高新技术占出口比重较大。珠三角对外贸易一直是顺差，除 2009 年和 2016 年贸易顺差出现回落，但总体来看贸易顺差逐年扩大，由 2005 年的 3205 亿元扩大到 2018 年的 12650 亿元。由于受到国际经济形势的影响，金融危机和中美贸易战以来，珠三角净出口占 GDP 比重整体下降，从 2005 年的 17.38%到 2015 年的 23.83%，再到 2018 年的 15.61%（表 7.4）。珠三角工业引进了国外资金、技术、管理经验及发展新理念，外资企业与国有工业、民营工业形成"三足鼎立"局面，有力地推动珠三角发展。广东利用这些优势，大力发展石油产业，经过海上油气进口通道，将大量的石油、天然气运输到国内进行炼化和销售，2017 年，广东炼油能力达 6125 万吨，比 1978 年增长6.2 倍，炼油企业在珠三角主要分布于广州、佛山和惠州，广东省将拥有约 8000 万吨/年的炼油能力，并逐步形成世界级的特大型石化产业集群[2]。

表 7.4　珠三角净出口占 GDP 比重　　　　　　　　　　（单位：%）

年份	珠三角	广州	深圳	珠海	佛山	惠州	东莞	中山	江门	肇庆
2005	17.38	-0.22	32.88	-53.54	28.24	23.29	28.02	52.71	61.50	12.32
2010	19.85	-4.37	41.71	-9.70	17.17	24.22	28.06	50.08	27.76	4.96
2015	23.83	9.68	29.61	30.11	23.55	29.79	38.86	41.67	29.92	4.15
2016	21.17	9.08	25.35	37.84	23.91	26.07	24.47	39.84	29.68	7.84
2017	19.63	8.70	22.48	29.00	20.75	27.42	23.61	44.28	28.47	4.10
2018	15.61	8.18	10.59	18.11	24.71	26.1	30.11	34.74	26.65	3.88

资料来源：2006~2018 年统计年鉴，2018 年统计公报。

综上所述,珠三角地区经济一直保持着全国领先水平,出口占比高,经济一直保持着平稳增长,中心城市人口聚集度加大,不需要供暖,有良好的海口、海岸、港口区位优势,深圳、广州、珠海、惠州、佛山五大机场,广州港、东莞港,港珠澳大桥等基础设施为开放与交流创造了环境。随着粤港澳大湾区战略的提出与规划,珠三角再一次站在全国瞩目的地位,将努力建成粤港澳大湾区世界级城市群,为广东实现"四个走在全国前列"、当好"两个重要窗口"作出更大贡献。

7.2.2　人口与生活

珠三角经济的快速发展,吸引了大量人口,有力地推动了工业化进程,同时带来了城镇化的大力扩张,人民生活水平迅速提高[3]。2005~2017 年,珠三角的常住人口从 4546 万人增加到 6150 万人,相当于现在的英国总人口,占广东省比重从 49%上升到 55%,从图 7.4 中可以看出,广东省人口增加的主要原因是珠三角的拉动。2005~2017 年,珠三角的常住人口占全国总人口比例从 3.5%增加到 4.4%,"十一五"期间人口增速 4%,但 2011~2014 年人口增速放缓到全国平均水平,2015 年又以 2%左右的速度增长(图 7.5)。

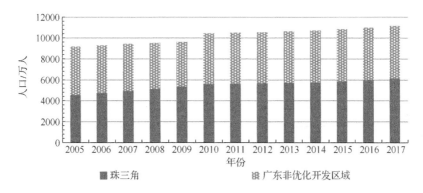

图 7.4　广东省珠三角和非珠三角人口变化趋势

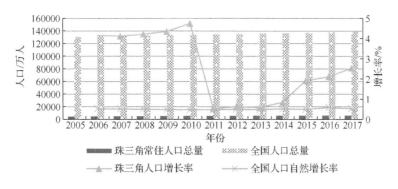

图 7.5　珠三角和全国人口总量及增长率

由表 7.5 可知,广州、深圳两地的常住人口早已突破 1000 万人大关,属于超大城市;东莞、佛山超过 500 万人,属于特大城市;珠海、惠州、中山、江门、肇庆 5 市常住人口为 180 万～500 万人，属于大城市。深圳为吸引人才，放宽落户条件。例如，高校应届毕业生落户秒批[4]；2017 年 7 月 17 日起，新的积分入户试行，共投放 10000 名入户指标，而且没有学历要求；2017 年对新引进入户的全日制本科及以上学历的人员和归国留学人员发放一次性租房和生活补贴，从此前的 6000～1.2 万元提高到了 1.5 万～3 万元[5]。

表 7.5　2017 年珠三角与广东省及全国对比表

区域	土地面积/万平方千米	人口密度/（人/平方千米）	年末常住人口/万人	就业人员年末人数/万人	城镇化率/%	城镇常住居民人均可支配收入/万元（当年价）
全国	960.00	145	139008.00	77640.00	58.52	3.64
广东	17.97	621	11169.00	6340.79	69.85	4.10
珠三角	5.48	1123	6150.54	3981.41	85.29	4.79
广东非优化开发区域	12.50	402	5018.46	2359.37	50.93	2.59
广州	0.72	2000	1449.84	862.33	86.14	5.54
深圳	0.20	6272	1252.83	943.29	99.74	5.29
珠海	0.17	1017	176.54	112.37	89.37	4.68
佛山	0.38	2016	765.67	435.51	94.96	4.68
惠州	1.13	421	477.70	289.10	69.55	3.66
东莞	0.25	3391	834.25	660.39	89.86	4.67
中山	0.18	1828	326.00	212.18	88.28	4.53
江门	0.95	480	456.17	244.94	65.81	3.25
肇庆	1.49	276	411.54	221.31	46.78	2.83

资料来源：《广东省统计年鉴. 2018》和《中国统计年鉴. 2018》。

在人口密度方面，2017 年珠三角的人口密度为 1123 人/平方千米，接近广东的 2 倍，是非珠三角区域的 3 倍。其中，深圳市的人口密度最高，为 6272 人/平方千米，是广东省的 10 倍，东莞、佛山、广州、中山的人口密度为 2000～3000 人/平方千米，制造业的快速发展增加了大量的外来人口劳动力，而惠州、江门、肇庆的人口密度低于 500 人/平方千米。

在城镇化方面，珠三角的城镇化率高达 85.29%，分别高于全国和全省 26 个和 15 个百分点，城镇化水平已经步入成熟阶段，深圳的城镇化率接近 100%，和肇庆（46.78%）、江门（65.81%）、惠州（69.55%）形成明显差距，其余 5 市的城镇化率也都在 85% 以上。城镇居民可支配收入高于全国平均水平约 1 万元，只有江门和肇庆低于全国平均水平。

在就业人员方面，珠三角就业人员年末人数是广东省的 62%。从三产来看，广州和深圳的第三产业就业人数最多（55% 以上），珠海、佛山、东莞、中山、惠州的第二产业就业人数最多；江门第一、第二产业就业人数占比最多，肇庆第一产业就业人数是第二、第三产业的 2 倍多。

在低碳生活方式方面，珠三角广泛开展绿色生活行动，推动居民在衣食住行游等方面加快向绿色低碳、文明健康的方式转变。由表 7.6 可知，珠三角的燃气普及率除江门（92.31%），其他均高于 97%。生活垃圾处理率为 100%，9 市垃圾分类工作成绩显著，但各市之间还有差距，广州、深圳已经成为全国领先的垃圾分类典范城市，其他城市基本制定了覆盖全市的强制垃圾分类工作实施方案，东莞、惠州、珠海等市通过"互联网+"等模式，推动垃圾分类的智能化、数字化管理。2017年年底，深圳推广新能源汽车超过15万辆，纯电动公交车数量为16359辆，在全球城市中排名第一。

表 7.6　2017 年珠三角各城市市政公用设施水平

城市	人均日生活用水量/L	供水普及率/%	燃气普及率/%	污水处理率/%	人均公园绿地面积/m²	建成区绿化覆盖率/%	建成区绿地率/%	生活垃圾处理率/%
广东	256.48	97.80	96.88	94.48	18.24	43.47	38.94	98.68
广州	320.56	100.00	99.03	95.00	22.67	42.50	37.41	100.00
深圳	231.36	99.93	100.00	96.81	15.95	45.10	39.20	100.00
珠海	208.56	100.00	97.97	96.36	19.80	48.21	46.76	100.00
佛山	441.89	100.00	100.29	96.42	16.55	42.83	40.40	100.00
江门	263.75	93.05	92.31	93.91	18.34	49.22	46.87	100.00
肇庆	273.73	100.00	99.13	94.52	20.11	47.00	41.39	100.00
惠州	270.08	98.49	98.4	97.23	17.88	43.89	39.83	100.00
东莞	275.13	100.00	97.71	93.72	24.23	46.98	42.46	100.00
中山	270.72	100.00	98.74	96.45	16.50	42.03	39.99	100.00

资料来源：中华人民共和国住房和城乡建设部《2017 年城市建设统计年鉴》。

7.2.3　产业发展

由于 2004～2008 年珠三角处于重工业发展时期，工业占主导，拉动整个区域的经济增长，同时也带来了对环境的严重破坏。随着时间的推移，生产要素成本上升，再加上金融危机后，环境因素倒逼珠三角"腾笼换鸟"，2008 年后政府提出劳动力和产业双转移，珠三角劳动密集型产业开始向非珠三角地区、其他省区和国外转移，提出发展现代服务业和先进制造业，2008～2017 年，广东省粤东西北地区及珠三角边缘地市共建成产业转移工业园区 56 个，其中示范园 15 个[2]。因此，珠三角的产业结构在 2010 年后转变为三二一结构（图 7.6），到 2017 年三产结构为 1.56∶41.66∶56.78，第三产业已经高出第二产业 15 个百分点，与英国达峰时的产业结构类似。2017 年，珠三角工业增加值的全省占比达 82.2%，高技术制造业增加值的全省占比达 95.2%。

珠三角重工业占工业总产值的比例为 68%，高于广东省 3 个百分点。2010 年和 2017 年对比，工业总产值占比更集中，其中最大的行业依然是计算机、通信和其他电子设备制造业，比重从 2010 年的 26% 增加到 2017 年的 32%，其次是电气机械和器材制造业、交通运输制造业，分别占比 11% 和 8%。2017 年通用专用设备制造业占比增加明显，另外电力、热力生产和供应业，化学原料和化学制品制造业、金属制品业及橡胶和塑料制品业的比重相当，可见其产业集聚效果明显，如图 7.7 所示。

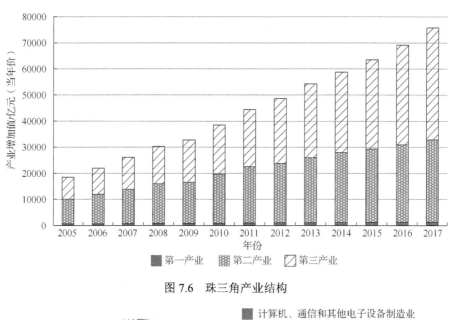

图 7.6　珠三角产业结构

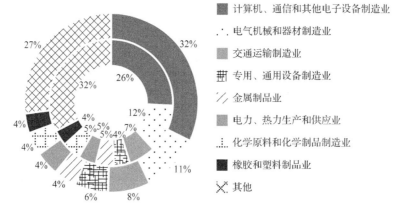

图 7.7　珠三角工业总产值分行业占比（内圈为 2010 年，外圈为 2017 年）

　　不同于京津冀"单中心式"和长三角"多中心式"的相对稳定网络，珠三角产业网络呈现出中心式+组团式的特征[6]。从区域内部来看，9 个城市的定位和规划见表 7.7。根据工业化进程划分，珠三角 9 个市中广州、深圳、珠海进入后工业化时期，佛山、东莞、中山、惠州属于工业化后期，江门、肇庆处于工业化中期。广州、深圳、东莞"十二五"期间产业结构已经是三二一结构，珠海、肇庆的产业结构分别在 2016 年、2017 年由二三一变成三二一，佛山、中山、惠州、江门依然是二三一。珠三角 9 个城市产业结构差距十分明显，但第二产业都占据相当比例，工业依旧是推动经济发展的重要动力，珠三角规模以上工业总产值占广东省 85%左右，其中佛山、中山、江门重工业占比小于珠三角总体，其他城市重工业占比大。计算机、通信和其他电子设备制造在 9 市中产值聚集度都较高，最集中在深圳、东莞、惠州；家电制造占比最大的电气机械和器材制造以珠海、佛山、中山产值聚集度最高；传统制造业如纺织服饰、建筑材料、造纸业主要聚集在中山、肇庆、佛山、江门。

表 7.7 珠三角 9 城市不同特点列表

城市	产业结构	工业支柱产业	先进制造业增加值/亿元	先进制造业增加值占规模以上工业比重/%	高技术制造业增加值/亿元	高技术制造业增加值占规模以上工业比重/%	定位
广州	1.0:27.3:71.8	汽车制造业、电子信息制造业和石油化工制造业(占比55.5%)	2456	59.5	564	13.7	充分发挥国家中心城市和综合性门户城市的引领作用,全面增强国际商贸中心、综合交通枢纽功能,培育和提升科技教育文化中心功能,着力建设国际化大都市
深圳	0.1:41.1:58.8	电子信息制造业(占比59.2%)	5716	71.2	5353	66.7	发挥作为经济特区、全国性经济中心城市和国家创新型城市的引领作用,加快建成现代化国际化城市,努力成为具有世界影响力的创新创意之都
珠海	1.7:49.2:49.1	电气机械和器材、电子信息、石油化工、生物医药(占比56%)	732	64.2	293	25.7	粤港澳大湾区产业创新发展的新高地、珠江西岸产业转型发展的新引擎、"一带一路"产业开放发展的新平台
佛山	1.5:56.5:42.0	电气机械和器材、金属制造业、非金属矿物制品业、有色金属冶炼和压延加工业、橡胶与塑料制品业和电子制造业(占比47%)	2033	46.9	267	6.2	全球制造创新中心,实现"世界科技+佛山智造+全球市场"创新发展
东莞	0.3:48.7:51.1	电子信息、电气机械及设备、造纸及纸制品业、纺织服装鞋帽制造业(占比62%)	1195	64.6	812	43.9	国际先进制造业之都,宜居生态之城
中山	1.7:49.0:49.3	电气机械与器材制造业、电子信息制造业、通用设备、橡胶塑料、纺织服装、服饰业和医药制造业(占比57%)	1920	53.1	1459	40.3	珠西综合交通枢纽、湾区精品活力都会、世界专业制造名城
惠州	4.3:53.1:42.6	电子信息制造业、石油化工制造业(占比57%)	486	45.2	173	16.1	科技成果转换高地,建成世界级石油化工产业基地、国家级电子信息产业基地、广东省清洁能源生产基地、广东省战略性新兴产业基地四大基地

续表

城市	产业结构	工业支柱产业	先进制造业增加值/亿元	先进制造业增加值占规模以上工业比重/%	高技术制造业增加值/亿元	高技术制造业增加值占规模以上工业比重/%	定位
江门	6.4∶49.1∶44.5	金属制品业、电气机械和器材制造业、食品制造业、造纸和纸制品业、交通制造业（占比42%）	384	38.7	80	8.1	珠江西岸新增长极和沿海经济带上的江海门户
肇庆	15.8∶35.2∶49.0	金属制品业、非金属矿物制品业、化学原料和化学制品制造业、黑色金属、有色金属冶炼与压延加工业（占比43%）	179	29.6	51	8.4	连接大西南枢纽门户城市

资料来源:《广东统计年鉴》、各城市的城市总体规划或"十三五"规划。

注：产业结构是2018年数据，其他指标是2017年数据。广东省先进制造业包括高端电子信息制造业、先进装备制造业、石油化工产业、先进轻纺制造业、新材料制造业、生物医药及高性能医疗器械产业六大产业[7]；高技术制造业是指国民经济行业中R&D投入强度相对较高的制造业行业，包括医药制造，航空、航天器及设备制造，电子及通信设备制造，计算机及办公设备制造，医疗仪器及仪器仪表制造，信息化学品制造等六大类[8]。

图7.8对2010年和2017年珠三角区域内城市工业总产值进行对比。2017年深圳规模以上工业增加值9109.5亿元，位居全国城市首位，对GDP增长贡献44.7%，其中先进制造业增加值占比72.1%，电子设备制造业占工业总产值接近六成，已经形成电子产业的集聚，并辐射到周边的惠州、东莞。广州电力热力占比明显增大，2017年三大传统支柱产业（交通运输设备制造业、电子设备制造业和石油化工制造业）占全市规模以上工业总产值的比重为52.1%，交通运输设备制造业位居第一，2018年新能源汽车制造业实现产值89.23亿元，增长2.0倍，全年产量77062.82万辆，增长2.8倍。珠海在电气机械及器材制造业（如格力电器）具有较高的市场占有率。但与其他沿海城市相比第三产业比重并不高，其中租赁和商务服务业占比最大。

东莞和佛山的民营工业较强，分别实现增加值301.04亿元、6209.95亿元，民营工业增加值占比达到42.3%和62.5%。东莞电子设备制造业、造纸及纸制品业占规模以上总产值份额较大，纺织业等传统行业增长乏力，占比减少明显。东莞外贸总值规模大、发展后劲足，一般贸易进出口、高新技术产品出口占比均超四成，机电产品出口占比达75%。佛山电气机械及器材制造业占有稳固地位，而且装备制造业占珠西八市（包括佛山、珠海、韶关、中山、江门、阳江、肇庆、云浮）总量的一半，在建设珠江西岸先进装备制造产业带中发挥龙头带动作用。

惠州除电子设备制造业外，石油化工制造业占据很大份额，有1个国家经济技术开发区和1个国家级高新技术产业开发区，引入多项国内国际领先工艺，依托壳牌中海油及中海壳牌两大龙头项目，发展石化行业[9]。全面对接深圳"东进"战略，推动"深圳研发、惠州产业化"，主动吸纳深圳优质创新资源，加快引进一批掌握自主知识产权、创新带动能力强的研发型企业。中山共有38个国家级产业基地，3个超千亿元产业集群

（装备制造、电子信息、白色家电），5 个超 500 亿元产业集群（灯饰、健康医药、纺织服装、光电装备、LED）[10]，纺织业已经走下滑路线，逐渐退出支柱产业。江门、肇庆产业集聚度不高，最大的产业集群是金属制品业，属于产业链下游和价值链低端，其中江门食品制造业占比增大；肇庆正全面落实"解放思想，东融西联、产业强市、实干兴肇"，大力实施工业发展"366"工程，创新驱动发展"1133"工程①。

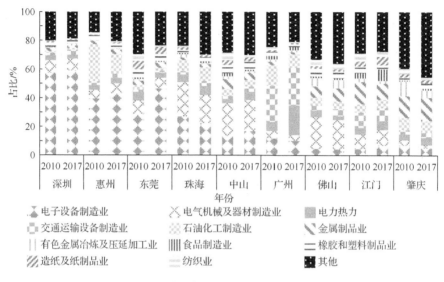

图 7.8　珠三角工业总产值分行业占比

7.2.4　能源与资源

1. 能源结构

珠三角一次能源资源匮乏，能源供应主要依靠域外调入，对外依存度极高。能源消费总量占全国的 4%左右，从 2005 年的 1.2 亿吨标煤增加到 2017 年的 2.3 亿吨标煤，增速在下降，平均增速 4%。能源结构向清洁化发展，与我国整体能源结构相比，能源结构优于全国，但与德国、日本、英国、美国等发达国家碳排放达峰时的能源结构有一定的差距，最主要的能源仍是煤炭和石油等化石能源。煤炭占比较低，珠三角地区不生产煤炭，煤炭消费量 2015 年达到峰值 8000 多万吨标煤，2017 年下降到 7900 万吨标煤，占比也下降约 2 个百分点，煤炭消费最多的是东莞、广州，深圳最少。珠三角地区的石油消费量一直在缓慢增加，但占能源消费总量的比重从 2005 年的 41%下降到 2015 年的 29%左右，近几年占比在此区间波动。相比之下，天然气和其他能源消费在迅速增加，2005～2017 年各增加了 2000 多万吨标煤（图 7.9），但天然气占比还低于西方发达国家。

---

① 工业发展"366"工程：指到 2021 年，培育发展新能源汽车、先进装备制造和节能环保 3 个产值超千亿元产业集群，引育 6 家年主营业务收入超百亿元企业，新增 600 家年主营业务收入超亿元企业。创新驱动发展"1133"工程：指到 2021 年，力争实现高新技术企业总量突破 1000 家，确保建成 10 家本科高等院校、30 家新型研发机构、30 家高水平的科技企业孵化器及众创空间。

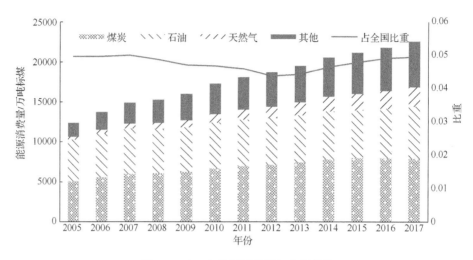

图 7.9　珠三角能源消费量与能源结构

广州、深圳、佛山、东莞能源消费量分别约占珠三角区域的 26%、19%、14%、13%（图 7.10），共同点都是一次能源资源匮乏，煤炭、石油、燃气全部依赖外调，能源供应安全风险高。肇庆、惠州处于工业化中后期，能源消费量增长较快，2016 年后能源消费量增速变缓。

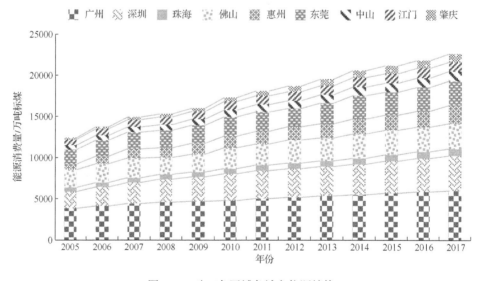

图 7.10　珠三角区域各城市能源结构

从图 7.11 可见，随着珠三角节能减排的深入推进，能源强度从 2005 年开始逐年下降，且明显低于全国能源强度，2017 年达到最低，为 0.46 吨标煤/万元，比全国低一半。从内部看，深圳的能源强度处于 9 市的最低，2017 年为 0.29 吨标煤/万元。其次为广州、佛山、中山、珠海、东莞，能源强度在下降，能源利用效率大幅提高，经济发展对能源消费的依赖程度有所下降，但惠州、肇庆和江门的能源强度和碳强度比较高，大约是深圳的 3 倍，且肇庆的能源强度还在上升，减排空间很大。

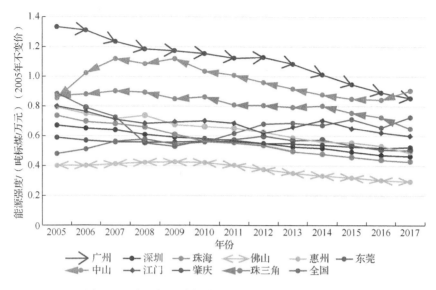

图 7.11　珠三角区域各城市及全国能源强度变化趋势

2. 产业能源消费

按产业划分，第二产业是能源消费的最大产业，其中电力热力的能源消费量最高，占能源消费总量的 61%，但单位产值能耗却很大；其次是钢铁、水泥、炼焦、化工等难减行业（13%），相比其他区域占比较小（图 7.12）。第三产业中交通运输业和居民消费分别占比 10% 和 7%，相对占比较高，未来随着居民消费水平和城镇化率的提高，生活用能还会增加。

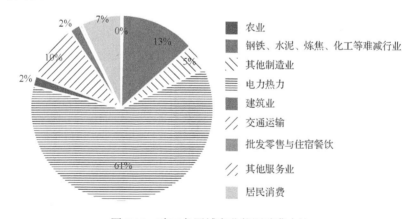

图 7.12　珠三角区域产业能源消费占比

3. 生态资源

广东有丰富的可再生能源资源，如太阳能（年均日照数达 2200 小时左右）、陆上海上风电资源、生物质能和地热海洋能源。2017 年，广东可再生能源消费量达 5869.54 万吨标煤，占能源消费总量的 18.2%，比 1980 年提高 5.1 个百分点。非化石能源消费量达

8279.31 万吨标煤，占能源消费总量的 25.6%，比 1980 年提高 12.5 个百分点[2]。

　　珠三角一直践行"绿水青山就是金山银山"的理念，充分发挥森林和湿地多种功能与效益，构建"一屏、一带、两廊、多核"的珠三角生态安全格局[①]，实施国家森林城市、森林小镇、森林质量精准提升、绿色生态水网等生态工程，打造多样的城市生态绿核。广东省率先提出在珠三角地区建设全国首个国家森林城市群的战略构想，到 2018 年珠三角 9 市全部达到国家森林城市标准；到 2020 年，基本建成国家级森林城市群，开创广东绿色发展新局面。2017 年年底，珠三角区域的森林覆盖率达 51.68%，城区绿化覆盖率达 42.8%，城区人均公园绿地面积 19.2 平方米[11]。珠三角区域内河道纵横，江河水网发达，桑基鱼塘和果基鱼塘密布，湿地总面积 79.05 万公顷，占全省湿地总面积的 45.1%。2018 年珠三角 9 市完成人工造林面积 5787 公顷，占全省的 6.8%。

　　2018 年珠三角 9 市全部达到国家森林城市建设标准。珠三角各地将创建森林城市作为支撑服务粤港澳大湾区建设的重要抓手，同时打造城乡宜居生态环境，提升城市形象和竞争力，努力促进区域经济社会和生态文明协同发展。珠三角 9 市在创建国家森林城市中充分展示了各自独特的特色：广州通过推进森林城市品质提升来打造具有岭南特色的国家森林城市；深圳以"绣花"之功打造"千园之城"；江门注重文化内涵挖掘，倡导"全民参与、人人共享"；惠州围绕建设绿色化现代山水城市目标，大力实施乡村振兴战略，推进森林碳汇、生态景观林带、森林进城围城、乡村绿化美化、创建森林小镇等林业重点生态工程建设等。到 2020 年，规划建成各类湿地公园 155 个，全省湿地保护率达 50%。探索开展海洋等生态系统碳汇试点[12]。

7.2.5　科技创新与转型发展

1. 人才引进

　　人才是创新的基础，人才与产业发展互为依赖，人才是最主要、最关键的资源，珠三角作为我国开放程度最高、经济活力最强的区域之一，具有全国领先优势的政策引进、激励、服务、培养人才，虹吸效应明显。除江门外，其他城市人才均处于净流入状态，其中，深圳和广州作为两大核心城市，担当着人才流动中心的角色，流入珠三角的人才有 40.39%都流向深圳，31.42%流向广州，两者占到七成以上，见表 7.8。

表 7.8　各市人才流动情况　　　　　　　　　　　　　　　（单位：%）

指标	广州	深圳	珠海	佛山	惠州	东莞	中山	江门	肇庆
流入人数占比	31.42	40.39	5.29	6.64	3.53	7.40	2.86	0.65	0.70
净流入率	1.36	0.78	6.07	2.65	2.65	1.30	2.75	-0.19	1.85

资料来源：根据智联招聘 2019 年发布的《粤港澳大湾区产业发展及人才流动报告》整理。

　　广东省专门有引进高层次人才网上"一站式"服务；大力实施人才强省战略，珠江

---

① 一屏：环珠三角外围生态屏障；一带：南部沿海生态防护带；两廊：珠江水系蓝网生态廊道和道路绿网生态廊道；多核：五大区域性生态绿核。

人才计划，实现人才"引得进、用得好、留得住、流得动、服务好"。各市也纷纷出台有关引进人才政策，给予不同等级补贴，提供各式平台及整个人才引入程序服务，简化相关办理流程。

在人才政策方面，广州"1+4"政策文件①，提出在五年内投入约 35 亿元，在重点产业领域内支持 500 名创新创业领军人才，每年支持 1000 名产业高端人才、2000 名产业急需紧缺人才。"1+1+3"入户政策[13]将引进人才入户的年龄限制放宽五岁。珠海实施有利于吸引人才的税收政策，短期内通过财政补贴的方式为满足条件的人才减免税收，长期逐步推行与香港具有同等竞争力的税收政策。落实和完善大学生创业奖励扶持政策，大力发展低成本、便利化、全要素的"众创空间"。佛山实施人才举荐制度和试行协议工资制度改革，在专业性较强的国有企事业单位试行协议工资制，通过灵活方式引进急需紧缺高层次专业人才，加大博士和博士后人才引进力度。中山从支持人才、资助团队、扶持用人单位三大方面，制定实施了"1+22"的人才政策体系。2018 年实施人才优先发展战略，推进"英才计划""优才工程"，推行"中山优才卡"制度，2019 年实施青年优才工程，制订"雏鹰归巢"引才计划，吸引更多本地学子回中山创新创业。

在补贴优惠方面，在大湾区工作的境外高端人才和紧缺人才在珠三角 9 市缴纳的个人所得税已缴税额超过其按应纳税所得额的 15%计算的税额部分，由珠三角 9 市人民政府给予财政补贴，该补贴免征个人所得税[14]。珠海 2018 年 4 月推出"珠海英才计划"，港人港税，澳人澳税，企业对高级专业技术人才给予 25 万～35 万元住房补贴。佛山全职新引进且办理人才引进手续的博士后每人给予 30 万元安家补贴、30 万元科研经费，市财政每年投入不少于 2.5 亿元，对新引进的市科技创新团队，每个给予 200 万～2000 万元经费资助。东莞对特级、一类、二类、三类、四类特色人才分别给予最高不超过 250 万元、200 万元、150 万元、100 万元、30 万元的购房补贴；可分别享受每月最高 5000 元、3000 元、2500 元、2000 元、1500 元的租房补贴；同时还能享受创业贷款贴息、个人所得税补贴、居留和出入境、落户、子女入学、医疗服务和社会保险等优惠待遇。江门每年引进博士 21 个左右，每人每年 22 万元；用人单位柔性引进符合条件的高层次人才，可获得最高 10 万元的柔性引进高层次人才补贴。

在便利服务方面，广州简化人才入户办理流程[15]，深圳全面实现 4 种人才"秒批"引进[16]，除高层次人才、学历类人才、留学回国人员和博士后外，技能类人才也被纳入这一规定；鼓励高校和科研院所科研人员离岗开展创新创业活动，吸引企业科研人员到事业单位工作。珠海实施特别人才引进计划，开设外籍人士停居留特别通道，放宽重点引进外籍人才工作居留政策，外国高端人才申请工作许可无年龄限制，允许申请工作"绿卡"，简化签证和外国人工作许可证等各类证件办理程序。

在提供平台方面，珠海发挥留学生节、"海菁汇"等平台作用，更好服务留学人员创新创业。中山自 2014 年起在全国率先设立"人才节"，通过线上、线下双模式为中山的人才交流和人才聚集提供了一个常态化的平台[17]。肇庆不断完善"产业链+人才链+

①《中共广州市委广州市人民政府关于加快集聚产业领军人才的意见》（穗字〔2016〕1 号）及 4 个配套文件《羊城创新创业领军人才支持计划实施办法》《广州市产业领军人才奖励制度》《广州市人才绿卡制度》《广州市领导干部联系高层次人才工作制度》。

创新链+金融链"人才对接新模式，在原来"西江人才计划""百千万人才引育工程"基础上打造"环境引才、平台聚才、服务留才、事业成才"双创招才引智活动品牌。

2. 创新发展

迈克尔·波特认为，影响一个国家或者地区竞争优势的因素包括生产要素、需求条件、相关产业和支持产业的战略、结构和竞争对手。政府在当中应起到催化剂的作用，鼓励甚至推动企业朝竞争优势方面努力，为优势行业创造环境而不是直接创造优势行业。同时，优势产业的建立与企业竞争力的源泉是创新，而创新是由各种技术上的突破累积所得。改革开放以来，珠三角地区认真实施自主创新战略，初步建立起以市场为导向，以企业为主体，以人才为根本，以产业化为目标，以产学研相结合的自主创新体系，实现了经济社会发展的历史性跨越，在我国改革开放大局中具有突出的带动作用[18]。到目前为止，珠三角已经成立深圳国家自主创新示范区和珠三角国家自主创新示范区，目标打造成为全省创新驱动发展的主引擎，重点加快广深科技创新走廊，推动高新区提质升级，提升产业全球竞争力，完善科技创新平台，推动高端创新创业资源集聚。

珠三角分别从研发投入、专利量、高新技术企业、创新载体等方面展现出强大的创新能力。

由表7.9中2006～2017年规模以上工业R&D投入可见，9市的科研投入逐年增加，其中深圳最为突出，研发投入占GDP的比重超过4%，佛山、中山研发基础较好，珠海研发投入规模不大，但投入强度靠前，广州由于工业占比小，一部分研发投入由普通高等学校和科学研究与技术开发机构执行，所以规模以上工业研发强度不占优势。由表7.10和表7.11可以看出，深圳的人均专利申请量最高，其次为中山、珠海；中山的人均专利授权量在"十三五"期间超过深圳，位居珠三角最高。

表7.9　2006～2017年9市规模以上工业R&D投入占GDP比　　　　（单位：%）

城市	2006年	2007年	2008年	2009年	2010年	2011年	2012年	2013年	2014年	2015年	2016年
深圳	2.29	2.36	2.65	3.15	3.39	3.82	4.13	4.31	4.37	4.59	4.76
广州	0.38	0.93	1.01	1.11	1.15	1.18	1.15	1.13	1.15	1.17	1.18
中山	1.35	1.69	1.65	2.04	2.25	2.61	2.71	2.83	2.84	2.74	2.74
珠海	1.01	0.88	0.86	1.33	1.79	2.18	2.31	2.30	2.33	2.38	2.48
佛山	1.43	1.26	1.32	1.39	1.80	2.04	2.38	2.38	2.49	2.42	2.26
东莞	0.40	0.45	0.49	1.06	1.22	1.39	1.60	1.92	2.08	2.13	2.23
惠州	0.27	0.45	0.53	0.64	1.07	1.67	2.05	2.14	2.06	2.06	2.15
江门	0.22	0.52	0.67	0.79	1.02	1.35	1.54	1.60	1.64	1.67	1.62
肇庆	0.17	0.29	0.26	0.54	0.74	0.95	1.06	1.18	1.19	1.24	1.32

资料来源：各城市统计年鉴。

注：GDP以2005年不变价计。

表 7.10　珠三角 9 市人均专利申请量　　　　（单位：个/万人）

年份	广州	深圳	珠海	佛山	惠州	东莞	中山	江门	肇庆
2006	12.34	34.13	14.66	31.54	2.26	14.41	16.67	7.90	1.00
2010	16.37	47.66	22.76	24.80	6.28	26.33	38.53	13.13	1.94
2015	46.88	92.70	69.36	53.56	45.02	46.15	86.81	21.07	5.77
2016	70.55	122.01	107.80	75.65	54.71	68.58	109.13	29.41	8.76
2017	81.62	141.36	117.46	96.58	63.74	97.42	129.35	39.38	12.98

表 7.11　珠三角 9 市人均专利授权量　　　　（单位：个/万人）

年份	广州	深圳	珠海	佛山	惠州	东莞	中山	江门	肇庆
2006	6.42	13.19	8.66	15.00	1.65	7.11	9.55	4.85	0.55
2010	11.87	33.70	17.73	23.54	3.54	24.80	27.34	12.17	1.40
2015	29.50	63.38	41.55	37.05	20.60	32.49	69.16	14.13	4.25
2016	34.40	63.02	55.43	38.48	20.71	34.57	68.51	14.88	4.76
2017	41.52	75.23	71.05	48.02	24.50	54.19	84.18	18.80	5.67

资料来源：广东省知识产权局专利统计。

深圳国家级高新技术企业累计已达上万家，从业人数达 200 多万人。市场主体数（从事交易活动的组织和个人）为 306.1 万个，是全国唯一突破 300 万的城市；深圳每千人注册市场主体、2017 年新增市场主体数，均为全国第一，深圳每千人的市场主体数有 244 个，是北京和上海的 2 倍以上；深圳 1 年内增加的市场主体数，甚至达到了一些省会城市全部注册市场主体累计的总和[19]。广州、东莞、佛山、中山、珠海的高新技术企业已上千家。深圳、佛山、东莞的高新技术产品销售收入高（表 7.12）。2018 年佛山完成工业技术改造投资 771.5 亿元，增长 39.4%，连续 4 年总量位居全省首位，累计一半规模以上工业企业开展技术改造，提出分别与南方医科大学、广东财经大学共建全学段佛山校区，与北京科技大学、北京外国语大学共建佛山研究生院，创建两个研究生联合培养国家示范基地。珠海高新技术企业增速快，2017 年在 2016 年 787 家的基础上增加到 1463 家，增长了近 100%。珠海市政府极为注重基础研究和源头创新，如由中山大学珠海校区重点建设海洋学科群，打造综合性研究应用基地[20]。中山有国家级特色产业基地 6 个，优先支持创新型企业发展，重点依托高新园区、新型专业镇、新型研发机构、大型企业，实施科技企业孵化器倍增计划。创新是发展的第一动力，也是企业由大变强、赢得竞争优势、掌握技术话语权的关键。珠三角企业逐步掌握全球配置创新资源的能力，一批同时拥有配置全球要素能力和服务全球市场能力的企业正在珠三角兴起。例如，华为公司凭借全面领先的 5G 技术引领全球，其标准提案及通过数居全球首位，已经占领 5G 国际标准；大疆公司通过自身的无人机产业带动新的智能芯片产业发展[21]。2018 年我国授权发明专利 43.2 万件，华为技术有限公司（深圳）、广东欧珀通信有限公司（东莞）、珠海格力电器有限公司（珠海）、腾讯科技（深圳）有限公司、中兴通讯股份有限公司（深圳）分别居第一、三、六、七、八名，展现了珠三角强大的自主创新能力和影响力。

表 7.12　2017 年珠三角 9 市创新指标

城市	高新技术企业/家	年末从业人员/万人	国家级特色产业基地/个	企业数/个	国家级孵化器/个	在孵企业数/个	高新技术产品全年销售收入/亿元
广州	8678	92.05	2	790	25	1894	8141.134
深圳	10973	205.85	0	0	22	1773	20933.85
珠海	1463	27.40	0	0	8	616	3065.128
佛山	2531	55.26	3	4223	18	1361	11712.68
东莞	4026	79.82	2	21582	15	1162	9991.165
中山	1704	28.91	6	21156	5	339	2772.814
惠州	786	39.41	2	327	5	507	4617.201
江门	730	16.89	3	1073	2	196	1910.205
肇庆	288	7.15	0	0	2	105	1179.965

资料来源：广东省科学技术厅。

3. 低碳规划

2018 年 10 月《广东省机构改革方案》组建省生态环境厅，不再保留省环境保护厅，组建省能源局作为省发展和改革委员会的部门管理机构。

1）对外低碳交流合作积极进行。与英国、美国和加拿大等主要发达国家在碳排放权交易、低碳技术应用推广、清洁能源、低碳建筑交通等领域开展广泛交流合作，积极争取利用国际机构的优惠资金和先进技术促进低碳发展；在 CCUS 及其他近零碳排放技术等先进低碳能源技术方面开展交流与合作。与"一带一路"沿线国家在国际产能和装备制造业、国际投资、技术和服务等领域的合作，推动海外投资项目的低碳化，加强低碳能源技术创新合作，提升区域对绿色低碳战略的认识和理念认同。与粤港应对气候变化领域交流合作，落实《粤港应对气候变化合作协议》，在粤港应对气候变化联络协调机制下，对气候灾害预警预报信息、新能源和电动车产业、绿色建筑和碳交易等方面开展交流和合作，提高两地减缓和适应气候变化能力；加快推动两地碳标签互认机制的研究和示范工作，优先推动在造纸、纺织和绿色建材等领域开展碳足迹试评价和碳标签互认等方面的交流合作；加强粤港近零碳排放示范工作的研讨和合作。

2）交通低碳。为全面推动绿色发展，珠三角城市在 2020 年前全部实现公交电动化，其中纯电动公交车占比不低于 85%，广州、珠海在 2018 年前全面实现公交电动化，深圳市于 2018 年、广州市于 2019 年、佛山市于 2020 年力争实现纯电动公交占比达 100%；广州提出到 2020 年新能源汽车保有量达到 12 万辆[22]；佛山提出 2018～2019 年将投入氢燃料电池公交车 1000 辆、建成加氢站 28 座，远期 2030 年建设 57 座的目标任务。珠三角更新或新增的巡游出租车全部使用新能源汽车，其中纯电动车占比不低于 80%且逐年提高 5 个百分点，不得使用燃油车[23]。珠三角新能源汽车产业依靠着广州、深圳两大核心城市，以广州汽车、比亚迪两大汽车集团为重点企业，形成了完善的新能源汽车产业集群。

在推广新能源车配套方面，广东将加快充电设施建设，力争在 2020 年前形成以珠三角为核心、主要高速为骨干的城际充电网络体系。广东是国内率先实行高标准燃油的省份之一，先后完成从无铅汽柴油到国家第五阶段机动车排放标准的车用汽柴油质量升级，追上相邻港澳地区的燃油标准。2018 年 9 月 1 日起，全省全面供应符合国家第六阶段机动车排放标准的车用柴油[24]；2019 年 7 月 1 日起，全省提前实施国家第六阶段机动车排放标准，推广使用达到国家第六阶段机动车排放标准的燃气车辆。珠三角重点区域涉及大宗物料运输的重点用车企业应制定秋冬季错峰运输方案，建立车辆维护、尿素添加及加油登记制度，确保使用的车辆排放稳定达标。

3）建筑低碳。到 2020 年珠三角城镇新建民用建筑全面执行一星级及以上绿色建筑标准，二星级及以上的绿色建筑比例达到 40%。开展城市碳排放精细化管理，鼓励编制城市低碳发展规划，城市新区、新城在建设开发前按要求编制低碳发展规划，提高基础设施和建筑质量，防止大拆大建，强化商业和公共建筑低碳化运营管理。

4）低碳试点示范。珠三角 9 市率先推广碳普惠制，发展碳普惠制平台会员，提升用户活跃度。率先针对珠三角地区特别是自由贸易试验区的企业开展绿色低碳产品认证培训等推广工作。选定造纸和纺织行业相关产品，深度开展碳足迹试评价，加快建立粤港碳标签互认制度。开展珠海市万山镇近零碳排放区城镇试点、广东状元谷近零碳排放区园区试点、中山市小榄镇北区近零碳排放区社区试点[25]等近零碳排放区示范工程建设。

通过查阅 9 市的相关规划文件，将 2020 年城市达峰指标规划进行汇总，见表 7.13。深圳规划到 2020 年，一次能源消费结构中煤、油、气、其他能源比例是 4.6∶28∶17.2∶50.2，非化石能源占一次能源消费比例达 15%；本地清洁电源装机的比例达 89%。2017～2020 年全市大气环境质量持续提升，到 2020 年，空气质量优良天数比例达到 98%，$PM_{2.5}$年均浓度控制在 25 微克/立方米以内，年灰霾天数控制在 40 天以内。东莞规划 2020 年煤电、气电、其他能源电力装机比例为 38∶57∶5，光伏发电装机容量达 360 兆瓦，一次能源消费结构中，煤、油、气、电（其他一次电）的比例为 25.26∶14.25∶33.75∶26.74，非化石能源消费占能源消费总量比重达到 12.38%。江门 2020 年预计煤炭消费量为 1420 万吨，消费比例达 67.4%，天然气消费量为 10 亿立方米，非化石能源消费比例达 6.2%，能源消费总量 1500 万吨标煤[26]。核电装机规模达到 350 万千瓦，太阳能光伏发电装机规模达到 20 万千瓦，风电装机规模达到 30 万千瓦。惠州规划 2020 年一次能源消费结构中，煤、油、气、其他能源比例达到 12.6∶51.8∶21.6∶14，煤炭消费比例下降 12 个百分点，非化石能源消费比例达到 14%，比 2015 年提高 2.5 个百分点。

表 7.13 珠三角城市 2020 年规划汇总表

城市	项目	GDP	人口	人均 GDP	能源消费总量	能源强度	碳排放达峰时间	碳排放强度	煤炭	天然气	石油
广州	控量	2.8 万亿元	1550 万人	18 万元	6284 万吨标煤		2020 年左右达峰	下降 23%	1363 万吨以内	60 亿立方米,占比 10%	多渠道承接海外油气资源
	增速	7.5% 以上				2.1% 以内	下降 19.3% 以上				
深圳	控量	2.6 万亿元	1100 万人		4318 万吨标煤		2020 年前后达峰	0.6 吨	供应能力 150 亿立方米	供应能力 1000 万吨	
	增速					2.1% 以内	下降 18.5% 以上	下降 23%			
珠海	控量	3000 亿元	180 万人左右		869 万吨标煤		2020 年达峰		500 万吨以内		
	增速	9% 左右	2%		2.4% 以内	下降 19.3% 以上		下降 20.5%			
佛山	控量	1.15 万亿元	800 万人		3263 万吨标煤	低于 0.45 吨					
	增速	7.5% 以上				2.1% 以内		下降 23%			
东莞	控量	0.92 万亿元以上		约 11 万元	3101 万吨标煤	低于 0.45 吨			1610 万吨以内	80 亿立方米	310 万吨
	增速	8% 左右			2.1% 以内	下降 20%		下降 23%			
中山	控量	0.5 万亿元		13 万元	1223 万吨标煤	0.397	2023~2025 年达峰		170 万吨以内		
	增速	8.50%		7.50%	2.4% 以内	下降 17.6%		下降 23%			
惠州	控量	突破 0.5 万亿元	504 万人	突破 10 万元	2051 万吨标煤		争取 2030 年前达峰				
	增速			8.5% 左右	2.4% 以内			下降 20.5%			
江门	控量				1500 万吨标煤				1420 万吨	10 亿立方米	
	增速	年均增长 9% 左右	年均增长约 1%			4.70%	下降 19.3% 以上	下降 20.5%			
肇庆	控量	0.3 万亿元左右	435 万人	7.15 万元	1145 万吨标煤						
	增速	9% 左右		8%	2.4% 以内			下降 20.5%			

资料来源：各市相关规划。

注：表中年均增速都指"十三五"年均增速，下降率都是与 2015 年相比。

7.3 珠三角碳排放驱动因素分析

7.3.1 碳排放特征

珠三角碳排放总量从 2005 年的 2.7 亿吨增加到 2017 年的 44 亿吨，增长了 60%，2005~2010 年年均增速为 6%，2010 年后增速下降到 3%，2016 年的增速为 2% 左右，呈现放缓趋势。碳排放总量占全国比重接近 5%，但排放结构与全国差异明显，珠三角煤炭排放量占比 48%，低于全国（77%），石油排放量占比 31%，高于全国（16%），天然气排放量占 9%（图 7.13）。

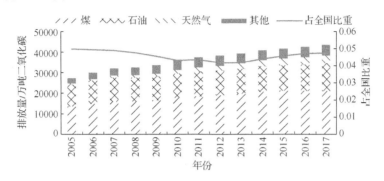

图 7.13　珠三角碳排放总量及占全国比重

总的来看，电力热力供应业是碳排放的主要来源，从 2007 年的 9900 万吨二氧化碳（占比 35%）增加到 2017 年的 25000 万吨二氧化碳（占比 65%），钢铁、水泥、炼焦、化工等难减行业从 2007 年的 7500 万吨二氧化碳（占比 26%）下降到 2017 年的 5000 万吨二氧化碳（占比 13%）。电力热力行业和钢铁、水泥、炼焦、化工等难减行业 2007 年燃煤产生的碳排放占本行业总排放的 36% 和 54%，2017 年此比值变为 83% 和 13%；石油产生的二氧化碳交通运输和居民消费增长最多，2017 年各占 37% 和 23%，钢铁、水泥、炼焦、化工等难减行业稳定在 12%；天然气产生的二氧化碳占比最高的三个行业从高到低依次是电力热力、钢铁、水泥、炼焦、化工等难减行业、居民消费，如图 7.14 所示。综上所述，珠三角正快速地向清洁电力发展，未来需要攻克技术难关，减少交通运输的碳排放。

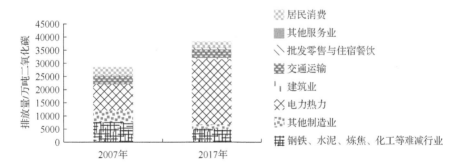

图 7.14　珠三角按行业分碳排放量对比

珠三角碳强度在 2005～2017 年逐年下降，呈现碳强度先达峰，且年均下降速度为 4%，2017 年碳强度为 0.89 吨二氧化碳/万元，下降幅度为 40%，低于全国水平 1.72 吨二氧化碳/万元；人均碳排放高于全国水平，2005 年以来一直在增加，到 2015 年后受人口影响处于波动状态，2017 年为 7.08 吨/人，有达峰趋势。碳排放总量一直增长但增速变小，还未达峰（表 7.14）。

表7.14 珠三角的碳排放相关指标值

指标	2005 年	2006 年	2007 年	2008 年	2009 年	2010 年	2011 年	2012 年	2013 年	2014 年	2015 年	2016 年	2017 年
碳强度/（吨二氧化碳/万元）	1.48	1.42	1.38	1.29	1.24	1.21	1.18	1.13	1.06	1.03	0.97	0.92	0.89
人均碳排放/（吨二氧化碳/人）	6.00	6.32	6.49	6.31	6.26	6.40	6.63	6.74	6.88	7.09	7.09	7.08	7.08
碳排放总量/亿吨二氧化碳	2.73	2.99	3.20	3.24	3.36	3.60	3.74	3.83	3.93	4.09	4.17	4.25	4.35
排放因子	2.20	2.18	2.15	2.12	2.10	2.08	2.07	2.05	2.01	1.99	1.97	1.95	1.93

7.3.2 区域内部差异

珠三角能源对外依赖程度高，主要能源供应是电力。9 个城市中深圳的能源结构最优，广州、惠州因为以石化为支柱产业，石油占比高；其余仍以煤炭为主要能源。珠三角处于经济发展前列的深圳、广州和珠海已经处于后工业化时期，但有肇庆市处于工业化中期，其他城市则处于工业化后期。由表 7.15 可知，广州、深圳、佛山、东莞的碳排放占珠三角区域的大部分；深圳和广州生活用能比较高，第二产业和第三产业用能基本平分，各占 40% 左右，所以应该在第二产业减排的基础上，控制第三产业减排。其余城市第二产业碳排放所占比重达 70% 以上，佛山、东莞甚至达到 80% 以上，其中造纸、非金属矿物、纺织、石油、化工和电力六大高耗能行业占工业总排放的比重达 60% 以上。工业作为经济发展的重要支撑，减排潜力相对较大，是开展节能减排工作的重点领域，工业上要实现技术的升级，同时在第二产业向第三产业转换中尽量避免走先污染后治理的老路。

表7.15 9个城市碳排放差异分析

指标	年份	广州	深圳	珠海	佛山	惠州	东莞	中山	江门	肇庆
碳强度/（吨/万元，2005 年不变价）	2005	1.60	0.86	1.72	1.95	1.99	1.79	1.28	1.89	1.28
	2010	1.20	0.87	1.39	1.17	2.19	1.46	1.12	1.74	1.29
	2015	0.93	0.62	1.12	1.05	1.71	1.25	0.97	1.48	1.32
	2017	0.85	0.55	0.96	0.99	1.76	1.16	0.94	1.30	1.32
人均碳排放/（吨二氧化碳/人）	2005	8.74	5.25	7.79	8.25	4.32	5.99	4.69	3.69	1.52
	2010	7.93	6.51	8.44	7.17	6.41	5.91	5.21	4.80	2.78
	2015	8.54	6.67	9.62	7.82	7.76	6.57	6.26	5.03	4.36
	2017	8.15	6.33	9.34	7.84	9.09	6.78	6.40	4.94	4.37
碳排放总量/万吨二氧化碳	2005	8263	4238	1082	4787	1760	3928	1142	1513	558
	2010	10073	6751	1318	5159	2951	4861	1627	2137	1091
	2015	11533	7585	1572	5810	3692	5424	2011	2273	1772
	2017	11815	7925	1648	6005	4340	5654	2087	2254	1798

续表

指标	年份	广州	深圳	珠海	佛山	惠州	东莞	中山	江门	肇庆
峰值目标		2020 年左右	2020 年前后	2020 年之前				2023～2025 年		

资料来源：数据是估计值。广州、深圳、珠海、中山的峰值来源分别是《广州市节能降碳第十三个五年规划（2016—2020 年）》《深圳市应对气候变化"十三五"规划》《珠海市"十三五"控制温室气体排放工作实施方案》和国家发展和改革委员会下发的《关于开展第三批国家低碳城市试点工作的通知》。

根据达峰规律，研究时间范围内（2005 年以后）内部城市的碳强度一直下降，表明碳强度已达峰。广州、深圳、珠海人均碳排放有达峰迹象，其余 5 市人均碳排放未出现峰值。珠三角人均收入和城镇化水平的提高，私人汽车、家庭用能为主的生活能源碳排放随之增加。粤港澳大湾区的规划带来了公共设施和服务的全面发展，增加交通、居住等生活消费，也伴随着公共用能和二氧化碳排放的增长。人口的生存与就业发展会带来大量的二氧化碳，珠三角地区的人口增长迅速，带动碳排放总量至今仍未达峰，但可以预测深圳、广州、珠海都将较早达峰，中山、佛山、东莞将紧随其后达峰。

7.3.3　因素分解

采用 LMDI 因素分解方法[27]，把珠三角碳排放因素分解为人口、经济水平、产业结构、能源强度、能源结构、碳排放系数六个指标，计算结果见图 7.15 和表 7.16。可以看出 2005～2017 年，人口和经济水平对二氧化碳排放增长起促进作用，分别导致碳排放增加了 10491.23 万吨和 39661.34 万吨，贡献率分别为 35% 和 199%。人口促进效应与人口增长速度趋势吻合，2005～2010 年人口增速 4%，促进效应增加，2010 年人口增速降到 0.5%，人口促进效应明显下降；2015 年后人口增速 2%，较之前快 3 倍，再一次拉动碳排放的增长。人均 GDP 是珠三角二氧化碳排放增长的主要驱动力，由于 2008 年金融危机，人均 GDP 在 2008～2012 年波动较大，2013 年后对碳排放的促进效应逐年减少，可见珠三角的绿色发展经济初见成效。

能源强度、产业结构、能源结构、排放因子对二氧化碳排放增长起抑制作用，分别导致碳排放减少了 24972.5 万吨、4061.7 万吨、2619.03 万吨和 2243.05 万吨，使碳排放保持在原来水平的 0.5 倍、0.9 倍、0.93 倍、0.95 倍，贡献率分别为 -50%、-10%、-7% 和 -5%。珠三角 2017 年能源强度比 2005 年降低 52%，大大减缓了碳排放的增长速度。虽然三大产业结构的变动对碳排放的贡献较小，但工业内部的行业结构和产品结构的调整和优化显示出较大的节能减排效益，产品结构的调整和增加值的提高对减排的贡献超过一半[28]。从图 7.15 中可以看出，产业结构对碳排放的控制已经显现，第一产业的碳排放占比较小，影响有限；第二产业从 2006 年转变为抑制排放状态，第三产业成为促进碳排放的产业，但第二产业的抑制效应大于第三产业，2005～2017 年第二产业和第三产业分别促使碳排放下降 5677 万吨和增长 1990 万吨，所以最终使总体出现负的贡献率，表明第二产业的节能减排技术已有成效，未来第三产业的节能减排将是重点。能源结构和排放因子对碳排放总量的影响相对较大，《广东省打好污染防治攻坚战三年行动计划（2018—2020 年）》明确的 2020 年珠三角地区煤炭消费总量控制在 7006 万吨以下，比

2015 年减少 1000 万吨左右,逐渐让天然气和可再生能源替代,对碳排放增长的抑制起到了较大的作用。

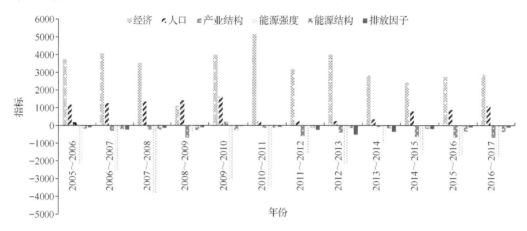

图 7.15　珠三角 2005～2017 年二氧化碳排放影响因素分解图

表 7.16　珠三角 2005～2017 年二氧化碳排放影响因素分解

指标	年份	人口因素	经济水平	产业结构	能源强度	能源结构	排放因子	碳排放增长
碳排放变化/万吨 二氧化碳	2005～2010	6752.27	16474.85	−843.64	−11909.49	−1148.91	−628.5	8696.58
	2010～2015	1782.37	17580.7	−1871.91	−9623.26	−759.74	−1404	5704.15
	2015～2017	1956.59	5605.8	−1346.15	−3439.75	−710.38	−210.56	1855.56
	2005～2017	10491.23	39661.34	−4061.7	−24972.5	−2619.03	−2243.05	16256.29
贡献率/%	2005～2017	35.0	199.0	10.0	−0.50	7.0	5.0	60.0

7.4　减排成本测算及减排路径分析

7.4.1　情景设定

本节在历史数据及政府规划的基础上,参考国家信息中心、中国石油经济技术研究院公布的《2050 年世界与中国能源展望(2019 版)》和《BP 能源展望 2019》[29]等关于中国的预测研究,设置以下三种情景,各参数的年均增速见表 7.17。

1)基准情景:结合一般发展规律预测数据,体现了一般的经济增长路径,保证经济、人口高速增长;煤炭下降速度较政策情景慢;石油、天然气、其他按当前增速增长。

2)政策情景:珠三角作为中国的发达地区,GDP 增速设定为 2030 年下降至 6%以下,2050 年 GDP 增速为 3.5%左右,经济发展速度高于全国;按规划要求减少煤炭总量;控制石油消费增速,在规划达峰年左右随后缓慢下降;大力发展天然气,努力提高天然气占比;提高外购绿电占比;依发展规划本地新能源装机容量,提高可再生能源占比。

3)强化低碳情景:《IPCC 全球升温 1.5℃特别报告》指出,与将全球变暖限制在 2℃

相比，限制在 1.5℃对人类和自然生态系统有明显的益处。为实现 1.5℃温升目标，全球气候行动亟待加速，二氧化碳尽快减排和大幅度减排，所以此情景下珠三角继续深度减排，经济、人口低速增长，进一步减少煤炭、石油的占比，加快天然气发展，进一步提高外购绿电占比和本地新能源装机容量，2030 年后发电装机增长主要是清洁能源。

表 7.17　珠三角三种情景年均增速设定

情景	指标	2015~2020 年	2020~2025 年	2025~2030 年	2030~2035 年	2035~2040 年	2040~2045 年	2045~2050 年
基准情景	GDP	8.13	7.91	7.50	6.40	5.57	5.10	4.60
	人口	2.43	2.10	1.30	0.70	0.10	−0.05	−0.10
	能源	2.49	1.28	0.52	−0.13	−0.47	−0.63	−0.74
政策情景	GDP	7.97	7.12	6.39	5.58	4.81	4.26	3.58
	人口	2.19	1.90	0.90	0.50	−0.05	−0.09	−0.20
	能源	2.39	1.00	0.12	−0.62	−0.97	−1.07	−1.13
强化低碳情景	GDP	7.43	6.41	5.32	4.63	4.10	3.61	2.89
	人口	1.47	0.80	0.30	−0.05	−0.10	−0.20	−0.30
	能源	2.37	0.87	−0.11	−0.93	−1.29	−1.36	−1.38

7.4.2　减排成本

为了汇总方便，预测时只计算了一次能源的碳排放情况，与全社会总碳排放量有出入，但不影响总体判断，三种情景的碳排放趋势如图 7.16 所示。

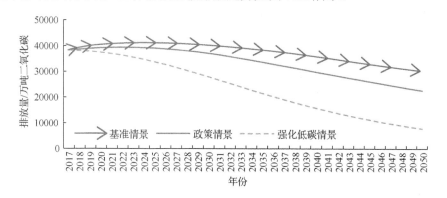

图 7.16　三种情景下的二氧化碳排放量

在政策情景下，珠三角的减排成本逐年升高，低效率条件下 2030、2040、2050 年的减排成本分别是 GDP 的 0.27%、0.32%、0.29%，高效率条件下 2030、2040、2050 年的减排成本分别是 GDP 的 0.14%、0.16%、0.14%。低效率条件下的减排成本高于高效率条件 1 倍，且两种效率下的成本差随着年份的增长越来越大，减排成本占 GDP 比重在 2040 年后达到最高，以后趋于平缓下降，如图 7.17 所示。

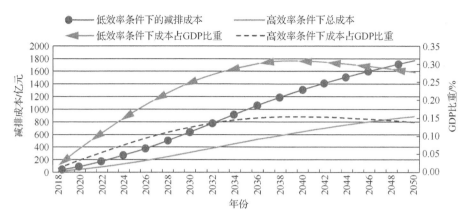

图 7.17　政策情景下的区域减排成本及占 GDP 比重

从图 7.18 中重点领域减排成本构成来看，低效率条件下每年总成本最高接近 900 亿元，高效率条件下每年总成本最高接近 500 亿元，成本比低效率减少一半。从分行业来看，电力热力占比最高，达到 50% 以上，其次是交通运输占 16%，钢铁、水泥、炼焦、化工等难减行业占比 14%。

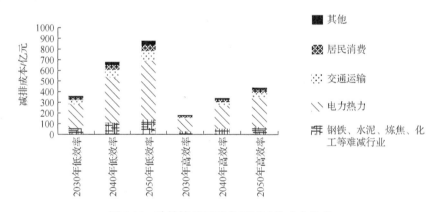

图 7.18　政策情景下重点领域减排成本构成

同理，强化低碳情景下减排成本逐年升高，但后期增速小于政策情景。低效率条件下 2030、2040、2050 年的减排成本分别是 GDP 的 1.07%、1.09%、0.86%，高效率条件下 2030、2040、2050 年的减排成本分别是 GDP 的 0.53%、0.55%、0.43%，两种效率下的总成本差随着年份的增长也增高，成本占 GDP 比重提前到 2035 年左右达到最高，随后下降趋势大于政策情景，如图 7.19 所示。

从图 7.20 中重点领域减排成本构成来看，强化低碳情景的成本比政策情景高 3 倍，低效率条件下每年总成本最高可达 2500 亿元以上，高效率条件下每年总成本最高 1300 亿元，其中电力热力是减排的重点部门，珠三角电力热力二氧化碳排放占工业的 46%，未来电力热力排放仍将占主要地位，需要通过外购更清洁的电力和安装更多可再生能源来支撑，需要各城市提前布局，燃煤电厂在绿色改造的同时，机组达到寿命期不再新建，直接退役。由于此情景下的产业结构更优化，交通运输是未来的减排重点，成本占比高于政策情景，故未来也要注重第三产业的排放。建筑、电力、工业、交通运输等经济部门如果已经建设了高碳型的基础设施，将会在今后几十年里被锁定在较高的能源使用水平上，而各个经济部门的碳密集型基础设施的有效生命周期平均为 14 年，延迟行动预计会丧失更多的二氧化碳减排机会，成本会越来越大。

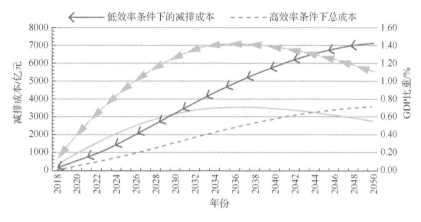

图 7.19　强化低碳情景下的区域减排成本及占 GDP 比重

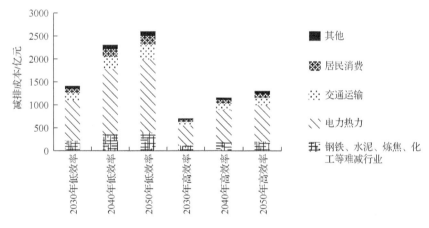

图 7.20　强化低碳情景下重点领域减排成本构成

减排也能加强适应性，避免气候变缓带来的损失。根据全球和区域气候模式，未来不同浓度情景下，中国极端气候事件呈现出较为明显的变化。气候变化已经并将继续对中国生态环境和社会经济产生重要影响，且以不利影响为主。未来气候变化对中国的影响将会更加广泛，将影响农业、水资源、生态系统、海岸带及近海生态系统、人群健康等相对脆弱的行业或领域。未来 30 年，珠三角属于受海平面上升影响的主要脆弱区，2050 年前后，因海平面上升可能被淹没的最危险地带之一，由于海平面上升导致的海水入侵、海岸侵蚀和低地淹没会进一步加剧[30]。为减少损失，实现可持续发展，要努力实现强化低碳情景。

7.4.3　减排路径

基准情景下珠三角 2026 年碳排放达峰,峰值为 4.1 亿吨二氧化碳,是 2017 年的 1.06 倍,此时人口为 7500 万,增速放缓到 1%,人均 GDP 为 13.05 万元,跳出"中等收入陷阱",人均能源消费量为 3.46 吨标煤/人,能源强度为 0.26 吨标煤/万元,人均碳排放量为 5.48 吨二氧化碳/人,碳强度下降到 0.42 万二氧化碳/万元(表 7.18)。到 2030 年人口将为 7800 万人,人均 GDP 为 16.5 万元,煤炭和石油占比下降到 29% 和 28%;到 2050 年碳排放量相对于峰值降低 26%,比 2017 年下降 21%,人均碳排放量为 3.75 吨二氧化碳/人,人口为 8100 万人,人均 GDP 为 46 万元,煤炭、石油、天然气和其他能源占比为 21:25:13:41。

政策情景下珠三角 2022 年碳达峰,峰值为 3.9 亿吨二氧化碳,是 2017 年的 1.03 倍,此时人口为 6800 万人,人均 GDP 为 10.35 万元,人均能源消费量 3.6 吨标煤/人,能源强度为 0.35 吨标煤/万元,人均碳排放量 5.8 吨二氧化碳/人,碳强度下降到 0.56 万二氧化碳/万元,煤炭在 2020 年达到峰值后将缓慢下降,石油于 2025 年达峰。到 2030 年较基准情景减排 3000 万吨二氧化碳,此时人口增速变缓,为 0.5%,人均 GDP 为 16 万元,煤炭和石油占比下降到 29% 和 27%;到 2050 年较基准情景减排 4600 万吨二氧化碳,二氧化碳排放量相对于峰值降低 42%,比 2017 年下降 41%,此时人口为 7600 万人,人均 GDP 为 38 万元,煤炭、石油、天然气和其他能源占比为 19:22:8:51。

表 7.18　珠三角区域三种情景下各指标值

情景	指标	2020 年	2025 年	2030 年	2035 年	2040 年	2045 年	2050 年
基准情景	GDP/亿元	61756.21	90346.76	129685.89	176848.29	231896.56	297377.35	372362.81
	人口/万人	6623.46	7348.75	7839.00	8117.24	8157.90	8137.53	8096.92
	人均 GDP/(万元/人)	9.32	12.29	16.54	21.79	28.43	36.54	45.99
	能源消费总量/万吨标煤	23950.34	25517.04	26184.04	26020.09	25410.88	24617.72	23718.21
	人均能源消费量/(吨标煤/人)	3.62	3.47	3.34	3.21	3.11	3.03	2.93
	能源强度/(吨标煤/万元)	0.39	0.28	0.20	0.15	0.11	0.08	0.06
	一次能源碳排放/万吨二氧化碳	39733.72	40776.92	40210.47	38309.49	35784.18	33081.34	30345.17
	人均碳排放/(吨二氧化碳/人)	6.00	5.55	5.13	4.72	4.39	4.07	3.75
	碳强度/(吨二氧化碳/万元)	0.64	0.45	0.31	0.22	0.15	0.11	0.08
政策情景	GDP/亿元	61315.96	86489.62	117866.34	154617.39	195557.10	240877.42	287210.73
	人口/万人	6546.14	7192.10	7521.63	7711.56	7692.30	7656.51	7580.25
	人均 GDP/(万元/人)	9.37	12.03	15.67	20.05	25.42	31.46	37.89
	能源消费总量/万吨标煤	23835.50	25047.93	25197.75	24427.99	23270.45	22048.27	20830.17
	人均能源消费量/(吨标煤/人)	3.64	3.48	3.35	3.17	3.03	2.88	2.75
	能源强度/(吨标煤/万元)	0.39	0.29	0.21	0.16	0.12	0.09	0.07

续表

情景	指标	2020 年	2025 年	2030 年	2035 年	2040 年	2045 年	2050 年
政策情景	一次能源碳排放/万吨二氧化碳	39236.31	39102.27	37085.80	33687.81	29878.33	26185.43	22733.02
	人均碳排放/（吨二氧化碳/人）	5.99	5.44	4.93	4.37	3.88	3.42	3.00
	碳强度/（吨二氧化碳/万元）	0.64	0.45	0.31	0.22	0.15	0.11	0.08
强化低碳情景	GDP/亿元	59794.41	82308.86	109112.61	139258.41	173541.31	209117.14	244786.87
	人口/万人	6318.10	6574.90	6674.12	6657.45	6624.23	6558.25	6460.47
	人均 GDP/（万元/人）	9.46	12.52	16.35	20.92	26.20	31.89	37.89
	能源消费总量/万吨标煤	23817.21	24876.32	24742.37	23613.26	22133.70	20670.25	19281.07
	人均能源消费量/（吨标煤/人）	3.77	3.78	3.71	3.55	3.34	3.15	2.98
	能源强度/（吨标煤/万元）	0.40	0.30	0.23	0.17	0.13	0.10	0.08
	一次能源碳排放/万吨二氧化碳	37475.78	33732.26	27978.47	21551.69	15822.50	11280.32	7870.33
	人均碳排放/（吨二氧化碳/人）	5.93	5.13	4.19	3.24	2.39	1.72	1.22
	碳强度/（吨二氧化碳/万元）	0.63	0.41	0.26	0.15	0.09	0.05	0.03

注：表中所有数据为 2005 年不变价。

强化低碳情景下珠三角碳排放已经达峰，峰值为 3.8 亿吨二氧化碳，此时人口增速提前变缓为 1%，人均 GDP 为 8 万元，人均能源消费量 3.68 吨标煤/人，能源强度为 0.46 吨标煤/万元，人均碳排放量 7 吨二氧化碳/人，碳强度下降到 0.79 吨二氧化碳/万元，更多地用新能源替代煤炭、石油、天然气，其中煤炭消费量持续下降状态，石油消费量在 2021 年后缓慢下降。到 2030 年较基准情景减排 1.5 亿吨二氧化碳，此时人口为 6700 万人，人均 GDP 为 16 万元，煤炭和石油消费量占比下降到 19% 和 23%；到 2050 年较基准情景减排 1.2 亿吨二氧化碳，二氧化碳排放量相对于峰值降低 79%，此时人口为 6500 万人，人均 GDP 为 38 万元，煤炭、石油、天然气和其他占比为 5∶10∶5∶80，能源结构以清洁能源为主。

到 2050 年，与基准情景相比，政策情景累计多减排 1.4 亿吨二氧化碳，强化低碳情景累计多减排 4.7 亿吨二氧化碳。2017～2050 年，基准情景下总减排 8000 万吨二氧化碳，其中电力热力减排 5400 万吨二氧化碳，占比最大；钢铁、水泥、炼焦、化工等难减行业减排 1100 万吨二氧化碳，交通运输、其他制造业、居民消费各减排 500 万吨二氧化碳左右（图 7.21）。政策情景下总减排 1.6 亿吨二氧化碳，其中电力热力减排 1 亿吨二氧化碳，钢铁、水泥、炼焦、化工等难减行业减排 2000 万吨二氧化碳，交通运输、其他制造业、居民消费各减排 1000 万吨二氧化碳左右（图 7.22）。强化低碳情景下总减排 3 亿吨二氧化碳，其中电力热力减排 2 亿吨二氧化碳，钢铁、水泥、炼焦、化工等难减行业减排 4000 万吨二氧化碳，交通运输、其他制造业、居民消费各减排 2000 万吨二氧化碳左右（图 7.23）。实现能源总量控制目标及碳排放峰值目标，将主要依靠加快发展知识密集型、物质资源消耗少、综合效益高、未来成长潜力巨大的战略性新兴产业和高端制造业，以及和制造业相匹配的现代服务业等途径，给未来的发展增添新的动力。

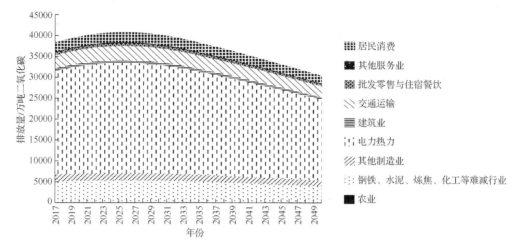

图 7.21　基准情景下的排放量与排放结构

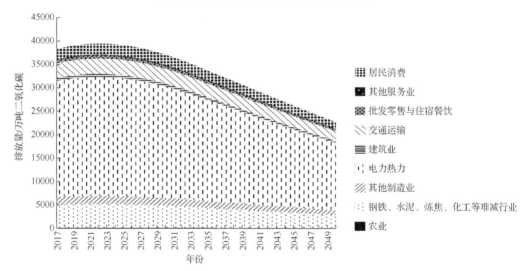

图 7.22　政策情景下的排放量与排放结构

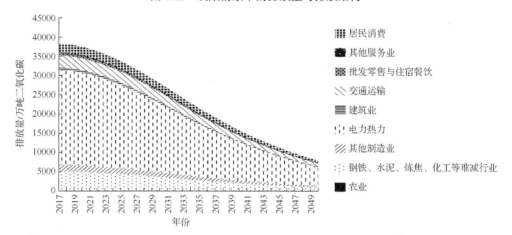

图 7.23　强化低碳情景下的排放量与排放结构

应对气候变化是一个长期的挑战。从可持续性的角度看，由于珠三角区域包括 9 个城市，这 9 个城市的不同的发展路径可以形成多种组合，尽快向强化低碳情景靠拢，使气候变化减缓、适应和损害的总成本最低的组合才是最有利的。珠三角需要积极应对挑战，整合优势资源，在空间上探索要素资源的自由流动，在功能上实现城市之间的优势互补，努力成为科学技术、生产方式和商业模式创新的引领者[31]。

参 考 文 献

[1] 广东省人民政府. 关于印发广东省主体功能区规划的通知[R/OL].(2018-01-03) [2018-02-12]. http://www.gd.gov.cn/gkmlpt/content/0/146/post_146572.html.

[2] 国家统计局. 能源发展成绩喜人：改革开放 40 年广东经济社会发展成就系列报告[R/OL]. (2018-09-07)[2019-01-05]. http://www.stats.gov.cn/ztjc/ztfx/ggkf40n/201809/t20180907_1621436.html.

[3] 王明旭, 赵卉卉, 崔建鑫, 等. 珠三角绿色发展评估报告[M]. 北京：中国环境出版集团，2018.

[4] 深圳市人力资源和社会保障局. 应届毕业生引进入户实行"秒批"办理[R/OL]. (2018-07-02) [2019-05-01]. http://www.sz.gov.cn/szzt2010/jjhlwzwfw/cxal/content/post_1421218.html.

[5] 中国产业信息网. 2018 年深圳市 GDP、各区 GDP 排行、人口数量及积分入户新政解析[R/OL]. (2018-09-13) [2018-12-05]. http://www.chyxx.com/industry/201809/676299.html.

[6] 王伟, 张常明, 王梦茹. 中国三大城市群产业投资网络演化研究[J]. 城市发展研究，2018，25（11）：2，118-124.

[7] 广东省工业和信息化厅. 广东省先进制造业发展"十三五"规划[R/OL]. (2017-02-16) [2018-05-05]. http://gdii.gd.gov.cn/20173439n/content/post_923253.html.

[8] 国家统计局. 高技术产业（制造业）分类[R/OL]. (2013-10-21) [2018-08-01]. http://www.stats.gov.cn/tjsj/tjbz/201310/P020131021347576415205.pdf.

[9] 王彪, 刘倩. 在惠州, 有一种雄心叫全国第一！世界级石化基地正在崛起[R/OL]. 南方日报. (2018-05-05) [2019-05-02]. http://www.shzywchina.com/index.php?s=/Jysh38shzyw/news/info/id/944.html.

[10] 惠州市政府. 2018 年广东省惠州市政府工作报告[R/OL]. (2018-01-25) [2019-03-23]. http://www.huizhou.gov.cn/zwgk/gbjb/zfgzbg/content/post_233300.html.

[11] 黄进, 林荫. 珠三角国家森林城市群 建设"示范效应"全面释放[R/OL]. (2018-10-12) [2019-04-05]. http://www.shidicn.com/sf_E8CBB0D2E7404CFEAD8548D099EB03A9_151_37B2B541446.html.

[12] 广东省林业厅. 广东省大力推进珠三角国家森林城市群建设[R/OL]. (2018-08-31) [2019-02-01]. http://lyj.gd.gov.cn/gkmlpt/content/2/2199/post_2199211.html.

[13] 广州市发展和改革委员会. 广州市人民政府关于印发广州市户籍迁入管理规定的通知的政策解读[R/OL]. (2019-01-16) [2019-05-06]. http://www.gz.gov.cn/zwgk/zcjd/zcjdhz/yspjd/content/post_5527075.html.

[14] 广东省财政厅. 关于贯彻落实粤港澳大湾区个人所得税优惠政策的通知[R/OL]. (2019-06-22) [2019-07-02]. http://czt.gd.gov.cn/czfg/content/post_2519383.html?from=timeline&isappinstalled=0.

[15] 何源, 何伟奇. 广州大幅放宽落户政策：大学毕业即落、学历人才放宽 5 岁，反映出怎样趋势[R/OL]. (2019-01-13) [2019-05-02]. http://www.dahebao.cn/news/1331092?cid=1331092.

[16] 深圳市人民政府办公厅. 深圳市在职人才引进和落户"秒批"工作方案[R/OL]. (2019-02-26) [2019-05-03]. http://www.szlh.gov.cn/gzcy/zcjd/2019/jdszszhrcyjhlhmbgzfa/zcyw/content/post_5189578.html.

[17] 张文敬, 张一欣. 中山开放式区域创新体系的构建[J]. 科技管理研究，2014，34（24）：41-49.

[18] 陈洪. 珠三角自主创新的路径、特点及启示[J]. 科技管理研究，2010，9：11-13.

[19] 粤港澳大湾区研究院. 2018 年中国城市营商环境评价[R/OL]. (2018-12-03) [2019-05-01]. https://static.21jingji.com/file/2018 城市营商环境．pdf.

[20] 广东省工业和信息厅. 珠海：构建现代产业体系 推动高质量发展[R/OL]. (2019-01-29) [2019-05-03].http://gdii.gd.gov.cn/mtbd1875/content/post_2209150.html.

[21] 马化腾. 粤港澳大湾区：数字化革命开启中国湾区时代[M]. 北京：中信出版集团，2018.

[22] 广州市人民政府办公厅. 广州市节能降碳第十三个五年规划（2016—2020 年）[R/OL]. (2017-05-25) [2019-05-05]. http://www.gz.gov.cn/zwgk/ghjh/zxgh/content/post_3089453.html.

[23] 广东省人民政府. 广东省人民政府关于加快新能源汽车产业创新发展的意见[R/OL]. (2018-06-13) [2019-05-01]. http://www.gd.gov.cn/gkmlpt/content/0/146/post_146920.html#7.

[24] 广东省生态环境厅. 广东省柴油货车污染治理专项方案（2018—2020 年）（征求意见稿）[R/OL]. (2018-05-24) [2019-05-01]. http://gdee.gd.gov.cn/ggtz3126/content/post_2332785.html.

[25] 谭乐贤. 小榄镇北区社区：首批省级近零碳排放区示范工程试点之一[N/OL]. (2021-12-14)[2022-05-15]. https://static.nfapp.southcn.com/content/202112/14/c6038608.html?colID=1275&firstColID=2994.

[26] 江门市人民政府. 江门市能源发展"十三五"规划[R/OL]. (2017-02-20) [2018-05-06]. http://www.jiangmen.gov.cn/newzwgk/zfgb/zfgb2017d1q/sfbgsyfwjxd/content/post_433410.html.

[27] 郭朝先. 中国碳排放因素分解：基于 LMDI 分解技术[J]. 中国人口·资源与环境，2010，20（12）：4-9.

[28] 中国尽早实现二氧化碳排放峰值的实施路径研究课题组. 中国碳排放尽早达峰[M]. 北京：中国经济出版社，2018.

[29] BP. BP energy outlook[R/OL]. (2019-04-09) [2019-08-21]. https://www.bp.com/en/global/corporate/news-and-insights/press-releases/bp-energy-outlook-2019.html.

[30] 生态环境部. 中华人民共和国气候变化第三次国家信息通报[R/OL]. (2018-12-12) [2019-08-21]. https://www.mee.gov.cn/ywgz/ydqhbh/wsqtkz/201907/P020190701762678052438.pdf.

[31] 陈广汉，刘洋. 从"前店后厂"到粤港澳大湾区[J]. 国际经贸探索，2018，34（11）：19-24.

第8章　绿色创新驱动我国跨越"中等收入陷阱"

要减排尤其是深度减排,应以峰值目标和减排指标为抓手,考核政府及企业,将压力转化成动力,促进绿色创新,推动产业转型,提升产业竞争力,促进我国跨越"中等收入陷阱"。中国需要在科技发展居于前沿位置时,进行自主技术和产品创新[1],才能保持目前一些产业部门的领军地位。下面将做进一步分析。

经济发展遵循边际效应递减规律,如果当经济发展长期依赖一种资源时,其所获得的收益将逐渐减少,经济增速也就会降低,必须通过不断调整经济发展的驱动力才能使经济增速保持稳定,从而可以继续更高的阶段发展。但是,当一个国家及地区经济达到中等收入水平后,由于多种原因迫使经济陷入长期停滞、增速明显减缓的现象。这是经济发展最易陷入困境的阶段,世界银行称其为"中等收入陷阱(middle income trap,MIC)"[1]。

8.1　"中等收入陷阱"与绿色创新

跨越"中等收入陷阱",是否可以与我们正在研究和探讨的峰值问题结合起来,以峰值为抓手,通过绿色低碳推动经济持续健康发展,起到一举两得或一举多得的作用,下面从理论到实证做进一步分析。

8.1.1　"中等收入陷阱"的概念

世界银行在2010年的报告中提出,近20～30年以来,许多中东和拉美经济体一直难以走出"中等收入陷阱"的困境,这些国家始终挣扎在大规模低成本的商品生产竞争中,而本国产品价值链没有实质提升,对以知识创新与服务业为主的高成长市场开拓不足。可见"中等收入陷阱"问题是世界银行对中等收入国家经济困境的总结和概括。

对于"中等收入陷阱"的判定标准,学者们以相对和绝对两种人均收入方法划分收入水平。相对是指与经济合作与发展组织或美国人均 GDP 比较,许多国家在人均收入达到美国水平的20%～40%后,落入了"中等收入陷阱";绝对是按照人均 GDP 绝对值(一般是以不变购买力平价)划分的。2018年依据规模、人口和收入水平,世界银行将世界各国分为:人均国民生产总值(Gross National Product,GNP,亦称 GNI)为1006～

---

① 资料来源:世界银行数据库。

3955 美元的低中等收入国家，3956～12235 美元的高中等收入国家。世界 76.74 亿人口中，低中等收入人口共 29.13 亿，占近 38%。中等收入国家 GDP 约占全球 GDP 的三分之一，是全球增长的主要引擎。对照这个标准，世界银行统计的 213 个经济体中，从 1950 年至今，新出现的 52 个中等收入国家，已经有 35 个落入"中等收入陷阱"，其中 13 个为拉美国家、11 个为中东北非国家、6 个为非洲撒哈拉沙漠以南的非洲国家、3 个为亚洲国家（马来西亚、菲律宾与斯里兰卡）、2 个为欧洲国家（阿尔巴尼亚和罗马尼亚）。

全球在 2016 年创造的 75.8 万亿美元 GDP 中，低收入经济体仅创造 0.41 万亿美元；中等偏下收入经济体与中等偏上收入经济体分别创造 6.2 万亿美元和 20.6 万亿美元；高收入经济体创造高达 48.6 万亿美元。

可见，一个国家的经济从低收入水平发展到中等收入水平所采用的要素驱动的增长方式，很难在进入高收入阶段继续采用，必须采用创新驱动等方式，而这种方式，需要人力资本和研发的大量投入及一定的积累，需要相应体制机制等方面的协调。因此，一些中等收入国家经济长期滞留于中等收入阶段，无法发展成为高收入国家。巴西 30 多年来仍未能跳出中上等收入阶段，马来西亚跳出陷阱用了 20 年，而韩国跨越"中等收入陷阱"只用了 8 年。所以，能否跨越"中等收入陷阱"在于人均 GDP 达到中上等收入阶段之后，能否及时转变增长方式，使经济保持永续发展的动力。

8.1.2　绿色创新的内涵及趋势

绿色创新的提出是在 20 世纪 50～60 年代，直至今日学术界还没有统一的概念。但是，绿色创新的研究意义却得到了广泛认可，绿色创新不仅可以实现传统技术创新带来的益处，同时可以将外部环境污染内部化、污染排放最小化，产生正向溢出效应。国家"十三五"规划首次将"绿色"摆在中国发展全局的核心位置，同时习近平总书记在党的十九大报告中提出"发展是解决我国一切问题的基础和关键，发展必须是科学发展，必须坚定不移贯彻创新、协调、绿色、开放、共享的发展理念"，并多次强调绿色发展的重要性。

绿色科技组织在 2013 年发布的《中国绿色科技发展报告》中定义了绿色科技，其中心思想和绿色创新具有一致性。绿色科技是指与常规方案相比，能为使用者带来同等或更大利益的技术、产品及服务；在减少对自然环境负面影响的同时，还能最大限度地实现土地、能源、水及其他自然资源的高效及可持续利用。

根据不同研究角度，绿色创新的定义主要分为三种观点：一是从技术创新角度，通过引进新产品、新思想来减轻环境污染的过程；二是从环境污染角度，在经济发展中引进生态思想来实现环境创新的过程；三是从能源角度，通过节能、减排、降碳来实现创新的过程。本节结合研究内容将绿色创新分解为创新、能源、环境、绿色四个要素。

近年来，学者们对绿色创新的研究大致分为两个方向：其一是研究绿色创新能力的评价；其二是研究绿色创新与经济增长的关系。第一个方向包括了对绿色创新因素的分解，不同区域绿色创新能力的评价及全要素生产率的测算，学者们根据不同的侧重点选取了全要素生产率测算不同的投入产出。主要通过创新投入、创新产出和创新环境来综合评价包括经济增长在内的绿色创新能力，通过绿色创新能力的提升来跨越"中等收入陷阱"。第二个方向主要研究了绿色创新如何促进经济的增长，使经济在增长的同时可以避免陷入"中等收入陷阱"的危险。

目前，许多国家纷纷提出通过绿色技术替代高耗能技术，从而提高效率，在达到低排放的同时驱动经济持续增长。通过对比各国各行业在美国获取专利的数据（表 8.1）可见，发达国家在这些高耗能产业的专利申请中，绝大部分是与绿色相关的技术，其对本国乃至世界的绿色发展具有一定促进和推动作用。

表8.1　各行业专利数　　　　　　　　（单位：件）

行业	国家和地区	1963～1998年	1999年	2000年	2001年	2002年	2003年	2004年	2005年	2006年	2007年	2008年	总和	占比/%
机械	以色列	1479	117	120	144	122	115	103	92	107	99	92	2590	15.41
	日本	107962	7179	7342	7464	7444	7317	7119	6111	7040	6388	6262	177628	24.47
	韩国	2182	711	532	519	553	568	707	712	890	847	968	9189	15.85
	新加坡	92	20	30	40	41	44	46	35	36	42	22	448	10.93
	中国台湾	3351	616	738	800	880	911	920	695	840	700	719	11170	15.81
计算机和电子产品	以色列	2339	373	415	563	598	736	681	622	854	762	833	8776	52.22
	日本	159526	15936	16013	17033	18445	19622	20272	17873	22677	20380	21129	348906	48.07
	韩国	6841	2257	2275	2430	2519	2643	3025	3016	4271	4697	5785	39759	68.59
	新加坡	323	100	163	221	324	321	352	269	324	305	311	3013	73.54
	中国台湾	4176	1524	2077	2447	2398	2447	2842	2596	3413	3493	3809	31222	44.20
通信设备	以色列	460	84	88	106	131	152	178	161	256	207	213	2036	12.12
	日本	24563	2659	2454	2512	2667	2731	2981	2917	4286	3782	4163	55715	7.68
	韩国	1322	430	396	385	400	401	471	455	699	800	1178	6937	11.97
	新加坡	59	10	15	19	43	22	31	26	39	28	40	332	8.10
	中国台湾	603	132	175	181	208	220	300	274	469	544	581	3687	5.22
半导体及其他电子元件	以色列	497	84	91	115	131	177	147	158	167	160	163	1890	11.25
	日本	54568	6004	6435	7118	8036	8405	8841	7688	8821	8055	7870	131841	18.16
	韩国	3298	1169	1277	1426	1525	1634	1856	1899	2522	2809	3301	22716	39.19
	新加坡	176	63	104	148	201	189	185	145	188	177	164	1740	42.47
	中国台湾	2324	1069	1543	1857	1600	1563	1837	1610	2029	2075	2268	19775	27.99
航天、测量、机电、控制仪器	以色列	1158	132	149	258	234	272	223	183	264	245	251	3369	20.05
	日本	45397	3285	3353	3640	4077	4455	4262	3809	4646	4221	4327	85472	11.78
	韩国	770	250	247	266	312	326	397	372	487	507	613	4547	7.84
	新加坡	49	17	33	27	39	52	46	44	29	41	46	423	10.32
	中国台湾	820	204	241	253	305	366	379	367	456	417	418	4226	5.98

续表

行业	国家和地区	1963～1998年	1999年	2000年	2001年	2002年	2003年	2004年	2005年	2006年	2007年	2008年	总和	占比/%
电气设备、电器部件	以色列	427	44	49	55	70	92	63	71	63	69	65	1068	6.36
	日本	39319	3403	3676	3941	4377	4468	4581	4085	4625	4131	3992	80598	11.10
	韩国	1513	531	393	376	412	435	533	555	787	801	905	7241	12.49
	新加坡	90	18	13	22	24	37	36	42	37	44	54	417	10.18
	中国台湾	2117	468	768	887	848	839	977	892	1221	1184	1158	11359	16.08

资料来源：美国专利及商标局。

对于这些跨越"中等收入陷阱"的国家来说，计算机和电子产品的专利数量均逐年上升，且均处于经济体的首要位置，韩国一直以来在电子产品行业处于龙头地位；其次新加坡在该行业的专利数占专利总数的73%，在本国属于支柱产业。再次是半导体及其他电子元件产业，新加坡居于高于其他经济体的明显优势地位，韩国在此行业的专利数居于其他经济体的前列。机械行业的专利数均逐年减少，但是日本还是相当注重机械行业的发展，其专利数量占总量的25%左右。电气设备、电器部件行业，中国台湾在该行业的比例最高，其专利数量优于其他经济体。

在航天、测量、机电和控制仪器行业，以色列占据的比例最高。根据以色列的产业情况可以看出，现代农业、互联网、医疗器械、生物技术、新能源、通信、航空等领域的发展都极具技术含量。以色列是全球高科技企业密集度最高的国家。2018年，以色列GDP总量名列世界第38位，人均GDP达4万美元，属于OECD发达国家。2017年，以色列民用研发投入占GDP的比例达4.5%，为世界第一；每万人口中科学家和工程师数量达145人，为世界第一；在全球范围内以色列人均申请专利数也名列第一。据统计，以色列在美国纳斯达克上市的高技术企业数量近200家，仅次于美国和中国。2018年，以色列投资并购项目为479个，总额约207亿美元[2]。以色列借助优越的科技环境，已经发展成了全球的研发及创新中心。全世界超过220个跨国公司包括苹果、英特尔、东芝、海尔等均在当地设立了科研中心，也催生了不少影响世界的产品，以及对全球很有影响力的技术，如3D打印、USB闪存硬盘、在空气中获取电能①、能抗旱的超级植物、车车通信、永久太阳能电池②等。

可见，绿色创新已经成为一个发达经济体持续发展的动力之源。

8.2　绿色创新推动跨越"中等收入陷阱"理论基础

绿色创新是顺应经济增长趋势的理念，是一个国家及地区必须遵循的增长规律。实质上，"中等收入陷阱"发生在中等收入向高收入的过渡阶段，是经济增长不连续的问题。

---

① 在空气中获取电能用于电动车上的铝空气电池，从空中获取氧气。

② 永久太阳能电池是由sol-chip和Cellergy开发的太阳能采集技术，用于无线传感器供电，使其在不用电池情况下正常工作。

经典经济增长理论认为，资本积累、劳动力、经济制度、科技创新、对外开放程度等均是各国经济发展的决定性因素。新古典增长模型，解释了固定资本增加对经济增长产生的影响；内生增长理论，认为内因为经济增长提供了关键动力。一些学者也提出了诸如"比较优势""均衡陷阱"论等理论，共同构成了研究"中等收入陷阱"的理论基础。

8.2.1　创新理论

熊彼特[3]认为资本主义经济增长的主要根源是技术创新，而不是劳动力和资本。熊彼特的创新与经济增长理论主要有以下三个主要论点。第一，只有有能力的企业家能察觉到市场中的潜在经济利润，并通过创新即生产要素的重新组合获得。第二，由于商业利益的驱动，首发创新会引起模仿浪潮，模仿结束后，原有的创新已不能获得超额的商业利润，为了增加自己的竞争力，就需要开始新一轮的创新。创新、模仿、再创新的浪潮推动经济持续不断发展。第三，创新不仅带来新事物的产生，也加速了旧事物的灭亡。通过创新可以剔除落后企业，提高资源利用效率。因此，创造和毁灭是创新必不可少的两个方面，共同推动着经济增长。

8.2.2　经济增长理论

索洛假设：只有劳动和资本两种生产要素，技术进步是劳动增加型且生产规模报酬不变的经济。假设生产函数为柯布-道格拉斯函数：

$$Y = A \times F(K, L) = AK^{\alpha} \times L^{1-\alpha} \tag{8.1}$$

式中，Y 为总产出或总收入；K 为资本；L 为劳动；A 为技术水平，$A > 0$。生产函数还可以写成人均形式：

$$\frac{Y}{L} = \left(\frac{K}{L}\right)^{\alpha} \Leftrightarrow k^{\alpha} = f(k) \tag{8.2}$$

索洛模型的基本微分方程为 $\dot{k} = S \times f(k) - (n+\delta) \times K$，其中，$\dot{k}$ 是 k 对时间求导，即在某一时间点上人均资本的净增加额；$(n+\delta) \times K$ 为人均资本的有效折旧率。当 $S \times f(k^*) = (n+\delta) \times k^*$ 时，经济达到稳定，人均数量的 k，y，c 都不增长。索洛模型指出，是技术进步而不是储蓄行为、政府政策最终影响长期增长率，若没有技术进步，经济将不会继续增长。

索洛认为技术进步是长期经济增长的决定性因素，但在其理论模型中，技术进步是一个外生的变量，这就造成了其理论的不合理性；其假设规模报酬不变是不符合现实的。

8.2.3　比较优势理论

纽约大学 Jan Eeckhout 和 Jovanovic Boyan 研究认为，处于高收入阶段的国家，在技术密集型产业上既有比较优势，又拥有先进的技术水平和创新能力，通过对外输出技术类的高附加值产品，进而获得国际市场份额；处于低收入阶段的国家，劳动力、资源等生产要素成本低，在劳动密集型产业上具有比较优势，通过对外输出低附加值产品，进入国际市场获益；而处在两者之间的中等收入阶段的国家，既不具有生产要素成本的优势，又缺乏技术创新等，难以获得国际市场的竞争优势[4]。

8.2.4　"均衡陷阱"理论

蔡昉认为"中等收入陷阱"的理论主要来源于"均衡陷阱"论。他指出："'陷阱'在经济学中用来表示一种超稳定的经济状态，即一般的短期内外力不足以改变的均衡。在特定的经济发展阶段，若是推动人均收入一次性提高的因素不具有可持续性，不足以改变传统的均衡状态，就会有其他因素将其作用抵消，把人均收入拉回到本来的水平，使这个经济体在此收入水平徘徊不前。"也就是说：如果一个经济体长期处于某种状态，即使受到某种外力的推动，可能会改变原来的状态，但最终会被一种内在的力量拉回到原来的均衡状态，使整个经济体难以借助外力发展，而是长期处于一种稳定的状态[5]。

8.3　落入"中等收入陷阱"原因

根据人均 GDP 的不同，将经济体划分为跨越"中等收入陷阱"和未跨越"中等收入陷阱"两类，从而国内外学术界通过对经历"中等收入陷阱"国家的经济社会特征比较分析，归纳出未能跨越"中等收入陷阱"的原因。

8.3.1　未跨越陷阱的经济体

Eichengreen[6]提到"中等收入陷阱"在人均 GDP 达到一个确定的阈值后，人均 GDP 的增长显著减弱。此阈值 2015 年为 12000～18000 美元［购买力平价（purchasing power parity，PPP）］。图 8.1 所示是不同国家和地区 1970 年和 2016 年人均 GDP 对比情况。

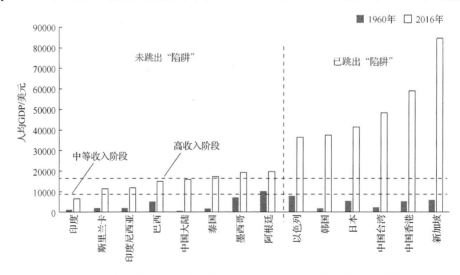

图 8.1　不同国家和地区的人均 GDP（$PPP，2016 年不变价）对比

资料来源：世界银行、国际货币基金组织、世界大型企业联合会。

以色列、韩国、日本、中国台湾、中国香港和新加坡均已跨越了"中等收入陷阱"。研究发现，提升劳动生产率是避免落入"中等收入陷阱"的关键。这些国家和地区推动经济增长的动力已经由初期的劳动力和投资，转型为全要素生产率。相反，转型不成功的巴西、墨西哥、印度尼西亚和泰国等，其经济增长动力还没有发生转变，致使人均GDP 增速放缓（表 8.2），陷入"中等收入陷阱"之中。

表 8.2　主要国家和地区人均 GDP 及增速

指标	国家和地区	1977年	1987年	1988年	1993年	1994年	1998年	1999年	2001年	2008年	2010年	2012年	2014年	2015年	2016年
人均GDP/美元（现价）	中国大陆	185	252	284	377	473	829	873	1053	3471	4561	6338	7684	8069	8123
	韩国	1051	3511	4686	8741	10206	8085	10409	11253	20431	22087	24359	27811	27105	27539
	日本	6303	20594	24880	35866	39269	31903	36027	33846	39339	44508	48603	38096	34474	38894
	以色列	3983	8120	9881	12531	13830	19400	19137	20306	29657	30662	32570	37583	35729	37293
	新加坡	2846	7531	8902	18302	21578	21824	21796	21577	39721	46570	54431	56336	53630	52961
	中国台湾	2623	5325	6337	11201	12109	12787	13768	13399	18103	19262	21270	22639	22358	22497
人均GDP增速/%	中国大陆	6.1	9.9	9.5	12.6	11.8	6.8	6.7	7.6	9.1	10.1	7.3	6.8	6.4	6.1
	韩国	10.1	11.2	10.6	5.3	7.7	-6.4	9.9	3.8	2.1	6.0	1.8	2.9	2.2	2.4
	日本	3.4	3.6	6.7	-0.1	0.5	-1.4	-0.4	0.2	-1.1	4.2	1.7	0.5	1.3	1.1
	以色列	-2.2	5.5	0.3	2.8	4.2	1.9	1.1	-2.1	1.2	3.6	0.5	1.2	0.5	2.0
	新加坡	6.0	9.1	8.3	8.8	7.5	-5.5	5.3	-3.6	-3.5	13.2	1.4	2.2	0.7	0.7
	中国台湾	8.1	15.0	3.5	5.8	6.6	3.33	5.9	-1.8	0.4	10.4	1.7	3.8	0.5	1.2

资料来源：世界银行；中国台湾人均 GDP 的数据来源于国际货币基金组织；中国台湾人均 GDP 增速的数据来源于 Conference Board。

20 世纪 50 年代，韩国人均 GDP 不足 100 美元，但 60～70 年代韩国抓住了西方发达国家转移劳动密集型产业的机遇，加速发展经济，到了 80 年代，韩国产业转型为知识密集型产业。20 世纪 90 年代，韩国加大了对高新技术产业的支持力度，同时加大研发投入。韩国将创新视为成功跨越"中等收入陷阱"的决定性因素，在 1999 年人均 GDP 超过 10000 美元。韩国的经济增长潜力源于拥有丰富的受过教育且技术娴熟的劳动力资源。

如此快速的增长并非只有韩国，日本在 20 世纪五六十年代、中国台湾在 20 世纪六七十年代也经历了快速增长，但是，在"中等收入转型"中大多数国家和地区经济结构转换滞后，一直徘徊在中等收入水平线上；只有少数国家和地区（如日本、韩国、新加坡，以及中国的台湾、香港）实现转型并进入高收入国家或地区行列[7]。新加坡和以色列的发展速度相当，而日本比韩国早 10 年进入了中等收入阶段，1985 年左右人均 GDP 突破 1 万美元，成功进入发达国家行列。

为了比较跨越和陷入"中等收入陷阱"的国家及地区在不同的经济发展时期的产业情况，分析跨越和陷入"中等收入陷阱"的经验与原因，将其进行归类整理，如表 8.3 所示。

表 8.3　跨越"中等收入陷阱"国家和地区的相关情况比较

国家和地区	年份	中等收入支柱产业	年份	上中等收入支柱产业	年份	高收入支柱产业	历时/年
韩国	1977	服装制鞋等劳动力密集型产业	1988	低端电子消费品和汽车组装产业	1995	存储器、手机和数字电视	8
日本	1966	机械行业等重工业	1973	电子计算机、宇航设备等知识密集型产业	1985	文化和服务为主的第三产业	12
以色列	1960	高科技、高附加值的精密工业	1973	高端电子信息产业	1990	制药、生命科学以及环保等新兴产业	17
新加坡	1971	高增值制成品	1979	电子、光学和航空工程	1990	主要工业品出口	11
中国台湾	1960	劳动密集型产业和出口加工	1978	钢铁、造船、石化工业等资本技术密集型重化工业	1993	工业和服务业	15

资料来源：根据世界银行和各国的政府官网整理。

注：中等收入是指人均 GDP 达到 1000 美元（现价），上中等收入是指人均 GDP 达到 3000 美元（现价），高收入是指人均 GDP 达到 10000 美元（现价）。

每个国家在经济发展的同时，产业发展重点也在不断转变。综合来看，均有从劳动密集型产业向制造业、知识密集型产业再到高技术新兴产业发展的特点。以色列由于自然资源的匮乏，很难发展劳动密集型产业，取而代之的是发展高技术的精密产业。可见，以色列的发展比其他国家超前。产业的发展规律和前面提到的专利技术循环周期的规律相吻合。

8.3.2　未跨越陷阱原因分析

成功跨越"中等收入陷阱"的国家经验较多，未曾跨越的国家，教训也各种各样，但是根据国内外学者研究的结果，可以总结出类似的特点。

1. 政府和政策不稳定

政府作为社会秩序和经济秩序的管理者，政府的强大对社会和经济的稳定具有保障作用。政府强大主要体现在以下六方面：反应及时、高效决策、强力执行、实事求是、解决问题和敢于纠偏。政府的支持主要体现在政府的宏观调控、完善社会福利、制定相应的政策等。

一些发展中国家，由于缺乏对经济转型所需的制度及对人力资本、技术创新等公共扶持政策，政府的公共投入与分配缺乏目标，导致公共投资效率低下，财政预算失控，造成政府债台高筑，并最终导致通货膨胀，严重阻碍国家经济社会发展。

拉美地区的收入分配的制度保障劳动者享有最低的工资保障和社会福利，但随着政府的不断更替，一些保障政策难以持续，而且这些福利只适用于城市正规部门的劳动者，几乎没有扩展到非正式部门和农村地区。巴西 20 世纪 90 年代实施的"新自由主义"改革，开放市场导致进口严重冲击了民族工业，造成了"去工业化"问题。2003 年上台的左翼政府出于抵制"新自由主义"的本能，为保护民族工业和经济独立自主，又开始逐渐提高关税，出现走"进口替代"回头路的趋势。因此，政府干预要适度，市场经济的健康发展，在于市场自发调节和政府宏观调控相结合。阿根廷 1930 年的军事政变毁坏了国家的民主化进程和政党制度。在此后的半个多世纪，阿根廷经常发生军事政变，政府更迭多达 25 次，具有各种倾向的军人政府和文人政府交替执政，但没有一次政府交替是在民主框架内完成的，也就很少实施真正意义上的经济改革。不健全的民主政治体制和频繁的政府更替会影响政府政策的连贯性，从而造成了公众对政府的可信度的怀疑，还会影响政府、企业、个人消费者的行为。这不仅损害了投资环境，而且削弱了国内外投资者的信心。

成功跨越"中等收入陷阱"的国家在这方面做得较好。日本、韩国有健全高效的法律体系和分权制度，新加坡拥有科学缜密的法制体系[8]。日本在跨越中等收入的时期（20 世纪 60~80 年代），很大程度上得益于日本政府制定的相对完善的经济产业发展政策，被称为"日本株式会社"的通商产业省（现在的经济产业省）发挥了重要作用。通商产业省制定日本的对外贸易政策、协调国内产业政策和外贸政策之间的关系，其主要是政府干预国内经济活动的核心机构。随后，日本将主要科研方向先后对准了电子、电气、化工、钢铁和汽车等领域，直至今日，这些领域仍是日本经济最主要的支柱性产业。日本的"国民收入倍增计划"避免了收入差距扩大，对农地改革、最低工资制、教育政策等民生问题都做出了战略举措，建立了健全的社会保障和福利体系。

韩国跨越"中等收入陷阱"，首先进行了一些彻底的经济结构调整，政府在这个过程中起到了重要作用。首先，政府削减了韩国财阀的权力，果断砍掉了没有竞争力的国有企业，同时大胆地扶持一些有增长潜力的新兴企业和私营企业等。其次，韩国注重大力发展知识经济，寻找新的经济增长点。1997 年亚洲金融危机以后，韩国大力发展知识经济、高端服务业经济等。进入 21 世纪，为应对日益激烈的国际科技竞争格局，韩国政府又提出"第二次科技立国"战略，加大对研发的投入力度。同时，韩国政府立下目标，将韩国打造成为 IT 产业的强国。

新加坡在经济方面主张开放与法治，靠增加罢工难度等来创造较好的投资环境，并由政府体系主导推动经济每经过十年就转型一次。在社会保障方面，新加坡通过建立"有产社会"的方式保持社会的基本稳定，尤其是组屋制度基本上让每户居民都能够买到一套住房，配合几乎涵盖社会各方面的强积金制度，使国民自食其力而又有基本保障。新加坡奉行精英治国的理念，以市场导向、理顺公务员薪酬等机制，提供精细和专业化服务，使之成为一个法治、稳定而有效的有产社会。同时，又实施有限度的民主，反腐败，任人唯贤，以保障社会公平正义。

2. 技术创新能力不足

随着经济发展不断成熟，一些发展中国家在进入中等收入阶段后，原有依赖低成本低技术含量的产品优势逐步消失，受制于本国的研发能力和逐步上升的人力成本，相比低收入国家在成本优势上缺乏竞争力，而与高收入国家的中高端领域竞争能力不足，造成了经济增长失去原有的动力、停滞不前。但有些国家在追赶过程中通过模仿国外技术获得一定的成效，而随着人均收入水平不断提高，光靠从国外获取技术的途径很难满足日益增长的国内创新需求，同时又受到人力资本和高端市场研发能力的限制，造成了创新技术匮乏等发展短板。中等收入国家缺乏持续的经济增长动力，进而抑制这些国家成功跨越"中等收入陷阱"。

技术创新能力不足主要体现在研发投入（表 8.4）、科研人员的数量（表 8.5）、接受高等教育的人数的比例（表 8.6）、研发成果（主要考虑专利授权量）（表 8.7）等方面。

表 8.4　国家研发投入占 GDP 的比例　　　　　（单位：%）

国家	2000 年	2004 年	2005 年	2006 年	2007 年	2008 年	2009 年	2010 年	2011 年	2012 年	2013 年	2014 年	2015 年	2018 年
韩国	2.18	2.53	2.63	2.83	3.01	3.14	3.30	3.45	3.75	4.02	4.15	4.28	4.23	4.81
日本	2.90	3.03	3.18	3.28	3.34	3.34	3.23	3.14	3.25	3.21	3.32	3.40	3.28	3.26
以色列	3.93	3.87	4.04	4.13	4.41	4.33	4.12	3.94	4.02	4.16	4.14	4.29	4.27	4.95
新加坡	1.82	2.10	2.16	2.13	2.34	2.62	2.16	2.02	2.15	2.01	2.01	2.20	2.08	
中国	0.90	1.21	1.31	1.37	1.37	1.44	1.66	1.71	1.78	1.91	1.99	2.02	2.07	2.18
马来西亚	0.47	0.60		0.61		0.79	1.01	1.04	1.03	1.09		1.26	1.30	
阿根廷	0.44	0.40	0.42	0.45	0.46	0.47	0.59	0.56	0.57	0.64	0.62	0.59	0.62	
印度	0.74	0.74	0.81	0.80	0.81	0.87	0.84	0.82	0.83			0.63		0.65
泰国	0.24	0.24	0.22	0.23	0.20	0.20	0.23		0.36		0.44	0.48	0.63	
巴西	1.00	0.96	1.00	0.99	1.08	1.13	1.12	1.16	1.14	1.13	1.20	1.17	1.34	

资料来源：世界银行。

表 8.5　每 100 万人中研发技术人员的数量

国家	2000 年	2005 年	2006 年	2007 年	2008 年	2009 年	2010 年	2011 年	2012 年	2013 年	2014 年	2015 年
韩国	458.9	551.9	585.3	716.3	811.6	912.6	968.8	1051.5	1163.4	1167.7	1241.3	1224.9
日本	628.0	564.9	581.1	589.5	593.2	587.4	587.9	564.6	517.8	519.2	542.8	527.8
以色列								1298.1	997.6			
新加坡	347.1	528.2	519.4	500.8	587.6	548.8	461.0	464.8	462.3	458.4	452.2	
马来西亚	39.3		43.4		68.4	71.5	129.9	157.9	161.2		208.4	129.7
阿根廷	157.5	199.0	206.0	193.4	204.0	225.7	246.1	271.1	304.3	318.8	318.8	
印度	85.5	92.5					100.9					95.5
泰国		159.7		142.6		225.9		169.1			193.3	243.4
巴西	336.4	460.9	480.0	508.7	537.9	591.6	644.7					

资料来源：世界银行数据库。

表 8.6　高等院校入学率占总人数的比重　（单位：%）

国家	2001年	2005年	2006年	2007年	2008年	2009年	2010年	2011年	2012年	2013年	2014年	2015年	2016年
韩国	76.7	91.7	97.0	101.9	104.0	104.2	102.8	100.5	96.6	94.4	93.4	93.3	
日本	48.4	54.3	56.2	56.9	56.9	57.3	58.1	60.1	61.4	62.1	62.9	63.2	
以色列	49.5	58.1	57.7	60.5	59.8	62.5		65.8	67.8	66.3	66.2	64.7	64.2
中国	7.6	18.8	20.0	20.5	20.7	22.4	24.1	25.3	28.0	31.5	41.3	45.4	48.4
马来西亚											36.9	42.4	44.1
阿根廷	53.2	63.8	66.8	66.4	68.1	70.5	73.9	77.5	79.0	80.0	82.9	85.7	
印度	9.6	10.7	11.5	13.2	15.1	16.1	17.9	22.9	24.4	23.9	25.5	26.9	26.9
泰国	34.8	44.5	44.8	49.0	48.7	49.4	50.4	52.3	50.7	49.8	50.2	45.9	
巴西		26.0		30.8	35.6	37.0		43.5	45.2	46.4	49.3	50.6	

资料来源：世界银行数据库。

表 8.7　不同国家 USPTO 授予数量（1981～2015 年）　（单位：件）

国家	1978年	1981年	1985年	1990年	1995年	2000年	2005年	2010年	2011年	2012年	2013年	2014年	2015年
韩国	13	17	41	225	1161	3314	4351	11671	12262	13233	14548	16469	17924
日本	6912	8389	12746	19525	21764	31295	30340	44813	46139	50677	51919	53848	52409
以色列	101	124	179	299	384	783	924	1819	1981	2474	3012	3472	3628
新加坡	2	4	9	12	53	218	346	603	647	810	797	946	966
中国	0	2	1	42	62	118	402	2655	3174	4637	5928	7236	8116
巴西	24	23	30	41	63	98	77	175	215	196	254	334	323
阿根廷	21	25	11	17	31	54	24	45	49	63	75	71	66
墨西哥	24	42	32	32	40	76	80	101	90	122	155	172	172

资料来源：USPTO. Calendar Year Patent Statistics Reports[R]. (2019-06-15) [2019-7-20].https://www.uspto.gov/web/offices/ac/ido/oeip/taf/reports.html。

　　马来西亚主要由于研发投入不足，从而造成企业自主创新动力匮乏，其研发经费投入与专利授予数量均远远低于其他亚洲新兴工业化国家，如韩国和日本。在依靠科技创新实现产业结构转型升级时也遇到了科研人才不足的问题，据世界银行统计，2011 年居住和工作在国外的马来西亚人口约 150 万人，占马来西亚总人口的 5.3%，而且这些人中绝大多数是接受过高等教育的技术和专业工人。

　　教育质量低使拉美地区劳动力存在技能短缺和技能不匹配等问题，尤其在汽车工业和机械制造业等领域问题突出。

　　韩国和日本跨越"中等收入陷阱"的经验表明，依靠科技创新推动产业升级是根本原因[9]。日本、韩国是最典型的肯为教育投入的国家。早在 20 世纪 50 年代，日本为增强民众素质相继出台了多项政策和法规，并加大政府对教育的投入。韩国第一次义务教育的计划始于 1954 年，重点是小学教育，到了 20 世纪 70 年代，开始加强职业技术中学教育，为重化工发展服务。之后，随着高新技术的兴起，开始关注高等教育。综上所述，在出现每一次大的产业结构调整时，韩国均把人的素质提升放到重要位置上。这也就是为什么韩国只用了 8 年的时间就从中高收入阶段进入高收入阶段的最主要原因，是跨越"中等收入陷阱"最快的国家。

就技术投入而言，日本、韩国对研发的投入水平远高于世界其他国家（表 8.4），2015 年韩国研发投入占 GDP 的 4.23%，位居全球第二。2016 年韩国政府还将针对国家战略技术开发、中长期创新领域技术强化、新产业发展等多项科学技术领域展开大规模投资。研发的高投资带来了可观的效果，日本、韩国每年的专利数量远高于亚太其他国家。从中高收入阶段到高收入阶段期间，日本累计授权专利数量为 286977 项，韩国为 31391 项。

专利数量随时间变化的趋势可以作为反映技术发展、判断技术创新的指标。从美国专利及商标局（United States Patent and Trademark Office，USPTO）数据库中部分国家或地区每年在美国获得的专利数量（表 8.7）可以看出，韩国和日本的专利授予量在 2010 年前，不在一个数量级上。到了 21 世纪 10 年代，韩国专利数量开始大幅度增长。以色列和新加坡专利数量相对较少，原因在于国家的体量较小、专利范围受限，数量也就有限。可见，排除一些体量小的原因，这些经济体的专利授权数量均逐年增长。

3. 资源分配不恰当

生产要素分配不当造成的经济增速波动较大、经济发展模式与当前的经济阶段不适应是陷入"中等收入陷阱"的另一个因素。一些传统上依赖产品出口的资源密集型、劳动密集型国家在进入中等收入阶段后，没有及时调整产品的生产结构，导致产品出口大幅减少，经济增长大幅减速。

20 世纪 20 年代以后，多数拉美国家进行了土地改革，但改革并不成功。据拉丁美洲农业发展委员会的数据显示，1966 年多数拉美国家的大部分土地仍受大地主控制，智利、秘鲁占比最高，均高达 80% 以上；阿根廷占比最低，但仍高达 37%。绝大多数的拉美农民所持有的土地不足以养活一家人，导致了大量农民涌入城市，造成了城市收入差距扩大，形成了拉美典型的"贫困的城市化"。另外，传统的计划经济体制也是造成要素资源错配的主要原因。从实施计划经济体制的国家看，资本、劳动力、技术等大量资源集中在政府手中，政府为了要实现经济的赶超，统一将手中的资源配置到各个重工业部门，但这种配置方式阻碍了生产，也造成了生产的低效率和低活力，难以满足国内日益扩大的需求。尤其是在进入中等收入阶段后，此配置方式的弊端凸显导致经济增长动力不足，最终陷入"中等收入陷阱"[10]。

韩国为了跨越"中等收入陷阱"，首先进行了透彻的经济结构调整。新加坡于 20 世纪 60 年代开始每 10 年转型一次，分别经历了劳动密集型、资本密集型、知识密集型、知识产权密集型到如今的以知识为基础的新经济。与此相对应的是新加坡企业在产业链上不断向上游延伸，尤其是在物流、海事和金融等领域，其精致的作风造就了相当强的竞争力。20 世纪 60 年代，确定了发展工业的方向；80 年代，提出"经济战略重组"，通过在韩国、美国、日本等国设立办事处来吸引投资，重点发展高科技产品；90 年代后，以科学技能和科学知识为基础，发展成为以外贸、机械、物流、服务和旅游为支柱产业的经济体。

4. 收入分配不合理

世界银行《2006 年世界发展报告》指出，收入分配不平等从发展中国家在人力资本市场、信贷等领域的市场失灵和经济发展不平等加大对制度影响，这两个方面制约经济增长。而且，政治、经济与社会的不平等常存在自我复制，从而带来"不平等陷阱"。如 20 世纪 70 年代，一些拉美国家在进入中等收入阶段后，基尼系数高达 0.44～0.66，到 90 年代末，巴西的基尼系数仍高达 0.64。这些国家贫富差距过大，引发激烈的社会动荡、社会严重分化，阻碍经济发展。

拉美国家是世界上收入水平差距最大的区域，各国的基尼系数都在 0.45 以上，最富有群体的平均收入是最贫穷群体的 20 多倍。其中，巴西和玻利维亚的基尼系数较高，达到了 0.61；阿根廷的基尼系数较低，但也达到了 0.53，均远高于 OECD 国家的平均水平（0.35）[10]。其他陷入"中等收入陷阱"的经济体也同样面临收入差距过大等现象。20 世纪 80 年代中期，马来西亚的基尼系数仅为 0.45 左右，但 20 世纪 90 年代后始终保持在 0.5 以上。显然，从发展中国家的发展历程看，居民收入差距过大既会造成国内居民消费不足，又会因此引发一系列的社会问题，不利于经济社会的健康、稳定发展。2015 年拉美地区国家财富分配差距较发达国家高 65%，比亚洲国家高 36%。

跨越"中等收入陷阱"的国家具有一个庞大的中产阶级（middle class）[11]。中产阶级加速改善了一个国家的政治、经济和社会环境。同样，中等收入国家是世界经济增长的主要驱动力。中等收入国家对其余的国家在驱使贫困的减少、国际贸易、知识和资源的转换等方面就有正向的溢出作用。人们普遍认为，中产阶级规模较大的国家之所以经济增长更快，是因为中产阶级孕育了企业家，鼓励了人力资本和资金的积累，带来了市场多元化和扩张，并有助于更好地管理。"中等收入陷阱"产生的原因中，最主要的是政策，其次是收入。Ozturk[11]通过实证的结果显示，中产阶级收入份额每增加 1%，中产阶级收入水平上升的概率就会增加 4.95 倍。与其他关键因素相比，增加中产阶级被证明是避免落入"中等收入陷阱"的一种非常有效的方法。

新加坡经济的崛起关键是造就了一个庞大的中产阶层。其通过政府主导推动社会迅速向消费社会转型，由政府主动进行社会改革，为人民提供保障；同时，通过市场的培育和企业结构的调整，尤其是发达的中小企业群体，让大多数人都能得到体面的工资，收入分配也较平衡。其中，政府负责的社会保障和企业提供的工资性收入，是造就中产阶层的重要条件。

5. 城市化与工业化的推进不协调

一些国家在城市化进程中，由于推进速度与工业化进程不协调，大量农村人口无序涌入城市，这些劳动人口由于受教育不足，缺乏稳定的收入来源，不仅没有发挥填补城市空缺劳动力的作用，反而成为城市的贫困阶层，导致社会矛盾加剧，严重制约产业升级，影响城市经济活力，进一步加剧了社会的不稳定性。如巴西 1960 年城市化率仅为46.1%，1990 年的城市化率急速上升到 73.1%，超过同一时期美国的城市化率（69.9%），到 2017 年更是上升到 86.3%，而美国只有 82%。2000 年，巴西工业产值占 GDP 比重为23%，2017 年下降为 18.5%；制造业占比则从 13.1%降至 10%；而同时期的巴西初级产品出口比重则从 29.8%提升至 49.3%。城市化的过度发展已与本国的工业化水平严重脱节，亚太经济合作组织报告显示，拉美国家超过一半的劳动力分散在城市从事着服务性工作，由此导致诸如城市贫民窟、失业率居高不下、社会治安恶化、黑社会势力猖獗等"城市病"问题，使拉美国家经济增长缓慢。

　　由此可见，东亚和拉美国家在跨越"中等收入陷阱"过程中，主要存在以下几方面的问题（表 8.8）。

表 8.8　跨越和陷入"中等收入陷阱"的经验和原因

因素	跨越"中等收入陷阱"的国家	陷入"中等收入陷阱"的国家
中等收入群体占比	日本、韩国的比重为 40%～50%	巴西、阿根廷仅为 15%～20%
城市化发展	城市更加包容与高效，城市经济也更具活力	城市无法提供大量高收入的工业和服务业工作岗位
法制和人治	日本、韩国有健全高效的法律体系和分权制度，新加坡拥有科学缜密的法制体系	拉美经济体腐败现象严重，经济发展易受政府随意性干扰
教育水平	日本、韩国 2008～2014 年受大学教育占中学适龄人口比重为 98.4%，日本为 61.5%	马来西亚、泰国的教育储备不足，而且高等教育与实际需要不匹配。马来西亚受大学教育占中学适龄人口比重只有 37.2%
技术投入	日本、韩国对研发的投入远高于世界各国，专利授权数远高于其他亚太国家	马来西亚、泰国的研发投入很低，甚至低于低收入国家的水平，致使全要素生产率长期较低

　　资料来源：根据 OECD 报告整理。

　　一是中等收入群体的比重低。其中，东亚地区的日本、韩国中等收入群体比重为40%～50%，而拉美地区的巴西、阿根廷仅为 15%～20%。

　　二是城市化发展畸形、效率低下。巴西和阿根廷虽然将人口吸引到城市，主要原因是农村缺少基本的现代教育和医疗服务，而城市又无法提供大量高收入的工业和服务业工作岗位，导致许多城市充斥着贫民窟、交通堵塞等城市病，抑制了城市经济生产力，而日本、韩国的城市更加包容与高效，城市经济也更具活力。

　　三是法制缺乏和人治造成腐败严重。日本、韩国具有一套健全高效的法律体系和分权制度，当经济快速发展过程中出现收入差距增大情况时，能够保证每个人获得收入的机会平等。然而，拉美经济体缺少一套客观公正的运行机制，腐败现象严重，经济发展易受政府随意性干扰。

　　四是人的因素注重不够。在每一次出现大的结构调整时，只有把人的素质提升放在重要位置，才能为经济增长储备人才、加大技术投入和服务创新制度建设。但是这些在陷入"中等收入陷阱"的国家如泰国和马来西亚等，没有做到。

五是技术的投入不足。马来西亚、泰国等国，在研发方面普遍投入很低，甚至低于低收入国家的水平，致使全要素生产率长期较低。

综上所述，对于已经跨越和长期陷入"中等收入陷阱"的国家及地区，通过研究其经济发展的道路，可以得出以下经验：政府应适时地调整政策、发展中产阶层、完善社会福利，以提供保障、培养人才、技术革新、产业转型。总之，对于跨越"中等收入陷阱"的国家及地区，在强大的政府的支持下，走了一条正确的道路，通过勤劳人民的努力提高了生产效率，从而创造出了财富，同时还应该有自主的货币。

参 考 文 献

[1] 乐文睿，肯尼，穆尔曼. 中国创新的挑战：跨越中等收入陷阱[M]. 北京：北京大学出版社，2016.

[2] 韩军. 揭秘以色列科技创新的 DNA[R/OL]. (2019-08-15) [2019-05-01]. http://news.sciencenet.cn/sbhtmlnews/2019/8/348720.shtm?id=348720.

[3] 约瑟夫·熊彼特. 经济发展理论[M]. 何畏，易家详，等译. 北京：商务印书馆，2000.

[4] 汪涛，赵彦云. 中国能否跨越中等收入陷阱？：基于国际竞争力视角[J]. 经济与管理研究，2014（9）5-15.

[5] 蔡昉. 中国经济面临的转折及其对发展和改革的挑战[J]. 中国社会科学，2007（3）：4-12, 203.

[6] EICHENGREEN B, PARK D, SHIN K. Growth slowdowns redux: new evidence on the middle-income trap[R]. Cambridge: NBER, 2013.

[7] 李月，周密. 跨越中等收入陷阱研究的文献综述[J]. 经济理论与经济管理，2012（9）：64-72.

[8] 马远之. 中等收入陷阱的挑战与镜鉴[M]. 广州：广东人民出版社，2015.

[9] 陈亮. 中国跨越"中等收入陷阱"的开放创新：从比较优势向竞争优势转变[J]. 马克思主义研究，2011（3）：50-61.

[10] 刘世锦. 刘世锦：中国经济面临的真实挑战与战略选择[J]. 财经界，2011（13）：60-62.

[11] OZTURK A. Examining the economic growth and the middle-income trap from the perspective of the middle class[J]. International Business Review, 2016, 25: 726-738.

第9章 中国跨越"中等收入陷阱"的技术条件

绿色创新对经济增长的作用,不仅要进行实证检验,同时需要对其作用机理进行研究,对两者关系进行全面认识。

9.1 中国绿色创新与经济增长的实证

由于中国各区域经济发展水平和能源消费方式存在巨大差异,因此,需要将中国各区域的绿色创新、环境影响、经济增长作为研究对象。

9.1.1 变量来源与数据说明

为了研究绿色创新对经济增长的影响,我们选取了五大类指标用于体现绿色创新水平,具体见表9.1。

表9.1 绿色创新指标及含义

指标	测量指标	单位
经济变量	GDP	亿元
创新变量	新产品销售收入	万元
	R&D 的经费支出	万元
	从事科技活动人员数量	人年
	专利授予数量	件
绿色变量	绿地面积	公顷
	从事水利、城市环境、公共服务人数	人
	公园面积	公顷
能源变量	能源消费	万吨标煤
环境污染变量	工业二氧化硫排放量	万吨
	工业废水排放量	吨
	工业烟(粉)尘排放量	吨
	化石燃料二氧化碳排放量	万吨

数据来自 2006~2017 年《中国统计年鉴》《中国城市统计年鉴》《中国科技统计年鉴》《中国国内生产总值核算历史资料(1952—2004)》和《中国能源统计年鉴》的原始数据或计算所得。

对于有多个测算指标的变量,采用熵值法进行综合评判。

9.1.2 面板单位根检验

对时间序列进行平稳性检验,以避免伪回归的产生。面板单位根的检验和单位根的检验一致。本节用 ADF 来检验中有常数项无时间趋势项,具体检验形式如下:

$$\Delta X_t = \alpha + \gamma X_{t-1} + \sum_{i=1}^{m} \beta_i X_{t-1} + \varepsilon_t \tag{9.1}$$

另外,为了消除异方差,对实证检验中的变量取自然对数。单位根检验结果见表 9.2。

表 9.2 单位根检验的结果

指标	ADF	临界值 1%	临界值 5%	p 值	平稳性
lngdp	0.788	−4.38	−3.6	1	不平稳
Dlngdp	−13.861	−4.38	−3.6	0	平稳
lnenergy	1.091	−4.38	−3.6	1	不平稳
Dlnenergy	−0.029	−4.38	−3.6	0.9938	平稳
lnrd	0.544	−4.38	−3.6	0.9756	不平稳
Dlnrd	−0.251	−4.38	−3.6	0.9906	平稳
lngreen	−1.983	−4.38	−3.6	0.6106	不平稳
Dlngreen	−1.335	−4.38	−3.6	0.8791	平稳
$lnCO_2$	1.186	−4.38	−3.6	1	不平稳
$DlnCO_2$	−0.037	−4.38	−3.6	0.9671	平稳

由表 9.2 可知,变量的序列水平值都不稳定,即存在单位根,而各自的差分值的面板单位根检验显示这两个变量的序列均平稳。因此,下面可以对区域的经济增长与能源消费量等变量进行协整检验。

9.1.3 面板协整检验与变量误差修正模型

协整检验是验证各稳定序列间是否具备长期关系的一种手段,只有各变量同阶单整时才可能具备协整关系[1]。似然比检验方法适用于多变量协整关系的检验。建立 VAR 模型,并采用该方法分析经济增长与绿色创新四要素之间是否存在长期均衡关系。协整检验后需要做变量误差修正,变量误差修正模型(ECM)的主要作用在于通过建立短期动态模型来弥补长期模型的不足,增强模型的精度。

通过对 VAR 模型的求解得到协整检验结果:经济增长与能源消费、R&D 人员数量、绿地面积、专利授权数量和碳排放量之间存在协整关系,因此可以用 Eviews7.2 软件建立误差修正模型(ECM),结果见表 9.3。

表 9.3 误差修正的结果

变量	系数值	标准误差	z	$P>z$	95%Conf	Interval
lngdp	1	.	.			
lnenergy	−3.289942	0.332687	9.89	0	−2.637888	3.941996
lnpatent	0.1805	0.015549	−11.61	0	0.21097	−0.15003

变量	系数值	标准误差	z	$P>z$	95%Conf	Interval
lnrd	0.107954	0.036848	2.93	0.003	0.035733	0.180176
lngreen	0.22061	0.016721	−13.19	0	0.25338	−0.18783
$lnCO_2$	−2.77305	0.27691	−10.01	0	−3.31579	−2.23032
_trend	−0.09797	.	.	.	.	.
_cons	−11.0194	.	.	.	.	.

由表 9.3 可知，绿色创新与经济增长之间存在长期协整关系，经济增长与能源消费、二氧化碳排放具有负相关关系，而与专利授权数量、绿地面积和 R&D 人员的数量呈现正相关关系。由此可知，能源消费量、二氧化碳排放量的增多对经济增长具有抑制作用；绿地面积、专利授权数量及 R&D 人员数量的增多对经济增长具有促进作用。

绿色创新各要素的外部冲击会给经济增长带来不同程度与方向的波动性影响。能源消费量、二氧化碳排放量的冲击对经济增长的负向影响具有一定的滞后性；二氧化碳排放量对经济增长波动的影响程度最高，其次为专利授权量与能源消费量。

根据实证结果，可以得出发达区域的单位能源产出相对较高，应保证满足一定能源消费的情况下，加速实施节能减排和产业结构的调整策略，继续提高能源利用效率。对于其他区域，应逐步调整产业结构，使经济增长与节能减排同时进行，此外还应不断提高能源利用率。

9.2　绿色创新对经济增长的机理分析

根据《现代汉语大词典》的定义：机理是事物变化的理由和道理，包括形成要素和形成要素之间的关系。绿色创新通过驱动经济发展方式的转变，为经济增长提供可持续的动力。绿色创新驱动经济增长的本质是内生增长理论；其动力是比较优势理论；保障则是依靠政府和政策。

9.2.1　绿色创新驱动经济增长的本质——内生增长理论

保罗·罗默提出了内生经济增长模型，他认为知识和技术的研发是经济增长的动力。他将社会生产分为研究部门、中间生产部门和最终生产部门。除了资本和劳动力两个生产要素以外，还加入了人力资本和技术水平。最终产出是劳动力、物质资本和用于最终产品生产的技术。

罗默模型是在理论上第一次把技术进步作为内生变量的增长模型，比较系统地分析了知识与技术对经济增长的促进作用。在长期经济增长中，人力资本决定经济增长，即人力资本存量越大，其生产率越高，经济增长越快。罗默模型的一个重要贡献是解决了创新产生的外部性所导致的递增的规模经济效应。在存在外部性的情况下，递增的规模收益便可以得到理解。

相对于中国当前绿色技术发展水平，发达国家提供给中国的技术都是相对成熟的，但并不是当今最先进的。所以,中国要实现经济持续增长,不能依赖外生技术,而是要依靠内生增长动力,提升核心竞争力。中国发达区域,如上海和广东作为主要的沿海经济发达城市,其高新技术产业发展位居中国前列;北京作为中国的首都,聚集了丰富的人力、技术和知识资源,形成了以高新技术产业和服务业为主的支柱性产业结构;天津借助与北京相接壤的地理优势,高新技术产业发展较快。从碳排放方面来看,中国的优化开发区域由于应用大量节能减排技术,碳排放有的已达峰。相比其他区域,中国的发达地区已具有内生增长动力。

9.2.2 绿色创新驱动经济增长的动力——竞争优势

竞争优势是指国家相对于其他国家所具有的可持续的发展优势。竞争优势理论是由迈克尔·波特提出的,竞争优势包括优势资源、高新技术、产业升级模式和环境可持续性等。迈克尔·波特指出:"国际中欠发达的国家由于缺乏完善的簇群,只能依靠自然资源和廉价的劳动力参与国际市场的竞争。对于中等收入想要发展成发达国家,簇群是非常重要的制约因素。"

当前,中国区域协调发展战略进入了新阶段,建立了以城市群、经济带为引领和支撑的区域发展的格局。京津冀城市群是我国创新资源最密集、创新潜力最大的区域,各自比较优势突出。

不可否认的是,京津冀区域内的经济发展水平还有一定差距,2016 年河北省人均GDP 为 42736 元,仅为北京的 37.3%、天津的 37.1%。京津冀所处的工业化阶段也不相同:北京、天津已进入后工业化阶段,而河北省处于工业化中期阶段(表 9.4)。

表 9.4 工业化阶段标志值及我国各省市所处阶段

基本指标	前工业化阶段	工业化初期	工业化中期	工业化后期	后工业化阶段
人均 GDP	827~1654	1654~3308	3308~6615	6615~12398	12398 以上
三产产值比	$A>I$	$A>20\%$, $A<I$	$A<20\%$, $I>S$	$A<10\%$, $I>S$	$A<10\%$, $I<S$
制造业增加值占总商品部门增加值比重/%	20 以下	20~40	40~50	50~60	60 以上
城镇化率/%	30 以下	30~50	50~60	60~75	75 以上
我国各省市所处阶段			后半段:四川、青海、宁夏、广西、山西、黑龙江。前半段:西藏、新疆、甘肃、海南、云南及贵州	后半段:浙江、江苏、广东、辽宁、福建、重庆和山东。前半段:湖北、内蒙古、吉林、河北、江西、湖南、陕西、安徽、河南	北京、上海、天津

资料来源:黄群慧,李芳芳,2017. 中国工业化进程报告(1995—2015)[M]. 北京:社会科学文献出版社.

但是,经过四年多的区域协同发展,三大重点领域均取得成效。津保、张唐铁路建成通车,京张高铁及京唐城际、京滨城际、首都国际机场至北京大兴国际机场城际铁路联络线等重大轨道交通项目都在抓紧建设;2016 年京津冀 $PM_{2.5}$ 平均浓度比 2013 年下降约 33%；现代汽车沧州第四工厂建成投产，张北云计算产业基地、沧州渤海新区生物医药产业园等一批产业对接合作项目积极建设，从而形成了相对于中国其他区域的竞争优势。同时，中国的其他区域也在向这些具备竞争优势的区域学习，不断提升自己的竞争优势，逐渐实现其在国际市场中的竞争优势。

9.3　中国跨越"中等收入陷阱"的基础和挑战

根据实证检验结果可以得出结论，中国在跨越"中等收入陷阱"中所具备的基础和面对的挑战。

9.3.1　专利技术循环周期的概念

一项专利在产生的同时，大量的信息也被创立了。在这些信息里，专利技术的引用很重要，一般来说，如果专利 A 引用了专利 B，说明专利 A 的技术是建立在专利 B 的基础上的，从而可知专利 A 的技术在一定程度上可以取代专利 B。简而言之，最新的专利会在前人专利的基础上进行创新，从而将旧专利取代，可用专利技术循环周期表示。

专利技术循环周期是从专利获得申请到开始被其他专利引用之间的时间差，是指旧技术被淘汰的速度，以及新技术产生的速度。技术循环周期的计算方法称为平均反向引用（mean backward citation）[2]。一般认为，在经济体处于快速发展阶段时，技术循环周期越短，说明技术创新建立在最新的发明和技术成果之上，该经济体的创新能力越强[3]。当经济体达到了一定的技术成熟度时，技术循环周期会逐渐加长，表明技术达到了成熟之后，才发展长循环周期的技术。

9.3.2　技术循环周期计算

本节选择专利数据为研究对象，数据来源于 USPTO，时间跨度为 1979～2015 年，对象是中国大陆、韩国、日本和我国台湾的企业或个人在 USPTO 申请专利的引用信息。

在专利首页，专利申请人有义务说明其发明是基于哪些现有申请专利技术之上的，而且每一项专利不会只引用一项专利，且也不止引用本国的专利。基于准确性原则，在计算之前对数据进行筛选。笔者认为一个国家的技术只有在本国中取代了另一项技术才能证明其具有创新能力，所以以在选取申请专利时引用最早的中国专利数据作为计算时间差的依据。具体做法如下：

参考 Lee[4]的计算方法，采用全面搜索的功能搜索在某年中国申请且引用本国专利的实用型专利。具体的计算方法为：①在专利信息首页上找到该专利引用的最早中国专利；②计算时间差，即被引用专利授予的年份减去该专利申请的年份；③筛选异常值，即去掉时间差超出 20 年（专利保护期）及时间差少于 1 年的专利数据，因为这些数据会影响平均值的准确性；④计算这些年所有专利的平均值，得到每年的技术循环周期。韩国、中国台湾和日本的计算方法类似，纵坐标表示技术循环周期，按时间序列绘成折线图，最后通过移动平均法对数据进行修正（图 9.1）。

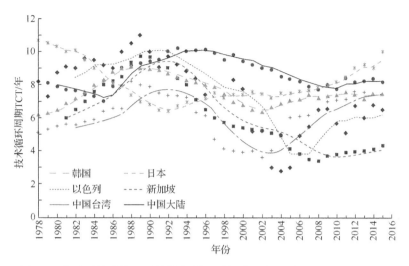

图 9.1　移动平均法修正后的技术循环周期时间序列图（1978～2015 年）

资料来源：利用 USPTO 数据库计算所得。

由图 9.1 可知，1978～1985 年中国大陆的专利数量出现下降，其原因为 1985 年之前专利的申请量都少于 5 件甚至没有，所以造成了当时循环周期的不稳定。此后专利的申请量逐渐增多，专利的技术循环周期逐渐稳定。从 1978 年中国大陆专利制度创立，专利申请件数用了 15 年的时间突破 100 万件，在此阶段对创新的要求不是很高，只要模仿创新就可以，而且信息更新速度较慢，所以专利申请量增多而技术循环周期变长。自 20 世纪 90 年代初，中国的技术循环周期开始朝着短周期技术发展，21 世纪初技术循环周期达 7～8 年。这是因为 2009 年中国企业进行《专利合作条约》（*Patent Cooperation Treaty*，PCT）专利申请数居世界首位，知识产权的影响迅速扩大，中国由制造大国向创新大国转变。随着中国企业知识产权意识增强，PCT 专利申请的数量迅速增加。

韩国从 1988 年达到中等收入水平后仅仅用了 8 年时间跨越了"中等收入陷阱"，在 1995 年正式达到发达国家水平，是所有跨越"中等收入陷阱"的国家中最快的国家。20 世纪 60 年代韩国经济向劳动力密集型产业发展，出现长周期的趋势。20 世纪 70～80 年代，转移到中短周期的低端电子消费品和汽车组装产业，随后开始转移到短周期的电子通信设备行业，在 20 世纪 90 年代转移到存储器、手机和数字电视等周期更短的行业。当韩国在 21 世纪初达到发达国家水平后，成为更加成熟的经济体，技术循环周期开始朝着相反的长周期发展。

1973 年日本人均 GDP 接近 3000 美元，达到中等收入水平，1985 年突破 1 万美元成为高收入国家，历时 12 年。新加坡 1979 年人均 GDP 超过 3000 美元，到 1990 年突破 1 万美元，历时 11 年；以色列 1973 年人均 GDP 超过 3000 美元，到 1990 年超过 1 万美元，历时 17 年；中国台湾 1978 年人均 GDP 超过 3000 美元，到 1993 年突破 1 万美元，历时 15 年。作者认为，某项技术从萌芽到成熟，更新速度先快后慢，即技术循环周期遵循先短后长的规律；随着创新力度加大，技术循环周期开始缩短；从长周期向短周期转换的节点称为技术拐点。随着新技术的不断涌现，技术循环周期又开始重复以上的过程。社会进步就是这样不断地循环往复螺旋式上升。但是，技术拐点不会再上升到前一阶段的最高值。因为科学技术不断进步，科技更新速度不断加快，很难再出现经济水平较低时的那样长的循环周期。

文献[5]到文献[7]对短周期行业的发展规律及追赶者在其行业发展情况进一步验证，认为具有发展潜力的中等收入国家在短技术周期领域具有相对优势。这是因为短周期技术意味着现有的主导地位往往是暂时的，不久就会出现新技术提供更高的增长前景。

这些跨越"中等收入陷阱"的经济体的技术循环周期符合长、短、长的规律，即在向中等收入阶段迈进的过程中，专利技术循环周期增长，随后由中等收入迈向高收入过程中，专利技术循环周期不断缩短，最后当发展到高收入水平后，专利技术循环周期再次增长，由此可以认为此规律具有一定的适用性。

为了更充分地说明中国是否有能力跨越"中等收入陷阱"，在 MATLAB 中选用高斯三阶拟合逐步回归的方法，横轴上的数据表示人均 GDP，纵轴上的数据表示专利的技术循环周期，建立韩国、日本、新加坡、中国台湾和以色列的拟合曲线（图 9.2），观察这些国家和地区的发展轨迹。图 9.2 中的各项回归系数的显著性水平小于 0.05，表明建立的回归方程是有效的。

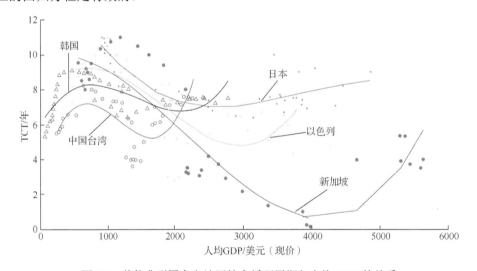

图 9.2 　其他典型国家和地区技术循环周期与人均 GDP 的关系

由图 9.2 可见，韩国、新加坡和以色列在低收入阶段时技术循环周期不断加长，当人均 GDP 达到 3000 美元后，技术循环周期开始波动缩短。日本早于这些国家近 10 年达到中等收入水平。对比韩国和中国的技术循环周期与人均 GDP 的历史趋势可发现，跨越"中等收入陷阱"的国家在跳出阶段，其技术循环周期和中国现阶段的趋势是一致的，只是在低收入到下中等收入阶段的趋势略有不同，韩国波动的趋势较平稳一些，中国人均 GDP 在韩国 10 年前的技术周期趋势类似，如果中国继续沿着创新的道路前进，按照其他国家经验跨越"中等收入陷阱"指日可待。由此可见，从专利视角看我国的创新能力,可以认为我国具备了跨越"中等收入陷阱"的能力。

9.3.3　不同技术领域专利

首先,为了表明专利技术周期趋势的变化情况,需要探究当时各国产业结构变化情况。各国产业产值占 GDP 比例,见表 9.5。

表 9.5　各国产业占 GDP 比例情况表　　　　　　（单位：%）

指标	国家	1978 年	1981 年	1985 年	1990 年	1995 年	2000 年	2005 年	2010 年	2014 年	2015 年	2016 年
农业占 GDP 的比重	日本	3.8	2.9	2.7	2.1	1.7	1.5	1.1	1.1	1.1	1.1	
	韩国	22.2	16.7	13.0	8.4	5.9	4.4	3.1	2.5	2.3	2.3	2.2
	新加坡	1.7	1.5	1.0	0.3	0.2	0.1	0.1	0.0	0.0	0.0	0.0
	以色列					2.0	1.4	1.8	1.7	1.3	1.3	1.3
工业占 GDP 的比重	日本	38.2	38.5	37.5	37.4	34.7	32.7	30.1	28.5	27.9	28.9	
	韩国	33.4	34.5	37.2	39.6	39.5	38.1	37.5	38.3	38.1	38.3	38.6
	新加坡	34.4	37.2	34.4	32.7	33.9	34.9	32.4	27.7	25.6	26.2	26.2
	以色列					26.2	24.7	23.0	22.9	22.0	21.0	20.8
服务业占 GDP 的比重	日本	58.0	58.6	59.8	60.6	63.6	65.8	68.8	70.4	71.0	70.0	
	韩国	44.3	48.8	49.7	51.9	54.6	57.5	59.4	59.3	59.6	59.4	59.2
	新加坡	63.9	61.2	64.6	67.0	65.9	65.0	67.5	72.3	74.3	73.8	73.8
	以色列					71.9	73.9	75.2	75.4	76.7	77.7	77.9
制造业占 GDP 的比重	日本		26.6	27.0	25.5	23.6	22.5	21.6	20.9	19.9	20.5	
	韩国	23.4	24.1	26.6	27.3	27.8	29.0	28.3	30.7	30.2	29.8	29.3
	新加坡	24.2	26.7	20.9	25.6	25.7	27.7	27.8	21.4	18.9	19.5	19.6
	以色列					17.0	17.9	16.2	15.5	13.6	13.1	13.0

资料来源：世界银行数据库。

从表 9.5 中可见,韩国、日本和新加坡等国的服务业产值占 GDP 比例均较高,尤其是新加坡服务业占 GDP 的比例超过 70%。但是制造业可以体现一个国家的生产力水平,故不能减少其占 GDP 的比例。从表 9.5 中可以看出,这些国家对制造业的重视程度很高,占了工业的大部分,也是制造业的发展推动了经济体的繁荣,同时多数的专利也都产生于制造业。近年来,随着绿色发展逐渐成为每个经济体持续发展的必备之选,在制造业中关注节能环保成为专利研发的重头。韩国、日本、新加坡及以色列,在节能环保方面的成果也是有目共睹的。尤其是以色列,在国家资源匮乏的条件下,通过不断创新发展,发展成为高收入国家,其发展的经验是那些资源禀赋较好的国家改进和学习的榜样。

从联合国工业发展组织［United Nations Industrial Development Organization（UNIDO）］发布的工业发展报告发现，高收入国家在制造业和高技术产业的发展方面有绝对的技术和人才优势，可以通过将自然资源向高技术产业转移来实现制造业的结构转变，但是发展中国家制造业的增长还是主要依赖自然资源。从中可见，制造业根本上是一个国家经济增长的核心，只是高收入国家和发展中国家在制造业的类型上存在着很大的差距。因此，技术的使用和溢出效应在发展中国家具有很大的提升空间。

工业的多样性和复杂性是加速增长的驱动力。基于 UNIDO 的产业成熟度与人均GDP 的关系，将此结果由图像进行表示（图9.3）。

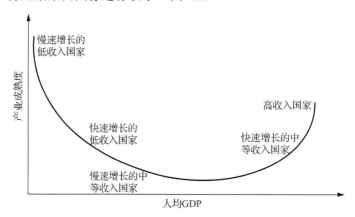

图 9.3　专业化、产业多样性和人均国内生产总值 U 形曲线

资料来源：联合国工业发展组织工业发展报告。

快速增长的低收入国家丰富了制造业的基础，提高了制造业的成熟度水平，主要途径是增加了低成熟度和高成熟度产品的生产强度。同样，在快速增长的中等收入国家，其将生产转向更为精密的产品方向，而将低成熟度产品的生产降到全球平均水平，与此同时其机械行业的生产强度已经提升到全球水平的 60% 左右。它们在电子产品的生产上同样维持着较强的生产强度。相比之下，发展缓慢的中低收入国家的情况则相反。它们在机械和电子产品方面远远落后于成功的中等收入国家，这也是其陷入"中等收入陷阱"的原因。

从家庭消费耐用品的普及程度，进一步分析技术循环周期问题，如图 9.4 所示。当奢侈品变成大多数家庭能够负担得起的必需品时，这被称为"大众化"。成功工业品的显著特点是在所有家庭和全球各区域实现产品的广泛普及。大多数产品的普及遵循传统 S 形模式：起初，仅少数人采用新产品，但是很快普及率开始呈上升趋势，越来越多的家庭开始采用该产品。随后，普及率开始下降，因为还未采用该产品的家庭越来越少，最终 S 形曲线达到其渐近线，该产品已成为大众产品。但是，有些产品会被其他高技术产品替代，从而使使用人数下降或消失。这正符合了技术的循环周期的变化趋势。

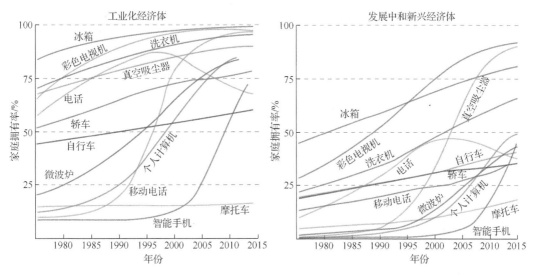

图 9.4　家庭消费的耐久品以越来越快的速度在世界不同区域之间普及

资料来源：联合国工业发展组织工业发展报告。

9.3.4　全球创新指数

杜塔教授 2007 年在欧洲工商管理学院启动以全球创新指数（global innovation index，GII）衡量创新的项目；GII[8]基于两个子指标：创新投入子指标和创新产出子指标，创新投入子指标又包括制度、人力资本与研究、基础设施、市场成熟度和商业成熟度五大支柱；创新产出子指标包括知识和技术产出，以及创意产出。

为了说明中国在创新方面已经具有与跨越"中等收入陷阱"的能力，列举了 2017 年和 2010 年部分跨越"中等收入陷阱"国家及地区和部分中等收入国家及地区 GII 中一级指标的数据（表 9.6）。

表 9.6　2017 年和 2011 年不同经济体的 GII 比较

类别	经济体	全球创新指数		制度		人力资本与研究		基础设施		市场成熟度		商业成熟度		知识和技术产出		创意产出	
		2017年	2011年	2017年	2011年	2017年	2011年	2017年	2011年	2017年	2011年	2017年	2011年	2017年	2011年	2017年	2011年
发达国家	美国	61.4	56.6	86.2	86.5	57.2	57.4	61	44.6	83.4	70.9	56.4	54.8	54.4	57.4	53.5	43.2
	德国	58.4	54.9	83.5	83.5	60.1	57.5	61.5	43.2	60	59.3	51.4	51.6	51.5	49.8	55.9	51.7
跨越陷阱的国家及地区	韩国	57.7	53.7	74.5	77.4	66.2	59.9	63.4	48.2	61.6	61.8	51.1	49.8	54.7	53.7	49.4	42.2
	日本	54.7	50.3	87.4	83.8	56.7	53.7	64.3	45.4	64.3	57.9	54.5	55.9	47.1	49.8	40.8	32.8
	以色列	53.9	54	67.9	72.1	56.5	69.8	57.8	38.4	61.5	58.6	61.5	56.8	49.6	57.5	43.9	40.4
	新加坡	58.7	59.6	94.4	90.4	63.7	74.7	69.1	47.6	71.2	78.7	62.9	79.1	47.3	48.9	42.9	41.4
	中国香港	53.9	58.8	92.7	92.8	47.7	48.4	68.4	53.9	74.8	87	51.5	66.9	36.2	38.1	45.4	57.6

续表

类别	经济体	全球创新指数		制度		人力资本与研究		基础设施		市场成熟度		商业成熟度		知识和技术产出		创意产出	
		2017年	2011年	2017年	2011年	2017年	2011年	2017年	2011年	2017年	2011年	2017年	2011年	2017年	2011年	2017年	2011年
中等收入国家及地区	中国	52.5	46.4	54.8	51.7	49.2	39.9	87.9	35.4	54.7	54.1	54.5	49.3	56.4	52.7	45.3	40.9
	巴西	33.1	37.7	51.8	54.1	35.9	33.9	48.3	32.2	44.2	35.7	37.2	41.5	18.9	25.2	26.6	46.9
	阿根廷	32	35.4	46.4	51.1	42.6	37.2	46.6	31.5	37.7	28.3	33.6	38.3	17.6	23.5	27.6	43.4
	墨西哥	35.8	30.4	58.5	58.6	33.7	34.7	49.7	27.0	50.0	37.2	30.8	29.9	21.5	16.7	32.6	30.1
	马来西亚	42.7	44.1	67	70.5	41.9	43.5	52.4	30.1	57.6	62.1	35.7	58.5	31.7	30.4	37.3	39.9
	印度	35.5	34.5	51.4	52.3	32.3	26.9	44.1	27.7	51.9	44.6	34.6	30.8	30.3	24.8	25.9	40.3
	泰国	37.6	37.6	55.8	61.5	30.8	31.0	45.0	25.0	51.2	49.0	31.8	50.2	29.8	23.9	34.6	39.9
	斯里兰卡	29.9	30.4	45.5	53.2	18.6	27.2	47.3	26.6	42.2	29.7	28.0	29.3	21.0	20.9	25.8	34.1

资料来源：根据康奈尔大学、欧洲工商管理学院和世界知识产权组织数据整理。

　　由表 9.6 可见，中国内地已经与中国香港的 GII 非常接近了。根据创新指数的报告可以看出，在 2015 年以来，中国是 GII 排名前 25 的第一个中等收入经济体；到 2016年，中国的创新质量排名上升到了第 17 位，缩小了与高等收入国家的差距，而且中国与美国在其他创新投入和产出指标方面的差距，尤其是研发支出的差距在逐渐地缩短。但在制度、人力资本与研究、基础设施及创意产出等分指标上，除了制度这一主观指标相对于其他国家有一些劣势外，其他方面的差距都正在迅速缩小。中国的各个分指标均远优于其他中等收入经济体，说明我国处于中等收入经济体当中，与高收入经济体整体上还存在较大差距，但是这一差距在缩小。这是其他中等收入经济体不能匹敌的。可见中国的创新实力正在紧随高等收入国家的脚步，快速增强。

　　由表 9.7 可见，中国 GII 的得分和排名在逐年提高，其中知识和技术产出及创新效率比等方面排在世界的前 5 位，在国际上均有一定优势，充分说明中国的创新投入产出已经较高。但是，从世界的角度看，中国在制度方面还有一定的欠缺，具体体现在制度指标中监管环境下的三级指标——遣散费用和带薪周数，这两个指标的值均位于世界的后几位。由此可以说明，中国在劳动力遣散和待遇、吸引人才、支持中小企业和吸引海外资金等方面需要进一步加强。同时，根据 GII 指标解析出来的结论可以为中国的下一步发展，以及相关政策的制定指明方向。中国已经意识到了这方面的缺陷，也正在不断地改善营商环境，随着中国改革的进一步深入，制度的弊端也将逐渐被克服。

表 9.7 中国的 GII 得分及排名

年份	全球创新指数		创新产出分类指数		创新输入指数		创新效率比		制度		人力资本与研究		基础设施		市场成熟度		商业成熟度		知识和技术产出		创意产出	
	得分	排名	得分	排名	得分	排名	得分	排名	得分	排名	得分	排名	得分	排名	得分	排名	得分	排名	得分	排名	得分	排名
2016	52.5	22	50.9	11	54.2	31	0.9	3	54.8	78	49.2	25	87.9	27	54.7	28	54.5	9	56.4	4	45.3	26
2015	50.6	25	48.0	15	53.1	29	0.9	7	55.2	79	48.1	29	52.0	36	56.6	21	53.8	7	53.3	6	42.7	30
2014	47.5	29	46.6	21	48.4	41	1	6	54.0	91	43.1	31	50.5	32	49.2	59	44.9	31	58	3	35.1	54
2013	46.6	29	47.3	16	45.8	45	1	2	48.3	114	43.4	32	45.0	39	50.5	54	41.8	32	59	2	35.7	59
2012	44.7	35	44.1	25	45.2	46	1	14	48.3	113	40.6	36	39.8	44	54.2	35	42.9	33	56.4	2	31.9	96
2011	45.4	34	48.1	19	42.7	55	1.1	1	39.1	121	31.4	84	44.3	39	47.8	35	50.9	28	61.8	5	34.4	56
2010	46.4	29	46.8	14	46.1	43	1	3	51.7	98	39.9	56	35.4	33	54.1	26	49.3	29	52.7	9	40.9	35

资料来源：根据康奈尔大学、欧洲工商管理学院和世界知识产权组织的数据整理。

中国 2016 年的 GII 相当于韩国 2010 年的水平。可见，中国有实力上升到高等收入阶段的这一结论与前面依据专利技术循环周期得出的结论一致，即与跨越"中等收入陷阱"的国家及地区具有相似的增长趋势，从而验证了专利技术循环周期所说明的中国具有跨越"中等收入陷阱"的创新能力的结论。而且通过 GII 可见，中国创新能力近些年不断提升，在基础设施、商业成熟度、知识和技术产出及创意产出等方面可以与高等收入国家及地区匹敌。

9.4 推动绿色创新动力因素

9.4.1 驱动因素

1. 经济因素

企业以追求经济利益为目标，而在绿色低碳发展的国际趋势下，绿色竞争力日渐重要，因此，经济成为推动绿色创新的驱动力。经济因素与经济发展阶段、经济增长水平及经济结构等相关。绿色技术的创新离不开研发经费和人力资本的投资，良好的经济发展为此提供基础。随着经济的不断发展，人类需求也会越来越多，并且呈现多元化，人类对环境和健康的要求不断提高，绿色技术渐渐被广泛接受，研发和利用绿色技术的企业逐渐增多。为了保持竞争力，企业会持续进行绿色创新。节能减排是经济发展达到一定阶段，转变增长方式的内在需要，且提高人均收入水平是节能减排政策实施的重要条件之一。产业结构是经济结构中重要的影响因素，第二产业的占比对环境影响重大。有效的经济手段能够改变企业对绿色技术的接受程度，张金艳等[9]研究发现，碳税在增加企业成本的同时也会通过影响产业结构带动经济增长。

2. 自然灾害和健康因素

温室气体导致的全球变暖，对人类健康、生活环境均产生影响，并表现在以下几个方面：一是会对人类健康产生影响，温度升高将会增加疾病传播的风险，加大相关疾病的发病率和病死率；二是会对生态系统造成损害，这也将造成沿海资源的损失，并降低渔业和水产养殖的生产率；三是会减少粮食产量，全球变暖预计将导致玉米、大米、小麦和潜在的其他谷类作物产量减少，尤其是在撒哈拉以南的非洲、东南亚、中美洲和南美洲；四是引起高温热浪和高强度降水等事件发生频率和强度变大，极端天气的影响将比想象得更为严重。极端天气的区域性明显，全球变暖已经成为常态，对于本身热浪事件发生频率较高的南方来说，这只会加剧对人类的影响。水富足的地区降水较多，而水贫乏地区降水较少，因此会导致泥石流、水土流失、山洪及干旱等自然灾害。为解决此类灾害问题，应严格控制温室气体排放，对企业碳排放进行严格控制，采取措施激励企业进行绿色创新。

3. 公众环境意识

绿色低碳发展已成为国际共识，人们对于经济发展所导致的环境问题认识不断加深。杨发明等[10]研究表明，社会公众环境意识薄弱导致我国绿色技术扩散缓慢，并且社会公众意识还严重影响政府的执法力度。Li 等[11]的研究表明，购买绿色低碳产品意愿的差异与教育水平、收入情况和年龄均有关系。因此，政府应针对不同的目标群体制定不同的措施，以便消费者对绿色生活有更深刻的了解。例如，年轻人和老年人对待信息传播的方式并不一致，年轻人更愿意接受网络媒体的宣传，而老年人更加偏爱报纸和广播；在校园中，应该适当举办绿色、低碳生活的讲座或活动，使学生提高环保意识；在生活社区中，居委会应该积极举办绿色公益活动，使居民积极加入购买低碳产品的队伍中。总而言之，通过加强教育与宣传力度来提高消费者绿色意识，增加绿色消费者数量。

9.4.2　压力因素

1. 资源环境压力

我国在环境治理过程中投入大量资金，但是环境恶化仍然是一个严峻的问题，自然灾害发生频率较高。在我国东部，如广东、浙江、广西等地受自然灾害影响严重。造成气候变化的主要因素就是温室气体排放，尤其是二氧化碳，我国二氧化碳排放量居于世界首位，习近平总书记提出的"2030 年前实现碳排放达峰，2060 年前实现碳中和目标"是应对国内外压力所制定的高瞻远瞩的策略，也是从根上纾解环境压力的伟大举措。因此，必须采取强有力、全方位举措，拿出抓铁有痕的劲头来实施。

2. 技术压力

技术创新理论的奠基者 J. A. Chumpeter 所倡导的技术推动论、J. Schmookler 所提出的需求拉动论及 C. Freeman、D. Mowery 和 N. Rosenberg 提出的技术-市场双重驱动论等[12]，都是技术创新理论的重要组成部分。新技术的产生不仅可以提高能源效率，还可以减少污染物的排放，尤其是对于出口企业，进口国对于绿色技术标准严格要求，一种新的贸易壁垒——绿色贸易壁垒由此产生。在技术市场的推动下，绿色创新成为必然的选择，这些能力包括新产品和新工艺的研发能力。尽管在短时间内会降低企业盈利，但从长远角度来说,将会为企业提高名誉,增加企业竞争力。

3. 政府压力

自"波特假说"提出以来,许多学者开始研究环境规制对绿色创新的作用,但是其结果仍然存在争议。许多学者研究表明环境规制对绿色创新能够产生积极影响,企业为达到环境规制的目标,减少环境规制带来的成本,均会通过绿色创新来改进生产流程和工艺,因此实现了政府所期望的减少污染物排放的目的。但也有学者认为环境规制增加了企业生产成本,限制了企业生产活动,阻碍了企业正常经营活动,对企业创新产生了不利影响。但总体看,环境规制对绿色创新产生积极影响的结论居多,而且著名经济学家 Nordhaus[13]、Arrow 等[14]也赞同此观点,并呼吁,政府应该鼓励公众和公共机构对绿色技术进行投资。

4. 市场压力

市场对于绿色创新的拉动主要包含两个方面:一是需求拉动;二是竞争拉动。需求拉动是指只有市场上对产品和生产过程严格要求低碳环保时,市场才能够对绿色产品及工艺起到拉动作用,对绿色创新起到积极作用。随着互联网和交通的不断发展,这种市场需求不仅局限于国内,其与国际上的需求也是紧密联系的。市场竞争也有利于对绿色创新的拉动,只有在一定的市场竞争强度和相对公正的市场竞争机制的作用下,市场需求才能有效地转化为绿色创新的动力。绿色创新导致的市场竞争加速企业优胜劣汰,因此企业能够不断创新提升自己的绿色创新绩效,有效提高企业的绿色创新能力。

9.4.3 响应因素

推动创新需要多个主体的共同参与,包括中央政府、地方政府相关部门、国有企业、私营企业、媒体和公众等,其作用各有区别,且发挥着不可替代的作用(图 9.5)。

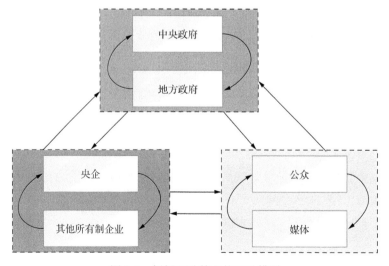

图 9.5 创新驱动的主体互动模型

1. 政府

我国的环境管理采用的是属地管理原则，中央和地方政府的权力（利）存在一定差异。中央政府承担的兑现国际承诺压力较大，需要将此释放到地方政府身上，使中央和地方政府拧成一股绳。地方政府是生态环境规制中最为关键的主体，对区域生态文明建设成效起着至关重要的作用。博弈研究中需要根据主体的不同利益诉求设计不同的策略方案，中央政府以全社会利益最大化为追求，其策略只有一条，即推进生态文明建设，监督地方政府行为。演化博弈研究关注利益主体之间策略的相互影响、相互作用，然而在自上而下的管理体制下，中央政府掌握管理的最高权限，其他主体的策略均难以影响中央政府的策略。因此政府部门，除中央政府外均存在上级部门的监管和同级部门的协作，可将政府部门的具体级别模糊设置，将部门之间的关系简化为只有上下级监管关系和同级部门之间的协作关系。国家提倡建设生态文明，提出包括绿色发展在内的新发展理念，并出台生态文明和绿色发展指标对地方政府进行考核，这种方法就是一种压力传递，政府不同级别和部门就能够发出同一声音，采用同样步调。

在绿色创新方面，政府发挥着关键引导作用。因为其带有部分公共物品属性，投资于此很难获得收益，所以政府要主动出力、出资，通过出台相应政策、制定技术标准等，对企业、公众形成积极影响。政府创造良好的营商环境，保护企业和消费者的利益，同时，政府对企业的环境影响进行监督，并实施严格的奖惩制度，对环境效益好的企业进行奖励，对影响环境并造成污染的企业进行惩罚，促使企业向有利于环境、可持续发展的方向努力，推动企业进行绿色创新。

2. 企业

企业是典型的理性经济人，最主要的诉求就是追求自身利益的最大化。因此，绿色环保并不是企业群体主要考虑的行为准则，往往只有当政策管制和市场选择影响到企业的市场收益时，才会促使企业主动选择向环境友好型发展。企业群体也追求社会的认可度，希望打造积极正面的品牌形象。当消费者的环境保护意识提升时，越来越多的企业也会关注自身的环境表现，甚至自主制定比政府要求更为严苛的技术标准和环境标准，进而促进整个行业的转型升级。

企业因为所有者不同，存在一些差异。国有企业要对政府负责，有保值增值国有资产的要求，而私营企业等没有此要求，只需要如实纳税，为公众提供合格产品。在应对气候变化国内外压力越来越大的时期，企业的作用越发突出，因为它们是应对气候变化、实现可持续发展的践行者和主力军，它们的理念和举措，尤其是大型企业和公司的引领和示范作用越来越重要。

无论国有企业还是私营企业，在政府绿色发展政策规制的压力和市场的大环境下，都是绿色创新的主体，是环境规制的主要对象，也是利益相关者，都是以自身利益为主，制定对应的行动策略。在这方面，国有企业和私营企业都是一致的，将二者简化为企业方。

3. 公众及媒体

公众是绿色创新的直接参与者,只要公众的观念和知识水平达到一定程度,对产品的环境影响有一定了解,就能够作为消费者和利益相关方拉动企业进行绿色创新。因此,国家应该积极鼓励公众进行学习和能力建设,在提升环境意识、学习环保知识、掌握一定技术的基础上,对企业进行监督,促使其不断提升质量,降低对环境的影响。公众的消费意识和消费行为能够引导企业的研发、生产和营销模式等的改变。

媒体包括新闻机构和非政府组织。充分发挥媒体和非政府组织的作用,站在中立、公平的角度监督政府、企业的行为,对不利于生态文明建设的行为予以曝光和批评监督,使社会环境更加透明,更有利于营商环境净化和绿色创新。

公众、媒体的行为对营造社会绿色发展氛围和建设生态文明有重要作用,同时他们还具有监督职能,公众可通过自媒体披露企业的不规范行为,非政府组织亦是如此,可自发宣传绿色行为及反映企业不利于绿色发展的行为。因此将公众、媒体统一简化为公众方,在演化博弈模型中,选择策略时,二者的立场是相同的。

在图 9.5 所列出的六主体中,核心是企业,但是政府尤其是地方政府的各职能部门,在我国目前的制度框架下,发挥的作用最为关键,为此,必须对这些处级领导给予更多关注,使其思想观念得到较大转变,更加务实地服务于各类企业和公众,并接受各界的监督,敢于担当,敢于创新服务方式。

9.5 绿色创新能力评价

党的十九大提出"创新是引领发展的第一动力,是建设现代化经济体系的战略支撑",提出到 2035 年"我国经济实力、科技实力将大幅跃升,跻身创新型国家前列"的目标。绿色创新能力的提升不仅有利于解决减排温室气体排放问题,在全球绿色发展趋势环境中增加国际竞争力,而且能够在世界绿色发展中占据领先优势。因此必须进一步对"绿色+创新"能力进行研究。

目前,由于绿色可持续方面涉及内容较多、情况较为复杂,还未形成一个普遍认可的指标体系。本节在构建绿色创新能力指标体系时,参考国家颁发的《绿色发展指标体系》《生态文明建设考核目标体系》等文件,与其不同的是,将专利授权量等能够表现创新产出的指标加入体系;并且借鉴有关学者们的创新能力指标体系,将绿色低碳融入指标体系中,形成新的指标体系。在绿色创新投入、绿色创新产出、绿色创新环境及绿色创新扩散四个方面对我国绿色创新能力进行测度,见表 9.8。之前学者在评价绿色创新能力时,关注重点只放在创新投入与创新产出上,并未对创新环境和创新扩散进行深入研究。

在创新投入方面,除了基本的人员投入和经费使用两个角度外,将环境资源消费和环境污染治理考虑其中,选取单位 GDP 能耗量、人均电力消费量及人均用水量作为衡量环境资源消费的指标,这些指标能够突出对环境的影响。在创新产出方面,不仅考虑经济产出（人均 GDP）和技术产出（每万人授权专利数）的"好产出"，也将创新过程产生的环境污染物作为"坏产出"纳入其中。创新环境体现了区域系统要素对区域开展创新活动的推动力，因此在创新环境方面考虑教育环境和生活环境两个角度，并依据此设置指标。区域的创新人员质量直接决定了区域的创新能力，而区域的教育经费直接影响了当地的教育水平及人才培养质量，故本节在创新环境方面充分考虑人员的受教育环境。绿色创新环境还应突出人类生活的环境，因此选取城市生活垃圾无害化处理率和森林覆盖率作为生态环境指标。绿色创新扩散是区域间进行合作的重要方式，是区域引进绿色技术或输出新技术的测量标准。区域对外部新技术的消化吸收能力及利用自身创新优势带动周边区域创新发展，是衡量区域创新能力的重要因素，因此本节在区域绿色创新能力评价体系中加入绿色创新扩散能力，使其成为衡量绿色创新能力的一个新维度。

表 9.8　绿色创新能力指标体系

目标层	准则层	指标层	单位
绿色创新能力	绿色创新投入	R&D 人员占就业人员比重	%
		R&D 经费支出占 GDP 比重	%
		高技术产业 R&D 经费内部支出占 GDP 比重	%
		工业污染治理完成投资额	万元
		单位 GDP 能耗量	标准煤/万元
		人均电力消费量	（千瓦·时）/人
		人均用水量	立方米/人
	绿色创新产出	人均 GDP	元
		第三产业增加值占 GDP 比重	%
		国外主要检索工具（SCI）收录我国科技论文数	篇
		每万人授权专利数	件/万人
		高技术产业收入占 GDP 比重	%
		单位 GDP 废水排放量	吨/万元
		单位 GDP 废气排放量	吨/万元
		单位 GDP 二氧化碳排放量	吨/万元
	绿色创新环境	研发机构个数	个
		教育经费支出占 GDP 比重	%
		每万人拥有高等学校个数	个/万人
		高等学校 R&D 人员全时当量	人年
		高等学校 R&D 经费内部支出	万元
		城市生活垃圾无害化处理率	%
		森林覆盖率	%
	绿色创新扩散	技术市场成交合同额占 GDP 比重	%
		国外技术引进合同金额	万美元
		高技术产品进出口贸易总额占 GDP 比重	%
		FDI 总额	万美元
		货物出口额	万美元

9.5.1　熵权 TOPSIS 法

熵权 TOPSIS 法是一种改进的评价方法，是将信息熵和 TOPSIS 两种方法结合，先运用熵权法确定各个指标的权重，然后再运用 TOPSIS 法对各个方案进行评价排序，最终得出结果。在信息论中，熵测量的是事物的不确定性。熵值法是对所选指标客观赋予权重的方法，其依据指标所提供信息的大小来对各项指标权重进行测量。指标信息量越大，说明其不确定性越小，熵相应越小，表现其系统结构越不均衡，差异系数越大，指标权重相应越大，反之亦然，故熵权法为多指标综合评价提供评分依据。反之，若信息熵越小，说明其无序性越高，能够提供的信息就越少，作用就越小，权重也就越小。TOPSIS 法是对已有的对象做出优劣评价，通过比较评价对象正负理想解的距离来进行排序，如果评价对象满足离正理想解最近，又满足离负理想解最远，则称其为最优解，反之为最差解。未改进的 TOPSIS 综合评价法，其指标具有相同的权重，因此无法区分指标之间的相对重要程度，具有一定局限性。熵值法能够将指标权重客观准确地表现出来，改善了传统 TOPSIS 法的不足。因此，将熵值法和 TOPSIS 法有效结合起来，是一种科学、可靠的综合评价方法。

（1）指标标准化

对指标采用极值法进行标准化，并将其分为正向指标与逆向指标处理，具体方法如下：

$$正向指标\ X_{ij} = \frac{x_{ij} - \min x_{ij}}{\max x_{ij} - \min x_{ij}} \begin{pmatrix} i = 1, 2, \cdots, n \\ j = 1, 2, \cdots, m \end{pmatrix} \tag{9.2}$$

$$逆向指标\ X_{ij} = \frac{\max x_{ij} - x_{ij}}{\max x_{ij} - \min x_{ij}} \begin{pmatrix} i = 1, 2, \cdots, n \\ j = 1, 2, \cdots, m \end{pmatrix} \tag{9.3}$$

式中，X_{ij} 为 j 地区第 i 指标标准化后的值；x_{ij} 为 j 地区第 i 指标的初始值。该指标体系中对单位 GDP 能耗量、人均电力消费量、单位 GDP 废水排放量、单位 GDP 废气排放量、单位 GDP 二氧化碳排放量这几个指标采用逆向指标标准化，其余指标均采用正向指标标准化处理。

（2）计算指标比重

计算 j 地区第 i 项指标的比重，其计算公式如下：

$$p_{ij} = \frac{X_{ij}}{\sum\limits_{i=1}^{n} X_{ij}} \begin{pmatrix} i = 1, 2, \cdots, n \\ j = 1, 2, \cdots, m \end{pmatrix} \tag{9.4}$$

（3）计算熵值

$$E_{ij} = -\frac{1}{\ln m} \left(\sum_{j=1}^{m} p_{ij} \ln p_{ij} \right) \begin{pmatrix} i = 1, 2, \cdots, n \\ j = 1, 2, \cdots, m \end{pmatrix} \tag{9.5}$$

（4）计算差异系数

$$D_{ij} = 1 - E_{ij} \begin{pmatrix} i = 1, 2, \cdots, n \\ j = 1, 2, \cdots, m \end{pmatrix} \tag{9.6}$$

（5）计算熵权

$$W_{ij} = \frac{D_j}{\sum\limits_{j=1}^{m} D_j} \begin{pmatrix} i=1,2,\cdots,n \\ j=1,2,\cdots,m \end{pmatrix}$$
（9.7）

9.5.2　TOPSIS 法的基本原理

TOPSIS 是一种多属性决策方法，主要对有限方案进行多目标评价和决策分析，1981年由 Hwang 和 Yoon 提出，也可称为逼近理想解的排序方法[15]。这种评价方法是根据评价方案与正、负理想解的距离来对方案进行排序。

（1）确定正、负理想解

$$F_{ij} = W_{ij} \times X_{ij} \begin{pmatrix} i=1,2,\cdots,n \\ j=1,2,\cdots,m \end{pmatrix}$$
（9.8）

$f_j^+ = \max f_{ij}$，故正理想解为 $f_+ = (f_{1+}, f_{2+}, f_{3+}, \cdots, f_{m+})$。

$f_j^- = \min f_{ij}$，故负理想解为 $f_- = (f_{1-}, f_{2-}, f_{3-}, \cdots, f_{m-})$。

（2）计算欧氏距离

$$正理想解\ S_i^+ = \sqrt{\sum\limits_{j=1}^{m} \left(f_{ij} - f_j^+\right)^2} \begin{pmatrix} i=1,2,\cdots,n \\ j=1,2,\cdots,m \end{pmatrix}$$
（9.9）

$$负理想解\ S_i^- = \sqrt{\sum\limits_{j=1}^{m} \left(f_{ij} - f_j^-\right)^2} \begin{pmatrix} i=1,2,\cdots,n \\ j=1,2,\cdots,m \end{pmatrix}$$
（9.10）

（3）计算各个对象与理想解的贴近程度 C 值

$$C_j = \frac{S_i^-}{S_i^- + S_i^+} \begin{pmatrix} i=1,2,\cdots,n \\ j=1,2,\cdots,m \end{pmatrix}$$
（9.11）

式中，C_j 介于 0～1，C_j 值越大，证明该区域绿色创新能力指数越贴近最理想值，其绿色创新力越高，绩效越好；反之，其绿色创新力越低，绩效越差，相对贴近度的大小顺序即被评价对象绿色创新能力的优劣排序。

9.5.3　我国创新能力的评价

根据区域绿色创新能力指标体系及评价模型，选取我国 30 个省区市作为评价对象，由于数据的不可获得性，对象选取时除去台湾、香港、澳门和西藏 4 个地区。运用熵权 TOPSIS 法对我国区域绿色创新能力进行测度，并且对各区域近几年绿色创新能力综合排名以及原因进行分析。数据来源于《中国统计年鉴》《中国科技统计年鉴》《中国能源统计年鉴》。单位 GDP 二氧化碳强度和单位 GDP 能源消费量根据《中国能源统计年鉴》数据计算而得。

表 9.9 为利用熵权 TOPSIS 法评价模型对我国 30 个省区市的绿色创新能力排名结果。可知，绿色创新能力排前 5 名的基本为沿海城市；而排倒数 5 名的依次为贵州、广西、青海、河北、新疆。绿色创新能力最强的为北京，最弱的为新疆，两者相差约 6.7

倍，体现了我国绿色创新能力的不均衡性。我国绿色创新能力的平均得分为 0.2028，全国只有 8 个省市的绿色创新能力高于全国平均水平。

表 9.9　2011～2016 年 30 个省区市绿色创新能力的综合评价

地区	综合得分	排名	地区	综合得分	排名
北京	0.5962	1	海南	0.1264	16
广东	0.5225	2	宁夏	0.1240	17
江苏	0.5069	3	黑龙江	0.1231	18
上海	0.4978	4	江西	0.1220	19
天津	0.3165	5	河南	0.1219	20
浙江	0.2996	6	吉林	0.1179	21
重庆	0.2412	7	甘肃	0.1155	22
山东	0.2367	8	内蒙古	0.1150	23
陕西	0.1911	9	云南	0.1141	24
福建	0.1863	10	山西	0.1126	25
辽宁	0.1790	11	贵州	0.1109	26
湖北	0.1754	12	广西	0.1089	27
四川	0.1655	13	青海	0.0999	28
安徽	0.1367	14	河北	0.9900	29
湖南	0.1307	15	新疆	0.0891	30

表 9.10 列出了利用评价模型计算我国 30 个省区市的绿色创新投入、绿色创新产出、绿色创新环境及绿色创新扩散 4 个分项的得分和排名结果。从中可见，绿色创新投入得分靠前地区分别为北京、广东和江苏；绿色创新产出得分靠前的地区为北京、江苏和上海；绿色创新环境得分较高的地区依次为北京、江苏和上海；绿色创新扩散得分较好的地区分别为北京、广东和上海。北京市在 4 个分项得分中都位居第一名，归因于北京是我国首都，其不论在政治经济还是文化交通都处于中心位置，此外，其雄厚的科技资源、密集的科技人员及较多的国际合作机会为学习成熟的低碳知识和绿色技术提供更多帮助，有助于北京提高自身绿色创新能力。

表 9.10　2011～2016 年 30 个省区市绿色创新能力的分项评价

地区	绿色创新投入得分	排名	绿色创新产出得分	排名	绿色创新环境得分	排名	绿色创新扩散得分	排名
北京	0.6137	1	0.8062	1	0.7613	1	0.5446	1
天津	0.4407	6	0.5196	4	0.3516	6	0.2141	6
河北	0.1953	18	0.1314	23	0.1681	29	0.0336	21
山西	0.2183	15	0.1245	26	0.2214	24	0.0274	24
内蒙古	0.1830	20	0.2063	14	0.1645	30	0.0188	28
辽宁	0.2238	14	0.2470	10	0.3432	8	0.1156	10
吉林	0.1356	26	0.1908	16	0.2582	20	0.0393	19
黑龙江	0.1677	22	0.1763	19	0.3019	12	0.0292	23
上海	0.4540	5	0.6396	3	0.4099	3	0.4907	3

地区	绿色创新投入得分	排名	绿色创新产出得分	排名	绿色创新环境得分	排名	绿色创新扩散得分	排名
江苏	0.5450	3	0.6740	2	0.4583	2	0.4724	4
浙江	0.4009	7	0.5165	5	0.3792	5	0.2024	7
安徽	0.2340	12	0.1979	15	0.2662	19	0.0480	16
福建	0.2610	11	0.2640	9	0.3000	13	0.1206	9
江西	0.1405	25	0.1585	21	0.2894	15	0.0408	18
山东	0.4679	4	0.3001	7	0.3101	11	0.1375	8
河南	0.2044	16	0.1630	20	0.2215	23	0.0590	14
湖北	0.2647	10	0.2274	12	0.3326	9	0.1306	12
湖南	0.2009	17	0.1860	17	0.2954	14	0.0333	22
广东	0.6047	2	0.4589	6	0.4090	4	0.5339	2
广西	0.1298	28	0.1305	25	0.2749	17	0.0248	25
海南	0.1292	29	0.1777	18	0.2666	18	0.0483	15
重庆	0.1528	23	0.2732	8	0.2379	22	0.2426	5
四川	0.2260	13	0.2253	13	0.3486	7	0.0825	13
贵州	0.1686	21	0.1306	24	0.2532	21	0.0085	30
云南	0.1527	24	0.1176	27	0.2805	16	0.0243	26
陕西	0.3210	8	0.2401	11	0.3243	10	0.1148	11
甘肃	0.1894	19	0.1330	22	0.2082	27	0.0480	17
青海	0.1283	30	0.1052	28	0.2127	25	0.0354	20
宁夏	0.2669	9	0.0984	30	0.2083	26	0.0106	29
新疆	0.1344	27	0.0998	29	0.2024	28	0.0190	27

由图 9.6 可知，绿色创新能力及各分指标得分中优化开发区域均高于非优化开发区域，说明其绿色创新能力好于非优化开发区域。优化开发区域综合得分是非优化开发区域的 2.68 倍，优化开发区域的绿色创新投入能力、产出能力、环境能力及扩散能力分别是非优化开发区域的 2.30 倍、2.76 倍、1.53 倍和 5.43 倍。产生这种差异的原因可归结于优化开发区域处于改革开放的前沿，拥有优秀的人才、成熟的技术及雄厚的资金，在吸收和消化国内外先进技术方面能力较强，其管理水平、生产机构及政策支持都处于国内领先水平，这些有利条件推动了该区域绿色创新能力的提升，而非优化开发区域经济较为落后，受到对外开放程度有所欠缺等因素的制约，导致该区域管理水平和技术创新能力有所落后，阻碍了其绿色创新能力的提高。

由于河北省绿色创新能力较低，在全国仅排名第 29 位，致使优化开发区域绿色创新能力整体略低。为使优化开发区域完成率先达峰目标，应更加重视河北省的绿色发展之路。邻近的北京和天津应为其给予人员培训和绿色技术援助，从而加快河北省绿色发展的速度。

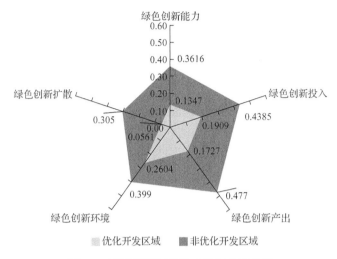

图 9.6　两类区域创新能力指标均值比较

　　北京市、广东省及江苏省在绿色创新投入方面位居前 3 名，优化开发区域的 R&D 人员数量和经费数量分别是非优化开发区域的 1.81 倍和 2.09 倍，优化开发区域在人力和财力方面优胜于非优化开发区域。这种差距可能是由于非优化开发区域基础创新要素薄弱、创新资源禀赋较差、创新环境闭塞所导致。优化开发区域的单位 GDP 能源消费量不足非优化开发区域的 1/6，2013 年以来，优化开发区域大大降低了对能源的消耗，从而提高其绿色创新能力。在绿色创新产出方面，北京市、江苏省及上海市位居前 3 名。专利授权数能够反映一个地区的创新成果数量，衡量地区的创新能力和创新水平。优化开发区域专利授权数量遥遥领先于非优化开发区域，体现了较强的创新能力。由图 9.7 可以看出，我国各省区市专利授权数都在大幅度提升；2010～2015 年，优化开发区域万人专利授权数年均增长率有明显放缓趋势，而非优化开发区域专利年增长率却进步较快。在创新过程中伴随着污染物的产生，污染物排放量是衡量一个地区绿色程度的指标，尽管我国二氧化碳排放量仍在增加，但增加速度明显下降，二氧化碳排放量有达峰趋势。

　　在绿色创新环境方面，排名前 3 位的依次为北京市、江苏省及上海市。教育为绿色创新提供所需要的人力资本，也是影响区域绿色创新能力的重要因素之一。优化开发区域教育经费支出占全国 42%，其中江苏省和浙江省的教育经费支出最高，表明其在对人才培养上给予高度重视。北京市的研发机构个数位居榜首，对其科研能力提升给予帮助，使其绿色创新能力大大提高。对生活环境的保护及治理更能体现该地区域政府和公民对绿色生活的渴望，江苏省和上海市在此方面最为成功，城市生活垃圾处理效果好，其垃圾无害化处理率均为 100%。

　　在绿色创新扩散方面，前 3 名为北京市、广东省及上海市。其中，北京市的技术市场成交合同额最高，体现了北京市在绿色创新发展过程中能够充分吸收其他地区优势资源来提高自身创新能力，并且带领周边其他区域绿色创新能力提升，是我国绿色创新能力提升的驱动力。

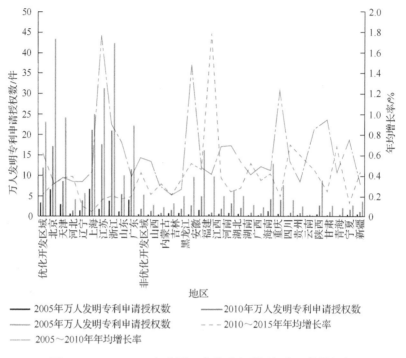

图 9.7　2005～2015 年我国万人发明专利授权数及其增长率

资料来源：世界银行。

　　区域绿色创新能力是衡量区域创新竞争实力的重要指标，也是促进区域经济发展的重要驱动力。以区域绿色创新能力评价指标体系为基础，运用熵权 TOPSIS 法计算我国优化开发区域与非优化开发区域的绿色创新能力。整体来说，优化开发区域绿色创新能力高于非优化开发区域。为完成优化开发区域率先达峰目标，我国优化开发区域应在提高自身绿色创新能力的同时，带动非优化开发区域提升绿色创新能力，减少二氧化碳等废弃物的产生，以实现我国二氧化碳达峰目标，完成党的十九大中提出的"建设生态文明家园"目标。

　　因此提出以下建议：

　　第一，合理配置创新资源。甘肃、内蒙古等地区由于资源配置的不合理，导致其绿色创新能力排名较靠后。因此对资源的合理配置不容忽视，并且应重点发展高附加值产业和绿色低碳产业，加大对绿色技术人员的培训和教育经费投入。绿色低碳发展已成为未来生活的主流，绿色低碳技术也越来越具有竞争力，增加绿色产业可以提高我国产业国际竞争力，从而带动我国经济增长。绿色创新需要经费的支持，建立一个绿色投融资体系尤为重要，可以引导民间资金进入绿色创新行业，进而加大对绿色创新的经费支持。

　　第二，优化绿色创新环境。各地政府应制定相应的区域环境规划，保证减少废水、废气及二氧化碳等污染物的产生。政府应加强低碳教育与宣传力度，确定低碳消费群体，根据不同的目标群体制定不同的措施，以便消费者对绿色消费有更深刻的了解。通过加强学校教育和宣传力度来增加消费者绿色意识，扩大绿色消费者数量。鼓励企业积极应用绿色技术,在全生命周期内减少污染物的产生,从而改善绿色创新环境、推进绿色生态发展。

第三,发挥优化开发区域示范作用。优化开发区域作为我国绿色创新能力较强地区,一方面,应增加绿色创新投入和对外技术交流,积极引进国外成熟绿色技术与管理方法,优化区域绿色生产环境,以提高自身绿色创新能力;另一方面,应加强引进技术消化吸收和再创新能力,增进与非优化开发区域的技术合作,发挥示范作用,带动非优化开发区域提高自身绿色创新能力。

第四,非优化开发区域增强自身吸收能力。各地方政府应根据自身与区域特点采取不同模式的绿色创新政策,扬长避短。在现有的基础上,应该积极优化现有产业结构,推动三产协同发展。由于非优化开发区域绿色创新能力较弱,应利用其后发优势吸纳优化开发区域的绿色创新技术与管理成功经验,从而达到对优化开发区域的趋近并且赶超目的,实现"创新、协调、绿色、开放、共享"相互协同,促进发展。

参 考 文 献

[1] 乐文睿,肯尼,穆尔曼. 中国创新的挑战:跨越中等收入陷阱[M]. 北京:北京大学出版社,2016.

[2] TRAJTENBERG J A. Patents, citation, and innovations: a window on the knowledge economy[M] .Cambridge: MIT Press, 2002.

[3] 黄鲁成,蔡爽. 基于专利的技术跃迁实证研究[J]. 科研管理,2009,30(2):64-69.

[4] LEE K. Schumpeterian analysis of economic catch-up: knowledge, path creation, and the middle-income trap[M]. Cambridge: Cambridge University Press, 2013.

[5] LEE K. Smart specialization with short-cycle technologies and implementation strategies to avoid target and design failures-sciencedirect[J]. Advances in the Theory and Practice of Smart Specialization, 2017: 201-224.

[6] MALERBA F, BELL M, MARTIN B, et al. Catch-up cycles and changes in industrial leadership: windows of opportunity and responses of firms and countries in the evolution of sectoral systems[J]. Research Policy, 2016, 46(2): 238-351.

[7] LANDINI F, LEE K, MALERBA F. A history-friendly model of the successive changes in industrial leadership and the catch-up by latecomers[J]. Research Policy, 2016, 46(2): 431-446.

[8] Cornell University, INSEAD, WIPO. Global innovation index 2018: energizing the world with innovation[R/OL]. (2018-07-10) [2019-06-11]. https://www.wipo.int/publications/en/details.jsp?id=4330.

[9] 张金艳,杨永聪. 瑞典碳税对产业结构水平影响的实证分析[J]. 战略决策研究,2011,2(2):18-22.

[10] 杨发明,许庆瑞. 企业绿色技术创新研究[J]. 中国软科学,1998(3):47-51.

[11] LI Q W, LONG R Y, CHEN H C. Empirical study of the willingness of consumers to purchase low-carbon products by considering carbon labels: a case study[J]. Journal of Cleaner Production, 2017, 161(10): 1237-1250.

[12] 孙冰. 技术创新动因研究综述[J]. 华东经济管理,2010,24(4):143-147.

[13] NORDHAUS W D. Economic issues in a designing a global agreement on global warming[J]. Comparative, 2010, 1(2): 9-18.

[14] ARROW K J, COHEN L R, DAVID P A, et al. A statement on the appropriate role for research and development in climate policy[J]. SSRN Electronic Journal, 2008: 1-5.

[15] HWANG C L, YOON K. 1994. Multiple attribute decision making: methods and applications[M]. Berlin: Springer-Verlag.

第10章 绿色创新溢出效应及吸收能力分析

优化开发区域相比非优化开发区域已经具备了绿色创新的优势，这种优势能够促进其率先达峰，为非优化开发区域留下更多的排放空间。非优化开发区域借助后发优势，吸收优化开发区域的先进技术和管理模式，尤其是先进理念，选择弯道超车，避免走高排放的老路，这样在兑现我国对外达峰承诺就容易得多。同时，优化开发区域的溢出效益能够带动非优化开发区域实现绿色发展，"城乡区域发展差距和居民生活水平差距显著缩小，基本公共服务均等化基本实现"[1]。由于我国各区域绿色创新能力的不均衡性，优化开发区域绿色创新能力明显高于非优化开发区域，而非优化开发区域能够接受来自优化开发区域的溢出效应，还受吸收能力的制约，为此溢出效应和吸收能力要同时提升，才能使两个区域各取所长，均能实现共赢发展。

10.1 模型构建与变量说明

10.1.1 变量选取及数据来源

将绿色创新分为绿色产品创新和绿色工艺创新两个方面进行研究。绿色产品创新是绿色可持续发展的重要路径，产品从设计、制造、储存、运输、废弃到回收的整个生命周期过程中符合绿色低碳要求，从而节省资源和能源，减小或消除环境污染。绿色产品创新在提高经济效益的同时降低了环境污染，而工业废水、废气和固体废弃物为工业生产的主要污染物，因此参考张旭等[2]的观点，采取新产品销售收入与环境污染物的比值作为衡量绿色产品创新的指标。

绿色工艺创新是绿色技术创新的关键手段，其主要通过对传统工艺技术改造、工艺设备更新、废弃物回收处置再利用等途径，达到降低污染物产生和排放量、降低对环境破坏的目的。与传统工艺创新相比，绿色工艺创新的重点是通过对生产过程中新工艺、新设备的研发与引进或对现有生产工艺设备的改造升级，来提高经济效益。工业增加值能够体现工业生产的经济效益，环境污染物产生量可以体现企业环境效益，因此选取工业增加值与环境污染物排放量比值作为衡量绿色工艺创新的指标。

将绿色创新产出即绿色产品创新和绿色工艺创新分别作为被解释变量，绿色创新投入作为解释变量，具体指标见表10.1。其中新产品销售收入数据来源于《中国科技统计年鉴》，其余指标均根据《中国统计年鉴》的数据计算得到。

表 10.1　变量定义说明

变量类型	符号	变量	定义
被解释变量	GP	绿色产品创新	新产品销售收入/环境污染物排放量/（元/吨）
	GT	绿色工艺创新	工业增加值/环境污染物排放量/（万元/吨）
解释变量	L	人力资本	十万人高等教育在校生数/人
	P	环境规制	工业污染治理投资额占 GDP 比重/%
	O	开放度	进出口总额占 GDP 比重/%
	T	交通基础设施	公路里程数与铁路里程数之和与土地面积比值/（公里/百平方千米）
	N	网络基础设施	互联网上网人数与人口总数比值/%

10.1.2　模型的构建

在创新溢出研究中，Criliches-Jaffe 知识函数是一个常用模型，其形式如下：

$$I_{it} = A_{it}H_{it}K_{it}^{\beta}C_{it}^{\gamma}\varepsilon_{it} \tag{10.1}$$

式中，I_{it} 表示创新产出；A_{it} 表示其他影响因素；H_{it} 表示创新人员投入；K_{it} 表示创新经费投入；C_{it} 表示影响创新产出的社会经济变量。这个函数是由柯布-道格拉斯函数形式类推而来的，但其并不能将溢出效应体现出来。本节在此基础上对模型进行改进，对式（10.1）两端取对数得到

$$\ln I_{it} = \beta_0 + \alpha \ln H_{it} + \beta \ln K_{it} + \gamma \ln C_{it} + \varepsilon_{it} \tag{10.2}$$

但是区域绿色创新可能存在其他因素影响，参考学者之前的研究，本节选取了一些解释变量。

（1）人力资本（L）

在整个创新活动过程中，人才是基本投入，也是主要的能动因素，人才流动是溢出的重要途径，知识传播速度会随着人力资本流动而加快。

（2）环境规制（P）

Popp 等[3]、Wang[4]、Oltra 等[5]认为环境政策决定技术溢出外界力量的大小。但是对于环境规制和绿色技术创新的关系，学术界存在不同意见。一种观点是环境规制会导致治污成本增加，创新投入降低，从而抑制绿色技术创新；另一种观点是合理的环境规制能够刺激技术创新，产生创新补偿效应，进而促进绿色技术创新。

（3）开放度（O）

地区贸易开放程度有助于区域之间紧密联系，开放度的提升表示地区之间的市场分割和行政壁垒有所缓解，能够促进区域之间知识和技术溢出[6]。

（4）交通基础设施（T）

通过交通基础设施使区域之间联系更加紧密，从而导致一个地区交通基础设施的发展能够降低货物运输成本和交易费用，增加经济效益[7]，并且货物和人员运输主要通过交通来完成。

（5）网络基础设施（N）

随着互联网技术的快速发展，其对获取创新知识、人员交流及优化工艺创新过程中

生产要素配置产生的影响越来越大。

综合考虑以上因素得到绿色创新生产函数表达式：

$$\ln GP_{it} = \beta_0 + \beta_1 \ln L_{it} + \beta_2 \ln P_{it} + \beta_3 \ln O_{it} + \beta_4 \ln T_{it} + \beta_5 \ln N_{it} + \varepsilon_{it} \qquad (10.3)$$

$$\ln GT_{it} = \beta_0 + \beta_1 \ln L_{it} + \beta_2 \ln P_{it} + \beta_3 \ln O_{it} + \beta_4 \ln T_{it} + \beta_5 \ln N_{it} + \varepsilon_{it} \qquad (10.4)$$

式中，L_{it} 表示 i 地区第 t 年人力资本投入；P_{it} 表示 i 地区第 t 年环境规制强度；O_{it} 表示 i 地区第 t 年开放度；T_{it} 表示 i 地区第 t 年交通基础设施密度；N_{it} 表示 i 地区第 t 年互联网技术普及率。面板模型并未考虑空间效应对模型估计结果带来的偏差影响，因此引用空间计量模型。目前，很多学者开始对其进行了研究，如 Cressie[8]、Kelejian[9]、Anselin[10]、LeSage[11]、Elhorst[12]。与传统测度方法相比，空间计量经济学方法对溢出效应测度具有以下几个优势：第一，空间面板数据要比普通面板数据更能够准确体现样本在空间和时间方面的创新溢出效应；第二，空间计量模型通过加入空间加权矩阵，能够准确把握溢出效应的作用途径和机理，并不是通过简单加权解释变量作为溢出的代理变量；第三，空间加权矩阵能够反映创新溢出效应作用的方向，并不是简单地单向溢出；第四，空间计量经济学可以对被解释变量空间滞后项的作用进行研究，这也是空间计量经济学方法最大的优势所在。因此，引入空间滞后模型（SAR）、空间误差模型（SEM）、空间杜宾模型（SDM），对我国 2008～2016 年各区域的空间溢出效应进行研究。其中，空间滞后模型将滞后被解释变量加入解释变量中；空间误差模型考虑空间残差项的空间滞后问题；空间杜宾模型将空间滞后被解释变量和解释变量考虑其中。建立模型如下。

空间滞后模型（SAR）：

$$\ln GP_{it} = \rho W \ln GP_{it} + \beta_0 + \beta_1 \ln L_{it} + \beta_2 \ln P_{it} + \beta_3 \ln O_{it} + \beta_4 \ln T_{it} + \beta_5 \ln N_{it} + \varepsilon \qquad (10.5)$$

$$\ln GT_{it} = \rho W \ln GT_{it} + \beta_0 + \beta_1 \ln L_{it} + \beta_2 \ln P_{it} + \beta_3 \ln O_{it} + \beta_4 \ln T_{it} + \beta_5 \ln N_{it} + \varepsilon \qquad (10.6)$$

空间误差模型（SEM）：

$$\ln GP_{it} = \beta_0 + \beta_1 \ln L_{it} + \beta_2 \ln P_{it} + \beta_3 \ln O_{it} + \beta_4 \ln T_{it} + \beta_5 \ln N_{it} + (1 \cdot \rho W)\varepsilon \qquad (10.7)$$

$$\ln GT_{it} = \beta_0 + \beta_1 \ln L_{it} + \beta_2 \ln P_{it} + \beta_3 \ln O_{it} + \beta_4 \ln T_{it} + \beta_5 \ln N_{it} + (1 \cdot \rho W)\varepsilon \qquad (10.8)$$

空间杜宾模型（SDM）：

$$\ln GP_{it} = \rho W \ln GP_{it} + \beta_0 + \beta_1 \ln L_{it} + \beta_2 \ln P_{it} + \beta_3 \ln O_{it} + \beta_4 \ln T_{it} + \beta_5 \ln N_{it} + \beta_6 W \ln L_{it}$$
$$+ \beta_7 W \ln P_{it} + \beta_8 W \ln O_{it} + \beta_9 W \ln T_{it} + \beta_{10} W \ln N_{it} + \varepsilon \qquad (10.9)$$

$$\ln GT_{it} = \rho W \ln GT_{it} + \beta_0 + \beta_1 \ln L_{it} + \beta_2 \ln P_{it} + \beta_3 \ln O_{it} + \beta_4 \ln T_{it} + \beta_5 \ln N_{it} + \beta_6 W \ln L_{it}$$
$$+ \beta_7 W \ln P_{it} + \beta_8 W \ln O_{it} + \beta_9 W \ln T_{it} + \beta_{10} W \ln N_{it} + \varepsilon \qquad (10.10)$$

式中，W 为空间矩阵。

10.2　实证结果分析

10.2.1　总体特征

全局空间自相关分析能够描述属性值在整个区域的空间特征，常用 Moran's I 指数表示[13]。其计算公式如下：

$$\text{Moran's } I = \frac{\sum_{i=1}^{n}\sum_{j=1}^{n}W_{ij}(y_i - \overline{y})(y_j - \overline{y})}{S^2 \sum_{i=1}^{n}\sum_{j=1}^{n}W_{ij}} \tag{10.11}$$

式中，I 表示整个研究区域内空间相关性的整体趋势，其值越大，表示空间分布的相关性越大，反之越小；W_{ij} 表示空间单元相邻权重。

$$W_{ij} = \begin{cases} 0, & i\text{地区与}j\text{地区不相邻} \\ 1, & i\text{地区与}j\text{地区相邻} \end{cases} \tag{10.12}$$

由表 10.2 可知，2008~2016 年我国区域绿色产品创新和绿色工艺创新的 Moran's I 指数均在 10%显著性水平上，并且不断增大，表明我国各地区绿色产品创新和绿色工艺创新表现出显著的空间相关性，并且空间相关性越来越明显。根据全局 Moran's I 指数可知，绿色产品创新比绿色工艺创新在空间依赖方面表现更强。运用 STATA 12.0 进行分析，得到绿色产品创新（图 10.1）和绿色工艺创新（图 10.2）的局部 Moran's I 指数散点图，散点图第一象限为绿色创新能力高水平地区，且被同时高水平地区包围；第二象限为绿色创新能力低水平地区，且被高水平地区包围；第三象限为绿色创新能力低水平地区，且被低水平地区包围；第四象限表示绿色创新能力高水平地区被低水平地区包围（具体涉及城市见表 10.3 和表 10.4）。通过散点图可以发现，我国大部分省市呈现高—高和低—低聚集，说明各省市在绿色产品创新和绿色工艺创新上不仅存在空间相关性，而且具有非均衡分布特征，故利用空间计量模型对我国各区域绿色创新要素研究更为合理。

表 10.2　全局空间自相关 Moran's I 指数

年份	绿色产品创新	Z 值	P 值	绿色工艺创新	Z 值	P 值
2008	0.250***	2.399	0.008	0.165**	1.680	0.046
2009	0.133*	1.379	0.084	0.173**	1.737	0.041
2010	0.227**	2.163	0.015	0.131*	1.401	0.080
2011	0.253***	2.447	0.007	0.159*	1.608	0.054
2012	0.293***	2.787	0.003	0.143*	1.477	0.070
2013	0.354***	3.301	0.000	0.168**	1.687	0.046
2014	0.309***	2.941	0.002	0.154*	1.573	0.058
2015	0.340***	3.114	0.001	0.201**	1.970	0.024
2016	0.453***	3.971	0.000	0.205**	1.984	0.024

注：***、**、*分别表示在 1%、5%和 10%水平上显著。

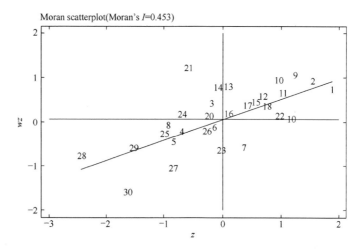

图 10.1 2016 年绿色产品创新 Moran's I 指数散点图

注：图中序号 1～30 表示我国 30 个省区市，见表 10.3。

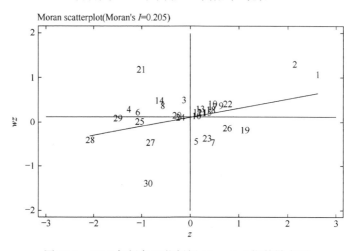

图 10.2 2016 年绿色工艺创新 Moran's I 指数散点图

注：图中序号 1～30 表示我国 30 个省区市。

表 10.3 图 10.1 和图 10.2 中序号与省区市对照表

序号	省区市	序号	省区市	序号	省区市
1	北京	11	浙江	21	海南
2	天津	12	安徽	22	重庆
3	河北	13	福建	23	四川
4	山西	14	江西	24	贵州
5	内蒙古	15	山东	25	云南
6	辽宁	16	河南	26	陕西
7	吉林	17	湖北	27	甘肃
8	黑龙江	18	湖南	28	青海
9	上海	19	广东	29	宁夏
10	江苏	20	广西	30	新疆

表 10.4 散点图象限说明

象限	绿色产品创新	绿色工艺创新
第一象限	北京、天津、上海、浙江、江苏、安徽、福建、山东、河南、湖北、湖南、广东、重庆	北京、天津、上海、浙江、江苏、安徽、福建、山东、河南、湖北、湖南、重庆
第二象限	河北、江西、广西、海南、贵州	河北、山西、辽宁、黑龙江、江西、广西、海南
第三象限	山西、内蒙古、辽宁、黑龙江、四川、云南、陕西、甘肃、青海、宁夏、新疆	贵州、云南、甘肃、宁夏、新疆、青海
第四象限	吉林	内蒙古、吉林、四川、陕西、广东

10.2.2 模型的选取

首先，运用 STATA 软件对 2008～2016 年面板数据进行 Hausman 检验，结果见表 10.5，根据结果选择固定效应。其次，运用 MATLAB 软件及其空间计量软件包，对式（10.3）～式（10.10）进行识别和检验。

表 10.5 空间计量模型检验结果

检验方法	绿色产品创新		绿色工艺创新	
	统计量	伴随概率	统计量	伴随概率
Hausman	34.110	0.000	55.550	0.000
LM test no spatial lag	23.669	0.000	28.875	0.000
Robust LM test no spatial lag	8.078	0.004	27.841	0.000
LM test no spatial error	15.846	0.000	9.470	0.002
Robust LM test no spatial error	0.255	0.614	8.435	0.004
Wald-spatial lag	12.474	0.029	20.672	0.000
LR-spatial lag	13.776	0.017	21.101	0.000
Wald-spatial error	15.639	0.008	30.065	0.000
LR-spatial error	18.178	0.003	36.509	0.000

在绿色产品创新方面，由表 10.5 可知其 LM test no spatial lag 值为 23.669，LM test no spatial error 值为 15.846，且均通过 1%水平下的显著性检验；Robust LM test no spatial lag 通过 1%显著性检验，Robust LM test no spatial error 不显著，说明 LM 检验结果倾向于绿色产品创新的空间依赖形式是以滞后形式存在的。Wald 和 LR 的空间滞后和空间误差系数值均通过 1%水平下的显著性检验，说明拒绝 SDM 可以简化为 SAR 和 SEM 的原假设，因此选用 SDM 模型研究我国区域绿色产品创新的空间的溢出效应，并且根据无固定效应（0.765）、时间固定效应（0.931）、空间固定效应（0.787）和双向固定效应（0.922）4 种模型的拟合优度，选择空间固定效应的空间杜宾模型。

在绿色工艺创新方面，LM test no spatial lag 和 Robust LM test no spatial lag 值分别为 28.875 和 27.841，并且均通过 1%水平下的显著性检验，LM test no spatial error 和 Robust LM test no spatial error 值分别为 9.470 和 8.435，同样均通过 1%水平下的显著性检验，发现 LM test no spatial lag 大于 LM test no spatial error，说明绿色工艺创新的空间依赖形

式是以滞后形式存在的。同理，Wald 和 LR 的检验结果表明，拒绝原假设 SDM 可以简化为 SAR 和 SEM，因此选用 SDM 模型研究我国区域绿色工艺创新的空间的溢出效应，同样根据无固定效应（0.613）、时间固定效应（0.892）、空间固定效应（0.669）和双向固定效应（0.886）4 种模型的拟合优度，选择空间固定效应的空间杜宾模型。

10.2.3　结果测度及分析

运用 MATLAB 软件对我国绿色创新能力空间杜宾模型进行估计，可知绿色产品创新和绿色工艺创新 SDM 模型的拟合优度分别为 0.931 和 0.892，拟合结果比较理想（表 10.6）。

表 10.6　绿色创新能力空间杜宾模型估计结果

变量	绿色产品创新		绿色工艺创新	
	SDM	Z 值	SDM	Z 值
$\ln H$	0.715*	1.614	0.659***	2.698
$\ln P$	0.072	1.369	0.170***	6.211
$\ln O$	0.341***	6.911	−0.003	−0.110
$\ln T$	1.550***	2.700	1.010***	3.180
$\ln N$	0.094	0.317	−0.316*	−1.935
$W^*\ln H$	−1.248*	−1.704	−0.328	−0.808
$W^*\ln P$	0.059	0.760	0.010	0.200
$W^*\ln O$	−0.150*	−1.689	0.071*	1.668
$W^*\ln T$	1.539*	1.620	0.704	1.345
$W^*\ln N$	0.007	0.024	0.704**	2.495
W^*dep.var.	0.302***	4.171	0.234***	3.112
R^2	0.931		0.892	
$\text{Log } L$	−81.669		80.214	

注：***、**、*分别表示在 1%、5% 和 10% 水平上显著。

绿色产品创新的空间溢出效应系数（W*dep.var.）值为 0.302，并且通过 1% 水平下的显著性检验，绿色工艺创新的空间溢出效应系数（W*dep.var.）值为 0.234，并且通过 1% 水平下的显著性检验。这说明我国区域绿色产品创新和绿色工艺创新均存在显著的空间溢出效应，并且为正向溢出，即相邻区域绿色产品创新产出的提高将会有利于本地区的绿色产品创新的提升。相比绿色工艺创新，我国区域绿色产品创新的正向空间溢出效应更为明显。因此，在提升本地区绿色创新的同时，要充分考虑邻近地区对其的影响。

空间杜宾模型中的估计系数并不能准确地衡量绿色创新投入变量对创新产出的直接影响，因此将各解释变量对城市创新产出影响的空间效应分解为直接效应、间接效应和总效应。直接效应为创新中各投入要素对本地区绿色创新产出的影响；间接效应即溢出效应，代表邻近城市创新中各投入要素对本地区绿色创新产出的影响；总效应为各投入要素对地区绿色创新产出总的影响强度。

由表 10.7 可知，在直接效应、溢出效应和总效应中，各创新要素对本城市创新产出的作用方向、强度和显著性水平均存在差异。

（1）直接效应

在绿色产品创新方面，开放度和交通基础设施对绿色产品创新促进作用最为显著，均通过 1%水平的显著性检验，人力资本显著性稍差一些，通过 10%水平的显著性检验，环境政策和网络基础设施均未对本地区绿色产品创新产生显著作用。在绿色工艺创新方面，环境规制和交通基础设施均通过 1%水平的显著性检验，显著性最强，人力资本次之，通过 5%水平的显著性检验。综合来看，这两个方面的交通基础设施的作用系数均最大，说明交通基础设施在绿色创新过程中发挥出较大促进作用。由于其具有网络特征，可以通过连接各个区域降低运输成本与交易成本，提高本地区经济效益，并且可以通过交通基础设施引进高水平人才和先进绿色技术，从而对本地区绿色创新产生正向影响。

（2）溢出效应

在绿色产品创新方面，交通基础设施的显著性最强，人力资本和环境规制次之，其中人力资本产生显著负向溢出效应，说明相邻地区的人员投入会对本地区绿色产品创新产出产生竞争影响，降低本地区绿色产品创新能力的提升。在绿色工艺创新方面，网络基础设施的促进作用最为明显，开放度和交通基础设施稍差，人力资本和环境规制并未产生显著影响。随着互联网的不断扩大，信息可达性得到改善，为区域之间的知识和技术交流提供便利条件，因此，互联网在绿色工艺创新中的扩散作用发挥较好，通过网络交流提升自身绿色创新能力。

（3）总效应

在绿色产品创新方面，环境规制、贸易开放度和交通基础设施 3 个变量的系数均为正值，并且分别通过 10%、5%和 1%的显著性检验，说明三者对区域绿色产品创新产出促进作用明显。相比之下，环境规制的系数最低，说明环境规制的促进作用较弱，并未完全激发企业绿色产品创新积极性。适当的环境规制能够促进企业进行技术创新，实现减低污染和增加效益的协调发展。在绿色工艺创新方面，环境规制、开放度、交通基础设施和网络基础设施的系数均为正值，且至少通过 10%的显著性检验，说明这 4 个变量对绿色工艺创新产出产生明显促进作用。其中，开放度的系数最小，说明在绿色工艺创新中，开放度的作用并没有完全发挥出来。开放度有利于区域之间进行先进技术和管理经验的交流，因而可以采取跨区域合作、人才引进及招商引资等途径来实现绿色创新水平的提升。

表 10.7　解释变量的直接效应、溢出效应和总效应

变量	绿色产品创新			绿色工艺创新		
	直接效应	溢出效应	总效应	直接效应	溢出效应	总效应
$\ln H$	0.627*	-1.419*	-0.792	0.655**	-0.234	0.421
$\ln P$	0.080	0.110*	0.190*	0.173***	0.064	0.237***
$\ln O$	0.339***	-0.065	0.273**	0.001	0.088*	0.089*
$\ln T$	1.717***	2.717**	4.435***	1.071***	1.187*	2.258***
$\ln N$	0.109	0.038	0.147	-0.301	0.417**	0.115*

注：***、**、*分别表示在 1%、5%和 10%水平上显著。

由图 10.3 可知，在绿色产品创新和绿色工艺创新这两个方面，我国是极不均衡的，优化开发区域均远远领先于非优化开发区域，其中优化开发区域的北京、上海和广东位居前三名，而非优化开发区域的青海、宁夏和新疆排在全国后几位。因此，要想完成我国的碳排放达峰目标，应尽快提高非优化开发区域的绿色创新能力，缩小其与优化开发区域的差距。由上述结论可知，交通基础设施和互联网基础设施能够产生较为明显的正向溢出效应，优化开发区域高层次人员可以利用交通基础设施到达非优化开发区域进行知识及技术指导，非优化开发区域可以利用互联网基础设施来获取外界创新知识并且能够加快与外界交流的速度，因此应充分利用这两条途径来提升绿色创新能力。优化开发区域与非优化开发区域由于地理、经济等不同，发展水平也不尽相同，各地出台的政策应适合当地发展。优化开发区域绿色创新积极的溢出效应能够带动非优化开发区域碳排放达峰，从而实现我国碳排放达峰的目标。

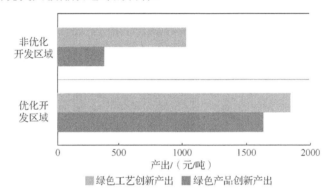

图 10.3　2016 年我国优化开发区域和非优化开发区域绿色创新产出情况

通过分析 2008～2016 年我国 30 个省区市创新产出的空间集聚特征、空间溢出效应及其驱动因素，可以归纳出如下结论：

（1）我国绿色创新空间集聚明显

从总体特征来看，我国 30 个省区市绿色产品创新和绿色工艺创新呈现出显著的空间正相关，2008～2016 年绿色创新产出的空间相关性存在波动，但整体呈上升趋势，说明我国绿色创新空间集聚效应明显。

（2）区域协同创新作用明显

由空间杜宾模型估计结果显示，绿色产品创新和绿色工艺创新的空间溢出效应显著为正，邻近地区绿色产品创新水平每提升 1 个单位，本地区绿色产品创新水平则会提升 0.302 个单位，邻近地区绿色产品创新水平每提升 1 个单位，本地区绿色工艺创新水平则会提升 0.234 个单位。空间效应对区域之间绿色创新能力起到显著性影响，忽视空间要素对区域绿色创新能力的影响将会使估计结果产生误差。

（3）绿色创新产出方面

优化开发区域绿色创新能力远远强于非优化开发区域，交通基础设施和互联网基础设施能够使绿色创新进行扩散，因此各地应重视交通密度和互联网普及率，为获取知识做好准备，从而提升非优化开发区域的绿色创新能力，缩小其与优化开发区域的差距。

10.3　非优化开发区域绿色吸收能力分析

溢出效应与吸收能力是紧密联系的，优化开发区域的溢出效应能否成功，还有一个重要条件就是非优化开发区域的吸收能力。下面运用因素分析方法对我国非优化开发区域吸收能力进行测算，并对其进行聚类分析，找到优化开发区域向非优化开发区域的溢出途径和比较理想的溢出路线。

10.3.1　区域绿色吸收能力指标体系

绿色吸收能力应从"绿色""吸收""能力"三个方面对其进行界定，其中"能力"是基础，"吸收"是核心，"绿色"是条件。"绿色"与可持续发展是息息相关的，是指既要满足当代人的需求，又不能够损害子孙后代的利益，强调经济发展与环境保护的统一；"吸收"是指通过各种途径获得有用信息并且自身能够消化吸收、加以利用，为自身赢得利益需求；"能力"则是一种技能或者潜力。绿色吸收能力与一般的吸收能力既有联系又有区别，评价绿色吸收能力要体现吸收性原则、可持续发展原则和能力原则。

在已有研究的基础上，我们用 12 个指标对绿色吸收能力进行描述，分别为互联网普及率 X_1、交通基础设施密度 X_2、人均邮电业务量 X_3、电话普及率 X_4、研发经费 X_5、研发人员数 X_6、教育经费 X_7、图书馆总藏量 X_8、人均专利授权数 X_9、人均科技论文数 X_{10}、新产品销售收入与三废总量比值 X_{11}、工业增加值与三废总量比值 X_{12}。以上数据来源于《中国统计年鉴》《中国科技统计年鉴》《中国能源统计年鉴》，采用因子分析法对数据进行分析。

10.3.2　绿色吸收能力指标结果

利用 SPSS 19.0 对数据进行因子分析，结果见表 10.8。由表 10.8 可知，KMO 值为 0.806，并且通过 1% 的显著性水平，说明因子分析效果较好，较适合做此研究，并且累计贡献率达 90.030%。

表 10.8　KMO 和巴特利特球形度检验

KMO 取样适切性数量		0.806
巴特利特球形度检验	近似卡方	502.612
	自由度	66
	显著性	0.000

由表 10.9 的总方差解释知，第一个因子拥有 33.077% 的说明量，与 $X_1 \sim X_4$ 正相关，并且相关系数较大，$X_1 \sim X_4$ 这 4 项指标都与知识获取能力有关，可以解释为知识获取能力。第二个因子中，系数较高的指标为 $X_5 \sim X_8$，这 4 项指标与知识吸收能力相关联，可以解释为知识消化吸收能力。第三个因子中，系数较高的指标为 $X_9 \sim X_{12}$，这 4 项指标与知识应用能力有较大关联，可以定义为知识转化应用能力（表 10.10）。

表 10.9 总方差解释

成分	初始特征值			提取荷载平方和			旋转荷载平方和		
	总计	方差/%	累计/%	总计	方差/%	累计/%	总计	方差/%	累计/%
1	9.641	63.672	63.672	7.641	63.672	63.672	3.969	33.077	33.077
2	2.189	18.238	81.910	2.189	18.238	81.910	3.804	31.703	64.779
3	0.974	8.120	90.030	0.974	8.120	90.030	3.030	25.250	90.030
4	0.462	3.859	93.883						

表 10.10 旋转后的成分矩阵

指标	成分			指标	成分		
	1	2	3		1	2	3
X_1	0.854	0.269	0.223	X_7	0.020	0.943	0.126
X_2	0.667	0.541	−0.040	X_8	0.326	0.896	0.027
X_3	0.852	0.350	0.288	X_9	0.569	0.421	0.621
X_4	0.917	0.182	0.284	X_{10}	0.658	−0.037	0.665
X_5	0.364	0.834	0.340	X_{11}	0.519	0.220	0.803
X_6	0.291	0.907	0.204	X_{12}	0.398	0.104	0.851

根据以上分析，将我国区域绿色吸收能力分为三个维度，分别为知识获取能力、知识消化吸收能力及知识转化应用能力，建立如下指标体系（表 10.11），主成分分别为知识获取能力 F_1、知识消化吸收能力 F_2 和知识转化应用能力 F_3。

表 10.11 区域绿色吸收能力指标体系

目标层	准则层	指标层	表达字母
区域绿色吸收能力	知识获取能力 F_1	互联网普及率	X_1
		交通基础设施密度	X_2
		人均邮电业务量	X_3
		电话普及率	X_4
	知识消化吸收能力 F_2	研发经费	X_5
		研发人员数	X_6
		教育经费	X_7
		图书馆总藏量	X_8
	知识转化应用能力 F_3	人均专利数	X_9
		人均科技论文数	X_{10}
		新产品销售收入/三废	X_{11}
		工业增加值/三废	X_{12}

通过 SPSS 19.0 的输出结果，可以得到各个地区区域绿色吸收能力的各个因子得分，依据式（10.13）可得我国各省区市绿色吸收能力得分与排名（表 10.12）。

$$F = (33.077 \times F_1 + 31.703 \times F_2 + 25.250 \times F_3) / 90.030 \qquad (10.13)$$

表 10.12 我国区域绿色吸收能力得分与排名

优化开发区域			非优化开发区域					
地区	得分	排名	地区	得分	排名	地区	得分	排名
北京	1.7253	1	福建	0.2696	7	江西	-0.2945	20
上海	1.2164	2	重庆	-0.0038	10	广西	-0.2962	21
广东	1.0267	3	湖北	-0.0093	11	云南	-0.3435	22
江苏	0.8718	4	陕西	-0.0399	12	青海	-0.4366	24
浙江	0.8134	5	海南	-0.0413	13	内蒙古	-0.4627	25
天津	0.6142	6	四川	-0.1193	14	贵州	-0.4891	26
山东	0.1561	8	湖南	-0.1608	15	甘肃	-0.5137	27
辽宁	0.0032	9	吉林	-0.1765	16	山西	-0.5705	28
河北	-0.3469	23	安徽	-0.1901	17	新疆	-0.6431	29
			河南	-0.2472	18	宁夏	-0.7768	30
			黑龙江	-0.2767	19			
平均分	0.676		平均分	-0.276				

由表 10.12 可知,我国绿色吸收能力排名前五名分别为北京、上海、广东、江苏和浙江;排名靠后的为贵州、甘肃、山西、新疆与宁夏。其中优化开发区域与非优化开发区域的得分分别为 0.676、-0.276。优化开发区域中除了河北的绿色吸收能力为负,其余地区的绿色吸收能力均为正,并且排名均在全国前列,可知优化开发区域的绿色吸收能力高于非优化开发区域。对于河北来说,虽然处于地理位置优越的沿海地区,但其绿色发展较为落后,人口较多,在教育经费和 R&D 经费投入方面与其他优化开发区域有一定差距,这些因素制约绿色吸收能力的提升,降低其综合得分。

由表 10.12 可知,我国非优化开发区域的 21 个省区市绿色吸收能力负值居多,总体排名靠后,明显低于优化开发区域。相对于优化开发区域,非优化开发区域人均邮电业务量、教育经费、研发经费、人均发明专利数均不及优化开发区域。我国在改革开放时期,大力发展东部沿海地区,并且国家对西部地区的重视程度不够,基础设施和研发投入强度不高,导致非优化开发区域的发展起点比优化开发区域低。中西部地区环境相对较差,难以留住高技术人员,人才流动受到阻滞,绿色技术发展相对较差,绿色发展受到阻碍作用,在一定条件下制约了非优化开发区域的绿色吸收能力。

对非优化开区域知识获取能力、消化吸收能力、转化应用能力进行聚类分析,根据图 10.4 发现非优化开发区域知识获取能力分为三类型。第一类是福建。福建毗邻东海,且与长三角相邻,具有极佳的地理位置,福建的互联网普及率于 2016 年达到 69%,在非优化区域中已是最高,优化开发区域先进知识和技术可以通过互联网传播到这个地区。第二类是海南、重庆、湖北、吉林、宁夏、内蒙古、陕西、青海、新疆、山西。这一类地区互联网普及率较低,为 50%~60%,要想提升绿色创新能力,应加强这类区域获取知识的能力。第三类是黑龙江、广西、安徽、湖南、江西、河南、贵州、四川、甘肃、云南。这类地区互联网普及率更低,在 50% 以下,人均移动电话数量也比较低,但是这类地区基础设施密度较大，有良好的交通能力，货物运输和人员交流便捷。

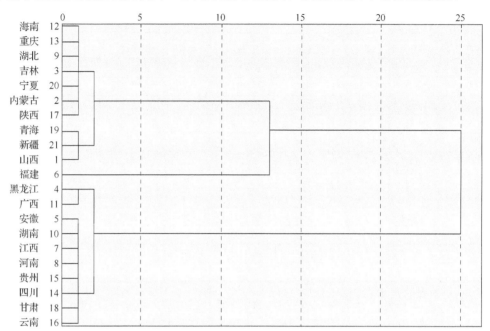

图 10.4　非优化开发区域知识获取能力聚类分析

由图 10.5 可以发现，非优化开发区域消化吸收能力分为四类。第一类是福建、陕西、安徽、湖南、湖北。这类地区研发人员和研发经费投入较多，有利于技术的创新。第二类是河南、四川。这类地区教育经费投入较多，更注重人才的培养。第三类是广西、云南、江西、吉林、甘肃、内蒙古、黑龙江、山西、新疆、贵州、重庆。这类地区对研发人员经费及教育投入都处于中间水平。第四类是青海、宁夏、海南。这类地区对消化吸收能力的投入较少，其消化吸收能力也较差。只有吸收了先进知识以及技术，才能更好地进行绿色创新，故应对这些地区加大研发以及教育投入。

图 10.6 表明非优化开发区域转化应用能力分为四类。第一类是重庆。重庆的人均专利数和人均科技论文数在非优化开发区域中较多，绿色产出较高，表明其能够对知识和技术很好地应用。第二类是安徽、湖南、吉林、湖北。这类地区转化应用能力仅次于重庆。第三类是广西、陕西、江西、四川、福建、河南。这类地区尽管专利及论文数量不多，但是其绿色产出相对较好，故今后应将重点放在技术创新方面。第四类是甘肃、新疆、内蒙古、云南、宁夏、黑龙江、山西、贵州、海南、青海。这类地区转化应用能力最差，应加大技术创新投入来提高这个地区的转化应用能力。

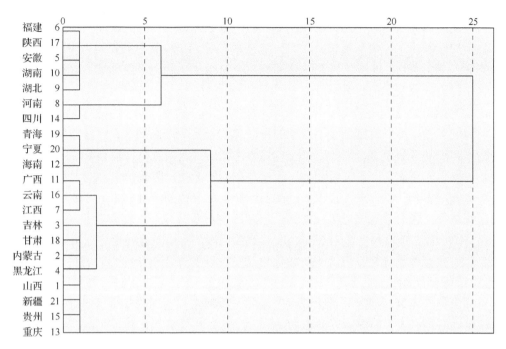

图 10.5　非优化开发区域消化吸收能力聚类分析

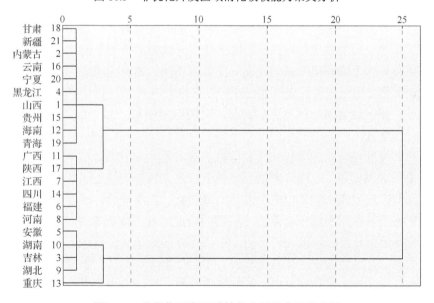

图 10.6　非优化开发区域转化应用能力聚类分析

10.3.3　溢出通道

（1）示范-模仿途径

优化开发区域的绿色创新能力较强，原因可能是其拥有比非优化开发区域更强大的技术优势和管理优势，因此优化开发区域企业获得了巨大的市场份额和利润，能够为非优化开发区域提供示范作用。在绿色工艺创新方面,邻近地区能源技术的提升也会提高本地区的能源技术,说明模仿并学习先进技术能够为自身绿色创新能力带来积极影响。为提高自身竞争力,非优化开发区域很可能会纷纷模仿优化开发区域,这种模仿会促进非优化开发区域技术的提升。

（2）竞争途径

通过竞争,可以将市场上不合理的生产工艺及劣等产品淘汰,将合理的、符合要求的技术和产品保留下来,因此这是一个优胜劣汰的过程。竞争往往会给每个企业带来压力,这种压力会使其产生创新动力,激发内在创新活力,因此每个企业为获得利益都会不断降低成本和价格,进行技术和产品的创新。在绿色创新过程中,开放度能够打开相邻区域市场,因而会对邻近区域的绿色创新产生竞争效应,只要有企业制造出效益高、环保好的产品,就会使竞争对手对新产品不断研发,推出功能性更好或价格更便宜的新产品,这样会迫使优化开发区域与非优化开发区域的绿色创新能力共同提升。

（3）关联途径

非优化开发区域通过与优化开发区域的一些联系交往而带动地区企业的技术创新。这种联系分为两类:前向关联和后向关联。前向关联是非优化开发区域企业为优化开发区域企业在市场上为其营销,并对其所用机械进行维护修理服务等;后向关联是非优化开发区域企业为优化开发区域企业提供所需要的生产材料及各种零件等服务。非优化开发区域通过人员流动、信息交流及技术学习等活动与优化开发区域进行关联,以此获得优化开发区域中企业的技术创新溢出。优化开发区域带动引领非优化开发区域进行绿色创新时,交通基础设施和网络基础设施发挥扩散作用,其对区域绿色创新产生正向空间溢出效应。因此,优化开发区域与非优化开发区域相互关联可以借助交通基础设施和网络基础设施,使区域之间的联系更加紧密,交流更加便利。

（4）培训途径

当优化开发区域企业向非优化开发区域企业转移机器设备、技术使用权时,需要对相关人员进行培训指导,这种培训也会有利于绿色创新知识及技术的溢出。其他培训方式也能够达到溢出效果,如举办多种多样的培训会、在岗培训,举办大型研讨会或者组织人员到优化开发区域中绿色创新能力较好的企业进行正规教育等。在企业刚刚起步阶段,可以选择优化开发区域能力较好企业中资历高的人员担任管理层人员,经过较长时间以后,非优化开发区域中拥有高技术的人才会逐渐增多。当一些拥有丰富工作经验的人员流动到非优化开发区域企业时,其在优化开发区域企业中所学的专业知识、技术及管理理念也跟随人员到达非优化开发区域企业,改进非优化开发区域企业的技术、设备及制造工艺,通过模仿优化开发区域进行改革,从而达到理想的效果。

（5）人员流动

研发人员是溢出效应发生的重要创新要素,其流动外溢带来的先进知识和技术是提升区域创新能力的有效途径,并且随着知识与技术溢出变得越来越重要,研发人员的流动对提高区域绿色创新能力具有的意义也变得越来越大。李婧等[14]对我国研发人员流动的研究表明,我国大部分地区的研发人员具有比较明显的流动现象。研发人员流动现象对不同区域之间实现人才和知识技术的共享具有积极影响,不同区域之间的人才交流有利于政府出台健全的人才交流制度,因此可以使区域之间的创新合作更加密切,从而使区域能够获取更多的新知识与新技术来提升创新能力。另外,区域之间人才和技术的共享是导致研发人员流动现象的重要原因,经济发展水平、地理位置相邻的地区,绿色创新资源的使用方式都比较相近,学习能力也都具有相近水平,知识与技术在这些相近地区之间更容易交流沟通,有利于不同区域间人才等创新资源的共享,研发人员之间的交流与互动也就更加密切。因此,区域创新活动应重点考虑地理位置的影响,建立邻近地区的人才、知识及技术共享机制,加强区域之间人才交流,从而使区域之间能够协调发展。

（6）交通和网络基础设施的建设

企业绿色生产率的提高一般来源于技术创新和管理制度创新两个方面,其中技术创新对其影响更为显著。新技术不仅产生于固定的区域,也会在空间层面溢出,并且传播速度会随着地理距离延长而减弱[15]。交通基础设施是联系两个地区的枢纽,因此其作用不可忽视。交通基础设施质量的提高能够缩短到达两个地区之间的时间,增加人员、货物及信息的流动速度,对资源配置、人员及技术的溢出发挥积极作用。但是目前我国各地区的交通基础设施质量处于不均衡阶段,存在明显差距,铁路提高速度及高铁建设以东部和西部为主,更多集中在优化开发区域,使一些地区没有享受铁路提速带来的外部性效益。因此,在未来规划过程中,应加大对非优化开发区域交通基础设施的改善,加速知识和技术的传播速度,进而加大优化开发区域向非优化开发区域的辐射和扩散效应,充分发挥基础设施质量改善的积极效应。

优化开发区域可以通过示范-模仿途径、竞争途径、关联途径、培训途径、人员流动,以及加大交通和网络基础设施的建设来对非优化开发区域进行绿色创新能力的溢出（图 10.7）。对非优化区域吸收能力进行聚类分析（图 10.8）,发现其明显分为四类。第一类是福建,吸收能力最强;第二类是重庆、湖北、陕西、河南、四川、安徽、湖南,吸收能力次之;第三类是吉林、山西、内蒙古、黑龙江、广西、江西,吸收能力再次之;第四类是新疆、海南、贵州、云南、宁夏、甘肃、青海,吸收能力最差。因此,优化开发区域向非优化开发区域进行绿色创新能力溢出应循序渐进,逐渐提升。

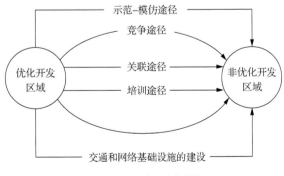

图 10.7　溢出路径图

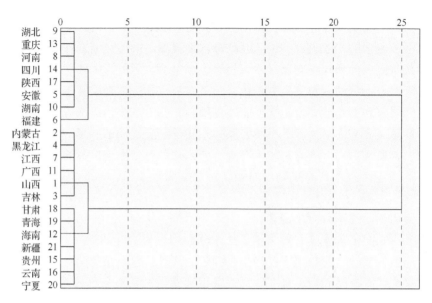

图 10.8　非优化开发区域绿色吸收能力聚类分析

在非优化开发区域中，福建的绿色吸收能力最好，溢出效应获取能力最强，距离长三角地区最近，因此应先对福建进行绿色创新溢出。长三角地区通过互联网或者人员交流将绿色创新先进知识、技术和措施溢出到福建，以此来推动福建的绿色创新能力；然后在第二类地区进行溢出，这个区域的吸收能力较好，因此应加大对这个区域的技术支持，增加优化开发区域与其关联渠道，通过竞争手段迫使其进行绿色创新；再对第三类区域进行溢出，这类区域吸收能力一般，故应首先提升其知识获取和消化吸收能力，如加大互联网普及率，增加交通基础设施的建设，缩短城市之间运输时间，学习创新知识，模仿优化开发区域中良好的措施，进行自我创新；最后是第四类区域，这类区域吸收能力最差，应注重对其进行援助，学习模仿优化开发区域成功案例，通过人员流动，使优化开发区域高技术人才得到培训和能力建设，绿色创新能力得到提升。

根据货物交流量，可以得出地区间交流历史状况，找到优化开发区域向非优化开发区域较好的溢出路线（图 10.9）。

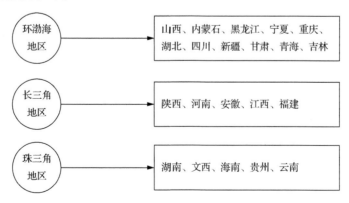

图 10.9　优化开发区域向非优化开发区域溢出路线

通过分析法发现，目前各地区的绿色吸收能力不均衡，且差异明显，整体上看非优化开发区域的吸收能力较弱。非优化开发区域在经济环境方面与优化开发区域有一定的差距，在地理位置和引进人才方面都处于弱势地位，制约了其吸收能力，因此整体上非优化开发区域的绿色吸收能力较低，这与目前我国的经济现状相符。非优化开发区域教育和科技人员及经费投入指标远远落后于优化开发区域，应加大投入力度。要缩小与优化开发区域的差距，必须从以下方面入手。

优化开发区域绿色创新能力优于非优化开发区域，通过一定途径向非优化开发区域进行知识和技术溢出十分必要。一是非优化开发区域可以通过对优化开发区域进行优势模仿，取其精华、去其糟粕地学习新知识；二是两个区域可以通过绿色竞争效应，迫使企业进行技术更新，增加绿色产业；三是通过关联优化开发区域与非优化开发区域企业，使两者协同发展，达到合作共赢目的；四是非优化开发区域企业可以向优化开发区域绿色创新能力较好的企业进行学习，通过人员培训提高企业绿色创新能力。优化开发区域率先达峰继而引领非优化区域达峰，从而实现我国二氧化碳达峰的目标。

根据以上分析，非优化开发区域应该根据自身特点，制定政策吸引高技术人才，推动当地经济发展。只有将非优化开发区域的绿色吸收能力提升上来，才能使优化开发区域的溢出效应发挥得更好、更成功。

参 考 文 献

[1] 习近平. 决胜全面建成小康社会夺取新时代中国特色社会主义伟大胜利：在中国共产党第十九次全国代表大会上的报告[M]. 北京：人民出版社，2017.

[2] 张旭，王宇. 环境规制与研发投入对绿色技术创新的影响效应[J]. 科技进步与对策，2017，34（17）：111-119.

[3] POPP D, HASCIC I, MEDHI N. Technology and the diffusion of renewable energy[J]. Energy Economics, 2011, 33(4): 648-662.

[4] WANG B. Can CDM bring technology transfer to China? An empirical study of technology transfer in China's CDM projects[J]. Energy Policy, 2009, 38(5): 2572-2585.

[5] OLTRA V, KEMP R, VRIES R P D. Patents as a measure for eco-innovation[J]. Post-Print, 2010, 13(2): 130-148.

[6] 金刚，沈坤荣，胡汉辉. 中国省际创新知识的空间溢出效应测度：基于地理距离的视角[J]. 经济理论与经济管理，2015（12）：30-43.

[7] BOARNET M G. Spillovers and the locational effects of public infrastructure[J]. Journal of Regional Science, 1998, 38(3): 381-400.

[8] CRESSIE N A. Statistics for spatial data[M]. New York: John Wiley & Sons Inc, 1991.

[9] KELEJIAN H H, ROBINSON D P. A suggested method of estimation for spatial interdependent models with autocorrelated errors, and an application to a county expenditure model[J]. Papers in Regional Science, 1993, 72(3): 297-312.

[10] ANSELEIN L, FLORAX R J, REY S J. Advanced in spatial econometrics: methodology, tools and applications[M]. Berlin: Springer-Verlag, 2004.

[11] LESAGE J, PACE R K. Introduction to spatial econometrics[M]. Boca Raton: CRC Press, 2009.

[12] ELHORST J R. Spatial econometrics: from cross-sectional data to spatial panels[M]. Berlin: Springer, 2014.

[13] MORAN P. A test for the serial independence of residuals[J]. Biometrika, 1950, 37(1-2): 178-181.

[14] 李婧，产海兰. 空间相关视角下 R&D 人员流动对区域创新绩效的影响[J]. 管理学报，2018，15（3）：399-409.

[15] 施震凯，邵军，浦正宁. 交通基础设施改善与生产率增长：来自铁路大提速的证据[J]. 世界经济，2018，41（6）：127-151.

第 11 章　以绿色低碳转型促进强化低碳路径实现

实现碳排放达峰并继此实现强化低碳，迈向纳入实现《巴黎协定》设定的控制 2℃ 温升目标的路径，需要以创新为引领的科技动力作为支撑，而创新需要依赖一定的路径，那就是要有急需解决的难题，以吸引人才为之而努力。在实现强化低碳过程中，有许多难题需要克服。

难题一：经济发展水平较低的国家能否成功转型。从第 3 章各国达峰特征可见，这些国家的达峰和实现经济和能源转型，是在工业化后期也就是经济发展水平较高时，依靠创新发展才实现的。这两者之间的因果关系还未解决。在世界各国，更高的经济发展水平与更高的创新水平相关；而更高的创新水平更好地促进了更高的经济发展水平。

难题二：如何提高产业的自主知识产权水平。全球价值链重组，形成新的趋势，产品生产链的贸易强度降低，跨部门的服务强度增大，劳动密集度降低，而知识密集度不断增大。在全产业链上，对无形资产的投资（包括研发、品牌和知识产权等），2017 年比 2000 年翻了一番，从占总收入的 5.5% 增长到 13.1%[1]。通过研究我国在世界产业链的位置及对外贸易结构发现，为了完成电子产品生产和出口，我国必须同时从日本、韩国进口大量的机电设备和零配件；而为了完成基础工业品的生产和出口，同样必须从日本、韩国大量进口精细化工产品和机床。研究得出结论：这意味着我国并没有出口产业链上自给自足的能力，我国只是将从日本、韩国进口的设备、机床和零配件进行组装，再卖到欧美，类似中间商赚取差价[2]。近期的中美贸易争端，中兴公司和华为公司都受到美国无端的打压和制裁，充分暴露出我国高科技产业的弱点。要摆脱这种局面，在激烈的国际竞争中获得优势，我国政府和企业只能在创造知识、提升技术和创新水平上下功夫，否则无路可走。

难题三：设计一种机制在降低产品或服务碳足迹的同时，提升产品附加值。大约 62% 的全球温室气体排放发生在获取、处理和生产阶段，从循环经济的角度延长生命周期，增加使用强度等均可以减少排放。但是，在生产和消费侧，能否在价值实现的思维方式和财产管理方式上接受这种转变，让生产者和消费者都重视或愿意为清洁、低碳的产品付出劳动、智慧和资金，需要一种机制平衡多方相关者利益，使之以此为目标。

难题四：高碳能源转型到低碳能源中，高碳产业的出路。低碳清洁能源如何替代现有的高碳能源，何时替代损失最小？有些产业减排温室气体，要很好地权衡是加速替代还是尽量保留现有资产、减少沉淀成本，需要解决和平衡经济效益与环境效益兼得的难题。

以上这些，是需要考虑和试图从达峰和减排路径选择上提出对策的问题。

11.1 近远期战略结合，政策措施协同

达峰路径意味着长期战略选择。对于优化开发区域，应该在现有规划的基础上，制定长期规划，如 2050 年的减排路径（这是目前大部分地区所欠缺的），并将其思路和目标与近期规划结合，形成一致性策略和措施。

通过了解和认识替代方案的长期影响，有长期规划能够保障当前作出的决策更好[3]。峰值问题将应对气候变化问题与经济社会发展问题联结在一起，需要采取有远见且更脚踏实地的对策予以解决。需要决心与毅力，更需要技术水平和经济实力，是一项综合系统的复杂工程。在远期规划目标和实现路径方面，可以采取通过开展全民大讨论的方法，引导各区域迈上实现《巴黎协定》温控目标的道路。同时，确保近期做出的气候努力，支持强劲、可持续和公平的增长[4]。新气候经济研究认为，2018~2030 年，长期战略有助于推动加速雄心勃勃的气候行动，实现绿色经济，并有机会获得高达 26 万亿美元的经济效益。

实现长期战略目标，要依托战略、政策及各种具体行动方案的执行。从执行的角度，目标更宏观，但是其影响力较大；行动方案更具体，涉及问题也更详细复杂。

长远规划目标的确定及执行与否，直接影响实施效果。以美国为例，自从特朗普上台后，一方面说退出《巴黎协定》，另一方面全部推翻奥巴马政府之前执行的减排温室气体的政策，大幅度消减研究应对气候变化的经费，致使 2018 年美国的温室气体排放量不减反增，年增长 2.7%，为 2000 年以来的最大增幅，而 2015~2017 年碳排放均为负增长[5]。由此可见，一个国家是否确定减排目标，尤其是长期减排目标作用非常之大。自纽约华尔街金融危机后，全球化对能源转型和气候变化的影响，也逐渐体现出来；中国石油经济技术研究院发布的《2050 年世界与中国能源展望（2019 版）》增加了全球化减弱情景。在逆全球化情景中，世界经济发展受阻，技术进步速度变慢，拉低世界能源需求技术与贸易依赖性强的能源的需求，而依赖本地资源的能源需求上升。

现在的政策是在我们还不知道全球气候变化的影响时确定的，能源系统、城市组织、运输系统及垃圾处理系统等，均是基于传统能源而建造和运行的。许多政策也是为保障这些系统的有效运行而制定的。现在目标发生了变化：在推动经济增长的同时要减少对环境的影响，实现绿色发展、建设生态文明，打造人类命运共同体，因此具体的措施及激励机制等都要发生根本性变化。实现低碳经济，需要从生产侧到消费侧进行创新和改革，生产侧包括石油和天然气开采、电力开发、绿色生产和服务，消费侧包括能效提高、水资源管理、可持续交通及可持续垃圾管理等方面，以不断适应新目标、新形势和新技术的要求。

为此，需要对现在出台的所有政策进行认真梳理，检查其与目前设定的预期目标是否一致，如现有融资体系，是否依然存在鼓励消费者和生产商支持高排放的化石能源消费和生产的情况；投资环境是否坚持向应对气候变化的长期基础设施所需要的方向进行投资引导等。若不符合，就应该予以修改或取缔，避免造成人为障碍，为实现碳中和目标增加阻力。

政府往往扮演着风险承担者的角色，既要推进相关机制，以促进投资和推广可能具有颠覆性的技术，又要扶持技术风险高的项目。实践证明，没有激励就没有动力，不会有大的变动。例如最近几年，随着治理大气污染物的力度加大，重工业虽然在淘汰落后产能方面动作较大，但是由于缺乏必要的创新激励，在脱碳创新方面取得的进展不明显。

11.2　强化低碳促进绿色创新

创新尤其是能源技术和管理创新,是减排的最佳选择和必由之路。今天深圳的繁荣,没有设计好的计划可遵循,而是独辟蹊径,涌现出了解决当时问题的办法和掌握办法的人才。深圳成为今天世人瞩目的城市,是敢于探索和闯的结果[6]。中国现在是第二大经济体、世界第一碳排放大国,已成为一些国家尤其是西方发达国家和欠发达国家诟病的对象。我们必须在应对气候变化方面,体现出大国应有的思维模式和担当。甩掉跟踪和追赶思维,因为跟踪和追赶思维总是要实现别人定的目标;甩掉这一思维,就不可能不领先。因为对前面的路任何人都一无所知,只有勇于前行,才能获得骄人成绩,成为他人的追赶者。

11.2.1　提高能源效率,启动能效电厂

电厂效率和碳排放强度存在如下的关系:亚临界煤电厂效率为30%,碳排放强度为1116克/(千瓦·时);超临界煤电厂效率为38%,碳排放强度为881克/(千瓦·时);超超临界煤电厂效率为45%,碳排放强度为743克/(千瓦·时);先进超超临界煤电厂效率为50%,碳排放强度为669克/(千瓦·时)。煤电厂效率每提高1个百分点,碳排放强度下降2～3个百分点。同等规模的天然气电厂(开放循环)碳排放为700克/(千瓦·时),联合循环燃气电厂碳排放强度为450克/(千瓦·时)。2000～2018年,我国电力的发电煤耗由363克标煤/(千瓦·时)降低到282克标煤/(千瓦·时),已经处在世界先进水平,比全国火电平均供电煤耗少26克标煤/(千瓦·时)。莱芜电厂200万二次再热机组,效率达48.12%,发电煤耗255.29克标煤/(千瓦·时),刷新世界纪录。

我国单位能源的产出在不断增加(单位能源的碳排放、单位产值碳排放)等,单位产品的能源消费量和碳排放量均在降低,这是技术进步的结果,更是挖潜改造的结果。通过能源效率的提高,不仅可以减少碳排放,还可以减少SO_2、NO_x、粉尘等的排放。另外,还可以减少因之而增加的各种费用。例如,国家电网有限公司2017年发电量为38745亿千瓦·时,其中脱硫、脱硝、除尘、超净排放环保加价751亿元,占总收入23236.5亿元的3.2%,每度电加价2分[7]。

终端用能设施效率提高而减少能源消费,要比生产侧效率的提高带来的收益或减少的成本支出大得多。这一点在前面章节中低碳生活部分均做了论述,此处不再赘述。

11.2.2　多种技术整合优化低碳能源模式

《联合国2030年可持续发展议程》确定的17个目标中,均与能源相关,因为能源是支持物质流动的基础。为此实现能源的多元、清洁、便利、高效,就能够满足可持续发展第13个目标即立即采取行动应对气候行动及其影响的要求。

欧盟委员会2013年发布的员工工作文件[8]在能源技术创新技术评价中,提出了风能、光伏发电、集热式太阳能发电核电、CCS等发展方向,其中风电、光电要大规模发展,通过创新加大成本下降幅度,预计2030年部署CCS技术,为将来进入市场做好技

术和市场储备。

国际能源署跟踪评估全球范围内 39 种减排技术路径的发展趋势，并将其分为在轨（on track）、需再努力（more effort needed）、滞后（off track）三类。如能源集成的 4 种技术路径中，在轨的技术为储能；需再努力的有氢能、智能电网、需求响应等技术。这些技术可以作为未来国家做政策支持、企业研发和投资方向选择的参考。

IRENA 发布的《全球能源转型：通往 2050 的路线图》[9]认为，电力、工业、建筑和交通部门的行动对于实现全球 2050 年的能源转型至关重要。全球迫切需要能源转型，可再生能源、能源效率和电气化是这一转型的三个支柱。这些支柱的技术现在已经成熟可用，且具有成本竞争优势，可以迅速进行大规模部署。关键是需要政府采取相应的政策措施，并给出明确的市场信号，让市场主体能够迅速参与。

BP 发布的《能源技术展望 2018》报告给出了 10 项需要关注的能源技术未来的问题。如政府部门采取碳定价等干预措施促进氢能、电动汽车等技术加快进步步伐；注意当风光等间歇性能源比例超过 40%时，电网整合接纳的成本增加，尤其是能源存储与释放，以及配备碳捕集应用与封存技术的煤电厂；能源储存的可选项发展较快，抽水蓄能电站、铅酸电池作为电网储能方式，到 2050 年锂电池、金属空气储能、固态和流体的储能及氢能等都能作为储能选项；以电动汽车为引领的交通革命已经开始，2050 年动能和氢能汽车的成本降低至现在水平的 1/4，生物喷气机仍然是一个可行的解决方案，以帮助实现航空业的排放目标和碳抵消；大部分供暖设施将用燃气，但将偏向于电力和燃气热泵的混合；脱碳技术对减排和满足能源需求的增加至关重要；数字技术是提高系统效率的最重要资源，其总潜力未知；提高能效具有巨大的减排和节能潜力[10]。

可见，未来可再生能源成为主导能源无可争议，储能技术和电网消纳技术是大规模利用可再生能源的基础，而数字化及专项能源技术的发展，是能源多元化的必备支撑。

Winston[11]认为，到 2030 年世界将发生 9 个变化：人口增长到 85 亿人，人口老龄化增大，收入差距加大；城镇化加大，2/3 的人口居住在城市；世界变得越来越透明，隐私越来越少；《巴黎协定》难以实现，3℃温升很可能发生，气候危机加剧，地球宜居性降低；资源紧缺压力加大，循环、可再生材料增多；零碳技术全面铺开，任重道远，但可再生能源会迅速增加；在技术更替带来智能、便利的同时也带来就业难等负面问题；全球政策要解决全球问题的要求加强，企业作用增大；民粹主义抬头。他呼吁各利益相关方采取措施，趋利避害，以全方位创新，应对各种变化。

值得庆幸的是，我国科研人员经过多年努力，将二氧化碳作为原料利用的技术推向了新阶段。天津大学化工学院巩金龙团队在国家重点研发计划项目的支持下，经过三年多的研究，实现了利用太阳能、氢能等绿色能源，在温和条件下进行二氧化碳的高效转化，建立了新型的"光电催化二氧化碳还原""二氧化碳加氢还原"途径，打通了从二氧化碳到液体燃料和高附加值化学品的绿色转化通道，实现了将二氧化碳还原为甲醇和其他碳氢燃料的新突破。在转化过程中，其含碳产物的产出率高达 92.6%，其中甲醇的选择性为 53.6%，达到世界领先水平。通过深入研究二氧化碳化学催化转化过程，突破了二氧化碳资源化所面临的能耗高、效率低、产品附加值低等瓶颈问题，为其转化利用技术的大范围推广奠定了科学基础，研究成果处于世界领先水平。目前我国每年有 2000 万吨含钛、铝等成分的炼钢高炉渣无法得到利用。此项技术可以在矿化固定二氧化碳的同时，高效回收钛、铝等金属元素，而在矿化过程中得到的高纯度钛白粉可以应用于染料制作，实现了高炉渣的资源化充分利用。目前，这项技术的二氧化碳矿化效率达到了 200 千克/吨（非碱性矿），为世界最高水平[12]（表 11.1）。

表 11.1　几种不同能源技术的百年二氧化碳排放总量

技术	生命周期排放	延期的排放机会成本	人为热排放	人为水蒸气排放	核武器风险或百年 CCS/U 泄漏风险	土壤覆盖或清除植被的二氧化碳当量损失	百年二氧化碳当量总量	百年二氧化碳当量与陆上风电比值
太阳能光伏屋顶	15.34	-16～-12	-2.2	0	0	0	0.8～15.8	0.1～3.3
太阳能光伏电站	10.29	0	-2.2	0	0	0.054～0.11	7.85～26.9	0.91～5.6
太阳能光热发电	8.5～24.3	0	-2.2	0～2.8	0	0.13～0.34	6.43～25.2	0.75～5.3
陆上风	7.0～10.8	0	-1.7～-0.7	-0.5～-1.5	0	0.0002～0.0004	4.8～8.6	1
海上风力发电	9.17	0	-1.7～-0.7	-0.5～-1.5	0	0	6.8～14.8	0.79～3.1
地温	15.1～55	14～21	0	0～2.8	0	0.088～0.093	29～79	3.4～16
水力发电	17～22	41～61	0	2.7～2.6	0	0	61～109	7.1～22.7
波浪能	21.7	4～16	0	0	0	0	26～38	3.0～7.9
潮汐能	10～20	4～16	0	0	0	0	14～36	1.6～7.5
核能	9～70	64～102	1.6	2.8	0～1.4	0.17～0.28	78～178	9.0～37
生物质	43～1730	36.51	3.4	3.2	0	0.09～0.5	86～1788	10～373
天然气-CCUS	179～336	46.62	0.61	3.7	0.36～8.6	0.41～0.69	230～412	27～86
煤电-CCUS	230～800	46.62	1.5	3.6	0.36～8.6	0.41～0.69	282～876	33～183

资料来源：JACOBSON M Z. Evaluation of Nuclear Power as a Proposed Solution to Global Warming, Air Pollution, and Energy Security[M]//100% Clean, Renewable Energy and Storage for Everything Textbook. Cambridge: Cambridge University Press, 2019.

注：总排放量包括生命周期排放量、机会成本排放量、人为热和水蒸气排放量、核武器和碳泄漏风险排放量，以及土壤和植被被破坏碳储存损失量。所有单位均为克二氧化碳当量/（千瓦·时），最后一列除外，该列给出一项技术的排放量与陆风电排放量之比。

数字化是扩大能源转型的关键因素。数字化正在改变创新过程，降低生产成本，推动合作而开放的创新，使制造业和服务业创新之间的界限日益模糊，整体缩短了创新周期[13]。

智能创新可以通过一系列数字技术转化为智能解决方案，也就是以消费者为中心的电力供给解决方案。数字创新（如人工智能、物联网、区块链等）正在迅速增加，并以许多不同的方式积极地对电力系统产生重大影响。

随着可再生能源电力占总电力比例的增加，电力系统整体灵活性的要求也要提升。要求这种灵活性能够将电力需求迅速变为电力供应。智能电表、数字网络和物联网等对这类转型可以起到支撑作用。

支持地方政府实施国家气候变化政策的创新方法，促进公私伙伴关系和激励措施，鼓励更多的气候技术和创新、落实排放交易等经济手段，以帮助提高国内监测、报告和核查系统的水平[14]。

在数字化时代，我们设想未来的政府机构和文书工作将被简化为简单的鼠标点击。但由于缺乏跨国界和跨部门的互操作性，情况往往与预期存在较大差异。

数字技术大大降低了成本，尤其是生产技术密集型商品和服务的成本，搜索、验证、操作和沟通信息与知识的成本，在市场上推出新产品和服务的成本——特别是那些高信息和知识含量的产品和服务。通过区块链等数字技术，验证潜在合作伙伴的声誉和可信度的成本较低。这增加了成功搜索将产生市场实际匹配（劳动力、投入、产品等的供求之间）的机会，从而降低生产成本，提高产品质量[13]。

IRENA[15]在解决可再生能源整体解决方案中，从支持技术、商业模式、市场设计和系统运营四个方面，提出了 30 项创新措施。这些措施基本上涵盖了可再生能源要成为主导能源应该具有的技术及采取的措施。尤其是电力领域引入电池存储技术、数字技术、能源作为服务（energy-as-a-service）的商业模式、提高电力市场的时间和空间密度、可再生电力预测等的变化，给人们全新的概念和思路。可见，未来电力系统总成本将进一步降低，服务质量和水平将进一步提升。

因此，UNEP 在其排放差距报告中进一步明确，要解决确保成本公平分摊、减轻单边政策影响、促进公众支持等关键问题，才能缩小实现控制温升目标的排放差距。为推动绿色、低碳发展，政府应采取的财政改革措施包括扶持受到损害的企业、调整碳关税、增进政府信任等（图 11.1）。

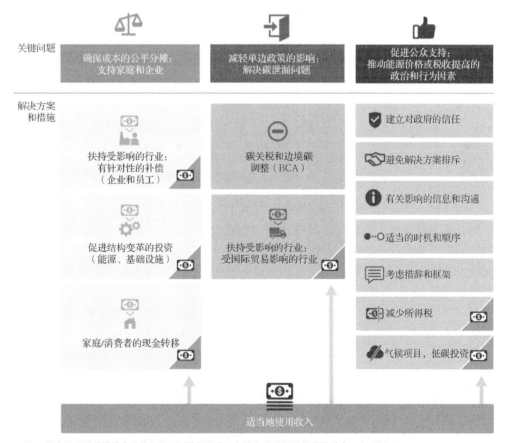

注：箭头显示了碳排放定价收入的不同使用方式。与资金流动相关的措施带有三角形标记。

图 11.1　经财政改革解决问题的举措

资料来源：UNEP. Emissions gap report 2018[R/OL].(2018-11-27)[2018-12-31]. https://apo.org.au/node/206441.

创新是产业发展的基础。1998～2015 年,太阳能光伏发电设备装机容量平均年增长率为 38%,不断打破人们的预测。太阳能光伏发电通过"边做边学"降低了成本,不断扩大规模效益和研发,通过竞争降低了利润率,进一步刺激了更经济系统的推广。1975～2016 年,太阳能光伏组件的价格下降了约 99.5%,装机容量每增加一倍就会使成本下降20%[16]。由图 11.2 的光伏发电成本曲线可见,光伏发电技术及产业的发展,充分说明了创新是非线性的,又说明如德国政府实施购电法及我国政府采取的对光伏产业补贴及各类项目支持等措施,促进了光伏制造技术提升和产业大规模发展。

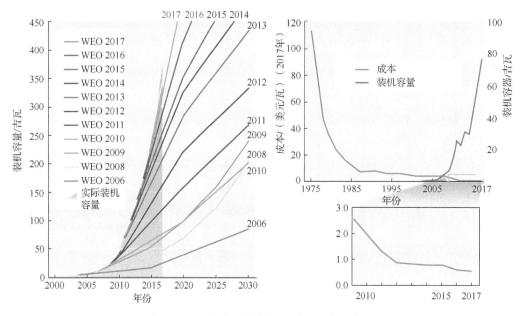

图 11.2　光伏发电的装机容量及成本变化图

资料来源:UNEP. Emisison gap report 2018[R/OL].(2018-11-27)[2018-12-31]. http://apo.org.au/node/206441.

随着我国碳达峰方案的确定和碳中和目标路线图的制定,我国必将继续大力支持有潜力的低碳、零碳技术的创新、研发及推广。充分利用政府和市场两只手,助推绿色低碳创新,在保障减排目标实现的同时,充分协调资源利用率最大化和环境影响最小化之间的平衡关系。

11.3　强化低碳化弊为利

《巴黎协定》设定的 2℃温升目标是在全面考虑全球生态系统已经及未来可能造成的损害而做出的选择。以目前全球温室气体浓度和排放水平趋势发展下去,到 21 世纪末,全球气温很可能比 1850～1900 年高出 1.5℃;到 2065 年,海平面将上升 24～30 厘米;到 2100 年,海平面将上升 40～63 厘米。联合国发布的《2019 年世界经济形势与展望》[17]指出,随着越来越多的极端天气事件的出现,1998～2017 年,与气候相关的灾害造成的损失高达 22450 亿美元,较 1978～1997 年增长了 1.51 倍。这一数字还可能是被严重低估了的，因为发生在低收入国家 90% 的灾害，没有统计数据。一项对美国的研究表明[18]，气温每升高 1.0℃，GDP 平均损失 1.2%。可见，尽早实现碳排放达到峰值目标，然后迅速下降，向实现碳中和的目标发展，能够避免过高的损失，还可以从中获益，是一条可持续发展之路。

11.3.1　深度减碳促进可持续发展

地球生态系统的不可持续将是全人类的噩梦，是地球命运共同体的崩塌。从长远视角看，《联合国 2030 年可持续发展议程》的目标与《巴黎协定》的气候目标是一致的，目标 13（采取紧急行动应对气候变化及其影响）与其他目标之间存在的协同关系，远高于均衡关系，而且能源需求除了与水下生物不存在协同关系外，其他的协同效益都非常强。气候变化目标实现了，其他目标的实现会更加容易，若实现不了，则其他目标，尤其是获得可支付的清洁能源等目标，将无从谈起。

人类生活在唯一可以依赖的地球生命共同体内，其生态系统的健康与否直接关系到人类的生存与发展。减排温室气体，尽早实现峰值目标是可持续发展的重要内容和紧迫要求，更是实现其他目标的重要支持，如保护气候、获得可持续能源、减少贫困、保护水体及维护生态系统等，这些目标之间是相辅相成、相互支撑的。人口增加和经济增长，一方面会增加碳排放，另一方面也会增加减排技术的研发投入，提高收入水平则有经济实力使用清洁、低碳能源，进而减少人均碳排放。所以，尽早实现峰值并迈上深度减碳路径，就是要增加可再生能源投入、发展绿色经济，直接或间接保护水资源、土地资源、生物多样性，并实现消除贫困，增加粮食产量，保障粮食安全。这些都是实现可持续发展目标所要求的（图 11.3）。

何建坤[19]教授认为，实现《巴黎协定》下全球减排温室气体目标，要与联合国 2030 年可持续发展目标相结合，促使各国走上"发展"和"减碳"双赢的绿色低碳发展路径。其核心指标是大幅度降低单位 GDP 的二氧化碳强度，也就是大幅度提升单位二氧化碳排放的经济产出效益。一方面要大力节能，提高能源转换和利用效率，同时转变生产和消费方式，减少终端能源需求，从而降低单位 GDP 的能源强度；另一方面要大力发展新能源和可再生能源，促进能源结构的低碳化，降低单位能耗的二氧化碳强度。

绿色低碳发展、峰值路径的选择，促使我国必须走一条与其他发达国家不同的新型工业化道路。这些在前面章节已有介绍。中国的工业化、城市化和经济发展道路，所处的国际大环境和国内小环境，与西方发达国家在实现碳排放达峰过程中，存在较大差异。我们不可能照搬西方国家的达峰路径，国际环境和国内发展要求也不允许中国用较长时间完成从达峰向碳中和的过渡，必须大大缩短达峰和碳中和的历程。因为这是一场国际的零碳竞赛，胜者为王。中华民族除了胜利，已经无路可走。

为此，在新的环境下，中国尤其是优化开发区域应努力走出一条新型城市化的道路。城市化模式的选择与分工、专业化协作、规模经济、节约资源、保护环境和生态等关系密切。300 年来，世界经历了三次城市化浪潮，第一次是大城市的兴起，即工业化和分工深化的结果。第二次是小城市的扩散，这是治理大城市病的自然要求。目前，全球开始了第三次城市化浪潮，主要特点是通过强化大城市与中小城市的交通和网络联系

（city-region and net-working），全面提高大城市的国际竞争力。此趋势在伦敦、巴黎、柏林、东京、大阪等城市起步。

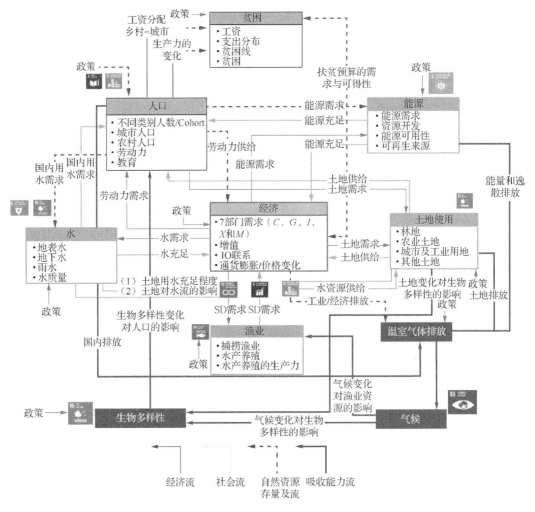

图 11.3　可持续发展目标之间关系图

资料来源：Bappenas. Low carbon development: a paradigm shift towards a green economy in Indonesia[R]. 2019.

　　面对新趋势和国内城市化进程挑战诸多的背景，刘鹤[20]给出的策略是：从战略上，按照建立主体功能区和特大城市圈的思路，从资源环境承载能力和生产力合理布局的角度做好城市群发展规划，以大城市为核心，整合中小城市和小城镇，相应做好政府事权划分、财税、住房、教育、社会保障、土地利用等制度设计，培育和创造符合中国在全球经济定位的大城市圈。粤港澳大湾区、长三角经济带、环渤海经济圈等规划和建设就是基于这样的战略思路设计和实施的。从战术上，需要接受发达国家和部分发展中国家"大城市病"的教训，审慎和负责地处理各类现实问题，在建立城市功能区、接受大量转移劳动力和治理大城市带来的噪声、空气和水污染、交通堵塞及解决社会难题等方面走出符合国情的新路径。目前，超大城市在治理城市病方面的做法也是这样的。这些战略和战术与目前我国正在采取的绿色低碳发展模式与路径完全一致，若落实到位，则将极大提升我国的可持续发展能力。

11.3.2 碳排放与经济发展绝对脱钩

习近平总书记在党的十九大报告中指出，"永远把人民对美好生活的向往作为奋斗目标"[21]。绿色生活是新时代美好生活的题中应有之义，是延续"好生活"的必要前提，是实现"美生活"的主旨意蕴。在对绿色生活方式的理解中不能脱离两个维度——"绿色维度"和"人文维度"，由此决定"坚持人与自然和谐共生""坚持以人民为中心""坚持统筹兼顾"是绿色生活方式的实践原则。

要保障同时实现人民美好生活与深度减碳，就要将二者脱钩。也就是经济增长完全与碳排放不相关。

11.4 强化低碳促可再生能源发展

2018 年 11 月 28 日，欧盟委员会提出了 2050 年实现经济繁荣、现代化、有竞争力和气候中性的长期愿景[22]。2005～2015 年欧洲可再生能源装机容量提高了 71%，为可持续发展和增加当地就业做出巨大贡献。依照欧洲的经验，先进国家和地区，一般是当地政府和市民推动可再生能源的发展转变。

当今的世界正走向互联-物联、能源互联，电气化将是关键支撑，也是减少排放的关键解决方案。只有将电气化与清洁电力结合，减排目标才能实现。到 2050 年，电力在总能源消费中所占的比例必须从目前的 20% 提高到近 50%。届时，可再生能源将占能源消费的 2/3，占发电量的 86%[9]。可再生电力与深度电气化相结合，可将二氧化碳排放量减少 60%，这在能源部门所需的减排中所占比例最大。太阳能成本在 2010～2018 年已经下降了 77%，年下降率为 7.9%[23]。来自可再生能源清洁电力的成本越来越低，可以预期将很快低于化石能源。值得庆幸的是，这种高碳能源向低碳能源转变的道路，充满着各种机遇：在促进经济更快更持续增长的同时，也会创造更多就业，并从根本上改善社会的整体福利。

IRENA 的研究认为，到 2050 年，人类因应对气候变化采取的积极举措，将减少人类的医疗成本、环境破坏和补贴的支出，可达转型额外年成本的 3～7 倍。到 2050 年，与往常相比，能源转型将使 GDP 增长 2.5%，使全球就业率增长 0.2%。新气候经济认为，相对于一切如常（business as usual，BAU）情景，如果采取锐意进取的气候行动，到 2030 年就能创造逾 6500 万个新的低碳就业机会，同时还可避免 70 多万人因空气污染而过早死亡[24]。

气候破坏将导致严重的社会经济损失。制定公正和公平的转型政策，将使不同国家和地区的利益获得保护，并解决成本分担不平等的问题。全球能源体系转型还能够提高可负担的、普遍获得能源的能力，进而改善能源安全。尽管采取立即行动将使与当今高碳能源技术相关、逾 7.7 万亿美元的能源基础设施资产报废[9]，但若拖延行动，这一数额会迅速增加，而且拖延越久，数额会越大，并且难以逆转。

目前，国际社会的选择对于实现可持续能源和气候安全的未来至关重要。可持续发展目标和《巴黎协定》为协调和进一步加速推进能源转型的全球努力建立了实施框架，体现了紧迫性和约束性，使行动有路线图和进度表，能源转型的步伐得以加速。

1997 年《京都议定书》签署后，各国低碳经济发展历程正式启动（图 11.4）。低碳发展是由科学认知到社会共识，再到产业发展目标和低碳产品的过程，2010 年后呈全方位加速状态。各项技术成本大幅下降，进一步推动了产业化发展。这样产生几个方面的益处：可再生能源成本下降推动技术的大规模应用，大规模应用又促进了成本的进一步下降，构成良性循环；低碳能源取代高碳的煤、气、油等化石能源，污染物排放尤其排放到大气中的污染物大幅度下降，环境得以改善；人们的幸福指数提升，经济得以持续发展。

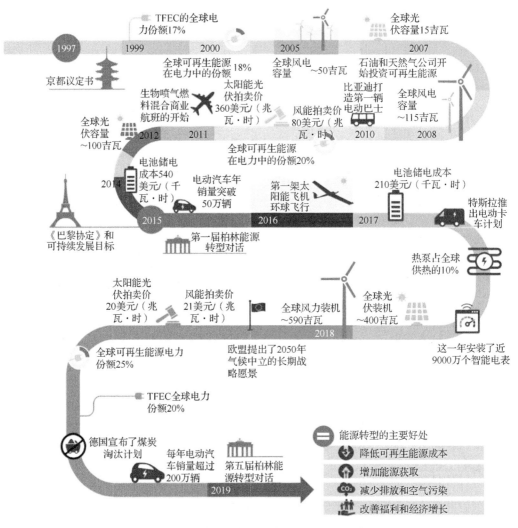

图 11.4　可再生能源发展历程（1997～2019 年）

资料来源：IRENA. Global energy transformation: a roadmap to 2050[R/OL]. (2019-04-09) [2019-08-05]. https://irena.org/-/media/Files/IRENA/Agency/Publication/2019/Apr/IRENA_Global_Energy_Transformation_2019.pdf.

达峰需要能源转型，能源转型也需要达峰和碳中和目标的驱动。二者相互作用，促进可再生能源的全面加速发展。

2019 年，全球并网大规模太阳能光伏发电成本降至 0.068 美元/（千瓦·时），同比下降 13%。在 2019 年投产的项目中，陆上和海上风电的成本均同比下降约 9%，分别降至 0.053 美元/（千瓦·时）和 0.115 美元/（千瓦·时）。太阳能和风能发电技术中最不成熟的聚光太阳能热发电成本降至 0.182 美元/（千瓦·时），降幅为 1%[25]。成本下降一方面源于技术进步和安装成本的下降，另一方面也源于市场竞争。

在欧洲，2018 年 12 月批准的《欧盟可再生能源指南（2020～2030 修改版）》提出了 2030 年交通部门可再生能源占比要达到 14%，先进生物质油和生物甲烷至少占到 3.5%[26]。

IRENA 的报告认为，安装和维护成本是影响可再生能源大规模商业化应用的主要因素。目前，在没有任何经济资助的情况下，陆上风电和太阳能发电已经比任何低成本化石燃料发电还要便宜和清洁。数据显示，全球某些地区的陆上风能和太阳能发电成本仅为 0.04 美元/（千瓦·时），而智利、墨西哥、秘鲁、沙特阿拉伯、阿联酋的太阳能发电拍卖价还曾创下历史新低的 0.03 美元/（千瓦·时）。2018 年，集中式太阳能发电的全球加权平均成本同比下降 26%，生物质能下降 14%，光伏发电和陆上风电下降 13%，水电下降 12%，地热和海上风电下降 1%。

2020 年全球陆上风电的平均成本下降了 8%，达到 0.045 美元/（千瓦·时），光伏发电的平均成本下降 13%，达到 0.048 美元/（千瓦·时）。此外，2020 年全球超过 3/4 的陆上风电、1/5 的光伏发电的价格低于最便宜的新型燃煤、石油和天然气发电成本[27]。

2019 年全球可再生能源行业从业人员达到 1100 万人，比 2017 年增加 6%，证明该行业在全球经济和能源结构中的作用日益突出。就业市场主要集中在中国、美国、巴西和欧洲等国家和地区，其中亚洲国家占全球可再生能源就业市场的 60%，而太阳能行业的就业人数最多。

21 世纪可再生能源政策网络（REN21）发布的《可再生能源 2019 年全球状况报告》[25] 披露，2018 年全球可再生能源投资出现下降，这主要是太阳能发电技术成本降低所致，但同时意味着该行业可以通过较低的成本满足所需电力。

在全球范围内，太阳能仍然是最大的投资重点，2019 年投资规模约 1397 亿美元，下降了 22%；风电则增长 2%，达到 1341 亿美元。截至 2018 年年底，全球可再生能源装机 1246 吉瓦，其中中国占比达 32.4%，约 404 吉瓦；欧盟 28 国占比 27.2%，约 339 吉瓦；美国占比 14.4%，约 180 吉瓦。

当前，全球超过 20% 的电力来自可再生能源，普遍认为低成本的绿色电力正在成为常态。REN21 对 114 名能源专家进行调查，70% 的受访专家相信，可再生能源成本将继续下降，到 2027 年将很容易低于所有化石燃料的成本。甚至有专家认为，到 21 世纪中叶全球可以轻松转型成为 100% 可再生能源结构。

BloombergNEF[28] 的能源经济主管 Elena Giannakopoulou 认为，需要固定电价政策等直接补贴可再生能源的日子即将结束。但是，要实现能源顺利转型，并使碳排放降低水平加速的话，还需要其他政策，包括对电力市场改革等的支持，以保证"风电和光电"

及储能技术研发和使用等，并根据对电网的贡献程度获得相应补偿。到 2050 年光伏发电技术的平准化成本将迅速降低 63%，达到 25 美元/兆瓦时。从 2010 年以来，模块成本下降了 89%，预计到 2030 年通过制造业生产链采取提质增效的措施，以及学习能力的增强，成本会持续下降。

风电成本会更低。从 2010 年起，风机成本下降，随着机械效率的提升，以及传感器和智能数据的使用，提高运行效率和降低成本。新的风机投入市场和风电场的开放式进入，不经济性将不复存在。希望到 2030 年再下降 36%，到 2050 年下降 48%，大约 30 美元/兆瓦时。

电池是未来到 2050 年电力部门转型的三个关键要素之一。电池存储技术就是加速进步的一个推动因素，使离网用户得以自给自足和自行生产，而这都要归功于小规模可再生技术的快速发展。锂离子电池成本的突破正在彻底改造汽车行业。自 2010 年以来，电池价格下降了 84%，希望电池总成本继续下降，到 2030 年降到 62 美元/（千瓦·时），比目前下降 64%。需要进一步说明的是，超高压和智能电网正在开启电力远距离传输甚至跨国传输大门。

美国能源与环境政策分析公司能源创新（Energy Innovation）早前就发布报告称[29]，美国当前 2/3 的煤电成本高于太阳能和风能发电成本，"风光"依赖补贴的阶段即将落幕。这份报告作者之一 Mike O'Boyle 指出，即使政策没有发生大转变，煤炭很快被替代的结局已经注定。根据美国能源信息署的公共财政文件和数据，对燃煤电站及方圆 35 英里（1 英里≈1609.344 米）区域内的风能和太阳能电站的发电成本的分析结果显示，由于燃煤电站的维修成本和污染控制成本不断走高，而太阳能和风能的发电成本大幅下降，74% 的煤电成本已经比风能和太阳能更高，到 2025 年美国几乎所有煤电成本都将高于风能和太阳能发电成本。

2019 年我国可再生能源发电量达到 19975 亿千瓦·时，占全部发电量的 26.6%，其中光伏发电量为 2243 亿千瓦·时，光伏发电量占可再生能源发电量的 11.2%，占全部发电量的 2.99%。我国水能资源技术可开发装机容量约 6.87 亿千瓦，年发电量约 3 万亿千瓦·时。到 2019 年年底，我国水电装机容量达到 3.56 亿千瓦，约占全国发电总装机容量的 18%[30]。

IRENA 认同 Shell 所做的分析（图 11.5），认为化石燃料的需求将在 2025 年达到顶峰，之后开始下降，到 2050 年与可再生能源平分秋色，2060 年可再生能源总需求量超过历史上的化石燃料的最高点，直到 2100 年一直处于增长阶段，而化石燃料在 2070 年之后，处于缓慢下降的平台期[31]。

2019 年 6 月 21 日，彭博新能源财经（BloombergNEF）发布 2019 年《新能源市场长期展望》，报告分析，由于风电、太阳能和储能技术成本的大幅下降，到 2050 年全球近一半的电力将由这两种能源供给。报告预计，全球电力需求将增加 62%，导致电力装机规模在 2018～2050 年几乎增长两倍。这将带来 13.3 万亿美元新投资，其中包括 5.3 万亿美元风电投资和 4.2 万亿美元光伏投资[28]。

2017 年德国竞标成功的光伏项目的平均价格低于 50 欧元/（兆瓦·时），较前两年下降近 50%。美国得克萨斯的 150 吉瓦项目报出了美国最低的光伏购电协议价格，电价有望低至 21 美元/兆瓦时。在加拿大、印度、墨西哥、摩洛哥等多元化市场，陆上风电竞标的价格低至约 30 美元/兆瓦时。德国国内的纪录也低至 38 欧元/兆瓦时。德国和荷兰的海上风电竞标结果出现了零补贴中标（开发商只能获得市场电价，但政府仍会提供并网和其他支持），这些项目分别将于 2024 年和 2022 年开始运行。这种情况在几年前是不可想象的[32]。

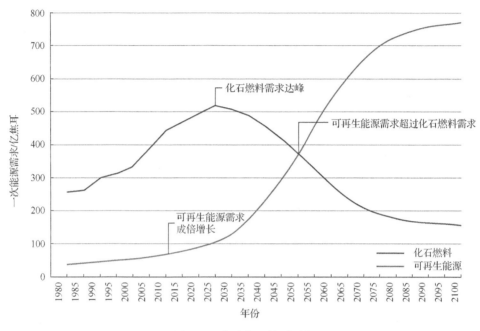

图 11.5　全球能源转型预期

资料来源：IRENA. A new world the geopolitics of the energy transformation, 2019[R/OL]. (2019-01-11)[2019-07-13]. http://www.geopoliticsofrenewables.org.

11.5　深度减排促管理和经营深度演化

商业和金融模式创新有助于扩大可再生能源规模，而要扩大可再生能源规模，就必须不断进行商业模式和政策设计创新[33]。

政府各职能部门内外的协调是以创新推动绿色转型发展，实现最佳排放目标的关键。全球气候变化会直接或间接影响企业经营的宏观和微观环境，如经营场所、经营活动、应对极端气候事件的能力、服务的对象、供应链的长度、地点及多样性等，产生短期或长期的、有利或不利的影响。

1.5℃温升路径对服务对象的变革，即商业模式的创新是颠覆性的。随着全球变暖形势的加剧、减排约束力的强化，硬环境指标发挥的作用将会更强。气候是商业（和世界）最大的风险[34]。因此，管理层决策及管理方式的影响将会增强或突显，如对温室气体排放与温升影响不一致的问题，也就是公平分担减排责任及面对可能不可逆转的海平面上升、极端气候事件增强带来的损失损害的补偿问题等，将成为政府、企业和各机构都要考虑和应对的问题。因为世界上最贫困的一半人口只排放了 10%的全球温室气体，而最富有的 10%人口却排放了全球 51%的气体[35]。

气候变化还需要广泛适应关键服务和基础设施。最昂贵的适应措施包括改造基础设施，改善沿海区域的防洪措施等。在气候脆弱程度最高的区域，经营成本并不一定最高；但在基础设施多且需要进行气候防护的地区，成本就会更高，如我国东部沿海区域。

我们知道，任何企业都在经受第四次工业革命、企业与客户关系转向由数字通信提供支持、定制服务、不间断连接模式的挑战。2018 年年初，Facebook 所属的移动通信服务 WhatsApp 报告称其用户每天发送 600 亿条消息，而当中国互联网公司阿里巴巴集团于 2015 年推出"双十一"促销活动时，仅在中国就实现了 140 亿美元的在线交易，其中 68%通过移动设备完成。

企业都应掌握如何利用数字技术提升产品价值。例如，电动汽车制造企业已经采用无线软件更新，有助于其在汽车售出之后，依然保持其存在价值。另外，还可以采用软件系统设计服务评价程序，如评价一段时间汽车性能变化情况，用于准确给汽车定价；还可以评价电梯等设备，不仅可以有助于依据规定时间内的性能给电梯定价，还可以刨除维护时的电梯停用时间，做到评估更精准合理。这些都是数字技术迅速铺开的应用范围。这些对提升设备性能、降低能源消费、合理利用资源，有很多的裨益。

第四次工业革命也带来了新的合作形式。越老牌的企业通常越缺乏对客户需求变化的敏感性，而年轻企业缺乏老牌企业具有的资本和丰富数据和经验。当这些企业间共享资源、互通有无时，就能够为双方及更广泛机构创造出新的重要价值。当这些机构打算建立新的合作关系时，将更多地转向开放、利用网络的运营模式。这就是所谓的平台战略，也是一种颠覆性模式，能够通过同行依托现有条件和基础设施，扩大机构影响力。无论选择何种模式，这些机构都能够利用灵活、开放的优势，在价值创造的生态系统中找到自己的定位，同时更有效地利用能源和自动化降低成本。

"营商环境是市场主体赖以生存和发展的土壤，是一个国家和地区的重要竞争力。优化营商环境需要久久为功，需要党政部门、市场主体和社会各界共同努力。"[36]天津原市长张国清认为，好的营商环境，就是四句话：一办事方便，二法治良好，三成本竞争力强，四生态宜居[37]。经济多元化是区域发展的基础。从国内外调研发现，凡是经济多元化做得好的区域，其经济发展越繁荣，适应环境、抗击外界冲击的能力越强。2017年外部中美贸易危机，国内环境治理力度加大，对中国经济尤其是出口的高科技企业造成较大影响，但是经过一年多的政府营商环境治理、促进转型，大多企业适应新环境、开辟新市场、寻求新突破，效益明显好转。那些对绿色发展技术有储备、环境意识强、产品优质高效的企业，发展空间扩大了、盈利空间拓宽了，而一些适应能力差的企业，被迫关停并转。

政府承担着为企业家和中小企业创造优良营商环境的艰巨任务。健全、有效的商业监管对鼓励创业和推动私营部门的发展至关重要。缺乏有效监管，就不可能终结极端贫困、促进全世界共同繁荣[38]。没有健全的私营部门，经济就无法繁荣。地方企业的蓬勃发展，为就业创造了更多机会，也为国内企业带来更多投资和收入。所有关心经济发展和社会利益的理性政府，都对影响中小企业发展的法律法规给予了高度关注。有效的商业监管为微型和小型企业提供了成长、创新的机会，并在合适的时机，促进其从非正规经济部门向正规经济部门转换。

要实现深度减排，实现巴黎协定确定的温升 1.5℃ 或 2℃ 目标路径，要求企业能够更好地发挥创新主体作用，要求营商环境应更有利于创新和推动转型发展。从表 11.2 的国内外机构对营商环境衡量指标可见，对营商环境定义和关注度存在差异。可见，政府应该不仅关注宏观环境改善问题，而更应该加强完善与企业相关的实操性细节，让创新创业者不仅感到政府宏观调控政策的激励，更应该感受到细微之处的关怀。这是我国各级政府在打造营商环境时更应该关注和下大力气解决的问题。

表 11.2　营商环境指标对比

经济学人智库指标	世界银行指标	中国城市营商环境指数
政治环境	创办企业	基础设施环境
宏观经济环境	办理施工许可	技术创新环境
竞争政策	电力供应	金融环境
外资政策	注册财产	人才环境
市场机遇	获得信贷	文化环境
外贸及汇率管制	保护少数股东	生活环境
融资	跨境交易	
劳动市场及基础建设	合同执行及破产处理情况	

2018 年 11 月 8 日国务院办公厅发布《关于聚焦企业关切进一步推动优化营商环境政策落实的通知》（国办发〔2018〕104 号）要求以市场主体期待和需求为导向，围绕破解企业投资生产经营中的"堵点""痛点"，加快打造市场化、法治化、国际化营商环境，增强企业发展信心和竞争力。

为此，我国研究机构中国战略文化促进会等于 2019 年 5 月 11 日发布《2019 中国城市营商环境指数评价报告》，公布了全国经济总量前 100 城市营商环境指数排名、软环境指数 TOP10 排名、硬环境指数 TOP10 排名。报告将营商环境指数评价体系的一级指标分为硬环境指数和软环境指数。其中，硬环境指数权重为 40%，包括自然环境和基础设施环境 2 个二级指标和 11 个三级指标；软环境指数权重为 60%，具体包括技术创新环境、人才环境、金融环境、文化环境、生活环境 5 个二级指标和 24 个三级指标[39]。从报告指标选取和对城市的排名可见，硬件环境也就是自然环境对营商环境的影响占有较大权重，优化开发区域的城市中上海、北京、深圳、广州、南京、杭州、天津等名列前十位，但非优化开发区域的武汉、成都和西安等也在其中。

对于企业来说，应该紧跟形势，积极求变，在求变中赢得市场。图 11.6 解释了企业如何利用绿色、低碳赢得效益的过程。

企业在产品设计时应遵循绿色设计理念，遵守环境最低标准，投入市场后要接受强制性标识（如能效标识），满足能耗要求，鼓励消费者购买高效产品，这样估计每年可以为消费者节约 1.54 亿吨标油能源，每个家庭年节约能源费用 470 欧元，相当于每年节约 3700 元人民币。另外，通过政府绿色采购引导消费者购买有能效和生态标识的产品，支持企业进行生态友好型产品研发与设计。据调查，有 80%的家庭喜欢购买有能效标识且低耗能的产品[40]。截至 2018 年 9 月，欧盟有 72227 种产品获得了生态标识，对有标识产品在融资上给予优惠，这也是欧盟实施的政策。

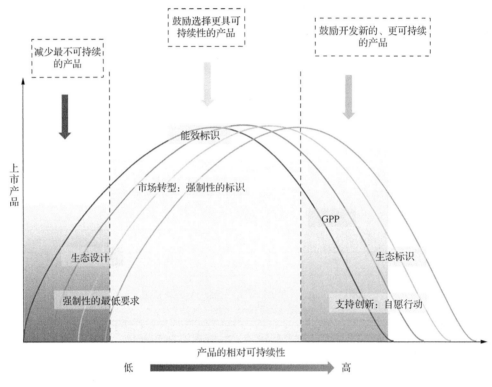

图 11.6　可持续产品的转变路径

注：GPP 为绿色公共采购（green public procurement），指公共机构购买环境友好产品与服务或工程，有利于促进可持续生产与消费。

综上可知，零碳、深化减排路径，需要变革政府管理方式、企业经营方式，以及政府与企业、企业与客户、政府与消费者的关系。政府从经营环境打造上多措并举，且从自身做起，合理引导绿色消费，企业则从根本上顺应绿色、零碳发展趋势，从绿色生态设计产品和服务入手，扩大生产者责任，让产品能耗更低、环境更友好，延长生产者责任，将发展循环经济看作自己的责任。政府通过绿色采购，践行绿色发展理念，形成良好绿色低碳氛围，增加企业收益、减少消费者支出，形成多方共赢的效果。

11.6　交通排放占比增高应受重视

2018 年中国石油表观消费量为 6.25 亿吨，已超过美国成为世界最大的原油进口国。

其中，中国石油对外依存度升至 70.9%，并将逐年升高，国家能源安全受到高度关注。2018 年中国汽车产销量已连续 10 年位居全球第一，年产销量将近 3000 万辆，保有量超过 2 亿辆。乘用车与商用车油耗占社会总油耗比例达到 41.7%，车用汽柴油消费量 2.32 亿吨，在成品油消费量的占比超过 80%（图 11.7）。随着中国居民出行需求的增长，若不及时采取适当措施加以控制，这一比例还将持续增加。

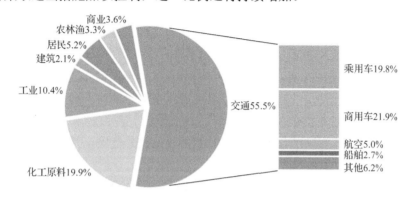

图 11.7　2018 年中国石油消费结构示意图

资料来源：能源与交通创新中心，2019. 中国传统燃油汽车退出时间表研究[R].

2016 年年底，环境保护部与国家质量监督检验检疫总局联合发布了《轻型汽车污染物排放限值及测量方法（中国第六阶段）》（简称国六标准）。根据这一文件，"国六标准"分为两个阶段实施：2020 年实现"国六 a"，2023 年实现标准更严的"国六 b"。不过，2018 年 6 月 27 日，国务院印发《打赢蓝天保卫战三年行动计划》，要求重点区域、珠三角地区、成渝地区提前实施"国六标准"。重点区域包括北京、天津，石家庄、太原、济南、郑州等近 30 个城市。在此通知精神的指导下，深圳、广州、成都、石家庄等地纷纷把"国六标准"实施时间定为 2019 年 1 月 1 日或者更早，海南省甚至一度欲把"国六标准"实施时间定为 2018 年 9 月 1 日。

目前发达国家碳排放结构中，交通排放占总排放比例较高，且部分区域增长较快。如美国 2017 年交通部门的温室气体排放占比超过电力的 28%、工业的 22%，达到 29%；与 1990 年相比，汽车运输排放增加了 22.2%，电力排放下降了 5.2%，工业排放下降了 11.8%，农业排放上升了 8.8%，建筑排放下降了 2.6%，居民消费排放下降了 4.0%，总体排放上升了 1.3%。

美国交通碳排放占比增加较快，源于汽车拥有量占比的变化。交通排放中轿车的占比由 2005 年的 35.0%增加到 2017 年的 41.2%，中重型卡车的占比由 20.2%增长到 23.3%，轻型卡车的占比却相应地由 27.3%降到 17.5%。其他运输工具的占比变化不大。

日本的交通排放总量于 1998 年达到历史最高点，而占比达到最高的 22.3%是在 2001 年。随后，2013 年占比下降到 16.51%，2016 年回升到 17.34%；制造业和建筑排放占比则由 20 世纪 60 年代的 42.7%下降到 2016 年的 23.18%。可见，交通排放随着经济活动的增强，其占比和绝对量会保持在一个较高的水平。

再以欧盟为例，其碳排放总量于 1987 年达到最大值并波动性下降，但是交通排放直到 2007 年才达到最大，因此其占比由 1990 年的 17.6%达到 2007 年的 23.3%，再增长到 2016 年的 26.7%。从而可见，在经济快速发展情景下，交通排放达峰后将有一个较长时间的高位波动，时间长短取决于交通方式的转变速度。通过分析交通排放源发现，欧盟的陆路和航空排放是推动交通排放持续增长的主要原因。铁路交通在 1990 年前就停止增长并开始下降了，铁路运输排放年均下降 2.91%，而航空和陆路交通在 1990～2007 年年均增长 1.98%和 1.53%，促使交通排放年均增长 1.42%，而之后交通排放总量开始下降，2016 年下降到 9.2 亿吨二氧化碳，占总排放的 26.7%。

英国交通排放占总排放的 31%（消费端测算）中，2017 年轻型汽车的排放还没有达到峰值，依然保持增长态势，和目前网络销售增加物流配送不无关系。

在主要新兴经济体中，交通运输尤其是重型汽车运输的需求量依然在持续增加，若没有能效提高，重型汽车的能源需求将提高 2.5 倍[41]。这是我国和其他发展中国家需要注意的。因为发达国家目前的排放结构很可能是我国尤其是优化开发区域将来可能重复的情景。

根据德国太阳能和氢能研究中心数据，2019 年年初全球共有 560 万辆电动汽车上路。中国和美国是最大的市场，分别拥有 260 万辆和 110 万辆电动汽车。如果 2040 年以后销售的大部分乘用车是电动的，那么到 2050 年将有超过 10 亿辆电动汽车上路[42]。由表 11.3 可知，中国是电动汽车全球最大的市场。这得益于我国政府从上到下鼓励电动汽车发展的政策。这也体现出我国政府对能源和交通领域的重视，以及提前布局这一产业取得的骄人效果。

表 11.3　2009～2017 年中国电动汽车（包括插电混合动力）拥有量

项目	2009 年	2010 年	2011 年	2012 年	2013 年	2014 年	2015 年	2016 年	2017 年	2018 年
中国/万辆	0.05	0.2	0.7	1.7	3.2	10.5	31.3	64.9	122.8	230
世界/万辆	0.7	1.4	6.1	17.9	38.1	70.4	123.9	198.2	310.9	510
中国占比/%	7	14	11	9	8	15	25	33	39	45

资料来源：除 2018 年数据来源于 IEA 的 Global EV Outlook 2019 外，其他数据来源于 UNEP 的 Emission Gap 2018。

2016 年全球能源的 29%用于交通运输，其中陆路交通占其中的 75%[32]。未来随着交通业的发展尤其是轻型汽车运输需求量的增大，这种能耗会更大。我国优化开发区域也呈现出了这一特征，交通运输行业能源消费量和碳排放量占比日趋升高。为了提前布局，避免高碳锁定，我国政府提前采取措施，鼓励发展低碳交通，目前已经呈现一定较好的趋势。但是由于电力的高碳排放，致使纯电动汽车的寿命周期排放是否较柴油及汽油汽车低，还存在较大的争议，从图 11.8 所示的电动汽车在不同区域的排放可见一斑。

首先，电动车所用动力更便宜，也就是每千米行驶里程所耗费电力的成本一般低于汽油或柴油费用。其次，电动汽车不会产生局部污染，有助于减少颗粒物和噪声污染。再次，电力传动系统的能量效率远高于燃油动力系统。电动汽车的泵到车轮（pump-to-wheels）的燃料消费量是高效燃油汽车的 1/4～1/3[43]。

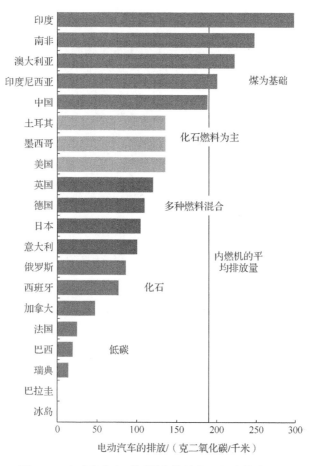

图 11.8　电动汽车在不同国家的单位里程碳排放对比

资料来源: IRENA, 2019. Innovation outlook: smart charging for electric vehicles[R]. Abu Dhabi: IRENA.
注: 包括电网直接和间接排放及损失。

同一种电动汽车在不同国家，其使用过程中的碳排放也大相径庭（图 11.8），如在印度、澳大利亚单位行驶里程的碳排放高于燃油车的平均碳排放，印度电动汽车的排放量近 300 克二氧化碳/千米，中国则低于此平均值，在冰岛则单位里程的碳排放为零。这是由于印度发电结构中煤电占比接近 100%，而冰岛依赖地热发电，单位电力碳排放为零。可见电气化是未来的方向，但是电气化的基础还是能源结构尤其是电力结构的优化。只有当低碳能源占比较高时，才可以说电动汽车是真正低碳的。哈佛大学肯尼迪学院 2019 年 7 月发布研究报告[44]认为即使发电结构依然以煤为主的情况，未来变化不大，电动汽车 10 年内直接碳排放量也可降低 1/3（比燃油车）。

但是，未来还有另外一种运输方式可以备选，那就是氢能汽车或称之为氢燃料电池汽车。目前有三款氢能汽车：现代 ix35、丰田 Mirai 和本田 Clarity 燃料电池车，在英国销售。宝马、奥迪和奔驰等汽车公司也已经开发了氢燃料电池汽车。当前丰田、现代和本田是市场上氢燃料汽车技术的主要领导者，但也有一些小型初创企业，如英国的

Riversimple,利用其特色,如 Rasa 品牌车全寿命周期碳排放只有为 40 克二氧化碳/千米[45],而获得市场的青睐。

丰田公司于 2019 年 7 月 20 日宣布与比亚迪公司共同开发电动轿车和运动型多用途车,计划于 2020~2025 年上市。合作还包括开发车用电池。2008 年比亚迪成为第一家大规模销售插电式混合动力汽车的公司。自 2015 年以来,比亚迪的电动汽车销量一直位居世界第一。其他全球汽车制造商包括大众和福特汽车公司也开始与中国的制造商合作:大众正在与安徽江淮汽车合作,福特已与安徽众泰汽车有限公司合作,雷诺表示将投资 1.44 亿美元与江铃汽车集团共同开发电动汽车[46]。这些均是中国在电动汽车领域率先发展的竞争优势的体现。未来,我国汽车企业应该以我国巨大的市场潜力为基础,提升战略视角,发挥工匠精神,开发适合中国消费者的零碳汽车,以争取更大的产业竞争力。

11.7   企业对气候变化关注度日益提升

近三十年来,科学技术、教育和人力资本方面投资的全球格局,出现了重大的积极转变。当前,创新和研发是大部分发达国家和发展中国家制定政策时所追求的重要目标。全球研发投入在 1996~2016 年翻了一番多,而企业也越来越成为研发投资的主力军[33]。

壳牌公司作为一个跨国公司特别关注气候变化影响。2018 年发布天空情景(Sky scenario)描绘为实现《巴黎协定》确定的温升不超过 2℃的目标,未来技术、工业和经济发展可能的路径,并提出能源系统实现现代化,而不至于留下人类无法适应的气候遗产的具体对策[47]。

英国石油公司、沃尔玛、佳能、夏普等跨国公司纷纷制定了自己 2030 年和 2050 年减排的目标,并明确了各自的举措。2019 年 7 月 23 日,在联合国气候行动峰会召开之前,28 家企业承诺设定 1.5℃的气候目标,以实现未来净零排放,挑战各国政府的减排目标[48]。这些企业包括惠普、联合利华及 Dalmia 水泥公司等,它们在联合国全球契约商业论坛上做出承诺,将公司发展纳入限制温升 1.5℃轨道上,支持净零排放。

据 GreenBiz 集团研究[49],企业有节能及减碳承诺与否,对其经营理念、竞争力和品牌知名度等方面影响明显。42%做出承诺的企业认为,消费者和投资者的预期是其采取行动的动力,而没有做出承诺的企业对此认同的只有 5%;同样,考虑环境问题才做决策采取行动的企业,有考虑做出承诺的企业占 44%,而没有考虑环境就做出承诺的企业占 21%;而对应认可通过进行承诺获得竞争优势企业分别是 18%和 4%。为此,可以肯定,企业有无目标和承诺,对其经营效果和提升竞争力的影响非常明显。随着《巴黎协定》规定的透明度机制的普及及影响力的加大,企业环境信息披露标准被广泛采用,承担环境责任且勇于采取行动的企业,将越来越获得更多顾客的忠诚度和美誉度,其竞争优势也会愈加明显。这样,反过来会促使更多企业,加入披露环境信息,承担环境责任的队伍之中,一种良性的社会氛围正在形成。

11.8　强化低碳激发各方动力

在优化开发区域推动绿色创新的过程中，涉及的利益相关者包括中央政府、地方政府、中央企业、地方企业、媒体和非政府组织（Non-Govermental Organizations，NGO）组织等社会监督方。绿色创新战略的主体为企业，企业在外部制度压力下或者市场需要和社会期望等诱发因素下，使生产流程绿色化、低碳化，以更绿色环保的产品代替现有产品，从而形成竞争优势。

11.8.1　利益相关者

减排和达峰过程中涉及的利益相关者之间相互影响，我们归纳出六个利益相关方（图 9.5）。中央政府出台的政策能否得到很好地贯彻执行，直接关系到优化开发区域内地方政府的业绩。地方政府推行环保政策和推动绿色创新获得环境效益，会提升地方政府的环境绩效方面的业绩，进而获得社会赞誉，提高政府在群众中的公信力。

企业作为绿色创新的主体，其行为会受到政府出台的各项政策的影响。企业会在中央和地方政府鼓励企业绿色创新的补贴及因污染受到惩罚之间进行权衡。所以，奖惩力度对企业进行绿色创新的研发投入有较大影响。同时，消费者对绿色产品或有环境责任担当企业产品的购买意向等，也会影响企业在绿色创新方面的投入。

新闻媒体对绿色消费进行宣传，公众的消费意识会有所改变，会更加关注和进行绿色消费。新闻媒体对高排放企业进行监督，会对企业的收益和竞争力产生影响，督促企业采取减排措施。同时媒体监督也会对政府的公信力产生影响。

NGO 致力于环境保护，追求生态环境效益，组织各种形式的公益活动，宣传绿色的生产方式和生活方式，同时提供社会监督，在促进绿色创新方面也有较强的影响。

11.8.2　博弈模型构建及求解

如何满足利益相关方的诉求，实现政策制定者的预期目标，即通过绿色创新实现减排目标，并提升产业竞争力，需要通过构建博弈模型进行研究。

（1）博弈模型构建

在推动绿色创新的过程中，利益相关者包括中央和地方政府，中央和地方企业，媒体和公众社会监督方，且都具有有限理性，依靠自我学习或相互学习不断调整自己的策略。利用演化博弈工具可以观测绿色创新政策下各群体的演化过程。为简化模型，政府的策略集为{N_1（严格推动绿色创新），N_2（不严格推动绿色创新）}，严格推动绿色创新是指政府监管部门监督力度较大，严格执行相关的环境规制策略，不严格推动绿色创新是政府监管部门玩忽职守。企业的策略集为{O_1（进行绿色创新），O_2（不进行绿色创新）}，公众的策略集为{M_1（监督），M_2（不监督）}，假设政府、企业、公众三个群体在博弈的初级阶段，政府选择“严格推动绿色创新”策略的概率为 x，选择“不严格推动绿色创新”策略的概率为 $1-x$；企业选择“进行绿色创新”策略的概率为 y，选择“不进行绿色创新”策略的概率为 $1-y$；公众选择“监督”策略的概率为 z，选择“不监督"策略的概率为 $1-z$；演化博弈模型中参数的假设及含义见表 11.4。

表 11.4 演化博弈模型中各参数的假设及含义

参数	含义
C_1	政府为防止"骗补"行为，监督企业绿色创新需要支付的成本
b	对违规排放或者超排，并造成较大环境污染的企业罚款系数
bK	对违规排放或者超排，并造成较大环境污染的企业罚款
a	政府对进行绿色创新的企业补贴系数
aM	政府给予绿色创新企业的补贴
P_1	企业不进行绿色创新，政府的环境收益
P_2	企业绿色创新，政府的环境收益
C_2	企业绿色创新成本
S	企业采取原有技术的收益
S_1	政府严格规制公众监督下企业绿色创新的收益
S_2	政府严格规制公众不监督下企业绿色创新的收益
S_3	政府宽松规制公众监督下企业绿色创新的收益
S_4	政府宽松规制公众不监督下企业绿色创新的收益
C_3	公众监督需支付的成本
P_3	公众得到的环境收益
P_4	公众的环境损失

根据政府、企业、公众的策略，三者之间的博弈组合有 8 种，其具体收益见表 11.5。

表 11.5 各利益相关方策略集

策略集	政府	企业	公众
（ N_1 , O_1 , M_1 ）	$P_2 - C_1 - aM$	$aM - C_2 + S_1$	$P_3 - C_3$
（ N_1 , O_1 , M_2 ）	$P_2 - C_1 - aM$	$aM - C_2 + S_2$	P_3
（ N_2 , O_1 , M_1 ）	P_2	$S_3 - C_2$	$P_3 - C_3$
（ N_2 , O_1 , M_2 ）	P_2	$S_4 - C_2$	P_3
（ N_1 , O_2 , M_1 ）	$bK - C_1 - P_1$	$S - bK$	$-C_3 - P_4$
（ N_1 , O_2 , M_2 ）	$bK - C_1 - P_1$	$S - bK$	$-P_4$
（ N_2 , O_2 , M_1 ）	$-P_1$	S	$-C_3 - P_4$
（ N_2 , O_2 , M_2 ）	$-P_1$	S	$-P_4$

（2）演化博弈模型求解

政府选择"严格规制"的期望收益为 V_{11}，选择"宽松规制"的期望收益为 V_{12}，平均期望收益为 V_1，则

$$V_{11} = yz(p_2 - c_1 - aM) + y(1-z)(p_2 - c_1 - aM) + (1-y)z(bK - c_1 - p_1)$$
$$+ (1-y)(1-z)(bK - c_1 - p_1)$$
$$= y(p_2 - aM - bK + p_1) + bK - c_1 - p_1$$
$$V_{12} = yzp_2 + y(1-z)p_2 + (1-y)z(-p_1) + (1-y)(1-z)(-p_1) = yp_2 - p_1 + yp_1$$
$$V_1 = xV_{11} + (1-x)V_{12}$$

则政府的复制动态方程为

$$F(x) = \mathrm{d}x / \mathrm{d}t = x(V_{11} - V_1) = x(1-x)[y(-aM - bK) + bK - c_1]$$

企业选择"进行绿色创新"的期望收益为 V_{21}，企业选择"不进行绿色创新"的收益为 V_{22}，平均期望收益为 V_2，则

$$V_{21} = xz(aM - c_2 + S_1) + x(1-z)(aM - c_2 + S_2) + (1-x)z(S_3 - c_2) + (1-x)(1-z)(S_4 - c_2)$$
$$= xz(S_1 - S_2 - S_3 + S_4) + x(aM + S_2 - S_4) + z(S_3 - S_4) + S_4 - c_2$$

$$V_{22} = xz(S - bK) + x(1-z)(S - bK) + (1-x)zS + (1-x)(1-z)S = S - xbK$$

$$V_2 = yV_{21} + (1-y)V_{22}$$

则企业的复制动态方程为

$$F(y) = \mathrm{d}y / \mathrm{d}t = y(V_{21} - V_2) = y(1-y)[xz(S_1 - S_2 - S_3 + S_4) + x(aM + S_2 - S_4 + bK)$$
$$+ z(S_3 - S_4) + S_4 - c_2 - S]$$

公众选择"监督"的期望收益为 V_{31}，公众选择"不监督"的期望收益为 V_{32}，平均期望收益为 V_3，则

$$V_{31} = xy(p_3 - c_3) + y(1-x)p_3 + (1-y)x(-p_4) + (1-y)(1-x)(-p_4) = yP_3 - c_3 - P_4 + yP_4$$

$$V_{32} = xyP_3 + y(1-x)P_3 + (1-y)x(-P_4) + (1-y)(1-x)(-P_4) = yP_3 - P_4 + yP_4$$

$$V_3 = zV_{31} + (1-z)V_{32}$$

则公众的复制动态方程为

$$F(z) = \mathrm{d}z / \mathrm{d}t = z(V_{21} - V_2) = z(1-z)(-c_3)$$

联立复制动态方程 $F(x)$、$F(y)$、$F(z)$，组成政府、企业和公众动态演化的三维动力系统，

$$x^* = \frac{S + c_2 - S_4 - z(S_3 - S_4)}{z(S_1 - S_2 - S_3 + S_4) + aM - S_2 - S_4 + bK}$$

$$y^* = \frac{bK - c_1}{aM + bK}$$

$$z^* = \frac{S + c_2 - S_4 + x(aM + S_2 - S_4 + bK)}{x(S_1 - S_2 - S_3 + S_4) + S_3 - S_4}$$

分别令 $F(x) = 0$，$F(y) = 0$，$F(z) = 0$，可以得到该动力系统的 10 个平衡点，分别为 $E_1(0,0,0)$、$E_2(1,0,0)$、$E_3(0,1,0)$、$E_4(0,0,1)$、$E_5(1,1,0)$、$E_6(1,0,1)$、$E_7(0,1,1)$、$E_8(1,1,1)$、

$$E_9\left(\frac{S + c_2 - S_4}{aM - S_2 - S_4 + bK}, \frac{bK - c_1}{aM + bK}, 0\right)、\quad E_{10}\left(\frac{S + c_2 - S_3}{S_1 - 2S_2 - S_3 + aM + bK}, \frac{bK - c_1}{aM + bK}, 1\right)$$

该三方博弈的均衡解域由 $\{(x, y, z) \mid 0 \leqslant x \leqslant 1, 0 \leqslant y \leqslant 1, 0 \leqslant z \leqslant 1\}$ 构成，在此区域内还存在 E_9、E_{10}，是均衡点，而该动态复制系统中 E_9、E_{10} 是非渐进稳定状态，因此将讨论 $E_1(0,0,0)$、$E_2(1,0,0)$、$E_3(0,1,0)$、$E_4(0,0,1)$、$E_5(1,1,0)$、$E_6(1,0,1)$、$E_7(0,1,1)$、$E_8(1,1,1)$ 的渐近稳定性。

（3）演化博弈模型策略解分析

根据演化博弈理论，当 $F'(x) < 0, F'(y) < 0, F'(z) < 0$ 时，此时 $E(x^*, y^*, z^*)$ 是政府、企业、公众三方的博弈稳定策略，且

$$F'(x) = (1-2x)[y(-aM - bK) + bK - c_1]$$

$$F'(y) = (1-2y)[xz(S_1 - S_2 - S_3 + S_4) + x(aM + S_2 - S_4 + bK) + z(S_3 - S_4) + S_4 - c_2 - S]$$

$$F'(z) = (1-2z)(-c_3)$$

① 政府的渐进稳定性分析。

$y(-aM - bK) + bK - c_1 = 0$ 表示稳定状态的分界线。如果 $y(-aM - bK) + bK - c_1 > 0$，则有 $F_x'(0) > 0, F_x'(1) < 0$，表明政府严格规制是稳定状态，宽松规制是不稳定状态，当 $y = 1$ 时，$-aM - c_1 > 0$ 是不可能成立的，当 $y = 0$ 时，只有政府对污染企业的惩罚大于绿色创新成本，政府向严格规制方向演化，企业向绿色创新演化；反之，如果 $y(-aM - bK) + bK - c_1 < 0$，则有 $F_x'(0) < 0, F_x'(1) > 0$，表明政府宽松规制是稳定状态，严格规制是不稳定状态。当 $x \in (0,1)$ 时，$F(x) > 0$，其稳定性的演化相位图取决于二次曲线 $y(-aM - bK) + bK - c_1 = 0$ 的形态。

② 企业的渐进稳定性分析。

$xz(S_1 - S_2 - S_3 + S_4) + x(aM + S_2 - S_4 + bK) + z(S_3 - S_4) + S_4 - c_2 - S = 0$ 代表稳定状态的分界线。如果 $xz(S_1 - S_2 - S_3 + S_4) + x(aM + S_2 - S_4 + bK) + z(S_3 - S_4) + S_4 - c_2 - S > 0$，则有 $F_y'(0) > 0, F_y'(1) < 0$，表明企业进行绿色创新是稳定状态，不进行绿色创新是不稳定状态；当 $x = 1, z = 0$ 时，$s_2 - c_2 - s > -aM - bK$，即企业在政府严格规制公众不监督下进行绿色创新的收益大于绿色创新成本和原收益之和，企业会选择进行绿色创新。反之，如果，$xz(S_1 - S_2 - S_3 + S_4) + x(aM + S_2 - S_4 + bK) + z(S_3 - S_4) + S_4 - c_2 - S < 0$，则有 $F_y'(0) < 0$，$F_y'(1) > 0$，表明企业不进行绿色创新是稳定状态，进行绿色创新是不稳定状态。当 $x = 0$，$z = 0$ 时，$S_4 - c_2 - s < 0$，表明政府宽松规制公众不监督时企业绿色创新的收益增加值小于绿色创新成本，企业将会选择不进行绿色创新策略。当 $y \in (0,1)$ 时，$F(y) > 0$，其稳定性的演化相位图取决于二次曲线：

$$xz(S_1 - S_2 - S_3 + S_4) + x(aM + S_2 - S_4 + bK) + z(S_3 - S_4) + S_4 - c_2 - S = 0$$

的形态。

③ 公众的渐进稳定性分析。

$-c_3 < 0$，则有 $F_z'(0) < 0, F_z'(1) > 0$，表明公众不监督是稳定状态，监督不是稳定状态。

11.8.3 激发利益相关者能动性建议

1）我国虽然没有把二氧化碳定义为污染物，但是减排温室气体是我国政府对国际社会的庄严承诺，是政治任务，也是中国对地球、对自己的负责任的一种表现。而且碳与 $PM_{2.5}$ 和二氧化硫等是同源，减排碳，即是对打赢蓝天、碧水、净土保卫战的重大支持。为此，我国中央和地方政府，需要统一步调，向污染企业说"不"。经过上面的博弈分析发现，对污染企业的惩罚力度高于绿色创新（减排及技术改造和研发）成本时，企业会趋向于生产绿色产品，减少生产过程中的污染排放，进行绿色创新。换言之，由于政府的绿色低碳循环发展的高压政策，迫使企业寻找成本收益最佳的路径进行绿色创新。

2）公众监督与配合利于创新氛围的构建。企业在政府严格规制下，公众不参与监督，进行绿色创新的收益与不创新的收益之差，高于绿色创新成本，企业会选择进行绿色创新。政府的严格规制营造了良好的市场环境，给予绿色创新企业补贴，同时对污染企业加大惩罚力度；这样不仅培育了良好的市场氛围，消费者也愿意购买绿色产品，进而保障了创新收益的稳定性和持续性，使创新带来的收益大于绿色创新投入，作为理性的企业，必然选择绿色创新。

3）假如政府的生态环境管制较为宽松，而且公众不参与监督，就会造成企业肆意排放污染物，温室气体和其他污染物排放会毫无节制，全球和区域环境将陷入难以承受之重。从而可见，作为创新主体的企业，是否有动力、有行动进行绿色创新，政府引导和采取措施的力度至关重要。

参 考 文 献

[1] The McKinsey Global Institute. Globalization in transition: the future of trade and value chains[R/OL]. (2019-01-16) [2019-02-18]. https://www.mckinsey.com/featured-insights/innovation-and-growth/globalization-in-transition-the-future-of-trade-and-value-chains#.

[2] RESSRC. 中国外贸净出口全景图[R/OL]. (2019-01-31) [2019-05-03]. https://ressrc.com/2019/01/31/chinas-foreign-trade-net-export-panorama/.

[3] TUBIANA L. In climate action, as in chess, forethought wins[EB/OL]. (2018-11-06) [2019-05-05]. https://wriorg.s3.amazonaws.com/expert-perspective-tubiana.pdf?ga=2.111277312.525199009.1549850379-1752787116.1523286521.

[4] ELLIOTT C, WORKER J, LEVIN K, et al. Good governance for long-term low-emissions development strategies[EB/OL]. (2019-05-01) [2019-08-01]. https://www.wri.org/publication/good-governance-long-term-low-emissions-development-strategies.

[5] Rhodium Group. Final US emissions estimates for 2018[EB/OL]. (2019-03-12) [2019-05-06]. https://www.rhg.com.

[6] 马化腾. 粤港澳大湾区：数字化革命开启中国湾区时代[M]. 北京：中信出版集团，2018.

[7] 中国电力年鉴编辑委员会. 中国电力统计年鉴[M]. 北京：中国电力出版社，2018.

[8] European Commission. Energy technology developments beyond 2020 for the transition to a decarbonized European energy system by 2050[EB/OL]. (2013-02-05) [2018-03-01]. https://ec.europa.eu/energy/sites/ener/files/swf_2013_0158_en.pdf.

[9] IRENA. Global energy transformation: a roadmap to 2050[R/OL]. (2019-04-09) [2019-08-05]. https://irena.org/-/media/Files/IRENA/Agency/Publication/2019/Apr/IRENA_Global_Energy_Transformation_2019.pdf.

[10] BP. BP technology outlook 2018[R/OL]. (2018-09-04) [2019-05-06]. https://www.bp.com/technologyoutlook2018.

[11] WINSTON A. The World in 2030: nine megatrends to watch[EB/OL]. (2019-05-07) [2019-05-27]. https://sloanreview.mit.edu/article/the-world-in-2030-nine-megatrends-to-watch.

[12] 陈曦. "人工树叶"让二氧化碳变废为宝[N/OL]. (2019-07-29) [2019-09-10]. http://digitalpaper.stdaily.com/http_www.kjrb.com/kjrb/html/2019-07/29/content_426610.htm?div=-1.

[13] OECD. OECD science, technology and innovation outlook 2018: adapting to technological and societal disruption[EB/OL]. (2018-11-09) [2019-05-16]. https://www.oecd-ilibrary.org/docserver/2a706407-zh.pdf?expires=1563612096&id=id&accname=guest&checksum=1D65C864AFCC90A52C5775DA7DADAF07.

[14] UNFCCC. In Bonn, 9 developing countries showcase action and innovation to reduce emissions[EB/OL]. (2019-01-20) [2019-04-15]. https://unfccc.int/news/in-bonn-9-developing-countries-showcase-action-and-innovation-to-reduce-emissions.

[15] IRENA. Innovation landscape for a renewable-powered future: solutions to integrate variable renewables[R/OL]. (2019-01-02) [2019-07-15]. http://www.indiaenvironmentportal.org.in/content/461325/innovation-landscape-for-a-renewable-powered-future-solutions-to-integrate-variable-renewables/.

[16] UNEP. Emissions Gap Report 2018[R/OL]. (2018-11-27) [2018-12-31]. https://apo.org.au/node/206441.

[17] United Nations. World economic situation and prospects 2019[R]. (2019-01-21) [2019-03-04]. https://www.un.org/development/desa/dpad/wp-content/uploads/sites/45/WESP2019_BOOK-web.pdf.

[18] HSIANG S, KOPP R, JINA A, et al. Estimating economic damage from climate change in the United States[J]. Science, 2017,

356(6345): 1362.

[19] 何建坤. 全球气候治理变革与我国气候治理制度建设[J]. 中国机构改革与管理，2019（2）：37-39.

[20] 刘鹤. 我感到了真正的危机，中国要建一道防火墙！[N/OL]. (2017-11-16) [2018-07-15]. https://finance.ifeng.com/a/20171116/15797054_0.shtml.

[21] 习近平. 决胜全面建成小康社会夺取新时代中国特色社会主义伟大胜利：在中国共产党第十九次全国代表大会上的报告[M]. 北京：人民出版社，2017.

[22] European Commission. Our vision for a clean planet for all[R/OL]. (2018-11-29) [2019-05-09]. https://ec.europa.eu/clima/sites/clima/files/docs/pages/vision_1_emissions_en.pdf.

[23] IRENA. Renewable energy now accounts for a third of global power capacity[R]. (2019-04-02) [2019-05-07]. https://www.irena.org/newsroom/pressreleases/2019/Apr/Renewable-Energy-Now-Accounts-for-a-Third-of-Global-Power-Capacity.

[24] The New Climate Economy. The 2018 report of the global commission on the economy and climate[R/OL]. (2018-09-05) [2019-09-21]. https://www.newclimateeconomy.report.

[25] REN21. Renewables 2019 global status report[R/OL]. (2019-06-24) [2019-06-05]. http://www.ren21.net/gsr-2019/.

[26] EU. Directive (EU) 2018/2001 of the European Parliament and of the Council of 11 December 2018 on the promotion of the use of energy from renewable sources[R/OL]. (2018-12-21) [2019-02-13]. https://eur-lex.europa.eu/legal-content/EN/TXT/PDF/?uri=CELEX:32018L2001&from=EN.

[27] 王林. 绿色能源加速迈入"零补贴"时代[N]. 中国能源报，2019-07-01（12）.

[28] BloombergNEF. New Energy Outlook 2019[R/OL]. (2019-11-05) [2019-12-15]. https://about.bnef.com/new-energy-outlook/.

[29] MARCACCI S. The coal cost crossover: 74% of US coal plants now more expensive than new renewables, 86% by 2025[EB/OL]. (2019-03-26) [2019-06-10]. https://www.forbes.com/sites/energyinnovation/2019/03/26/the-coal-cost-crossover-74-of-us-coal-plants-now-more-expensive-than-new-renewables-86-by-2025/2/#7e75bcb82799.

[30] 王庆一. 2020 能源数据[M]. 北京：绿色创新发展中心，2020.

[31] IRENA. A new world-the geopolitics of the energy transformation[EB/OL]. (2019-01-14) [2019-06-15]. https://www.polity.org.za/article/a-new-world-the-geopolitics-of-the-energy-transformation-2019-01-14.

[32] REN21. Renewables 2018 global status report[R/OL]. (2018-11-08) [2018-09-17]. https://ren21.net/gsr-2018/.

[33] 全球技术地图. 2018 年全球创新指数解读[EB/OL]. (2018-07-13) [2018-12-06]. https://www.sohu.com/a/240988598_468720.

[34] KOTTASOVÁ, I. Climate is the biggest risk to business (and the world)[EB/OL]. (2019-01-17) [2019-02-16]. https://www.cnn.com/2019/01/16/business/climate-change-global-risk-wef-davos/index.html.

[35] Futures Centre. Impacts of climate change[EB/OL]. (2020-05-02) [2020-05-06]. https://ideas.repec.org/p/sus/susvid/2069.html.

[36] 新华社. 汪洋出席"优化营商环境激发微观主体活力"调研协商座谈会[N]. 人民日报，2019-07-09（1）.

[37] 马海燕. 天津市市长：好的营商环境 就是四句话[N]. 中国新闻网，2019-07-23（1）.

[38] World Bank Group. Doing business 2019[R]. (2019-05-03) [2019-08-05]. https://www.doingbusiness.org.

[39] 中国战略文化促进会，中国经济传媒协会，万博新经济研究院，第一财经研究院. 2019 中国城市营商环境指数评价报告[R]. 北京：中国战略文化促进会，中国经济传媒协会，万博新经济研究院，第一财经研究院，2019.

[40] European Commission. Sustainable products in a circular economy: towards an EU product policy framework contributing to the circular economy[R/OL]. (2019-04-03) [2019-08-19]. https://ec.europa.eu/transparency/regdoc/rep/10102/2019/EN/SWD-2019-91-F1-EN-MAIN-PART-1.PDF.

[41] IEA. Energy efficiency[R/OL]. (2017-10-10) [2018-06-03]. https://www.ren21.net/gsr-2017/chapters/chapter_07/chapter_07/.

[42] IRENA. Innovation outlook EV smart charging 2019[R/OL]. (2019-05-01) [2019-08-05]. https://www.iea.org/reports/global-ev-outlook-2019.

[43] EPRI. EPRI unveils U.S. National Electrification Assessment[N/OL]. (2018-04-06) [2019-08-04]. https://www.publicpower.org/periodical/article/epri-unveils-us-national-electrification-assessment.

[44] Harvard Kennedy School. Environmental implications and policy challenges for bringing long-haul electric trucks into China: the case of the Tesla Sem[R/OL]. (2019-07-01) [2019-08-01]. https://www.belfercenter.org/sites/default/files/2019-07/ChinaElecTrucks.pdf.

[45] Next greencar. Hydrogen fuel cell cars[EB/OL]. (2019-11-04) [2019-12-23]. https://www.nextgreencar.com/fuelcellcars/.

[46] YUMO H. Toyota teams up with China's BYD on electric cars[EB/OL]. (2019-07-19) [2019-08-13]. https://www.shine.cn/biz/

auto/1907198756/.

[47] Shell International B.V. Sky scenario[EB/OL]. (2019-08-03) [2019-08-15]. https://www.shell.com/energy-and-innovation/the-energy-future/scenarios/shell-scenario-sky.html.

[48] United Nations of America. 28 companies with combined market cap of $1.3 trillion step up to new level of climate ambition[EB/OL]. (2019-07-03) [2019-07-25]. https://www.unglobalcompact.org/news/4460-07-23-2019/.

[49] GreenBiz Group. Corporate energy and sustainability progress report[R/OL]. (2020-07-01) [2020-08-16]. https://www.greenbiz.com/report/2020-corporate-energy-and-sustainability-progress-report.

第 12 章　推动优化路径实施的建议

优化开发区域实现碳排放达峰，必须有一系列的政府强制命令、行业标准、财政和金融政策、人才引进等保障措施，以建设创新氛围为驱动，为达峰后经济持续发展而谋划布局；以消除可再生能源技术、零碳技术发展的制度性与技术性障碍为突破口；以碳中和为目标，大力度调整产业结构，淘汰落后产能，最终实现经济高质量发展和构建人类命运共同体的长远目标。

由表 12.1 可见，政府可以采取多种措施直接或间接支持知识创造、商业化推广及技术标准等，如由国家实验室直接研发，或者对社会机构的研发活动减免税收，对高排放产业征收碳排放税、纳入碳排放权交易市场等措施，全过程、全方位构建有利于绿色、低碳、创新的营商环境。

表 12.1　政策措施列表

技术政策		监管政策	
政府直接支持知识创造	政府直接或间接支持商业化和生产	知识传播与学习	经济范围内的措施、部门特定技术要求及标准
与私营公司签订研发合同（全额出资或分摊成本） 与大学和非政府组织共同研发和出资 国家实验室直接研发 与合作机构签订研发协议	研发资金免税或抵税专利 为新技术上市提供生产补贴或税收减免 减免购买/使用新技术税收 政府采购新技术或先进技术 示范工程 贷款担保 货币奖励	教育和培训 技术知识的汇编和传播（如对研发成果筛选、介绍及支持构建数据库） 技术标准 技术/行业扩展计划 宣传、教育及为消费者提供所需	排放税 总量控制与交易 性能标准（排放率、效率或其他性能指标） 燃料税 投资组合标准

资料来源：根据 Alic J A, Mowery D S, Rubin E S, 2003. U.S. Technology and innovation policies: lessons for climate change[Z]. Arlington: Pew Center on Global Climate Change 整理。

12.1　政府重视、一诺千金

气候变化管理的职能部门已经转隶到生态环境部，与土壤、水和大气等同等管理。与发展改革部门管理方式的差别在于，环境管理部门更偏向于采用政府命令的方式进行管理，因为只有这样才能立竿见影。但是，也存在三个问题。一是政府命令举措对局部环境效果明显，但对治理全球气候变化的效果会大打折扣。二是环境管理部门对末端处理路径依赖过重。气候变化问题需要从源头抓起，很少采用末端措施。三是治理成本过高，企业负担越来越重。解决气候变化采用纳入碳排放权交易市场、征收碳税等方式，尽量减少企业节能降碳产生的成本，使社会转型成本最小化。无论哪种举措，都要求政府的参与和支持。

政府参与和支持力度也依赖主管领导的重视程度，以及政府内部处级领导形成意见一致的共识。因为处级部门是政策制定与执行的关键环节，得到这些部门的认同，政策措施执行将成为主动行为。因此，强化低碳路径的实施需要主管领导重视，亲自抓、持续抓，各级相关部门在达成共识的基础上，采取一致行动，协同发力，增强政策措施的执行效果。2019 年 5 月 8 日中华人民共和国国务院令第 713 号《重大行政决策程序暂行条例》（简称《条例》），要求县级以上地方人民政府重大行政决策的作出和调整程序，适用本条例。本条例所称重大行政决策事项包括：制定有关公共服务、市场监管、社会管理、环境保护等方面的重大公共政策和措施；制定经济和社会发展等方面的重要规划；制定开发利用、保护重要自然资源和文化资源的重大公共政策和措施；决定在本行政区域实施的重大公共建设项目；决定对经济社会发展有重大影响、涉及重大公共利益或者社会公众切身利益的其他重大事项。法律、行政法规对本条第一款规定事项的决策程序另有规定的，依照其规定。财政政策、货币政策等宏观调控决策，政府立法决策以及突发事件应急处置决策不适用本条例。

《条例》中的关键点是："决策机关违反本条例规定造成决策严重失误，或者依法应当及时作出决策而久拖不决，造成重大损失、恶劣影响的，应当倒查责任，实行终身责任追究，对决策机关行政首长、负有责任的其他领导人员和直接责任人员依法追究责任。决策机关集体讨论决策草案时，有关人员对严重失误的决策表示不同意见的，按照规定减免责任。"为了更好地把控风险，《条例》第三十一条特别强调"重大行政决策出台前应当按照规定向同级党委请示报告"。这是 2015 年中共中央、国务院出台的《关于加快推进生态文明建设的意见》中强调的"严格责任追究，对违背科学发展要求、造成资源环境生态严重破坏的要记录在案，实行终身追责，不得转任重要职务或提拔使用，已经调离的也要问责"的落实举措。对应对气候变化、促进生态文明建设，无疑是有力的保障。

为了激励决策相关责任人在促进经济社会发展方面有担当、有作为，不怕承担风险，并规范决策过程，尽量避免重大失误，需要对重大决策终身责任追究制进一步明确。第一，明确追责主体，即追责建议主体和追责决定主体；第二，明确责任承担主体，即明确追究哪些人的终身责任，明确决策者个人的责任与集体决策的责任分担规则；第三，明确区分主要领导责任、重要领导责任和直接责任；第四，完备追责程序，涉及追究责任的程序设计、规定完备的追责程序；第五，明确追责标准[1]。

"十二五"时期，我国第一次把"单位国内生产总值二氧化碳排放降低率"作为约束性指标列入五年发展规划。2010 年国家发展和改革委员会启动了低碳省区和低碳城市试点工作，确定在广东、辽宁、湖北、陕西、云南 5 省和天津、重庆、深圳、厦门、杭州、南昌、贵阳、保定 8 市展开探索性实践。2012 年，国家发展和改革委员会进一步确定了包括北京、上海、海南和石家庄等 29 个城市和省区成为我国第二批低碳试点。2017 年，启动第三批共 45 个低碳城市（区、县）试点，而且从第二批低碳试点开始，要求试点省市提出碳排放峰值目标，这样就形成了倒逼机制，促使各试点省市积极探索各类举措。石家庄出台了《石家庄低碳发展促进条例》，成为低碳发展领域的第一个地方法；

北京、天津、上海等城市探索低碳产品认证制度；广东、北京等省市则开始设立新建固定资产投资项目碳排放评价制度。武汉加入 C40 城市气候领导联盟，用国际机构的要求约束自己，并发布了《武汉市碳排放达峰行动计划（2017—2022 年）》。

这些成绩是各级领导高瞻远瞩、积极参与和引导的结果。在强化低碳的路上，这些措施需要继续发挥作用。

12.1.1　指标引领，领导重视，作用立显

国家近年来采取的总量和强度"双控"措施使各地政府和企业感受到巨大压力，而 2020 年 9 月 22 日，国家主席习近平在第七十五届联合国大会一般性辩论上郑重宣布："中国将提高国家自主贡献力度，采取更加有力的政策和措施，二氧化碳排放力争于 2030 年前达到峰值，努力争取 2060 年前实现碳中和。"的目标，对国家实现第二个百年和科技强国目标，是绝佳的机会，若路径设计得好，就能达到事倍功半的效果。

强化低碳路径可以说是一个涉及不同级别决策机关的公共利益问题，还关系到当前损益与形成未来经济发展优势的长期竞争利益等重要问题，从长期战略规划的方向引导，到执行过程中各部门、行业及企业的资源分配、决策支撑等，时间跨度长、影响环节多、涉及面广，必须由各级主管领导长期负责领导和监督，打造成一以贯之的监督、审核的长效机制。Li 等[2]研究表明，政治联系通过一系列与制度环境相关的机制，影响企业绩效。

另外，还要借助市场的力量，节约减排成本，有的放矢地采取对策，促使企业以创新作为发展动力，解决能源转型、低碳技术等问题。不能简单采取关停并转、"一刀切"的粗暴方式，要使有能力转型、愿意转型的企业，有一定的转型时间和空间。

避免被利益集团绑架，积极推动具有战略意义的先进能源技术，避免转型迟缓落入高碳利益集团的锁定。目前，煤炭、石油、天然气等能源背后，代表着既得利益集团，他们会为延长自己的获利期拼命维持或者采取各种措施阻挠新技术发展，我国政府必须从领导做起，绝不被其左右，做有利于中国长期发展的事情。

12.1.2　顺应零碳大势，把握创新先机

要管理气候风险，实现长期的可持续增长，应投资低排放、节能及气候适应型的技术研发、产品设计和建设提升适应能力的基础设施，以提升我国和区域的战略竞争力为最终目标。

为引导投资者向低排放、气候适应性的路径进行必要的投资，连贯的气候政策和一致的投资框架至关重要。但仅靠这两者还不够，还要调动必要的资本，创设各种针对基础设施融资的金融工具，有效分配风险，使用风险缓释工具，并构建面向低碳投资的公共金融机构及恰当重视气候风险的金融体系。英国宣布 2050 年实现净零排放[3]，使其成为对全球气候变化不产生任何影响的国家，而且呼吁发达经济体 2050 年实现净零排放，发展中经济体 2060 年实现该目标。英国政府提出了 3 条脱碳路径：限制需求增长、提高能源效率、采用脱碳技术[4]。其中，脱碳技术包括大规模电气化、采用生物质做能源

及原料（用于包括航空燃料和塑料生产）、采用碳捕获与埋存、利用氢能 4 种。

我国可以参考、借鉴英国政府提出的六大创新领域：电气化、提高材料利用效率和循环利用能力、新材料、氢能、碳捕获利用与埋存、生物化学与合成化学等，并分为突破性创新和渐进式创新两类（表 12.2）。

表 12.2　英国实现净零碳社会的六个创新领域

领域	内容	创新类型
电气化	成本更低、效率更高的电池	渐进式
	适用于处理水泥和化学品的电炉	突破式
	用于钢铁生产的铁的电化学还原	突破式
提高材料效率和循环能力	新消费品设计	渐进式
	材料可追溯性、收集、分类和回收技术	渐进式
	新业务模式：产品和服务，共享经济	渐进式
新材料	低碳水泥和混凝土化学品	突破式
	建筑用生物材料	突破式
	纤维素基纤维做塑料的替代材料	突破式
氢能	更便宜的电解/（1740 元/千瓦）	渐进式
	更便宜的氢燃料电池及氢气罐	渐进式
	氢的远距离运输	渐进式
生物化学和合成化学	提高生物质转化效率	渐进式
	源于木质纤维素和藻类的能源和原料	渐进式
	合成化学包括直接从空气中捕获二氧化碳	突破式
碳捕获与使用	提高捕获效率，尤其是水泥	渐进式
	将碳用于混凝土、聚合物和碳纤维	渐进式

资料来源：Energy Transitions Commission, 2019. Mission possible reaching net-zero carbon emissions from harder-to-abate sectors by mid-century[R/OL]. (2018-11-01)[2019-01-02]. http://www.energy-transitions.org/sites/default/files/ETC_MissionPossible_ ReportSummary_English.pdf.

英国能源转型委员会的报告估算，2050 年实现净零排放的成本，将达到全球 GDP 的 0.5%，通过选用低碳材料、减少高碳运输等措施，能在减排的同时，降低脱碳成本。

英国等先期确定碳中和目标的国家制定的政策、设计的路径，都可以作为我国的参考。但是必须注意到，这是一场全球零碳排放竞赛，我国需要发挥自身制度优势，集中力量办大事，在竞争中获得先机，否则科技强国的实现期限会延长。建议采取如下支持研发的举措。

进一步加大政策实施力度。制定和实施向促进达峰及达峰后零碳排放路径倾斜的政策。我国目前实施的政策已经在多方面发力，如低碳的可再生能源电力，高效和低碳建筑供暖，电动汽车，碳捕获和储存，生物降解填埋场废弃物，逐步淘汰氟化气体，增加绿化和农业的减排措施，并着力实现零碳排放。必须强化这些政策的覆盖范围和实施力度，使之加大实施效果。

加大技术开发与推广支持。对从产品设计到价值链上的各环节进行改革，提升塑料、钢材、铝制品等的回收利用率，减少对这些产品初级材料的使用。改进建筑设计框架及方法以降低水泥需求量。水泥是高碳排放产品，减少水泥消费，就是减少碳排放，就有助于纳入零碳排放轨迹。通过改进产品设计、延长产品寿命、增加回收利用率，减少新材料的投入和使用，达到降低对能源和新资源需求的目标。为此，需要加强对《循环经济法》的执行力度，进一步鼓励企业加强绿色设计，并围绕绿色设计出台相应的标准和补贴政策，使绿色产品不仅能够在生产、消费中带来巨大的环境效益，还能给企业带来经济利益，促进绿色产品的良性循环。

为转型企业获得经济价值创造条件。除非低碳经济蕴含并向所有经济活动者提供机会，否则转型成功的概率很低。转型将影响到每一个人，从中央和地方政府到私营部门、劳动力和公民，各方的利益和影响力都将发挥作用。深入了解利益的一致性和利益分歧，能够帮助政府制定政策来满足不同的需要，并召集更多的盟友来支持其行动，包括企业、机构、民间团体和各种政府投资组合等。由此确保其他紧迫的政策优先事项不受影响，从而使转型的可持续性得以加强。在制定国内低碳经济发展战略时，应以广泛参与作为指导流程的基础。

以信息化、智能化推动管理模式的创新。在数字化、网络化和智能化迅速发展的今天，各级政府应该积极利用这些技术，既要提升管理效率，又要为区域合作共赢搭建平台，实现交流的低成本化和及时化。在这方面，杭州、上海、广州等发挥了很好的示范和带动作用。在实现净零排放的路径上，还要加大努力方向和力度，争取在渐进的方向上不遗余力，在突破性技术上，争取提前突破，把握先机。通过区域内外的广泛协同、融合，一定能够率先实现碳达峰和碳中和目标。

12.1.3　强化区域内外交流，促进协同达峰

第9章和第10章分析了实现峰值目标、促进区域的创新能力提升、跨越"中等收入陷阱"等，需要优化开发区域内和区域外广泛交流与合作，发挥优化开发区域的绿色创新能力的溢出效应，并给出了最佳溢出通道建议。交流分为学术交流、技术交流、产品推广与展示、能力建设等几个主要方面。优化开发区域具有潜力巨大的知识创造、技术创新的基础和能力，在达峰及绿色创新方面理应走在全国前列，并帮助非优化开发区域达峰及实现国家对外承诺目标。

自2015年国家出台了《京津冀协同发展规划纲要》后，2019年2月和12月分别出台了《粤港澳大湾区发展规划纲要》和《长江三角洲区域一体化发展规划纲要》等，区域协同发展的大格局基本定型，区域协同将是未来发展的重点，也是大势所趋。研究发现，按照我国主体功能区要求，要做好不同区域的协同：优化开发区域应以稳定和疏解区域内人口为主，争取尽早达到碳排放峰值并下降；重点开发区应是承接非城市化地区人口（特别是重点生态功能区）的主要地区。但是这些地区普遍存在发展后劲不足或发展粗放的问题，进一步吸纳经济和人口的能力可能受限。在低碳发展的大背景下，寻找新的增长点和产业低碳化转型是重点开发区承担新型城镇化任务的前提条件[4]。

国家在项目申报、经费资助及工资和人事制度等方面，给西部及非优化开发区域更多的倾斜和资助，形成收入高地，增强这些地区的吸引力。随着高铁、民航和高速公路

的发展，我国大城市间的基础设施总体上差异不明显，但是在"末梢"连接尤其交通枢纽的公共设施、配套环境等方面还存在较大差异，这也是未来消除城乡、城市间差距，进行基础设施建设的重点。进一步解决人才、物资和信息交流方面的硬件障碍，是今后高质量发展的重点，也是实现绿色低碳转型必要的环节。

打造软环境建设，消除区域间的差异。由于历史的原因，长三角、珠三角、京津冀等优化开发区域之间及三个区域内的经济、社会和环境差异较大，要同时达峰，并沿着相同路线达峰及实现近零排放路径，几乎是不可能的。因此，必须以达峰为目标，以实现共同富裕为手段，消除区域差别为基础，近期以实现区域率先碳排放达峰为目标，找好自己的定位，远期以与区域外各省市一同提高经济水平，跨越"中等收入陷阱"，共同提高全民幸福水平为目标。这些需要政府、企业、科研机构、个人之间多层次、全方位立体地交流互动、学习。

但是经过我们的研究和调研，要真正实现协同，必须从如下五方面入手。

1）做好顶层设计，以碳排放总量约束指标为抓手，以绿色发展为引领，在产业布局上认真执行主体功能区划，并有高出被协同区域的行政主管领导，真正将协同做到位。从机构设置、人员编制、资金来源、考核指标及考核机构等方面入手，落到实处。把优化开发区域过剩的资本，引导到内地，大力提升内地大学、科研院所的吸引力，让内地成为人才和技术的发源地和教育区。着力在西部发展能耗大、水量需求少、技术要求高、环境影响小的高新技术产业。通过在乡村建设太阳能、风电等分布式能源，解决居住分散农牧民的生活用能及出行问题。促进东中西部人才、信息和物流的交流与协调，促进三产融合，城乡融合，使绿水青山变为金山银山。建议在总结已有的绿色能源开发经验基础上，抓紧开展光与热、光与电的转换研究与规划，在西部合适地区抓紧部署一批重大绿色能源工程[5]。

2）增加协同发展指标。在对官员、组织机构的考核中，增加协同区域的交流单位、交流内容，考核交流效果。首先，将基础设施对协同省市开放共享，鼓励落后地区企业、科研人员和高校师生到优化开发区域交流合作。其次，将优化开发区域的信息资源、科研资源向非优化开发区域开放，优化开发区域有义务对落后地区进行培训和帮扶合作，继续精准扶贫的成果。

3）各区域相互取长补短，发挥各自特长，打破原有桎梏。京津冀区域行政干预和影响较大；珠三角产业发展聚集和发展，是市场化发展的结果；长三角的产业集聚是在政府权力下放，政府间加强合作、市场化日益加深中，发展起来的，是市场和政府密切结合的产物。因此，在区域协同发展中，应该发现和了解其中的影响因素，利用好政府有能力集中资源办大事，也要发挥一体化市场推动的力量。政府协商制定重点领域的发展规划和进行战略协作；在执行层面，统一监管并构建互认的绿色认证和环境信息信用体系，促进在绿色发展中的融合与协同。

4）彻底解放思想，优化文化软环境。作者在调研中发现，我国南北方文化差异较大，致使南北方思想观念、创新氛围、体制机制的迥异，导致南北方营商环境、开放格局、行事作风的迥然不同，也使南北方经济活跃度，尤其是在外部形势不利的情况下，经济总量和人均可支配收入等指标差距逐渐拉大。目前来看，我国南北方文化软环境的差异成为北方经济腾飞的掣肘。北方省市应向南方省市学习，彻底解放思想，不断优化文化软环境，为经济发展奠定基础。

为此，一要提升境界标准。要强化世界眼光和战略思维，在城市发展、园区建设上，要站在"一带一路"、京津冀协同发展等国家发展大战略和环渤海等区域发展大格局的高度来谋划，产业和企业要放眼国内外市场审视，各项工作都要敢为人先。二要破除束缚。受束缚大、传统路径依赖强，是北方思想不解放的突出表现。三要强化机遇意识。近年来，北方错失了很多发展机遇，特别是产业转型升级的机遇，与南方拉开了差距。

5）破除圈子文化和官本位思想。对于领导干部，一要敢于担当。各级干部特别是领导干部要进一步强化担当精神，勇于担当、主动担当，面对矛盾和困难要迎难而上，面对危机和挑战要挺身而出，面对瓶颈和制约要敢于改革突破。二要激情干事。苏州凭借干部群众"抢争拼"的精气神，创造了不是经济特区胜似特区的投资环境，一直走在全国前列。滴滴打车、支付宝、微信等新业态都原创于南方省市，就是最好的证明。三要讲诚信。领导干部带头讲诚信，坚决杜绝新官不理旧账、对企业的承诺不兑现等问题，就能够形成良好的协同氛围，促进"3060"目标的实现。

12.2　完善创新环境，培育持续竞争力

创新一般会涉及众多参与方。在世界经济论坛给出的创新网络图中，创新生态系统的核心包括创新系统（也称创新体系）、创新政务、创新商业模式、创新技术和创新社会手段实现社会目标五个方面。良好的创新生态是创新的基础，其主导者是各级政府，要做到公正、公平地履职。其中，创新系统与前面提到的创新营商环境如出一辙，即在公正的基础上，支持创业和私人投资者，保护其应得利益。随着信息化、网络化、数字化的发展，在技术进步加速等情况下，政府治理能力需要提升，才能在教育、城镇化、互联网及第四次工业革命中适应新环境、新技术和新理念的要求，实现更多的创新。

企业的决策一般从五个维度来考虑：①战略维度，所从事的技术即产品研发是否符合政策和规划目标；②经济维度，进行创新与一切如常情景相比，净收益、风险即成本、优选路径的净收益等如何；③商业维度，是否可以实现商业化，风险是否可控；④财务维度，总成本和收益对预算的影响如何；⑤管理维度，是否有切实可行的实施计划，计划如何提交给政府和主管部门。只有这五个维度均能顺利通过，企业决策层才决定是否实施。

在绿色低碳技术需要大发展的今天，企业要想在各种能源技术上抢占制高点，把握主动权，需要在自主创新上加大力度，更需要政府在创新环境与公平市场竞争中的支撑。

12.2.1　为创新主体创造良好政策环境

创新需要平台，更需要一个生态系统，也就是创新体系建设，为创新主体——企业，创造更好的环境，打造优良创新生态，使创新进入快车道。创新体系由那些参与生产、传播和使用新的且有用思想的组织机构构成，如研究机构、大学、国家实验室、医院、企业、创业公司等。政府公共部门以机构、资助机构、技术转让办公室、咨询机构、创

新中心和加速器（旨在将原创公司转变为年轻公司的计划）等中介组织的形式发挥关键作用。

走率先达峰路径，给优化开发区域提出了难题，国内外政治、经济环境形成了巨大的硬约束，这是我国与之前达峰国家不同的形势。在难题和压力下，更需要创新，也更能逼出创新。以色列和我国一个小城市的人口和面积差不多，其成为创新国度的主要原因是自然资源的稀缺与地缘政治环境的凶险。所以说，压力越大，形势越凶险，动力也就越大。在没有任何障碍的情况下，就不会产生创新动力。

目前我国及优化开发区域在创新方面的政策出台了不少，但是保护创新者的利益、形成持续的创新动力的保障法律机制还存在较大空间。也就是说，对私人投资者根本利益的保护，还存在一定的障碍，致使企业发展规模受到政策影响。因此，建立公平、公正的法律环境而不是人治环境是创新的基础。

完善创新体制，保障创新体系高效运转。从研发想法到做出原型机再形成商品，每个阶段需要不同的创新内容，在这个过程中，存在技术风险、市场风险、政策风险和决策风险等众多风险。失败者众，成功者寡。为此，支持创新的政策和措施，应该更精细化，在每个创新阶段提供贴心的、雪中送炭式的服务。例如，以色列政府实施的技术孵化器计划，为创业企业提供场所、资金、技术和市场等服务，共担风险，不享收益，政府为进入孵化器的企业提供两年期低息优惠贷款，创业失败企业，无须承担偿还责任，政府对孵化器项目投资占比达 85%[6]。这些举措使以色列科技对 GDP 的贡献率在 90%以上，成为世界创新能力最强的国家，被称为"创新的国度"。

表 12.3 列出了 OECD 推荐的促进低碳经济的一般政策。一些国家和地区应用一种或多种政策措施组合，取得了一定的效果，我国政府从中央到地方大多也采纳了这些政策。今后还将强化国家战略引领，大力营造公平竞争的环境，引导创新要素更多投向攻关核心技术。

表 12.3　减排温室气体的能源和气候变化政策汇总

政策类型	政策选项	我国执行情况
基于价格的机制	二氧化碳税	未采用
	投入或产出过程税/费（燃料或车辆税）	采用
	减排行动补贴	对减污有补贴，对减二氧化碳无直接补贴
命令与控制	排放交易系统（限额交易或基准线和配额）	有试点，全国市场正准备中
	技术标准（燃油混合指令、最低能效标准）	出台燃油标准
	绩效标准（车辆平均二氧化碳效率）	未有碳排放标准
	禁止生产某些产品	禁止发展环境污染产业
	报告要求	对上市及纳入碳市场企业有要求
	操作资格要求（如氢氟碳化合物处理证书）	采用（危化品专门机构、专人处理）
技术支持政策	土地利用规划和区划	采用
	公共和私营部门的研发示范（R&D）资助	采用
	政府采购	采用
	绿色认证（可再生能源配额或清洁能源标准）	采用
	上网电价补贴	采用
	新技术设施的公共投资	采用

续表

政策类型	政策选项	我国执行情况
信息和自愿措施	消除获得绿色技术的融资障碍	部分采用，正在消除
	评级及标识	采用
	公共信息运动（要求企业披露环境信息等）	部分采用
	教育及培训	采用
	产品认证及标识	采用
	奖励计划	采用

资料来源：作者参照 OECD 文件[7]和国内资料整理。

一方面，建立健全基础研究支撑体系。把提升原始创新能力摆在更加突出的位置，加强基础研究的前瞻部署，推动不同领域创新要素有效对接，引导技术能力突出的创新型领军企业加强基础研究；另一方面，建立健全产业创新生态体系。继续强化企业创新主体地位，支持龙头企业联合高校和科研院所组建产学研用联合体，开展核心技术研发攻关。面向一些关键核心技术领域，建设集快速审查、快速确权、快速维权为一体的知识产权保护制度。

科技型中小企业绝大部分都是民营企业。政府将加强相关创新创业服务体系建设，引导促进科技企业孵化器的发展，加快科技成果转化，加快培育科技型创新创业生态[8]。

另一方面，破除传统体制桎梏，培养实干家。我国政府学习能力非常强，目前世界上几乎所有有利于创新的各种举措，在我国都有不同程度的吸收，使我国企业创新能力提升较快。2018 年我国在世界竞争力指数中排名 24 位，比 2017 年上升 4 位，成为发展中国家竞争力指数最高的国家，经济发展也取得了骄人的成绩。但是在新的国内外政治、经济和技术环境下，尤其是极端民族主义抬头、反全球化泛滥、高科技封锁成为某些国家维护其竞争实力的首要手段的今天，我国经济发展方式也处在调整的关键时期，急需加大有效政策的执行力度和广度。如各地出台的人才和创新创业政策等，应进一步发挥其作用，另一方面也要破除唯学历、唯高校（985、211 等）、唯论文和唯头衔的不合理评价标准，应遵照习近平总书记的要求"把论文写在祖国的大地上"，唯才是用，将提升持续创新能力尤其是自主创新能力作为政府政策的持续目标，为 10 年、30 年之后富强、科技创新型中国的建设而矢志不渝。

12.2.2 完善市场环境，实现公平竞争

《巴黎协定》也鼓励采用政策和碳定价的方式激励减排，实现各国自主贡献目标和限制 1.5℃及 2℃温升目标。BP 公司在企业内部建立碳市场，采用每吨二氧化碳当量 40 美元和 80 美元，进行企业压力测试[9]。我国自 2013 年起进行 2 省 6 市的碳市场试点，2017 年宣布建立全国碳市场，2021 年全国碳市场将正式启动，也将成为全球最大的碳市场，碳市场对我国各行业的影响也将是空前的。未来，用能权、污染物排放权等市场将会逐渐建立和扩大覆盖行业范围，完善市场环境对我国优化开发区域的率先实现峰值目标，将起到非常关键的作用。

对比发达国家，我国的市场环境还有完善的空间。为此，应在要素获取、市场准入、企业运营、政府采购与招标等方面构建公平的竞争体系，发挥市场的作用，促进峰值目

标实现和未来净零排放。

1）要素获取方面。将公平竞争审查制度法律化，明确规定政府补贴的程序和规则，主要包括企业透明度、补贴申报、对市场竞争的影响与评估等。要求对国有企业和非国有企业提供融资，应当保证在融资条件及市场利率上同等对待，不存在歧视性条款。不仅如此，政府对一些初创的"双创"企业应该特别对待，提供无息贷款和无偿支持。

2）市场准入方面，内外资企业一视同仁。采用市场准入负面清单，列举禁止类清单和限制类清单，进一步明确企业审批条件和流程，对所有市场主体一视同仁，减少自由裁量权，消除各种不合理限制及隐性壁垒。2019 年 6 月 30 日，国家发展和改革委员会、商务部发布《鼓励外商投资产业目录（2019 年版）》，明确鼓励外商投资的产业包括高新太阳能电池生产专用设备制造，二氧化碳捕集、利用、封存与监测设备制造，洁净煤技术产品的开发与利用及设备制造，高技术绿色电池制造，新能源汽车关键零部件制造及研发，新能源发电成套设备或关键设备制造，核电站的建设、经营，新能源电站（包括太阳能、风能、地热能、潮汐能、潮流能、波浪能、生物质能等）的建设、经营等。对外商投资的要求几乎与国内企业别无二样，平等对待，而且在这些高新技术方面，鼓励外商投资。这对构建公平、公开、透明、稳定可预期的营商环境非常有利。

3）经营方面。在价格、质量、供应度、实销性等方面构建法律规则，使企业成为真正的市场主体，按照非歧视原则与非国有企业进行公平竞争，并受《反不正当竞争法》的同等监管。

4）强化政府绿色采购。健全信息披露制度，对政府采购单位、招投标程序、招标结果等，企业在节能减排、碳排放、环境影响，纳入碳市场企业履约情况、企业盈亏状况、财务审计状况等信息，强化对社会公开的透明度，在体现竞争性和非歧视性的同时，增强社会运行效率。

5）充分发挥透明度机制的作用。2015 年通过的《巴黎协定》要求缔约方为"尽快达到温室气体排放的全球峰值""应编制、通报并保持它计划实现的连续国家自主贡献。缔约方应采取国内减缓措施，以实现这种贡献的目标"，并要求为全球盘点和五年一次的国家自主贡献通报提供信息。为了建立互信和信心，促进有效履行承诺，设立一个内置灵活机制的有关行动和资助的强化透明度框架。

全球盘点和国家通报是透明度的表达形式，强化透明度框架及实时规范与指南等为信息透明度提供了支撑，其影响会更加深远。万维网（World Wide Web）发明人蒂姆·伯纳斯·李认为"数据不是信息，信息不是知识，知识不是理解，理解不是智慧""水和气候变化领域数据的质量和可获得性是为当地社区和全球组织提出切实建议的推动者"[10]。

为此，建议我国首先制定透明度及全球盘点应对战略及举措，做到长期战略与短期战略结合，将提升大国形象与产业竞争力相结合，增加未来可选择、可替代的方案，以便应对突发气候事件。其次，在现有碳市场信息报送系统基础上，整合各相关部门的报送系统，扩大和完善国内能源及碳排放等相关信息报送系统的建设，规范披露渠道和内容，做到数据口径一致、信息完备、来源可靠且可追溯。这样还能够促进我国碳定价的进程，推动迈上实现巴黎协定温控目标的优化路径。

12.3 强化融合与协同，走高质量发展之路

减排不是单独某个部门的事情，而是与各级政府部门、企业、社会、科技、金融等密切相关的事情。因此，要实现减排目标，促进转型发展不能靠一个区域、部门、行业，而是要全方位立体地融合，形成合力，打造创新、实干的氛围和环境，消除产业链和价值链各环节阻碍新技术研发、推广使用的制度性、技术性障碍；区域、部门及治理内容的协同，形成区域联动、部门推动和共同治理的一体化氛围。通过调研发现，目前在区域协同，尤其是三个区域间和区域内各行政部门间及同一部门不同主管处室间的协同还存在一定差距。各自为政、缺乏沟通、重复投资、政策之间掣肘的情况时有发生，让企业和基层办事机构难以招架，造成资源浪费，影响效率的提升。

12.3.1 政产学研金融合

在教育体制方面，我国现行教育体制中一些弊端须消除，唯学科、唯专业现象严重，跨学科重实际的科学知识创造、技术研发与推广等与市场需求还存在一定差距。建议高校尤其是双一流高校，建立教学、科研、制造和金融一体化集团，打通教学与产业发展急需人才培育通道，让教学、科研与制造及服务人员专心于自己的工作。在国外科研经费大幅削减、中国科研经费稳定增加的时期，大量吸引国外高技术人才开展包括绿色制造、低碳能源技术等的研发，掌握了科技制高点，也就掌握了产业制高点，进一步掌握军事制高点和金融制高点，使人才培养质量、创新能力、实践能力上得到持续提升，为创新型国家建设奠定坚实的人才基础。

在科技转化方面，创新要以产业化为目标，防止科技成果积累快转化慢。以实际需求为导向，科技转化为生产力是创新的核心，切勿再以科技成果的发表为核心，让科技突破大量停留在实验室，导致科技转化率偏低，宝贵的科研经费产生的效益极低。

在课题调研时，有的企业领导提出，政府应该在宏观政策上发挥作用，也就是发挥政府的服务职能，弱化管理企业的职能。政府不要在研发资金申报、科技成果转化、企业和行业的挂牌、评比等上花费宝贵的资金和精力。企业好不好、产品强不强，应该让市场说了算，让顾客和消费者去评价。市场的评价最为客观和实际，企业也最能接受。目前，国内外风投资金寻找项目的动力比政府大，一旦某一技术或产品有盈利空间或预期，这些金融机构自然会支持。

为此，充分发挥政府协调、产业主导、学术和研究机构支持，金融机构资助的方式，摆脱政府包办模式，充分运用市场化、商业化运作模式，发挥企业主导作用，激发各机构、组织和人才的创新活力，各尽所能，各得其所。大企业发挥设备和信息的优势，小企业发挥对新技术敏感优势，高效和科研机构发挥基础研究和科研人才把握技术前沿动态的优势，金融机构发挥资金优势，政府发挥统筹协调的优势。各利益相关方融合，保障以绿色低碳发展，助力高质量发展。

发挥科研力量，做精做细数据库。在大数据时代，数据就是竞争力。在以色列，高

科技企业都会将数据库做细做精、做大做强,使数据分析不断深入、精益求精。与中国、美国等国高科技企业强调迅速做大抢占市场不同,以色列的高科技企业的目标是做精自己的科技产品,然后寻求在短期内推出,获取经济回报。我国也应该发挥目前互联网企业的优势,将数据库做精做细,并强化安全工作,为智能化、数字化、自动化,实现零碳社会,奠定良好基础。

12.3.2　碳与其他污染物协同治理

碳减排与大气环境治理协同。应对气候变化司隶属生态环境部后,减碳和治理大气环境污染物可以在体制协同上增加了便利性,下一步可以在机制上进一步增强合作。对中国的研究表明,节能减排行为从长期来看不仅会达到提高环境质量的既定目标,而且能同时提高产出和生产率[11]。减碳与治理大气雾霾本身就可以采用同样的措施,原因是大气主要污染物与温室气体的排放均来自化石燃料的燃烧,是同源的。同时,在中国,煤炭消费是 $PM_{2.5}$ 的首要贡献者[12]。但是,化石燃料短期内难以被其他能源所取代,只能采取减与增两手抓:减就是减少消费总量;增就是增加单位消费量创造的效益,也就是提高能源强度和碳生产率。目前我国采取了控煤、控油、总量控制、强度控制及环境督察等举措,效果非常好。雾霾及水环境得到有效治理。但是进入 2018 年下半年,受经济形势影响,大气污染有所反弹,一方面,说明企业生产活力增强;另一方面,说明转型发展并非一蹴而就,需要长期政策贯彻和执行的长效机制,不是靠一两次督察行动就能解决的。可以采用行政发包的方式解决碳排放与环境治理,在国家层面,环保部门应进一步完善针对各省域的环境目标考核,特别是要进一步强化环保督察及问责制度,并常态化执行;而在地方层面,地方政府不能简单地将环境目标层层发包,而应层层督察,建立各地区的以环境事件为指标的问责制度[13](表 12.4)。

表 12.4　行政发包制中强激励、目标考核、问责制

要素项目	强激励	目标考核	问责制
考核指标	工作努力程度指标	环境质量	违法排污事件
策略稳定性	差	较好	最好
主要作用	短期突击提升环境质量	服务于长期环境目标	策略稳定器
长期减排效果	一般	较好	一般
适合层级	适合各层级	适合国家级、省级发包,不适合基层	适合各层级
政策兼容性	可以与问责制兼容,不必与目标考核同时实施	可以与问责制兼容不必与强激励同时实施	适宜与强激励措施或目标考核联合使用

资料来源:温丹辉,孙振清. 行政发包制在大气环境治理中的作用:基于随机演化博弈模型[J]. 北京理工大学学报(社会科学版),2018,20(3):1-7.

另外,研究表明低碳和节能政策协同作用时可带来更高的可再生能源份额,更快地降低能源强度和能源系统成本,两者的协同作用可以使 2050 年全球能源相关的二氧化碳排放量减少70%[14]。广东省的碳交易机制到2020年相对无政策情景将协同减少11.7%的 NO_x 和 12.4%的 SO_2 排放[15]。可见,低碳政策和环境治理政策之间的协同作用较强,

可以做到事半功倍。

　　建议政府在出台环保与节能减排政策时研判二者的协同性,制定协同控制两类问题的政策和标准,最好是同源问题,主管部门之间先做好协同,达成一致后,采取一套班子、一套表,通知和监督有关企业,提高综合控排效果,避免在解决这类问题上重复投入、人力、物力和时间成本,给企业和社会造成不必要的负担。

12.4　尽快出台应对气候变化法

　　2011 年,《应对气候变化法》征求意见稿出台后,至今已经 10 年多,一直没有下文,致使全国从中央到地方的应对气候变化工作从减排、适应到能力建设,以及建立碳市场,实现峰值目标等,只能是在需要采取哪种举措,就临时出台相应的部门文件或依靠地方规章,以应对当前急需的事务。不能形成系统性的法规,支持控制温室气体排放、使之在效果和力度上都存在诸多不足,而已经制定的旨在应对气候变化的政策和规章则缺乏上位法依据。

　　生态环境部发布的《碳排放权交易管理办法(试行)》,于 2021 年 2 月 1 日正式生效执行,为全国碳市场试点向全国统一碳市场的过渡起到了一定作用,但是自 2019 年 4 月征求社会意见的《碳排放权交易管理暂行条例》,由于立法程序复杂至今没能出台。希望尽快出台,以支持全国统一碳市场建设。也希望利用碳市场建设的机会和经验,为进一步立法创造条件,使深度减排目标具有法律约束力,体现大国担当,又能促进绿色创新、区域协同,与环境治理协同等,有法可依,有律可循。

　　依照《巴黎协定》目标,最早 2050 年、最迟 2070 年零碳社会将成为现实,在此过程中,尽早达峰将是第一步,对优化开发区域是机遇更是挑战。在实现此目标的路径上,需要把前面提到的政策措施落到实处,发挥各利益相关方的积极性和能动性,消除各种意识上、制度上和技术上的障碍,在"共同但有区别"、各自能力原则和可持续原则基础上,提升我国产业的国际竞争力,全面建成社会主义现代化强国。引导应对气候变化国际合作,成为全球生态文明建设的重要参与者、贡献者、引领者[16]。

参 考 文 献

[1] 邱曼丽. 重大决策终身责任追究制应明确哪些问题[N]. 学习时报,2016-07-21(1).

[2] LI H, MENG L, WANG Q, et al. Political connections, financing and firm performance: evidence from Chinese private firms[J]. Journal of Development Economics, 2008, 87(2): 283-299.

[3] 王慧慧. 英国立法确认在 2050 年实现温室气体"净零排放"[J]. 世界知识,2019(14),77.

[4] 朱松丽,汪航,王文涛,等."十二五"期间中国区域低碳经济与国土空间开发格局的协调发展研究[J]. 中国人口·资源与环境,2017,27(9):135-142.

[5] 郭华东,王心源,吴炳方,等. 基于空间信息认知人口密度分界线:"胡焕庸线"[J]. 中国科学院刊,2016,31(12):1385-1394.

[6] 方晓霞. 以色列的科技创新优势、经验及对我国的启示[J]. 中国经贸导刊(中),2019(2):25-26.

[7] OECD. Aligning Policies for a Low-carbon Economy[M]. Paris: OECD Publishing, 2015.

[8] 刘坤. 我国企业创新能力不断提升[N]. 光明日报,2019-05-25(1).

[9] 郭伟. 碳交易的"始作俑者":英国石油(BP)[EB/OL]. (2016-05-06)[2018-06-03]. http://www.tanjiaoyi.com/

article-16766-1.html.

[10] World economic Forum. If we want to solve climate change, water governance is our blueprin[EB/OL]. (2019-07-31) [2019-08-01]. https://www.weforum.org/agenda/2019/07/solve-climate-change-water-governance/.

[11] 陈诗一. 中国的绿色工业革命：基于环境全要素生产率视角的解释（1980—2008）[J]. 经济研究，2010（11）：21-34.

[12] 陈诗一，陈登科. 能源结构、雾霾治理与可持续增长[J]. 环境经济研究，2016，1（1）：59-75.

[13] 温丹辉，孙振清. 行政发包制在大气环境治理中的作用：基于随机演化博弈模型[J]. 北京理工大学学报（社会科学版），2018，20（3）：1-7.

[14] IRENA (International Renewable Energy Agency). Perspectives for the Energy for the Energy Transition: Investment 795 Needs for a Low-Carbon Energy System[C]. Abu Dhabi: International Renewable Energy Agency Thirteenth meeting of the Council, 2017.

[15] CHENG B, DAI H, WANG P, et al. Impacts of carbon trading scheme on air pollutant emissions in Guangdong Province of China[J]. Energy for Sustainable Development, 2015, 27(27): 174-185.

[16] 习近平. 决胜全面建成小康社会夺取新时代中国特色社会主义伟大胜利：在中国共产党第十九次全国代表大会上的报告[M]. 北京：人民出版社，2017.

后　记

2019 年 8 月，在各位同事和朋友的帮助下，终于写完本书的最后一个字，可以停笔了。

回想起这三年来，世界的变化出乎世人的意料。温室气体排放、冰川融化、气温上升等均出现了加速趋势。但是，得益于市场竞争，各类低碳技术发展超出预期，尤其是光伏、风电等与煤电竞争的成本优势突显。同时，企业在应对气候变化方面表现出更加积极的态度。包括世界 500 强企业在内的众多企业采取各种措施节能、减碳，并做出各种积极地实现零碳目标的承诺。随之而来的是电动汽车和氢能汽车等纷纷走向市场，一场低碳盛宴摆在了企业面前，各企业在为之而竭尽所能。

世界各国也在为节能、减碳做努力。2017 年 11 月，以英国、加拿大为首的由 36 国家、36 个地方政府和 51 个组织构成的全球"助力淘汰煤炭联盟"（Powering Past Coal Alliance）成立，并宣布 2030 年淘汰未采取 CCS 措施的煤电厂，最晚 2050 年淘汰所有煤电厂，其中英国宣布 2025 年淘汰煤电，加拿大、荷兰宣布 2030 年淘汰煤电。2018 年由加利福尼亚州州长签署的《100%清洁能源法案》规定，到 2030 年实现可再生能源供电占比达 60%的目标；2045 年目标提高到 100%，并由可再生能源与其他"零碳能源"共同完成。英国于 2019 年 6 月 27 日以法律的形式规定 2050 年实现净零排放。

2013 年以来，以习近平同志为核心的党中央高度重视生态文明建设，将发展思路转变到新发展理念上来，我国的经济发展经过 40 年的快速增长进入了新常态，为我国减缓气候变化工作创造了有利条件。2015 年开始的供给侧结构性改革与应对气候变化的协同效应显著，倒逼国内转变经济增长方式，主动调整经济结构。淘汰落后、过剩产能支持了国内能源消费总量控制和能源结构低碳化，大大支持了减缓气候变化工作。在此大背景下，优化开发区域碳排放达峰进入了关键研究期。

经过研究发现，我国优化开发区域（珠三角、长三角和环渤海）之间和内部城市（45 个）间的经济发展阶段、能源利用水平和城镇化水平等也存在较大差异，要使其同时实现碳排放实现峰值，是不现实的，而且剥夺了落后地区人民的发展权和享受美好生活的权利。因此，我们认为我国的碳排放达峰与西方发达国家达峰轨迹有很大区别，我国可以在人均收入水平相对较低的情况下及产业转型、能源转型的基础上，在经济转型的同时实现碳排放达峰，并沿着强化低碳的（低于 2℃温升目标）路径发展。因此，提出了"分步达峰、相对趋同""发展为主、创新支撑"的概念，挖掘在达峰过程中的协同和溢出效应，推动非优化开发区域在达峰过程中跨越"中等收入陷阱"。

本书的撰写过程中，2018 年下半年～2019 年有关峰值研究的成果纷至沓来。例如，Wang Haikun 等对我国 50 个城市研究认为，大多数城市在人均 GDP 为 21000～22000

美元时达到碳排放峰值。中国 2021～2025 年可能碳排放达峰，比我国的国际承诺提前5～10 年。之前学者赵忠秀等认为我国碳排放拐点最早会在 2022 年。这些研究引起了国内外媒体广泛关注，也给国内应对气候变化工作，带来较大压力。

虽然有外部压力，但是我国尤其是优化开发区域，必须保持自己的定力，做好自身发展这个最重要的事情。没有发展，就没有人民的美好生活，更不可能实现应对气候变化的目标。

我国幅员辽阔，地区文化、经济基础、资源禀赋等迥异，达峰及达峰后的减排路径需要结合当地的特点，切勿不计成本"一刀切"，而且应该与我国的创新发展、建设美丽中国、实现强国梦结合起来。

想到这里，笔者发现目前的研究成果，还存在许多不足和需要深入研究的问题。

1）峰值指标如何作为抓手，推动绿色创新？需要建设怎样的配套体系？

2）我国目前的能源转型——煤改气，是否是解决降碳和消除大气污染最好的方式？广大农村和收入较低地区，其出路在哪里？是否可以应用当地资源，实现能源自给？

3）要想将绿水青山变为金山银山，碳排放这一抓手，如何发挥作用？

4）非优化开发区域是否达峰晚于优化开发区域？如何借助优化开发区域的经验，实现经济发展与碳排放指标双达标？

5）我国优化开发区域内部，如何深入协同，共同发力为实现绿色发展做贡献？

总之，要研究和深入分析的问题还很多。由于笔者水平和时间有限，将研究成果展现在各位专家面前，敬请批评指正。

我在这里要特别感谢清华大学何建坤教授、张希良教授、欧训民教授，武汉大学张继宏教授、齐绍洲教授，国务院发展研究中心李继峰研究员，西南大学刘贞教授，重庆工商大学代春艳教授，国家应对气候变化战略研究和国际合作中心徐华清主任等，是你们给了我高屋建瓴的意见和建议，从框架支撑到观点呈现，无不倾注了你们的心血。感谢我的科研团队，包括肩并肩做研究的老师们和我的研究生们，是你们不放过一个蛛丝马迹地寻找有用的资料和信息；是你们夜以继日地大量计算、比对分析，探寻最佳路径；是你们细致入微地寻找更合适的参数，规划每个情景；是你们冒着烈日走访一个个企业，倾听各位利益相关方的诉求，并纳入研究之中。没有你们的努力，不会有现在的成果。

孙振清

2021 年 3 月 29 日